U0288690

"十三五"国家重点出版物出版规划项目

石油化工智能制造

覃伟中　谢道雄　赵劲松　罗重春　等编著

化学工业出版社

·北京·

《石油化工智能制造》系统总结了中石化九江石化建设国家级"石化智能工厂"和国家级"绿色制造示范工厂"的先进经验以及国家自然科学基金委员会重大项目"炼油生产过程全局优化运行的基础理论与关键技术"系列成果,全面阐述了以智能化为手段实现企业经济效益最大化的卓越运营路径,系统描述了基于预知预防的安全环保和设备管理等智能化应用领域,详细讲述了石油化工智能制造的基础设施和保障条件,明确提出了实现智能制造所必需的体制机制与管理创新。

　　《石油化工智能制造》是作者及其团队多年来的一线研究成果,是国内外首部系统论述石油化工企业智能制造的专著,紧紧围绕"经济效益最大化"和"本质安全环保"两个目标,系统论述了石化企业智能制造路径、方法和策略。本书的出版将为石油化工行业节能降耗、提质增效、转型发展,贯彻实施"中国制造 2025"战略和"互联网＋协同制造"行动计划,建设智能工厂、绿色工厂等提供具体指导。

　　《石油化工智能制造》可供石油化工企业和研究机构的管理人员、信息化科研人员和生产技术人员阅读,也可供钢铁、冶金、食品、电力等流程型企业科技人员和高等院校相关专业师生学习参考。

图书在版编目（CIP）数据

石油化工智能制造/覃伟中等编著. —北京：化学工业出版社，2018.8（2021.9 重印）
ISBN 978-7-122-32520-4

Ⅰ.①石… Ⅱ.①覃… Ⅲ.①石油化工- 智能制造系统-九江 Ⅳ.①TE65

中国版本图书馆 CIP 数据核字（2018）第 139233 号

责任编辑：杜进祥　丁建华　　　　　　　　　　装帧设计：韩　飞
责任校对：王　静

出版发行：化学工业出版社（北京市东城区青年湖南街 13 号　邮政编码 100011）
印　　装：北京虎彩文化传播有限公司
710mm×1000mm　1/16　印张 24½　彩插 1　字数 483 千字　2021 年 9 月北京第 1 版第 4 次印刷

购书咨询：010-64518888　售后服务：010-64518899
网　　址：http://www.cip.com.cn
凡购买本书，如有缺损质量问题，本社销售中心负责调换。

定　　价：188.00 元

序　言

我国石化行业在全球占据重要地位，炼油、乙烯能力均位居世界第二位，但是"大而不强、快而不优"以及安全环保问题依然突出。认真学习贯彻并落实党的十九大精神，"加快建设制造强国，加快发展先进制造业，推动互联网、大数据、人工智能和实体经济深度融合"，推行智能制造、绿色制造势在必行。

"十二五"以来，九江石化致力于探索传统石化企业智能制造，率先在国内建成"装置数字化、网络高速化、数据标准化、应用集成化、感知实时化"的石化智能工厂框架，初步打造了一个集绿色、高效、安全和可持续发展于一体的石化智能工厂，2015 年 7 月入选国家工信部首批智能制造试点示范项目（行业唯一）。

本专著的取材一方面考虑了系统性、学术性；另一方面又突出了实用性，以实例贯穿全书，包含了作者及其团队"十二五"及"十三五"初期在石油化工领域智能制造方面的研究成果，不论对相关领域的工程技术人员还是广大师生和科研工作者，都有很好的指导作用和参考价值。全书内容新颖而系统，具有以下特点：

一是原创性强。本书是国内外首部系统论述石油化工智能制造的专著，具有鲜明的时代特征，填补了国内外石油化工领域智能制造工程技术类图书的空白。

二是实用性强。基于对石油化工行业的熟悉，以及对智能制造的深刻理解，提出了传统石化企业实现智能制造的路径与方法、策略，具有较强的实用性和参考价值。

三是理念、方法得到实践验证。本书着重阐述了"经济效益最大化"和"基于预知预防的安全环保和设备管理"两条主线，是在长期成功实践基础上的理论总结。

本专著针对流程工业的特点和难点，探索出了一条适合石化流程型制造业面向数字化、网络化、智能化制造的路径，对于钢铁、冶金、食品、电力等流程型制造业"建成什么样的智能工厂"以及"怎样建设智能工厂"等问题，也具有非常强的借鉴、指导作用。

中国工程院院士　陈丙珍

2018 年 5 月于清华大学

前　言

　　石油化工是我国国民经济支柱产业。加快推进智能制造，是顺应时代发展的迫切需要，是落实党中央战略部署的具体行动，也是企业转方式调结构、提质增效升级的内在需求。当前，石油化工行业除面临生产运行自身特点带来的挑战外，市场竞争加剧、能源供应转变、生产方式变化、全球地缘政治等因素也给企业生产运行带来重大挑战。主要表现在：一是受全球气候及环境因素制约，产品质量升级、节能减排、绿色低碳成为能源生产与消费主流；二是能源多元化、页岩气（油）、煤基燃料化工等石油替代产业快速发展，推动了替代能源的迅速发展；三是原油价格波动、市场需求放缓、炼油产能过剩、产品结构不合理、市场化改革方向等导致国内外市场竞争加剧；四是信息技术发展、信息化与工业化深度融合以及新商业模式等，对能源生产供应及消费方式产生深刻影响。

　　特别是，以信息技术为龙头的新一轮科技革命，引起了各国政府的高度重视。发达国家纷纷制定以重振制造业为核心的再工业化战略，加快推进智能制造进程，重塑竞争优势；发展中国家抓住产业链重组和调整机遇，积极参与产业再分工，开启智能制造进程，力求掌握更多主动权。2012年，美国政府和一些跨国企业利用其互联网优势提出"工业互联网"概念，通过人机连接，结合软件和大数据分析，升级关键工业领域；2014年启动以先进传感器、工业机器人、先进制造和测试设备等为代表的智能制造，力图重塑其制造业的全球竞争优势。2013年，德国基于其制造业基础发布的《实施"工业4.0"战略建议书》和路线图，将虚拟网络——信息物理系统（CPS）定义为工业4.0，智能制造是其重点内容之一。2014年，印度提出物联网策略，打造"印度制造"和"数字印度"。与此同时，日本、英国、法国、韩国等都相继推出了各自的制造业智能制造计划，以期实现传统产业的转型或开拓新兴产业，占领产业竞争的制高点。2015年，中国政府发布《中国制造2025》纲要，进一步推进信息化和工业化深度融合，这是增强我国综合国力、提升国际竞争力，推动中国制造向中国创造转变、中国速度向中国质量转变、中国产品向中国品牌转变，实现从制造大国向制造强国迈进的重大战略部署。国家工信部以此推出了智能制造试点示范专项行动计划，在各行业企业大力推进数字化、网络化、智能化制造，遴选试点示范企业，实施创新发展战略，加快经济转型升级。

　　"十二五"以来，石油化工行业认真落实党的"十八大"战略部署，积极推进"两化"深度融合，以智能制造为重要抓手，有效应对经济新常态下面临的各种挑战，特别是中石化、中石油、中海油等中央企业及其下属单位，将先进的信息技术与传统石化流程型工业的核心业务紧密结合，涌现了一批石油化工智能制造典型企业。中石化"十二五"期间在九江石化、镇海炼化、茂名石化、燕山石化开展石化智能工厂试点建设，取得了较好的应用效果，围绕生产运行核心业务建成投用的炼化一体化全流程优化平台大幅提升了资源优化和调度指挥水平，提高了经济效益；"环保地图"系统实时在线监测废水、废气排放和环境空气，确保了清洁生产；安全管理系统实现生产的"全员、全过程"安全管理，提升了安全管理水平和应急指挥能力；能源管理和优化系统有效推进了节能减排工作；设备状态监测和预防性维护维修支撑装置设备安全稳定可靠运行；新增各类系统实现了集中集成和标准化，有效减少了"信息孤岛"和"业务孤岛"现象。中石化九江石化 2015 年被国家工信部评为全国首家石化智能工厂试点示范企业，2017 年被国家工信部评为全国首批国家级绿色工厂、"两化"融合管理体系贯标示范企业。

石油化工行业智能制造是一项复杂的系统工程，涉及专业面广、流程长、内容多。本书以石油化工企业的智能工厂试点建设为主要切入点，结合高校院所、石油化工行业系统集成商、国内知名自动控制系统供应商以及 ICT（信息通信技术）厂商相关理论与经验，梳理、总结"十二五"以来围绕企业发展、经济效益、安全生产、环境保护以及企业管理等核心业务建设智能工厂的一些具体做法和经验，编撰成书。

本书是"十三五"国家重点出版物出版规划项目并获得化学工业出版社出版基金资助出版。本书编写的目的，是为持续推进石油化工行业数字化、网络化、智能化制造的发展，可为高等院校、科研院所、工业企业、ICT 企业的研究人员、工程技术人员或管理人员提供借鉴和参考。

本书由覃伟中、谢道雄、赵劲松、罗重春等编著。第一章由覃伟中、马健、罗敏明、覃水负责编写；第二章由覃伟中、谢道雄、邹圣武、邱彤、宋光、王涛、袁志宏、何恺源、郑京禾、余伟胜、雷凡负责编写；第三章由覃伟中、罗重春、王敏、姜积群、赵劲松、杨小珺、帅海平、王振东、唐安中、刘华强、邹志斌负责编写；第四章由覃伟中、刘平、马健、何恺源、徐燕平、康伟清、刘长鑫、王玮、舒勇、李代青、龚剑、郑朝阳、孙伟、武金伦、何辉、朱彤负责编写；第五章由覃伟中、仲建文、王海松、袁健、刘平、郑欣、沈七三、刘志忠负责编写，全书由覃伟中定稿。全书为完整体系，各章也可独立阅读；书中配有二维码，通过扫描可观看智能工厂、智能巡检、三维数字化工厂等六个视频动画以及部分彩色图片，方便读者深入了解。

由于作者水平和时间有限，书中难免疏漏和不妥之处，恳请读者批评指正，以期日后的不断修订和提高。

编著者

2018 年 5 月 30 日

目　录

第一章　绪论 1

第一节　国内外石化工业的现状及发展趋势 1

一、全球石化工业最新格局 1

二、中国石化工业发展趋势 7

第二节　全球新一代信息化技术的发展趋势 10

一、网络与通信 10

二、工业物联网 15

三、云平台与大数据 19

四、虚拟/增强现实 24

五、人工智能 27

第三节　石化工业智能制造现状及面临挑战 32

一、石化工业特点及智能制造进展 32

二、国内外重点石化企业信息化建设进展 33

三、新一代通信技术用于工业环境 42

四、石化过程数字化建模的复杂性 49

五、石化流程企业智能化升级挑战 53

参考文献 54

第二章　以经济效益最大化为目标的卓越运营 56

第一节　石化敏捷生产的关键要素 56

一、原料与产品市场价格快速变化 56

二、原料油性质的快速与准确评价 58

三、采购性能价格比最高的原料油 59

四、最大化产出原料油每馏分价值 63

五、成品油及石化产品的质量效益 64

第二节　石油化工生产装置建模与优化 66

一、石化生产装置的数学模型 66

二、机理建模与数据驱动建模 67

三、石化生产装置与过程模拟 83

四、石化装置建模与优化方法 ·········· 84
第三节 以月为时间尺度优化生产 ·········· 86
一、经济效益最大化排产方案求解 ·········· 86
二、单装置模型修订计划排产参数 ·········· 88
三、生产装置未知工况下收率预测 ·········· 90
四、生产装置案例库自动搜索匹配 ·········· 94
五、计划排产与生产执行闭环反馈 ·········· 106
六、更短周期优化排产可行性 ·········· 112
第四节 实时优化与先进过程控制 ·········· 115
一、实时优化系统及应用 ·········· 115
二、先进过程控制及应用 ·········· 122
三、计划调度与操作集成 ·········· 125
第五节 工业大数据优化技术及应用 ·········· 127
第六节 工艺技术与能源管理智能化 ·········· 137
一、工艺技术管理智能化 ·········· 137
二、能源管理智能化 ·········· 143
第七节 原油与成品油在线自动调和 ·········· 147
一、原油在线自动调和 ·········· 147
二、成品油在线自动调和 ·········· 154

参考文献 ·········· 160

第三章 基于预知预防的安全环保和设备管理 163

第一节 报警仪及工业视频集中管理 ·········· 163
一、全厂报警设施集中管理 ·········· 163
二、全厂工业视频集中管理 ·········· 165
三、报警仪与工业视频联动 ·········· 167
四、生产装置工艺报警管理 ·········· 169
第二节 施工及作业票证管理 ·········· 174
一、基于风险管控的作业备案管理 ·········· 174
二、面向作业管控的许可票证管理 ·········· 178
三、基于安全资格培训的门禁管理 ·········· 182
四、基于现场监管的无线视频监控 ·········· 184
第三节 危险与可操作性分析(HAZOP) ·········· 186
第四节 企地联动应急指挥平台 ·········· 194
第五节 生产装置现场巡回检查 ·········· 204

第六节　全厂三维立体人员定位 ……………………… 209

第七节　全过程环境监测与管控 ……………………… 219

一、石化企业多层级环境保护体系 ……………………… 221

二、从源头到结果全过程环境管控 ……………………… 225

三、基于 4G LTE 移动可燃气检测 ……………………… 229

第八节　设备管理智能化 ……………………… 238

一、基于预知预防的设备维护维修 ……………………… 240

二、设备与资产的全生命周期管理 ……………………… 245

参考文献 ……………………… 250

第四章　石油化工智能制造的基础设施　　252

第一节　石化流程型企业信息物理系统 ……………………… 252

一、信息物理系统的定义及应用 ……………………… 252

二、石化流程企业信息物理系统 ……………………… 254

三、构建流程工业信息物理系统 ……………………… 257

第二节　复杂工业环境移动宽带专网 ……………………… 260

一、移动宽带网络：智能制造高速路 ……………………… 260

二、4G 企业专网及 4G 运营商公网 ……………………… 266

三、构建复杂工业环境移动宽带网络 ……………………… 267

四、多种制式下的语音视频融合通信 ……………………… 272

第三节　窄带无线低功耗企业广域网 ……………………… 278

一、无线低功耗广域网：智能制造的重要基础 ……………………… 278

二、NB-IoT 在工业企业应用：eLTE-IoT ……………………… 282

第四节　分子级原（料）油物性表征 ……………………… 288

一、原（料）油的常规物性表征方法 ……………………… 288

二、原（料）油分子级物性快速表征 ……………………… 292

三、分子级物性快速表征数据的应用 ……………………… 298

第五节　消除各类"孤岛"实现集中集成 ……………………… 302

一、企业级中央数据库 ……………………… 304

二、企业服务总线（ESB） ……………………… 311

第六节　质量计量设施自动化智能化 ……………………… 318

一、LIMS 系统支撑智能化升级 ……………………… 318

二、样品采集送检标准化智能化 ……………………… 325

三、计量数据采集自动化智能化 ……………………… 328

第七节　工控与信息安全策略及设施 ……………………… 339

一、工控与信息安全风险分析 ·················· 339
二、工控与信息安全策略设计 ·················· 340
三、工控与信息安全基础设施 ·················· 342
参考文献 ·················· 346

第五章　智能制造的体制机制与管理创新　　349

第一节　管理模式与业务流程优化 ·················· 349
一、典型石化企业的管理体制与运行机制 ·················· 349
二、从分散走向集中：智能制造关键一步 ·················· 350
三、从"烟囱"到"矩阵"：推动智能化升级 ·················· 353
四、面向未来：从集中管控迈向智能管控 ·················· 354
第二节　面向智能制造的运行维护 ·················· 358
一、"管、建、维"分离运行体制机制 ·················· 358
二、各类软硬件系统的运行维护管理 ·················· 361
第三节　工程全数字化交付与数字化重建 ·················· 368
一、工程建设的全数字化交付 ·················· 368
二、以应用需求为导向的数字化重建 ·················· 374
第四节　石化企业智能制造决定因素 ·················· 377
一、植入智能制造基因 ·················· 378
二、避免若干认识误区 ·················· 379
三、"人"是决定性因素 ·················· 379
参考文献 ·················· 380

致谢　　381

第一章

绪　论

本章系统分析了国内外石化工业的现状及发展趋势，揭示了全球新一代信息化技术的发展，并从石化工业特点以及智能制造进展、典型石化企业信息系统架构、新一代通信技术用于工业环境、石化过程数字化建模的复杂性、石化流程企业智能化升级挑战等方面，阐述了石化工业智能制造现状及面临的挑战。

第一节　国内外石化工业的现状及发展趋势

近年来，世界经济复苏缓慢、增长乏力，中国经济发展进入新常态，全球能源需求增速放缓。世界能源结构向低碳、清洁化转变，以石油、煤炭为代表的化石能源在一次能源结构中的比例逐渐下降，天然气和以风能、太阳能等为代表的可再生能源快速发展。在美国页岩油快速增长等因素推动下，全球石油市场呈现供需宽松态势，国际油价在中低位运行。

全球石化工业产能增速趋缓、格局深度调整，石油石化产品需求稳定增长，炼油工业继续向深加工、分子级炼油方向发展，石化工业原料趋于低成本、多元化，石化产品转向功能化、个性化，炼化一体化、绿色化、低碳化、智能化特征更加凸显。

我国石化工业经过多年发展，炼油化工能力大幅提升，已迈入全球石化大国行列，但布局结构不尽合理，低端落后产能过剩，高端石化产品仍然大量依靠进口。我国石化工业已进入加快化解过剩落后产能、增产清洁高效燃料，调整成品油产品结构、生产高端石化产品的发展新阶段。

一、全球石化工业最新格局

进入 21 世纪，全球炼油化工格局呈现新的变化，石化产业集聚发展，形成了东北亚、北美、中东、西欧等石化产业集群。东北亚地区石化产业迅速发展，成为全球最大石化产业生产地；北美地区石化产能因页岩油气开发带动持续增长，位居全球第二位；中东地区石化产能依托低廉原料资源继续快速发展，位居全球第三位；西欧地区石化产能则因成本高、环境保护等因素不断萎缩，目前下滑至第四位。

（一）炼油及乙烯生产能力

1. 炼油能力增速放缓

世界炼油能力从 2005 年的 42.6 亿吨/年增加到 2016 年的 45.1 亿吨/年，年均增速 0.6%，低于 1995～2005 年期间的 1.36%，见表 1-1。未来 5 年，随着新兴市场地区炼油项目建设继续推进，世界炼油能力逐渐增长，但在成品油需求增速放缓背景下，炼油能力将呈总体过剩、竞争加剧态势。预计到 2020 年，世界炼油能力将达到 51.8 亿吨/年以上[1]。

表 1-1　世界各地区炼油能力　　　　　单位：亿吨/年

地区	1995 年	2000 年	2005 年	2010 年	2015 年	年均增速/%	
						1995～2005 年	2005～2015 年
亚太	7.4	10.1	11.1	12.4	13.2	4.1	1.7
西欧	7.1	7.2	7.5	7.3	6.7	0.6	−1.0
东欧和前苏联	6.4	5.4	5.1	5.2	5.1	−2.1	0.0
中东	2.7	3.0	3.5	3.6	4.7	2.8	2.9
非洲	1.4	1.6	1.6	1.6	1.7	1.3	0.4
北美	9.4	10.0	10.4	10.7	10.8	1.1	0.4
南美	2.9	3.3	3.3	3.3	2.9	1.1	−1.3
世界	37.2	40.6	42.6	44.1	45.1	1.36	0.6

注：数据来源：《油气杂志（Oil & Gas Journal）》。

2. 乙烯主产能地转移

2016 年，全球乙烯产能达 16377 万吨/年，产量 14656 万吨[2]，主要分布在东北亚、北美、中东、西欧和东南亚等地区，见表 1-2。欧洲、日本由于整合乙烯产业，关停落后产能及不再新建乙烯装置，未来该地区乙烯产能将有所下降。但随着北美、中东、中国、印度等国家和地区新装置开车，全球乙烯产量整体呈增长趋势。预计 2020 年前全球乙烯产能年增速 3%，2020～2025 年增速降至 1%。

表 1-2　2016 年全球乙烯产能和市场供需情况　　　　单位：万吨/年

地区	产能	产量	进口量	出口量	消费量
非洲	154	106	4	0	104
中东欧	679	521	16	2	523
印巴	500	485	11	0	440

续表

地区	产能	产量	进口量	出口量	消费量
中东	3229	2813	7	40	2750
北美	3659	3253	2	21	3285
东北亚	4177	4034	211	177	4091
南美	540	415	5	8	445
东南亚	1184	1005	91	50	1084
西欧	2254	2025	13	63	1962
世界合计	16377	14656	361	361	14684

注：数据来源：IHS、中石化经济技术研究院[2]。

（二）国际原油价格波动分析

国际油价波动走势受市场供需、金融监管、货币政策、地缘政治等多种因素影响[3]。从 1859 年世界第一口油井钻探成功以来的 150 多年间，国际原油价格（以 2014 年美元计价）多数时间段在 40 美元/桶以下运行，超过 60 美元/桶的高油价多由短期或意外事件推动，且持续时间较为有限，可以说油价低位运行是国际油价历史常态，如图 1-1 所示。

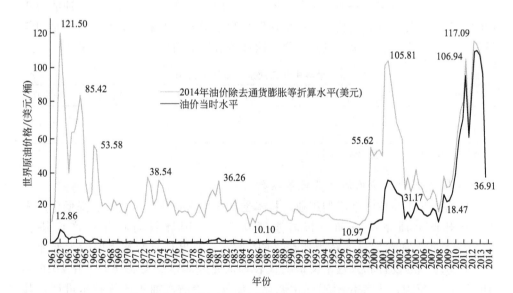

图 1-1　1961～2014 年国际原油价格年度走势
数据：1961～1983 年，阿拉伯斯坦努拉港轻质原油数据；
1984～2014 年，布伦特数据

进入 21 世纪，随着中国等新兴经济体经济高速发展，引起国际原油需求大幅增长，全球原油市场供需形势不断吃紧，原油价格在 2005 年突破 60 美元/桶以后迅速攀升，2008 年高点达 147.25 美元/桶；2008 年金融危机推动国际油价短暂下跌后，2011～2014 年再度攀升至 100 美元/桶左右高点。国际油价不仅推动全球油气勘探开发进入热潮，煤层气、页岩气和深海油气田得到快速发展，煤制油、煤制气以及新能源等替代能源也实现快速突破。

特别是美国页岩革命以来，美国石油产量不断刷新预测，大幅增量翻转了国际石油市场平衡状态，并促使美国政府于 2015 年年底解除了长达 40 年的原油出口禁令，美国已成为影响全球油价走势的关键力量。面对美国等非欧佩克成员国原油产量不断增长的压力，欧佩克采取以价格战保护市场份额的不减产策略，与此同时，世界经济复苏缓慢导致石油需求增长乏力，替代能源的快速发展和能效提高也抑制了需求增长[3]。这种供给侧产量快速增加和需求侧消费增长明显放缓的双重作用，加之金融监管趋严、强势美元等因素，推动 2014 年 7 月～2016年初国际油价断崖式下跌，并一度跌至 26.21 美元/桶低位。

（三）炼油继续向深加工发展

1. 炼油产业深加工能力快速提升

为应对原油资源劣质化、重质化趋势，满足石油产品轻质化、清洁化需求，近年来，世界炼油产业深加工水平不断提高，原油深度加工成为新增炼油能力建设的重点，主要二次加工装置产能增速明显高于世界炼油能力增速，特别是加氢裂化、延迟焦化增长较快。世界主要二次加工装置能力增长率见表 1-3[4]。

表 1-3　世界主要二次加工装置能力增长率

二次加工装置	催化裂化	延迟焦化	催化重整	加氢裂化	加氢处理	平均值
2000～2016 年年均增长率/%	1.66	4.52	1.72	5.08	3.02	2.87

注：数据来源：PIRA 能源咨询公司。

2. 技术创新推动炼油产业提质增效

炼油产业作为技术密集型工业，技术创新在提高企业经济效益、降低生产成本、提升产品质量等方面发挥着重要作用。美国燃料与石化生产商协会（AFPM）年会和欧洲炼油技术年会（ERTC）是业界具有影响力的两大专业会议，其论坛主题设置和入选论文情况代表着世界炼油产业发展动向。在 2016 年AFPM 论文集中，主要介绍了催化炼化、加氢、清洁汽油生产等技术进展。其中，在催化裂化领域，巴斯夫公司用于处理渣油的硼基技术 BBT（平台）的实验室先进裂化评价（ACE）结果显示，与基准情况相比，氢气产率降低 27%，焦炭产率下降 22%，石脑油和轻循环油（LCO）收率提高 0.75%，基于该技术开发的催化剂 Borocat 在多家炼厂试用取得较好成效；在加氢领域，雅宝公司基于 STAX 技术开发的镍钼催化剂已用于加氢处理；在清洁汽油生产领域，应用中国石油大学开发的离子液体法技术的 10 万吨/年烷基化装置于 2014 年开车成功，应用 CB&I、雅宝、NestOil 开发的 Alkyclean 固体酸技术的 10 万吨/年烷基化装置于 2015 年开车成功。此外，高辛烷值汽油组分生产、节能减排技术等，已成为当前炼油行业关注热点[5]。

（四）炼化一体化及分子级炼油

1. 炼化一体化

石油化工作为流程型制造业，在几次石油危机中，纯燃料型炼厂和纯石化厂（即：没有炼油装置为其提供化工原料）因受原油资源、原油价格等因素影响，暴露出加工成本高、生产灵活性不足、经济效益欠佳等缺点，炼化（炼油和化工）一体化成为石化企业抵御油价波动的重要措施[6]。随着炼油和石化生产技术的进步，以及先进信息技术的广泛应用，炼油和化工一体化的程度已由初级的以单供原料为主的"松散型"发展到全面互供原料（能量）的"紧密型"，集成度明显提高。炼油和化工一体化具有诸多优势：一是有利于原料的优化配置和综合利用，提高资源利用率，共享公用工程，减少库存和储运费用，降低综合成本；二是有利于提高炼厂竞争能力，可使炼厂 10%～25% 的低价值油品转变成为高价值的石化产品；三是有利于适应石油化工市场结构的改变，提高企业的整体经济效益[7]。总体看，炼化一体化已成为世界石化工业的发展趋势，全球已形成美国墨西哥湾、日本东京湾、韩国蔚山、新加坡裕廊岛、印度贾姆纳格尔、沙特朱拜勒、阿联酋阿布扎比等一体化炼化中心。

2. 分子级炼油

在原料劣质化、产品优质化的条件下，炼油企业的盈利空间受到挤压，为实现石油资源充分利用，分子级炼油技术应运而生[8]。从技术层面看，分子级炼油是从体现原油特征和价值的分子层次上深入认识和加工利用石油的先进技术，它不同于只能得到各馏分的整体物理性质、平均结构参数和族组成的传统炼油技术，而是从分子层次上分析原油组成，得到各馏分详细的化合物分子类型、碳分布以及关键单体化合物信息，进而精准预测产品性质、精细设计加工过程、合理配置加工流程，按照"宜油则油、宜芳则芳、宜烯则烯、宜润则润、宜化则化"原则，充分有效利用原油资源，将每一类分子转化为所需的产品分子，并减少副产物产生，实现物尽其用、各尽其能[5]。

当前，分子级炼油技术已经取得巨大进展，并实现工业应用和获得巨大经济效益，典型分子级炼油技术主要包括清洁汽油生产技术、清洁柴油生产技术、分子化重油加工技术、石脑油正异构烃分离技术和炼厂干气加工利用技术等[9]。埃克森美孚公司率先提出了"分子级管理"理念，并于 2002 年启动实施分子级炼油项目，利用专有的原油指纹技术建立反应动力学模型，准确选择原油、优化加工流程及产品调和,最大化生产高价值产品。该公司称通过分子级炼油项目,2007 年获益 7.5 亿美元,2002～2008 年均增效 5.0 亿美元[10]。

(五) 绿色低碳智能化发展

随着全球气温升高、环境恶化,石化工业对环境的污染越来越引起世界各国关注,淘汰落后的石化工艺,减少石化工业生产对大气、水和土壤的污染已成为全球共识,很多发达国家已把环境保护放在首位,将防治污染确立为基本国策。因此,为应对日益趋严的资源、环境和政策约束,石化工业必须走绿色、低碳、智能化发展之路,实现清洁生产,并生产更加有利于环保的产品。

1. 绿色生产已成为石化工业可持续发展的必然选择

当前,在节能减排方面,石化工业普遍采用在生产过程末端治理污染、降低排放的措施,这种治污措施虽然对环境质量改善起到重要作用,但作为一种补救式措施,不仅资源、能源得不到有效利用,而且治理投资和运行费用高,致使企业负担较重,运行效果欠佳。因此,需要通过技术革新,实现石化工业绿色全过程生产,从源头上减少或消除污染。绿色生产不仅使物料能源得到有效利用,而且减少废物产生、降低了废物处理费用,能够同时实现较好的经济效益和环境效益,已成为石化工业发展的趋势。目前,石化工业绿色生产主要有两种做法:一是采用分子理论设计生产石化产品,从源头控制污染物产生;二是采用全生命周期过程控制策略,努力实现原料绿色化、反应介质绿色化、化学反应绿色化和石化产品绿色化,主要技术包括"分子设计"技术、组合化学技术、纳米和微乳化技术等。

2. 炼化企业向智能化方向发展

由于炼化企业规模逐渐扩大、装置结构日益复杂,同时对原料的有效利用和产品质量要求也更加严格,因此对炼厂和装置的运行管控提出了更高的要求。当前,跨国石化企业纷纷把信息技术作为提高竞争力的核心技术之一。将先进的制造模式与网络技术、云计算等信息技术相融合,在炼厂生产经营管理中的应用越来越广泛。一些先进企业的信息化应用已进入智能化应用阶段,实现了经营管理向集中集成、深化应用以及决策分析方向发展,生产运营向感知、预测、优化以及协同智能方向发展,数据挖掘和分析能力不断提高,营运动态实时掌握,商业智能广泛应用,企业核心竞争能力不断加强。如罗克韦尔公司(Rockwell)开发的 PlantPAx 系统,集信息、自动控制、动力与安全于一体,炼化企业可以借助该系统的解决方案,通过一个平台对全厂的生产运营进行有效控制、优化和管理;霍尼韦尔公司(Honeywell)的 Intuition Executive 软件,可解决企业信息的可视化与协同问题[11]。

随着信息技术的发展及其与制造业的深度融合,智能化必将成为炼化企业发展的必由之路[12]。可以预计，未来炼油企业将以物联网和无线网络为基础，通过智能数据处理实现全流程优化和实时优化，从而大幅度提升炼厂的经济效益和整体竞争力。

二、中国石化工业发展趋势

经过几十年发展，我国已从石化小国发展成为石化大国，石化工业成为国民经济重要支柱产业。但近些年来，我国石化工业发展形势复杂严峻，低端落后产能过剩，高端石化产品供应不足，亟需由规模扩张向提质增效、转型升级转变。

为推动石化产业发展，我国出台了一系列规划和政策。2014 年 9 月，国家发改委印发《石化产业规划布局方案》。2016 年 10 月，国土资源部印发《关于落实国家产业政策做好建设项目用地审查有关问题的通知》，对过剩行业新增产能以及未纳入石化产业规划布局的新建炼化项目一律不再受理用地预审。2016 年 10 月，国家工信部出台《石化和化学工业发展规划（2016～2020 年)》，提出产品结构高端化、原料路线多元化、科技创新集成化、产业布局集约化、安全环保生态化的"五化"发展原则。

（一）炼油及乙烯在世界地位

2016 年，我国炼油能力 7.5 亿吨/年、乙烯产能 2264 万吨/年，均位居世界第二位，已建成 22 个千万吨级炼油、10 个百万吨级乙烯基地，形成了长江三角洲、珠江三角洲、环渤海地区三大石化产业集聚区[13]。其中，镇海炼化、大连石化、茂名石化炼油能力均超过 2000 万吨/年，跻身世界最大炼厂行列；上海赛科、独山子石化等 6 套单套乙烯能力均超过 100 万吨/年。

"十三五"期间，我国将新增炼油能力 1.22 亿吨/年[14]、乙烯产能 1260 万吨/年，预计 2020 年国内一次加工能力可达到 8.8 亿吨/年、乙烯产能可达到 3400 万吨/年。

（二）石化产品未来需求预测

1. 原油

2010 年之后，受商用车需求下滑、石油替代产品迅速发展等因素影响，我国石油消费增速明显放缓，2010～2016 年石油消费年均增速为 3.1%，由高速增长进入中低速增长时期。2016 年，全国石油表观消费量 5.56 亿吨，同比增加 0.15 亿吨，增长 2.8%（同比下降 1.5 个百分点）。石油对外依存度 64.4%（同比上升 3.8 个百分点）。随着能效利用提高和替代能源发展，预计我国石油需求将在 2030 年左右达到峰值（约 6.6 亿吨），2030～2040 年需求保持相对稳定，2040 年之后需求下降速度加快。

2. 成品油

2016 年，我国汽油消费量为 1.2 亿吨，同比增长 3.8％；柴油消费量 1.65 亿吨，同比下降 5％；煤油消费量 3023 万吨，同比增长 9.2％。预计到 2020 年，我国汽柴油消费需求总量将达到 3.62 亿吨，其中汽油 1.55 亿吨、柴油 1.7 亿吨、煤油 3650 万吨，柴汽比为 1.1；预计到 2025 年，我国汽柴油消费需求总量将达到 3.84 亿吨，其中汽油 1.7 亿吨、柴油 1.67 亿吨、煤油 4760 万吨，柴汽比为 0.98。柴油消费持续下降，汽油需求保持增长但增速放缓。

3. 烯烃

我国烯烃产能快速增长，2015 年全国乙烯总生产能力 2123 万吨/年、丙烯 2814 万吨/年，较 2010 年分别增长 42.0％和 88.4％。产能增长的同时，我国乙烯和丙烯消费也迅速增长，2010～2015 年，乙烯、丙烯当量消费量年均增速分别为 4.3％和 7.0％。乙烯自给率保持在 50％左右，丙烯自给率从 2010 年的 61.8％上升至 2015 年的 73.6％。预计 2025 年我国乙烯、丙烯当量消费量分别为 5224 万吨和 4281 万吨，自给率分别为 61.4％和 91.9％。

（三）炼油产业提质优化升级

当前，我国炼油产业矛盾已经由"产能不足、产品短缺"转换为"先进产能不足、落后产能过剩"。2015 年，我国炼油开工率仅为 75％，低于全球炼厂平均开工率 82.1％，也低于亚太地区炼厂平均开工率 82.0％。预计 2020 年我国炼厂开工率将下降到 70％左右，结构性过剩、区域性过剩和二次加工能力不合理等问题更加凸显。炼油企业需要依靠科技进步和管理创新等措施提升经济效益。

1. 提高原油适应性

随着我国原油对外依存度不断提升，炼油企业受资源供应、运输通道、地缘政治等多种因素影响，原油资源稳定供应能力遭遇不小挑战。当前和今后一段时期，我国炼油企业需要着力提高原油加工的适应性，炼油加工不再是传统上先确定原油来源、再对比选择加工流程的单一方案，而是根据原油资源供应的可靠性和适应性，通过各种加工方案优化组合，确定经济效益最大化的加工方案，确保装置负荷和产品质量平衡，并有效降低加工原油品种变化带来的风险。提高原油适应性业已成为我国炼油企业应对原油资源不确定性以及劣质化、重质化问题的重要举措。

2. 深度加工

随着我国社会经济持续快速发展，国内市场越来越需要轻质化、高质量的油品。特别是在当前柴油消费低迷、汽油和煤油快速增长，也要求推进原油深度加工。汽油生产主要是降低烯烃、苯、芳烃含量，增加高辛烷值组分比例，建设连续重整、催化裂化、烷基化、异构化等生产装置；柴油生产主要是降低多环芳烃和提高十六烷值，建设加氢裂化、加氢精制等生产装置。主要措施包括但不限于：催化裂化装置加工更重的劣质渣油和更多的直馏重柴油；提高加氢裂化装置单程转化率，增产石脑油、航煤、乙烯料，或通过尾油循环降低柴油收率，掺炼劣质催化柴油等等。

3. 清洁生产

以节能、降耗、减排为目标的清洁生产，最大限度利用资源能源，减少污染物排放和末端治理投入，在降低生产成本的同时提高产品质量。自 2003 年国家环保总局发布《石油炼制行业清洁生产标准》以来，我国炼油行业深入推进清洁生产，"三废"污染排放不断减少，综合能耗持续下降。《石化和化学工业发展规划（2016～2020 年）》明确提出，"十三五"末，行业万元 GDP 用水量下降 23％，万元 GDP 能源消耗、二氧化碳排放降低 18％，化学需氧量、氨氮排放总量减少 10％，二氧化硫、氮氧化物排放总量减少 15％，重点行业挥发性有机物排放量削减 30％以上。

4. 分子级炼油

在分子级炼油技术研究方面，中石化所属石油化工科学研究院自主研发的石油分子表征技术，在石油组成、炼油工艺过程反应化学及催化剂评价中获得了一系列新认识，并启动了石油资源的分子鉴别和转化规律认识、高酸原油加工技术、固体酸烷基化技术等一系列重大工艺创新开发，一些技术已经完成中试和实现工业化。未来，随着分析技术、信息技术等相关领域研究进一步深入，分子级炼油技术将在炼油产业实现进一步的应用，成为炼油企业优化加工流程和产品方案、提高资源利用效率、提升副产品利用水平的重要手段。

（四）大型化基地化一体化发展

石化行业为应对原油资源挑战、安全环保刚性约束、产品价格周期波动、高质量产品需求增加等挑战，必须走大型化、基地化、一体化发展道路。一方面有利于降低单位产能投资、节省原料及公用工程成本、促进中副产品综合利用、降低企业运营成本；另一方面可有效应对全球石化产品价格周期性波动风险，有效提升企业的综合经济效益。根据研究机构估算，炼油能力由 600 万吨/年增加到 1000 万吨/年，单位产能投资可节约 23％～25％，生产费用节约 12％～15％，占地和能耗也随之减少。

（五）信息化提升传统石化产业

随着互联网、大数据、云计算等信息技术的迅猛发展，以及与石油化工的深度融合，信息化、智能化为石化企业优化生产运行、扩能改造升级、降低能耗物耗、提升预测预警能力等提供了越来越多的决策支持能力，正在成为石化企业新的生产方式和经济增长点[15]。2012 年年底，中石化启动智能工厂建设，2013 年完成智能工厂规划、定义智能工厂模型，2014 年完成智能工厂的系统设计和项目实施策略，并选择了九江石化、镇海炼化、茂名石化、燕山石化作为试点建设智能工厂。目前，试点企业的先进控制投用率、生产数据自动数采率大幅提升，外排污染源自动监控率达到 100%，生产优化从局部优化、离线优化逐步提升为一体化优化、在线优化，劳动生产率提高 10% 以上。

2016 年 8 月，国务院办公厅发布《关于石化产业调结构促转型增效益的指导意见》，提出"扩大石化产业智能制造试点范围，鼓励炼化等行业开展智能工厂、数字化车间试点"[16]。《石化和化学工业发展规划（2016～2020）》也明确提出，推动新一代信息技术与石化和化学工业深度融合，推进以数字化、网络化、智能化为标志的智能制造。"十三五"及今后一段时期，我国石化产业将加快推进信息化与工业化深度融合，进一步提升企业的数字化、自动化、智能化水平，促进企业生产方式、管理模式的创新，实现提高劳动生产率、降低运营成本、提升经济效益等目标，为企业的持续健康发展注入新的动力。

第二节　全球新一代信息化技术的发展趋势

近年来，在移动互联网技术快速发展的带动下，学科交叉融合加速，新兴学科不断涌现，前沿领域不断延伸。特别是在高速有线网络、4G/5G（第四代/第五代移动通信技术）无线通信网络、低功耗广域网、虚拟现实、大数据、云计算、人工智能等方面，信息通信技术创新异常活跃，技术融合步伐不断加快，催生出一系列新产品、新应用和新模式，加快了传统石化产业的结构调整和转型升级，也快速推动了新兴产业的发展壮大。

一、网络与通信

（一）高速有线网络

信息通信技术（Information Communication Technology，ICT）的发展对骨干网络的带宽需求呈爆炸式增加，100G 以及 400G 光通信成为我国骨干网升级和新建的方向。400Gbps 传输大多采用多波长复用的方案，对芯片、器件以及光纤介质等提出新的技术要求。国内外主流厂商如华为、中兴、烽火和诺基亚等均发布了其 400Gbps 样机，其他厂家也在积极开发当中，各方正努力推动 400G 技术和产业的发展。为满足未来 5～10 年业务发展，运营商在加紧部署 100G 网络的同时，也在积极推进研发 400G 网络技术。同时，400G 有关的国际标准已在 2017 年成熟完善，国内与系统设备直接相关的标准也已进入研究阶段。随着标准的成熟，将对后续 400G 产业发展起到较大的推动作用。

（二）短距离无线通信

短距离无线通信是指通信收发双方通过无线电波传输信息的距离限制在较短的几十米范围内。目前的短距离无线通信技术或基于传输速度、距离、耗电量的特殊要求，或着眼于功能的扩充性，但尚无一种技术足以满足所有的需求。其中，Wi-Fi（Wireless Fidelity，无线保真）、蓝牙（Bluetooth）、紫蜂（ZigBee）、近场通信（NFC）、WIA-PA（面向工业过程自动化的工业无线网络标准技术）等应用最为广泛，均不同程度地应用到了石油石化行业的各个领域中。

1. Wi-Fi

1999 年，IEEE（国际电气和电子工程师协会）官方定义 802.11 标准时，选择并认定 CSIRO 发明的无线网技术是当时世界上最好的无线网技术。随着智能移动设备的兴起，Wi-Fi 成为人们生活中不可缺失的技术。

Wi-Fi 通信距离约 100m，发射信号功率低于 100mW，低于手机发射功率。Wi-Fi 最初推出的是 802.11b 标准，传输速度为 11 Mbps。随后推出了 802.11a 标准，连接速度可达 54Mbps。后来又推出了兼容 802.11b 与 802.11a 的 802.11g 标准。2009 年 9 月通过的 802.11n 标准，使得传输速率提高到 350Mbps 或 475Mbps。随后的 802.11ac 标准，可以工作在 5G 频段，理论上可以提供高达 1Gbps 的数据传输能力。最近，Intel 推出了支持 802.11ac Wave 2 标准的无线网卡，理论最大无线速率可达 1.73Gbps。

在石油石化行业，4G 技术应用之前，也有很多国内外企业在生产区域内应用了 Wi-Fi 技术，但由于 Wi-Fi 通信距离近，需要部署大量热点，在生产区域内热点架设成本较高，而且由于短距离通信的漫游性能不好，语音视频在移动场景下的接续性无法满足应用需求等问题，无法得到广泛的应用。

2. 蓝牙

Bluetooth（蓝牙）技术使用的是 2.4～2.485GHz 的 ISM（Industrial Scientific Medical，工业、科学、医学）频段。最初由爱立信公司于 1994 年创制，蓝牙的发射功率根据需要分为 3 档：最高档为 20dBm（100mW）、中间档为 4dBm（2.5mW）、最低档为 0dBm（1mW）。对应的通信距离分别为 100m、10m、1m。蓝牙版本经过 V1.0 到 V2.0、V3.0、V4.0 的发展，于 2016 年 6 月发布了蓝牙 V5.0 标准，具有以下主要功能：一是针对低功耗设备，有更广的覆盖范围；二是加入室内定位辅助功能，结合 Wi-Fi 可以实现精度小于 1m 的室内定位；三是传输速度上限为 24Mbps；四是传输级别达到无损级别；五是有效工作距离可达 300m。

在石油石化行业，一些企业正在尝试使用蓝牙定位方法来搭建三维定位系统，在装置区内可实现的定位精度达 3～5m，可以严格区分工业装置区不同的高层平面，区分误判率在 1% 以下，并且具有综合成本低的优势。蓝牙 5.0 的发布及应用，为在装置区内进行更高精度的定位提供了可能。

3. ZigBee

ZigBee 是基于 IEEE 802.15.4 标准的低功耗局域网协议，其重要特点就是能进行自组网通信。多个 ZigBee 节点，可以形成一个互联互通的 ZigBee 网络，并且能根据节点的移动，重新寻找通信对象。即使距离较远的两个节点，也可以通过其他跳板节点进行最短距离的通信。此外，ZigBee 通信技术还具有以下特点：

① 低功耗。在低耗电待机模式下，2 节 5 号干电池可支持 1 个节点工作 6～24 个月。

② 低成本。ZigBee 无需协议专利费，通过大幅简化协议，每块芯片价格约为 1 美元。

③ 低速率。ZigBee 工作在 20～250kbps 的速率，满足低速率传输数据的应用需求。

④ 近距离。传输范围一般介于 10～100m 之间，在增加发射功率后，亦可增加到 1000～3000m。如果通过路由和节点间通信的接力，传输距离将可以更远。

⑤ 高容量。ZigBee 可采用星状和网状通信结构，由一个主节点管理若干子节点，最多可管理 254 个子节点；同时主节点还可由上一层网络节点管理，可组成最多 65000 个节点的大网。

4. NFC

2003 年，飞利浦半导体公司和索尼公司联合对外发布了一种兼容ISO 14443 A/B 非接触式卡协议的无线通信技术，取名 NFC（Near Field Communication，近场通信）。该技术规范定义了两个 NFC 设备之间基于 13.56MHz 频率的无线通信方式，并最终被提交到国际标准化组织（ISO）获得批准，成为正式的国际标准 ISO 18092，后来又增加了对 ISO 15693 标准的兼容。

NFC 将非接触读卡器、非接触卡和点对点功能整合进一块单芯片，具有更强信息交互能力。NFC 是射频识别（Radio Frequency IDentification，RFID）的演进版本，手机内置 NFC 芯片后，既可当作 RFID 无源标签用作支付费用，也可当作 RFID 读写器，读取标签信息，还可以进行 NFC 手机之间的数据通信。由于采用了信号衰减技术，NFC 传输距离比 RFID 小。在应用方向上，NFC 已经成为很多手机的标配，实现了购物、乘车、坐地铁等便捷的移动支付。在工业领域，NFC 技术也已经作为工业智能终端的标配，在石油石化行业的巡检管理、人员管理、设备管理、物品管理、环境管理、采样管理等各方面得到广泛应用。

（三）4G 公网与专网

4G 通信标准，指的是第四代移动通信技术。该技术包括 TD-LTE（Time Division-Long Term Evolution，分时-长期演进）和 FDD-LTE（Frequency Division Duplexing-Long Term Evolution，频分双工-长期演进）两种制式，能够快速传输数据、音频、视频和图像等。在国内三大运营商中，中国移动采用 TD-LTE 技术，中国联通和中国电信采用 FDD-LTE 技术。

在频率上，中国移动共获得 130MHz，分别为 1880～1900MHz、2320～2370MHz、2575～2635MHz；中国联通获得 40MHz，分别为 2300～2320MHz、2555～2575MHz；中国电信获得 40MHz，分别为 2370～2390MHz、2635～2655MHz。中国移动占据的带宽更大，更适合大规模终端集中通信的场景。

在传输速度上，TD-LTE 的上下行统计速率分别为 30Mbps 和 100Mbps，而 FDD-LTE 的上下行统计速率分别为 50Mbps 和 150Mbps，相对较高。TD-LTE 可通过载波聚合（CA）技术应用，使得下行峰值速率达到 330Mbps。

在网络部署方面，截至 2016 年年底，中国移动已建成 151 万个 4G 基站，覆盖人口超过 13 亿，实现全国乡镇以上连续覆盖和行政村热点覆盖。中国联通已建成的基站数量为 74 万个，中国电信已建成的基站数量为 89 万个。中国移动计划到 2017 年 12 月建成 4G 基站总数增加到 177 万个，中国联通打算在 2017 年新建 15 万个 4G 基站，中国电信将会在 2017 年新建 27 万个 4G 基站。

4G-LTE 专网是指不依赖于运营商 4G 网络而独立组建的 4G-LTE 网络，主要应用于政务网和企业网两个方向。政务网是面向公共安全和政务指挥调度的专网，行业用户包括：警察、安全、武警、政府政务及行政执法等部门。企业网是面向重点行业和大型企业生产管理的专网，包括：公用事业单位、交通运输部门、大型企业（油田、炼厂、化工厂、矿山等）。4G-LTE 专网在国内主要使用的是 TD-LTE 技术。

在频段方面，政务网通常使用 1.4G 频段：1447～1467MHz（共 20MHz）；企业网通常使用 1.8G 频段：1785～1805MHz（共 20MHz）。

在标准方面，2015 年 2 月 3 日，国际电信联盟无线局（ITU-R）的建议书 M.2009 修订版正式出版。由中国通信标准化协会（CCSA）制定、国家工信部批复的行业标准《基于 LTE 技术的宽带集群通信（B-TrunC）系统接口技术要求空中接口》被写入该建议书中，成为 ITU-R 推荐的 PPDR（公共保护与救灾）宽带集群空中接口标准。这是中国宽带集群通信标准首次被 ITU 的 PPDR 建议书所采纳。宽带集群在兼容 TD-LTE 宽带数据业务的基础上，增强了语音集群和多媒体调度等宽带集群功能。宽带集群通信（B-TrunC）空中接口采用了创新的下行共享信道技术，极大地提高了组通信业务的频谱效率，集群功能性能指标达到或超过专业数字集群的技术水平，是国际上首个支持点对多点语音通话、点对多点多媒体集群调度等公共安全与减灾应用的宽带集群通信标准。

在政策方面，国家工信部确定 1.4G 频段用于政务网、公共安全、应急通信等政府专网，1.8G 频段重点应用于交通（城市轨道交通等）、电力、石油石化等行业专用通信网。

在传输速度上，使用 1785～1805MHz 全部 20MHz 频段，4G-LTE 企业专网的上行速度能达到 50Mbps，下行速度能达到 100Mbps。

在网络通信质量方面，4G-LTE 企业专网具有高速率、广覆盖、低时延、并发多、高稳定、快速移动等特性。在网络延时上，其端到端时延仅有 5ms。由于 1.8G 频段非常干净，受干扰少，通信稳定性也相对较高。

在市场成熟度方面，4G-LTE 企业专网已具备从终端、系统到核心网配套厂商、软硬件解决方案等完善的商用产业链布局，全球已经开始规模商用部署并已经投入使用，发展迅速。

（四）5G 移动通信

5G 时代，将推动移动通信技术成为更普及、适应性更广的平台。4G 和之前的移动通信聚焦于人与人之间的通信，而 5G 除了进一步增强人与人的移动互联之外，还使万物互相连接起来。5G 时代的业务将空前繁荣，无论是远程实时操控要求的 ms 级时延，VR/AR（虚拟现实/增强现实）和超高清视频要求的 GB/s 级带宽，抑或是每平方千米上百万连接数量要求的广覆盖、低功耗物联网，必须引入革命性的多场景技术以满足多样性的极致业务需求，这在业界已达成共识。

HIS 公司研究预测，到 2035 年，5G 将在全球创造 12.3 万亿美元经济产出，全球 5G 价值链将创造 3.5 万亿美元产出，同时创造 2200 万个工作岗位。5G 价值链平均每年将投入 2000 亿美元，持续拓展并增强网络和商业应用基础设施中的 5G 技术基础。

5G 将对全球经济增长产生深远且持久的影响。未来二十年 5G 将在全球经济中广泛普及，成为对全球经济扩展的重要贡献因素之一。3GPP（3rd Generation Partnership Project，第三代合作伙伴计划，简称 3GPP）正努力制定 Release 15，为 2019 年开始的 5G 商用提供全球规范。在频谱利用方面，对授权频谱、非授权频谱以及共享频谱的使用也是 5G 的一个独特特性。

5G 时代的到来，三大类应用场景将得到极大的发展：

eMBB（Enhance Mobile Broadband，增强型移动宽带），该技术使得无线数据传输的峰值速率可以达到 10Gbps 以上，为增强现实、虚拟现实、超高清视频的普及应用提供了基础。

mMTC（Massive Machine Type Communication，海量物联网通信），该技术可以达到每平方千米连接 100 万个终端（10^6 个/km²），使得大规模物联网应用成为可能，并带动智慧城市、智能工厂、智慧农业、智能家居等一系列以物联网为基础的智慧产业的发展。

URLLC（Ultra Reliable & Low Latency Communication，超高可靠性与超低时延通信），该技术使得端到端的无线通信时间延迟达到毫秒（ms）级，通信可靠性接近 100%，推动自动驾驶、实时游戏、无人机、工业自动化、远程医疗、智能电网等需要低时延、高可靠连接的产业得到更大发展。

二、工业物联网

"物联网"（Internet of Things，IoT）的概念首次由麻省理工学院（MIT）实验室于 1999 年提出。近年来，世界主要制造强国都围绕物联网作出政策布局：美国提出工业物联网概念，德国提出工业 4.0 概念，中国提出"中国制造 2025"和"互联网＋"。物联网将人与物、物与物进行连接，不仅能改善人们的生活，还能给产业带来巨大的创新与变革。思科公司预测未来 10 年，全球物联网产值将达 8 万亿美元，Gartner 预测 2020 年全球所使用的物联网设备数量将超过 200 亿台，华为预测 2025 年物理连接将达 1000 亿台（增幅超过 10 倍），而虚拟连接将达万亿台（增幅达 100 倍）。物理连接与虚拟连接在数量上的爆发性增长将引发质变，引领人类社会走向全连接的世界。

工业物联网（Industry Internet of Things，IIoT）是物联网在工业上的应用。工业物联网的连接方式分为有线和无线两大类。传统的有线连接主要有电线载波或载频、同轴线、开关量信号线、RS232 串口、RS485 串口、以太网线等形式。无线连接包括短距离通信和远距离通信两部分。短距离无线通信包括 Wi-Fi、蓝牙、ZigBee、NFC 等。而对于更广范围、更远距离的连接则需要远距离通信技术。LPWAN（Low Power Wide Area Network，低功耗广域网）技术正是为了满足物联网远距离通信需求应运而生的一种无线通信技术。同时，低功耗传感器以及本质安全供电技术发展，也为工业物联网发展提供了更多技术基础。

未来，工业物联网将进一步演化为泛在感知和泛在计算，感知和计算资源普遍存在于环境中，并与环境融为一体，人和物理世界更依赖"自然"的交互方式，从根本上改变了人去适应机器的被动式服务思想。国际电信联盟已经将泛在感知和泛在计算描述为物联网的远景发展，通过泛在感知和泛在计算，将传感器技术、嵌入式技术、移动通信技术、云计算与大数据技术、人工智能技术等融合在一起，推动智能工厂的演进，进一步提升企业的经济效益，以及本质安全环保水平。

（一）低功耗广域网

目前全球电信运营商已经构建了覆盖全球的移动通信网络，2G、3G、4G 等移动通信网络虽然覆盖范围广，但基于这些移动通信技术的物联网设备还存在功耗大、成本高、容量低、通信距离近等劣势。当前，全球真正承载在移动网络上的物与物的连接仅占连接总数的 6％，主要原因在于当前移动网络的承载能力不足以支撑大量的物与物之间的连接。为了满足越来越多远距离物联网设备的连接需求，LPWAN 应运而生。LPWAN 专为低功耗、远距离、大量连接的物联网应用而设计。LPWAN 可分为两类：一类是工作于非授权频谱的 LoRa、UNB 等技术；另一类是工作于授权频谱下如 NB-IoT、eMTC（LTE-M）等的技术。图 1-2 所示为不同无线通信技术在通信速率和覆盖距离上的对比分布，反映了各种低功耗广域网技术与传统无线通信技术的不同。

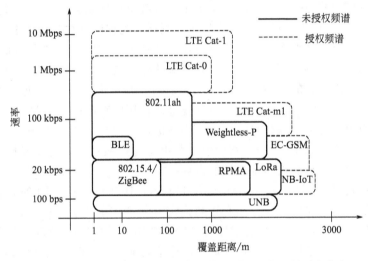

图 1-2　不同无线通信技术在通信速率和覆盖距离上的对比分布

（二）低功耗传感器

传感器是能够感受到被测量物体的状态信息，并将感受到的信息按一定规律变换成为电信号输出的器件。工业传感器种类繁多、数量巨大，如压力传感器、液位传感器、流量传感器、温度传感器、振动传感器、噪声传感器、气体浓度传感器等，为工业现场信息采集提供了广泛的"触角"。传统传感器体积大、功耗大、价格贵，部署在工业现场不仅需要有线的供电线路，还需要部署通信线路，安装难度大，施工成本高。随着传感器的发展，功耗和成本越来越低，作为"工业物联网"的重要组成部分的传感器，伴随着低功耗广域网的发展，使得低成本无线部署传感器成为可能，为智能工厂的泛在感知奠定了基础。

1. 振动传感器

流程行业工厂内存在着大量的旋转机械，当旋转机械内部出现异常情况后，就会使正常的机械振动加大。强烈的振动和冲击会使得设备和零部件出现损坏或

异常故障，使仪器仪表的精度降低、甚至损坏，由于振动引起的故障率一般可达
$60\%\sim70\%$。炼油厂的高温油泵、化工厂的大型空气压缩机组、油田的石油钻机
等机械设备经常由于强烈振动而迫使停机检修，在影响生产的同时，也带来安全
隐患。为及时准确了解旋转机械设备的工作状况，就需要获得机械振动中包含的
信息，分析振动机理，从而对设备的运行情况进行诊断，发现可能存在的故障，
在不拆卸的前提下，对设备进行前期诊断和故障分析，并根据问题进行相应的
处理。

过去，对振动的测量主要采用压电式的加速度传感器来实现，它属于惯性式
传感器，利用压电石英晶体的压电效应来进行测量。传统压电晶体加速度传感器
频率响应范围宽，但体积大、功耗高，价格也比较昂贵。随着 MEMS 技术的发
展，微加速度计（Micro Accelerometer）发展十分迅速，微加速度计也是惯性传
感器件，有非常高的集成度，传感系统与接口电路集成在一个芯片上，有压阻
式、电容式等多种类型。电容式微加速度计灵敏度和测量精度高、稳定性好、温
度漂移小、功耗极低，而且有过载保护能力。

微加速度计的出现，将其低功耗、低成本的特性与低功耗广域网相结合，可
以开发出极小、很便宜的现场振动测量传感器，它可方便地安装在工厂各个旋转
机械的主轴和外壳上，将工厂内全部旋转机械的振动加速度信息收集起来，通过
时域、频域分析算法，得到行业通用的对机械振动强度进行评估的振动速度、位
移信息，再通过低功耗广域网定时将这些速度、位移信息发送至云端，形成对所
有设备的振动情况的监测，并生成振动强度变化趋势曲线，实现真正意义上的全
厂振动的泛在感知，从而为设备的预测性维修提供及时、全面、准确的数据依
据，推进工厂设备管理向智能化方向演化。

2. 有毒有害气体传感器

流程行业的工业现场，特别是石化、冶金等行业的工业现场，存在各类有毒
有害气体的排放。气体传感器可以部署在工业现场，监测现场气体排放情况，为
分析并解决现场跑冒滴漏情况提供依据。气体传感器种类繁多，包括半导体气体
传感器、电化学气体传感器、催化燃烧式气体传感器、红外气体传感器、热传导
式气体传感器、固体电解质气体传感器等。

未来一段时间，半导体和催化燃烧式气体传感器依靠其价格优势仍会占据部
分低端市场，电化学传感器在精度要求高的低浓度毒性气体、有机蒸气、酒精气
体、氧气监测等领域综合优势突出。红外气体传感器适用于监测各种易燃易爆、
二氧化碳气体，具有精度高、选择性好、可靠性高、不中毒、不依赖于氧气、受
环境干扰因素较小、寿命长等显著优点。这些优点将导致电化学、红外原理的气
体检测传感器占领更广泛的行业高端市场，并在未来逐步成为市场主流。同时，
各类传感器与低功耗广域网的结合，形成基于无线的易部署传感器网络，也是流

程行业现场气体监测的发展趋势。

(三) 本质安全供电

在以石化为代表的流程行业中, 存在着各类可以点燃爆炸的气体环境, 在这种环境下使用的控制、通信类设备就必须保证不能出现由于这些设备的使用导致爆炸的可能性, 而其中供电系统设计尤为关键。相关国家标准规定, 在防爆区域使用的电路及设备必须满足本质安全性要求。传统本质安全型设备主要使用锂离子电池供电, 充电时要么使用隔爆箱保护, 要么要求必须进入安全区域才能充电, 且传统锂离子电池由于其电解液在高温下会发生氧化分解并产生气体, 以致发生燃烧。因此, 对于本质安全型防爆电子产品, 电池的保护电路是设计的关键。随着物联网的发展, 工业现场使用的各类传感器、通信设备等都希望无线部署, 从而省去穿管拉线的高额成本。未来, 包括固态锂电池、光充电、振动充电等新技术将会越来越多地运用到流程行业的物联网产品上。

1. 固态锂离子电池

固态锂离子电池的原理与传统锂电池相同, 只不过其电解质为固态, 固态电解质具有的密度以及结构可以让更多带电离子聚集在一端, 传导更大的电流, 进而提升电池容量。而且, 因为电解质是固态, 像传统锂电池电解液在高温下发生副反应的机会也大大降低, 所以更为安全, 固态锂离子电池可以被剪切、折弯, 甚至被钉枪射击, 也不会出现安全事故。

固态锂离子电池的生产企业中, 国外的有 Cymbet、Excellatron、Front Edge、Infinite Power、Sakti3、Seeo、Toyota/AIST、Planar Energy 等, 中国的主要是台湾辉能、青岛能源所、宁波材料所、CATL、中航锂电等。2015 年, 英国戴森公司收购了固态电池企业 Sakti3。德国博世 (BOSCH) 公司收购了美国电池公司 Seeo。中国台湾电池制造商辉能科技 (ProLogium) 近日展出了新型的柔性电池技术 FLCB (FPC Lithium Ceramic Battery, 超薄软板陶瓷锂电池), 可以像纸片一样扭曲折叠, 甚至在切开后仍然可以正常工作。

2. 光充电

低功耗广域网通信的平均功耗可以降到几毫瓦, 甚至微瓦级。同时, 低功耗传感器的功耗也只需要微瓦级。因此, 只需要在光照度不高的室内 (或装置区) 实现毫瓦级别的自然光充电功率, 即可实现对现场传感器及无线通信的永久供电, 使得对工业现场进行低成本的永久泛在感知成为可能。而且, 光电池的电流只是毫瓦级的涓流供电, 也能满足本质安全型供电的要求。

光电池 (Photovoltaic Cell), 是指能在光的照射下产生电动势的元件, 用于光电转换、光电探测等方面。人们最早发现和应用的是硒光电池, 后来又发现和应用了各种半导体材料的光电池, 如硅光电池 (单晶硅电池、多晶硅电池、非晶硅电池、无机薄膜电池）等，它们有的制造成本低，有的光电转换效率高，有的可以沉积在各种柔性材质表面，适合于更多的充电应用场景。另外，有机薄膜光电池（Organic Photovoltaics，OPV）技术也日趋成熟，由于其涂覆厚度更低、更轻薄，透明可卷曲，且吸收光谱更为广泛［可吸收日光灯、LED（发光二极管）灯、荧光灯等各类光照］，所以特别适合小功率下、具有一定照度的物联网传感器的供电。在流程行业工厂内，包括人员定位的标签、振动传感器、腐蚀检测器、低功耗气体检测传感器等一系列可以在装置区应用的低功耗传感器，结合光充电技术，将有极大的发展空间。

3. 机械振动充电

石化企业中，包括机泵的振动、人员行走的振动，都可以作为振动发电的能量来源，这些振动的能量转化为电能后，能储存在振动传感器和人员定位传感器的充电电池中，为传感器长时间的持续工作提供电能。

机械振动发电可以分为静电式、压电式、电磁式。其中，电磁式振动发电机是利用振动切割磁力线，感应出来电动势来发电的，其能量转换效率高、结构简单、易于实现整体结构的微型化与集成化，成为国内外振动发电领域研究的重点，有望成为无线传感器的安全可靠且免维护的长期电力来源，使用寿命可达20年以上。

三、云平台与大数据

云计算（Cloud Computing）是继20世纪80年代开始的客户端-服务器模式之后的一次计算体系的巨变，是分布式计算（Distributed Computing）、并行计算（Parallel Computing）、效用计算（Utility Computing）、网络存储（Network Storage）、虚拟化（Virtualization）、负载均衡（Load Balance）等传统计算机和网络技术发展并融合的产物。云计算通过上述技术，将分布的计算能力、存储能力以及网络通信能力汇聚起来，形成统一的计算能力和存储能力，并根据用户的需要进行分配，云端的管理者和使用者都不知道其使用的计算能力及存储硬件的具体位置，就好像飘忽不定的云。根据NIST（National Institute of Standards and Technology，美国国家标准技术研究院）的定义，云计算主要分为三种服务模式，Software as a Service，软件即服务，简称SaaS，是将应用作为服务提供给客户；Platform as a Service，平台即服务，简称PaaS，是将开发平台作为服务提供给用户；Infrastructure as a Service，基础设施即服务，简称IaaS，是把虚拟机或者其他基础设施作为服务提供给用户。与传统服务器相比，云服务具有更多的优势。技术上，云服务器使用了云计算技术，能够整合计算、网络、存储等各种软件和硬件资源并按需分配；安全性上，云服务器与传统服务器相比有更强的抵御网络攻击的能力；可靠性上，云服务器是基于服务器集群的，硬件冗余度高，故障率低；性能上，云服务器可扩展的计算能力远远高于独立的服务器，可满足高性能计算的要求；稳定性上，云服务器在故障发生时具有应用系统自动迁移的功能。

大数据（Big Data）是指用传统数据库管理系统来记录、保管、使用数据时，根本无法处理的超大数据群。一般情况下，大数据不仅拥有庞大的数据量，还拥有各种各样结构化和非结构化的数据形式。过去那些大量的没有能力被管理的数据，如今都能够被完整地记录并保管下来，并且能够通过即时数据分析，为商业和社会活动的开展提供有价值的依据。传统的数据库及软件系统无法满足对大量数据进行实时并行分析处理的需求，随着能够高速便捷地存储、处理、分析大数据技术的发展，利用大数据可以发现以前无法预想的新的商业模式和社会活动规则，为推动社会进步提供了更为有利的工具。

云平台和大数据技术二者相辅相成。云平台是大数据技术的基础，而没有大数据，云平台也只是简单的虚拟服务器。云平台和大数据技术相互结合，才能够向社会提供更高效率、更低成本的信息化服务。

（一）云计算与云存储

云计算将庞大的计算处理任务分拆成无数较小的子任务，通过以太网络交由多台服务器组成的庞大系统并行处理后再将处理结果汇总起来。从用户角度看，就像使用一台计算机完成了全部计算任务。通过云计算技术，云服务提供者可以在数秒钟之内，处理数以亿计的信息，达到与"超级计算机"同样强大的服务能力。

云存储是在云计算概念上延伸和发展出来的一个概念，是指通过集群应用、网格技术或分布式文件系统等技术，将网络中大量各种不同类型的存储设备通过应用软件集合起来协同工作，共同对外提供数据存储和业务访问功能，是一个以数据存储和管理为核心的云计算系统。

国内外有很多云平台，最具代表性的有 OpenStack、AWS、阿里云、华为物联网云平台等。

1. OpenStack

OpenStack 是用于搭建云计算架构的软件，是有 Apache 许可证授权的自由软件和开放源代码项目，可以再开发和再发布。OpenStack 是一个云计算平台，能提供"基础设施即服务"（IaaS）解决方案所需的一整套 API（Application Programming Interface，应用程序编程接口）以供开发者使用。OpenStack 既可以搭建公司内部使用的私有云，也可以搭建向顾客提供服务的公有云。

2. AWS

AWS 是 Amazon Web Services 的简称，是美国亚马逊公司旗下的云计算服务平台，提供包括弹性计算、存储、数据库、应用程序在内的整套云计算服务。2006 年，AWS 开始以 Web 服务的形式为企业提供信息化云计算基础架构。如今，AWS 使用几十万台服务器，以高扩充性、低成本的基础架构为全球 190 多个国家及地区的成百上千家企业提供技术支持。

3. 阿里云

作为国内最大的云平台，经过多年经验积累，阿里云拥有了完整而成熟的产品，用户基础也非常好。无论从产品角度看，还是从技术成熟度看，阿里云都是国内最好的云平台提供商。

4. 华为物联网云平台

华为在国内构建了一张覆盖全国的云服务网络[17]，开发了以 IoT 连接管理为核心的 IoT 平台 Ocean Connect。基于统一的 IoT 连接管理平台，通过开放 API 和系列化 Agent 实现与上下游产品的无缝连接。Ocean Connect 与接入无关，可以用任何网络接入任意设备，具有强大的开放与集成能力，具有大数据分析与实时智能，同时还支持全球主流 IoT 协议和标准。

（二）大数据与工业大数据

大数据（Big Data），是指用传统数据库技术无法处理的超大数据群，其不仅拥有庞大的数据量，还拥有各种各样结构化和非结构化的数据形式。

数据量的计量单位，依次从 Byte、kB、MB、GB、TB、PB、EB、ZB、YB、BB、NB、dB 递增。从现有存储容量看，中国目前可存储数据容量大约在 8～10EB 左右，现有的可以保存下来的数据容量大约在 5EB 左右，且每两年左右会翻一番。管理这么大规模的数据，需要分布式大数据系统，在这些大数据系统中，以 Hadoop、Spark、Storm、IBM Streams 最为知名。

① Hadoop。开源架构，依靠分布式处理技术实现大数据的存储和分析。最初由 Apache 项目组发端，后来 Intel 公司、微软公司等诸多企业加入并持续开发。Hadoop 被 Google 公司以论文的方式公开，是在 Google 公司内部的 GFS（Google File System：Google 公司的分布式文件系统）和 Google MapReduce（Google 公司的分布式处理技术）等开源源程序的基础上改装而来的。Hadoop 具有三个特点：一是单纯追加服务器就能实现其可扩展性；二是数据的保存是以非固定格式来设定的，具有很强的灵活性；三是架构能对应最基本配置服务器，因而故障应对性强。

② Spark。和 Hadoop 相同，都是大数据的分布式处理框架。Spark 由加利佛尼亚大学开始开发，2014 年捐赠给了 Apache 软件基金会。Spark 具有三个特点：一是 In-Memory 处理的高速化。Hadoop 在输入输出处理时会比较频繁地存取硬盘（或 SSD）等存储设备。与此不同，Spark 是把数据保存到内存中，通过

输入输出的高速化来提高整个处理的运行速度，其运行性能在特定场景下可达到 MapReduce 的 100 倍以上。二是数据保存的场所多种多样。Spark 的数据保存场所既可以是 HDFS，也可以是 Cassandra、OpenStack Swift、Amazon S3 等。三是编程语言多种多样（也支持 SQL）。除了 Scala，Java、Python、R 语言也能在 Spark 上使用。

③ Storm。是 Apache 软件基金会的一个开源的、不易出错的、高速的、分布式处理型的近实时大数据处理架构。Storm 适用于实时性要求高的场景，如：错误检出、噪声流分析、金融交易关联的警告处理、大量物联网设备的监视、社会分析、网络监视等。Storm 可以从设备、传感器、基础架构、应用程序、Web 站点等收集数据并进行实时处理。Storm 在处理大量数据时，一边读入数据，一边在内存中一件一件地处理这些数据，因而其数据处理的实时性很高。其主要功能有流处理、查询并列处理、连续处理等。

④ IBM Streams。可以提供面向实时分析处理（RTAP）的超高性能分析方案。它不是实时分析处理保存好了的数据，而是对活动中的数据进行实时、在线的分析处理，能够在短时间内分析处理大量数据。IBM Streams 具有结构化数据和非结构化数据的混合数据类型吞吐率非常高的特点，可以在毫秒或微秒级别的时间内，处理完大量混合数据。IBM Streams 有诸多优点，如：连续实时分析横跨多个资源的活动中的数据，从而洞察其本质；为了能够动态地调整决策，变更行动指南，具有及时理解企业整体状况的能力；具有自然语言处理、地理情报、预测等实时分析功能；具有拖拽开发工具功能，可以简单地把数据视觉化，迅速形成应用程序；1s 能够分析几百万个对话和事件，能够比以往更快地检出并应答重要事件。

大数据技术在工业上的应用，即为工业大数据技术。工业大数据技术是智能制造的核心技术之一，其本质是通过促进数据的自动流动去解决控制和业务问题，减少决策过程带来的不确定性，为人工决策提供更快速更全面的补充。工业数据可以分为三类：企业信息化数据、工业物联网数据以及外部跨界数据；其中，企业信息化和工业物联网产生的海量时序数据是工业大数据规模变大的主要来源[18]。

由于流程型工业企业具有设备大型化、工艺连续程度高、各数据之间存在复杂的机理关系等特点，流程型企业的工业大数据除了具有传统的大数据的 4V 特性（海量性 volume、多样性 variety、高速性 velocity 和易变性 variability）外，还具有其自身的特殊特性。

1. 高维度

大型石化企业，不仅装置多、流程长，且变量数多。一个典型的大型石化企业，往往拥有数十套、甚至上百套生产装置，每套生产装置拥有上千个变量，因此其变量数可能多达 10^5 量级，而企业集团的生产装置的变量数可能多达 10^7 量级。如果考虑石化企业的物联网相关数据、产品及原料分析数据，变量数更多。因此，流程工业（过程工业）大数据具有高维度的特点。

2. 强非线性

流程工业中各类参数之间的关系往往都是非线性的，例如，物料黏度与物料组成之间，以及反应温度和反应速率之间，都是典型的非线性关系。这种强烈的非线性关系给数据的理解和知识的挖掘带来了很大的挑战。

3. 低信噪比

虽然当今测量和传感技术已经达到了很高的水平，但由于某些原因，比如装置测量仪表损坏、数据信号传输过程中失真等因素，所采集到的数据都会存在大量的噪声。此外，测量环境也会给测量结果造成一定的影响，当测量环境突变时也会产生大量的噪声。

4. 多模态

很多石油化工生产流程的原料、加工工艺和相关操作参数，会随着市场供应和需求的变化而改变，因此，会在多个操作模态下运行，而不同操作模态下的数据相关性也会发生改变。

流程工业大数据这些特点给大数据分析带来了很大的难度，对流程工业大数据的分析方法目前仍处于初步发展阶段，需要通过持续的应用研究来不断完善。

大数据时代，工业企业面临诸多挑战。开发大数据资源，并将其转化为知识和行动的能力，将决定大数据时代企业的整体竞争力。

一是企业对大数据及其应用的认识不够深入。大多数情况下，企业的业务部门不了解大数据的应用场景和价值；而信息化部门又对业务不熟悉，无法深度挖掘大数据；决策层则担心投入的成本无法收回。上述多种因素，影响了工业企业在大数据方向上的发展。

二是各信息系统相互孤立、互不联系。石化企业在信息化逐步发展过程中，先后建设了很多信息化系统。这些系统之间相互孤立、互不联系，系统内的数据形成了一个个"孤岛"。如果不打通这些数据壁垒，大数据的价值难以发挥出来，也无法更深入地理解石油化工企业中人员、设备、物资、环境、业务、客户等各要素的综合情况以及相互关系。

三是数据安全没有保障。现今世界无时无刻都离不开网络，黑客犯罪比以往有更多机会非法获得信息，也有了更多不易被追踪和防范的犯罪手段，信息安全成为大数据时代非常重要的课题。在线数据越多，黑客犯罪的动机就越强。随着数据的不断增加，对存储的物理安全性要求也越高，很多企业的数据安全状况令人担忧。

四是大量数据不可用。企业内产生的大量数据，由于收集、处理过程不规范，导致数据不准确、可用性差。而大数据的意义不仅仅是要收集大量的数据，还要保证收集到的数据真实可靠，才能从大数据中提取有价值的信息，高质量的数据应用可以显著提升企业的商业表现。数据的可用性增强了，企业的竞争能力也会大幅提高。

五是缺乏大数据人才。大数据行业需要"多面手"型的人才，要求具有数学、统计学、数据分析、机器学习和自然语言处理等多方面的知识。未来，大数据行业将会出现百万数量级的人才缺口，行业中与大数据业务相关的高端人才，包括大数据分析师、大数据架构师、大数据应用开发工程师、算法工程师等，需要高等院校和工业企业共同努力去培养和挖掘。

四、虚拟/增强现实

虚拟现实（Virtual Reality，VR）技术是一种可以创建和体验虚拟世界的计算机仿真系统。它可以通过计算机生成多源信息融合的、可交互的模拟环境，使得用户沉浸到三维动态视景中，并实现实体行为与虚拟环境的流畅交互。虚拟现实技术是仿真技术与计算机图形学、人机接口技术、多媒体技术、传感技术、网络技术等多种技术的集合。

增强现实（Augmented Reality，AR）进一步将虚拟的信息应用到真实世界，使真实的环境和虚拟的物体实时叠加到同一个画面或空间，增强了虚拟世界与现实世界的交互体验。

在诸多虚拟现实显示及交互设备中，各种产品形态不一，如图 1-3 所示。有头戴式显示器，支持两个手持控制器，能在空间内同时追踪显示器与控制器的定

虚拟现实硬件设备

增强现实硬件设备

图 1-3　虚拟/增强现实终端硬件设备

位系统，通过定位系统与控制器，能更真实地提供与虚拟场景的交互体验。也有与手机配合使用的"眼镜盒子"，将手机放入"盒子"内，可通过外配蓝牙控制器来实现与虚拟显示界面的交互控制。

增强现实设备中，AR 眼镜非常适合在石油化工行业应用，不仅可以将现场真实环境的视频进行回传，实现对讲、拍照等功能，还可以对现场图像进行智能识别，辅助巡检等，通过与智能终端相连，也能进一步扩展 AR 眼镜的使用时长，解决 AR 眼镜不能远距离传输的问题。

在诸多软件系统中，虚幻引擎 4（UnReal Engine 4，UE4）、"Unity3D""3D Max"等比较知名。"虚幻引擎 4"是最知名、授权最广的顶尖 3D 游戏引擎，占有全球商用游戏引擎 80％的市场份额，其 3D 引擎制作出了大量游戏、影视作品，现在也有不少企业将其应用到工业领域中。"Unity 3D"是由 Unity Technologies 开发的一个可以轻松创建三维视频游戏、三维建筑、三维工厂等实时三维互动内容的综合型开发工具，其内容可发布到 Windows 或 Mac 台式机，也可在 iPhone 或安卓手机上应用。"3D Max"是 Autodesk 公司开发的基于 PC（个人计算机）系统的三维动画渲染和制作软件，广泛应用于广告、影视、工业设计、建筑设计、三维动画、多媒体制作、游戏、辅助教学以及工程可视化等领域。

近年来，虚拟现实技术日趋成熟，但真正达到人与虚拟世界的无缝融合，还有更多的工作要做。首先，人与虚拟空间的交互还有局限，当使用虚拟现实设备者站立时，不敢轻易行走，虽然可以使用跑步机来辅助行走，但此种方式普及有困难，应用场合有局限。其次，输入形式比较单一，现有设备都采用遥控器（或手柄）的方式来输入，这与早期的手机采用实体键盘输入一样，用户体验不够完美，如果能精确识别用户的手势或肢体语言，将会使得虚拟现实技术得到更为广泛的应用。再次，虚拟现实的沉浸感仍显不足，很多人长时间使用虚拟现实设备会有眩晕或者恶心的感觉。另外，虚拟现实的设备还显笨重，长时间佩戴，使用者会有比较明显的颈部酸疼的感觉。最后，虚拟现实的场景及软件的开发制作非常耗费时间和精力，对虚拟现实技术的推广应用也较为不利。

虚拟现实技术在石化流程型企业的典型应用场景有：

1. 三维数字化工厂

利用虚拟现实技术可以对石化工厂的主体结构、设备、管线等实现三维可视化表达，并且通过智能化分析模型，为企业的各层级经营管理者提供全面直观的综合展示。通过采用虚拟现实环境建模技术、多重细节技术、三维景观数据库技术、虚拟现实系统与地理信息系统集成等相关技术，对工厂原有的平面设计图及施工图进行真彩还原，在构建三维虚拟场景的过程中，深化工厂的管理，实现从计算机模拟的三维场景中多角度查看工厂中相关设备、人员、环境的各类信息，辅助生产决策，对数字化工厂与智能化工厂的建设具有特别重要的意义，如图1-4所示（彩图见彩插）。

图 1-4　基于虚拟现实的三维数字化工厂

2. 工厂腐蚀管理

基于三维数字化工厂，可以简化设备的故障评估分析及展示，通过集成专业的腐蚀检测数据管理系统，在三维数字化工厂的各个关键点，全面记录影响腐蚀风险发生发展的物料变化、工艺流体变化、设备完整性和可靠性变化、防腐措施变化、防腐效果、腐蚀历史过程监测数据、腐蚀产物、失效分析、停工腐蚀检查和风险评估等相关联的信息数据，在三维图形中真实展示腐蚀高风险点，以便在实时管控腐蚀风险时，最大限度地全面获取腐蚀发生发展影响因素的信息和经验，综合利用、指导腐蚀风险和危害分析、腐蚀监检测以及腐蚀风险限控工作，如图1-5所示（彩图见彩插）。

3. 实感培训

对石化工厂的生产装置进行三维立体建模后，可以针对操作人员进行实感培训。操作人员使用虚拟现实设备，即可进入虚拟工厂，针对厂区内的设备巡检、设备拆解、装置开停工处置等典型场景进行培训，如图1-6所示。

4. 应急预案

在石化企业中，强化重大事故应急演练机制，以开放式演习方式代替照本宣科式的表演性演习方式，积累应急演习的经验，找出应急体系中的弱点，是应急体系建设中亟待解决的问题。基于虚拟现实的应急演练仿真系统，通过对各类灾害现场环境数值、人员行为的模拟仿真，在虚拟空间中还原灾害发生、发展的过程，预测人们在灾害环境中可能做出的各种反应，能最大限度地利用

图 1-5 三维立体工厂腐蚀管理

图 1-6 基于虚拟现实的实感培训

虚拟现实的仿真系统开展应急演练。在此基础上，进一步制订企业的数字化应急预案，训练各级决策与指挥人员、事故处置人员，协助其发现应急处置过程中存在的问题，检验和评估应急预案的可操作性和实用性，提高应急能力，如图 1-7 所示（彩图见彩插）。

五、人工智能

2016 年 3 月，美国谷歌公司旗下 DeepMind 公司的 AlphaGo 与李世石的围棋大战引起人们强烈关注。其升级版"大师"（Master）摈弃了人类棋谱，只靠"深度学习"方式进行机器自身对弈训练，挑战人类围棋对弈的极限。这一扇人工智能窗口的打开，伴随着"深度学习"在"语音识别""图像识别""自动驾驶""机器人运动控制""语义识别"等一系列应用场景的突破，人工智能的发展

图 1-7　基于虚拟现实的应急演练仿真系统

进入了一个全新的阶段。

早在 1956 年达特茅斯会议上，人工智能（Artificial Intelligence，AI）这一概念就被明确提出[19]，虽然 60 多年来，学术界对此有着不同的说法和定义，但从其本质来讲，人工智能是指能够模拟人类智能活动的智能机器或智能系统。

人工智能从诞生之日至今，经历了三起两落，如图 1-8 所示。从 1956 年达特茅斯会议开始，到罗森布拉特发明第一款神经网络 Perceptron，将人工智能推

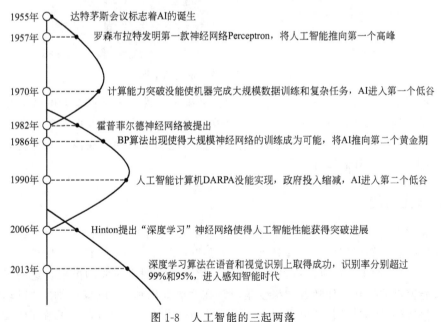

图 1-8　人工智能的三起两落

向第一个高峰，但由于计算能力所限，无法使机器完成大规模数据训练并执行复杂任务，人工智能进入第一个低谷；BP算法的出现使得大规模神经网络的训练成为可能，将人工智能推向第二个黄金期，但由于人工智能计算机 DARPA 没能实现设计目标，政府投入缩减，AI 进入第二个低谷；最近几年，"深度学习"神经网络使得人工智能性能获得突破性进展，在语音和视觉识别上取得了巨大成功，并且推动自动驾驶、语义识别等技术日臻完善，人类开始进入"人工智能"时代。

在人工智能界，分为"连接学派""行为学派"和"符号学派"，形成了三足鼎立的局面。

"符号学派"推崇基于逻辑推理的智能模拟方法，其原理主要为物理符号系统假设和有限合理性原理。该学派认为人类认知和思维的基本单元是符号，而认知过程就是在符号表示上的一种运算。符号主义致力于用计算机的符号操作来模拟人的认知过程，其实质就是模拟人的左脑的抽象逻辑思维，实现人工智能。代表成果包括：证明出《数学原理》中有关命题演算部分的全部 220 条定理；平面几何定理的证明；专家系统[20]等。

"连接学派"根据人类的智慧是由大脑中 1000 亿个神经元细胞通过错综复杂的相互连接而形成的这一原理，通过模拟大量神经元的集体活动来模拟大脑的智力。通过搭建神经网络，并使用外界信息对神经网络进行训练后，实现解决特定问题并形成智能的目标。

"行为学派"的出发点与符号学派和连接学派不同，他们更为关注智能机器的运行行为。"行为学派"的代表成果包括工程控制论、生物控制论、自组织系统、遗传算法等理论。随着算法的优化、计算性能的提升以及与"连接学派"的融合，最近几年在模拟人类小脑行为上，取得了突飞猛进的发展。代表的成果是美国波士顿动力公司（Boston Dynamics）研制开发的拟人机器人及机器狗，其行走、跑步步态已经与人类和动物相差无几。

目前，全球范围内人工智能研究领域的主流技术有如下几种：

1. 神经网络

最早的神经网络研究可以追溯到 1943 年计算机发明之前。当时，沃伦·麦卡洛克（Warren McCulloch）和沃尔特·匹兹（Walter Pitts）二人提出了一个单个神经元的计算模型，如图 1-9 所示。

在这个模型中，左边的 I_1，I_2，…，I_N 为输入单元，可以从其他神经元接受输出，然后将这些信号经过加权（W_1，W_2，…，W_N）传递给当前的神经元并完成汇总。如果汇总的输入信息强度超过了一定的阈值（T），则该神经元就会发放一个信号 y 给其他神经元或者直接输出到外界。1957 年，弗兰克·罗森布拉特（Frank Rosenblatt）对麦卡洛克·匹兹模型进行了扩充，加入了学习算法，并取名"感知机"。

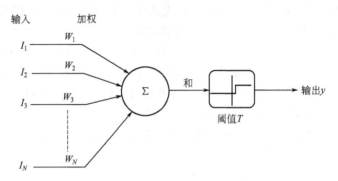

图 1-9　麦卡洛克和匹兹的神经元模型

1974 年，杰夫·辛顿（Geoffrey Hinton）提出"多则不同"原则：只要把多个感知机连接成一个分层的网络，就可以圆满地解决"不能实现对异或的模拟"，诞生了"神经网络"，如图 1-10 所示。

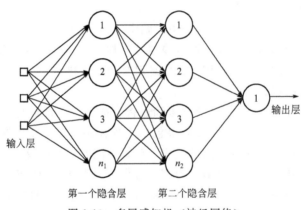

图 1-10　多层感知机（神经网络）

后来，反向传播算法（Back Propagation Algorithm，BP 算法）的发现可以有效地解决多层网络的训练问题，实现了对很多复杂模型的识别和预测。

2. 深度学习

反向传播（BP）算法解决了由简单的神经网络模型推广到复杂的神经网络模型中线性不可分的问题，但反向传播算法在神经网络的层数增加时，参数优化的效果无法传递到前层，容易使得模型最后陷入局部最优解，也比较容易过拟合[21]，训练后的模型越来越偏离真正的全局最优。利用有限数据训练的深层网络，性能还不如较浅层网络。

2006 年，杰夫·辛顿（Geoffrey Hinton）又提出了深度置信网络（Deep Belief Network，DBN)[22]，这个网络可以看作是由多个受限玻耳兹曼机叠加而成。从结构上说，深度置信网络与传统的多层感知机区别不大，但是在有监督学习训练前需要先无监督学习训练，然后将学到的参数作为有监督学习的初始值。正是这种学习方法的变革使得现在的深度结构能够解决以往的 BP 算法不能解决的问题。随着深度结构的其他算法模型被不断地提出，结合互联网积累的大量数据，开始在语音识别、计算机视觉、自然语言处理和信息检索上面都取得了较好效果，也在工业应用上表现出远超以往浅层学习所能达到的最好效果。

目前，深度神经网络在人工智能界占据统治地位。但凡有关人工智能的产业报道，必然离不开深度学习。这一算法的提出，又与处理器计算能力的提升、处理器计算架构的变化、移动互联网络的发展、大数据的获取和云计算的发展相互结合，将人工智能推向了一个新的发展高度[23]。

3. 语音识别

2012 年，美国微软公司一个基于深度学习的语音视频检索系统将单词错误率从 27.4% 降低到 18.5%。2014 年 IBM 沃森研究中心的工作结果显示，DNN（深度神经网络）比以往的 GMM-HMM 模型有 8%～15% 的提升。国内的科大讯飞公司提出了 DFCNN（Deep Fully Convolutional Neural Network，深度全序列卷积神经网络）语音识别框架，使用大量的卷积层直接对整句语音信号进行建模，更好地表达了语音的长时相关性，比学术界和工业界最好的双向 RNN（循环神经网络）语音识别系统识别率提升了 15% 以上。百度公司利用 Deep CNN（深层卷积神经网络）技术应用于语音识别声学建模中，将其与基于长短时记忆单元（LSTM）和连接时序分类（CTC）的端对端语音识别技术相结合，大幅度提升了语音识别产品的性能。2016 年 11 月，搜狗、百度和科大讯飞三家公司向外界展示了自己在语音识别和机器翻译等方面的最新进展，几乎在同一时段宣布了各自中文语音识别准确率达到了 97%。在算法持续的不断更新和数据的不断积累后，语音识别的错误率每年还能下降 20%～30%。

4. 图像识别

2007 年，斯坦福大学教授李飞飞创办了 ImageNet 项目，目标是收集大量带有标注信息的图片数据供计算机视觉模型训练。ImageNet 拥有 1500 万张标注过的高清图片，总共拥有 22000 类。ImageNet 项目下载了互联网上近 10 亿张图片，使用亚马逊公司的机器人平台实现众包的标注过程，来自世界上 167 个国家的近 5 万名工作者帮忙一起筛选、标注。

2012 年，辛顿教授的学生 Alex Krizhevsky 提出了深度卷积神经网络模型 AlexNet，以显著优势赢得了竞争激烈的 ImageNet 挑战赛，将图像识别错误率降低至 16.4%，相比第二名 26.2% 错误率有了巨大提升。AlexNet 可以说是神经网络在低谷期后的第一次发声，确立了深度学习（深度卷积网络）在计算机视觉的统治地位。

2015 年，微软亚洲研究院视觉计算组在 ImageNet 挑战赛上使用了一种前所未有的深度高达 152 层的神经网络，在照片和视频物体识别等技术方面实现了重大突破，将计算组的系统错误率降低至 3.57%。目前在 ImageNet 数据集上人眼能达到的错误率大概在 5.1%，这还是经过了大量训练的专家能达到的成绩，一般人要区分 1000 种类型的图片是比较困难的。2016 年最新的 ImageNet 图像分类任务上，人工智能的错误率已经达到 2.9%，均已超过人眼，这说明卷积神经网络（CNN）已经基本解决了 ImageNet 数据集上的图片分类问题。

5. 自动驾驶

在自动驾驶领域，谷歌公司自 2009 年开始研发自动驾驶汽车，其自动驾驶汽车的总行驶里程已突破 200 万英里（mile，1mile＝1.609km），自动驾驶汽车目前掌握了相当于人类 300 多年的驾驶经验。汽车制造商特斯拉公司所有车辆的行驶里程已突破 30 亿英里，其第一代自动驾驶系统收集到的数据将进入特斯拉公司的深度学习系统，帮助第二代的 Autopilot2.0 系统逐步升级并最终拥有全自动驾驶能力。

在标准方面，自动驾驶技术在国际上有严格的分级标准。美国交通部选择的是美国汽车工程师学会（Society of Automotive Engineers）给出的评定标准，主要分为 5 级。特斯拉公司创始人艾伦·马斯克（Elon Musk）表示，特斯拉公司的 Autopilot 2.0 系统将完全有能力支持 Level 5 级别的自动驾驶。即实现"完全自动化，在所有人类驾驶者可以应付的道路和环境条件下，均可以由自动驾驶系统自主完成所有的驾驶操作"。

6. 行业应用

随着计算能力的性价比越来越高以及学习算法的不断发展，基于深度学习神经网络的人工智能应用日益广泛，最先发挥较大作用的领域是语音、语义、图像识别以及自动驾驶等。人工智能在石化行业的应用尚处于起步阶段，鉴于石化企业生产运营的复杂性，围绕生产运行、安全环保、设备管理等核心业务，开展人工智能的研究和应用是非常必要的。人工智能技术将基于对现有工厂所积累的大量有效数据的识别和学习的基础上，提升企业的全局优化能力，推进石化行业向更加高效、环保、安全的方向演进。

第三节　石化工业智能制造现状及面临挑战

一、石化工业特点及智能制造进展

石化工业是高危险性行业，其生产过程既不同于离散行业，也与一般流程型企业存在较大区别，一旦发生火灾、爆炸事故，往往造成较大的伤亡或财产损失，或造成重大环保事故。石化工业的行业特点主要表现在：

一是物料物性复杂。石化生产涉及物料物性复杂，从原料、中间体、半成品到产品，以及各种溶剂、添加剂、催化剂、试剂等，多以气体和液体状态存在，绝大多数属于易燃、易爆、易挥发、有毒性物质。

二是生产工艺复杂，运行条件苛刻。如：石脑油制乙烯温度高达 1100℃、深冷分离低至 −100℃ 以下；高压聚乙烯聚合压力达 350MPa；在减压蒸馏、催化裂化、延迟焦化等很多加工过程中，物料温度超过其自燃点，一旦操作失误或设备失修，极易发生火灾爆炸事故。

三是生产装备复杂。包括塔类、罐区、换热设备、机泵、管线等品种类型众多的设备设施，且多为高温高压高腐蚀环境。生产过程中可能要使用或产生多种强腐蚀性的酸、碱类物质（如硫酸、盐酸、烧碱等），设备、管线出现腐蚀的可能性高，对设备设施的可靠性有严格要求。

四是安全环保及职业卫生刚性约束。国家层面对安全生产、环境保护的要求日益严格。在生产操作环境和施工作业场所，存在工业噪声、高温、粉尘、射线等有害因素，易造成急性中毒事故。随着人员接触、暴露时间的增长，即便在低浓度（剂量）条件下，也可能导致职业病发生。

在全球化大背景下，石化工业朝着大型化、清洁化、一体化、智能化等方向发展。美国埃克森美孚公司自 2002 年起开发"分子级炼油"系统，采用分子指纹分析、在线优化、调和优化、供应链优化等技术，对工厂操作、供应链管理等进行优化，从原油开始就建立分子"指纹信息"，其目标是：把正确的分子、在正确的时间、放到炼油生产过程的正确位置上，使每桶原油产生最大的价值。BP 公司推行"安全黄金定律"管理方法，提供最基本的安全指导，包括危化品在作业过程中可能存在的风险及相应的防范措施、必需的检查事项，以及长期实践提炼出的推荐做法等，要求每位员工熟知其黄金定律，并且随时随地坚持高标准遵循这些定律。壳牌公司（Shell）在北美所有常减压装置都实施了以严格在线建模和基于方程的优化（ROMeo）为基础的实时优化（RTO）项目，提高装置运行效益；对操作报警进行分级管理，能够消除从动报警、误报警，并对剩下的报警按等级进行优先级分类，推送给操作人员、业务人员，即优先关注最重要的报警。

二、国内外重点石化企业信息化建设进展

（一）国外知名石化企业信息化进展与建设内容

1. 壳牌公司在能源行业的"智能化"经验

壳牌公司在 30 多个国家的 50 多个炼油厂中拥有权益，同时也是全球最大的

汽车燃料油和润滑油零售商。壳牌公司的智能化解决方案将企业智能的能力定义为可视化、分析、应用集成、数据管理与服务四个方面的基础能力，并以此为基础拓展延伸各种先进应用，如设备现场相关信息应用、预测性监控技术、智能互联应用等。可视化能力主要包括仪表板、门户环境、报表服务、集成信息等。分析能力主要包括事件管理、事件侦测、计算与统计引擎、复杂事件处理、工作流、集成与编排等。数据服务能力主要包括统一的企业数据模型、高水平的数据质量服务、统一的数据颗粒度、统一标准的数据接口等。

壳牌公司的智能炼化企业应用方案如图 1-11 所示。

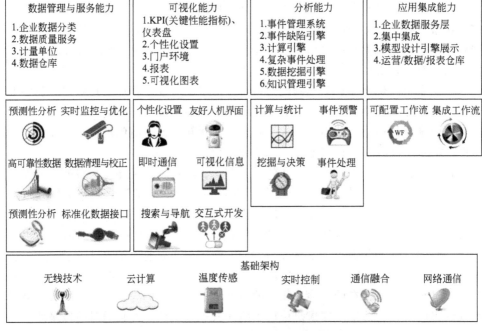

图 1-11　壳牌公司的智能炼化企业应用方案

2. 埃克森美孚公司的生产数据可视化系统

埃克森美孚公司是世界领先的石油石化公司，也是世界最大的炼油商之一，在 25 个国家的 45 个炼油厂的炼油能力达 640 万桶/日；在全球拥有 3.7 万余座加油站及 100 万个工业和批发客户；每年在 150 多个国家销售大约 2800 万吨石化产品。

在完成以 ERP（企业资源计划）为代表的第一步信息化战略后，埃克森美孚公司面临两大问题：一是如何借助先进的信息技术，建立实时、全面、可视化的集中（或区域集中）的生产运营综合信息展示系统，实现各个生产环节信息的横向集成；二是如何以生产管理数据和生产运营动态数据为基础，全方位、多视角、可视化地综合展示企业生产运营情况，实现对生产过程、物流配送和资源等的实时跟踪和监控，为统一组织资源、整体指挥生产运营、实现实时生产调度提供技术支撑。经过深入分析研究和论证，埃克森美孚公司确认企业的信息化建设推进到第二步战略，即构架在各个层面的信息系统之上，建立一个基于实时的智能决策支持系统体系，生产数据可视化系统是这一体系的重要系统，其实现了对生产过程、装置运行、产品质量、物流配送、库存、油品调和、生产运行绩效等的动态实时监控，及时发现运行中的问题，实时跟踪库存情况，及时调整资源配置。

埃克森美孚公司炼油业务可视化技术架构如图 1-12 所示。

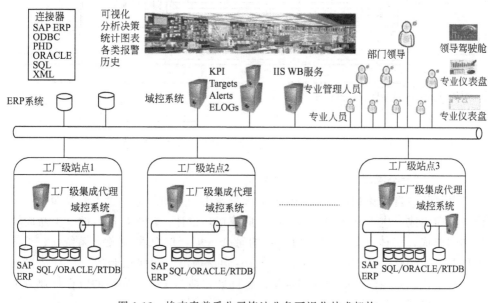

图 1-12　埃克森美孚公司炼油业务可视化技术架构

3. 延布炼油厂（Yasref）整体信息规划与建设

延布炼油厂（Yasref，Yanbu Aramco Sinopec Refinery Co.）是沙特阿美公司（SABIC）和中石化 2012 年 1 月开始合资建设的炼油厂。占地 520 万平方米，加工原油 40 万桶/日，2014 年下半年建成投产，总投资 100 亿美元。延布炼油厂 IRIS（Integrated Refinery Information System，集成的炼厂信息系统）通过实施 23 个集成的应用模块，支持炼厂生产管理业务全过程，为决策支持、后续流程、可视化等提供一致的信息。项目实现了生产管理业务的最大化功能覆盖，系统集成工作基于业务流程设计、关键数据流以及集成需求被清晰地标示出来（包括与外部应用系统集成所需的业务交汇点与关系），IRIS 系统整体符合项目预期，达到了世界一流炼厂的生产运营领域信息化管理水平。

沙特阿拉伯延布炼油厂 IRIS 系统功能模块架构如图 1-13 所示。

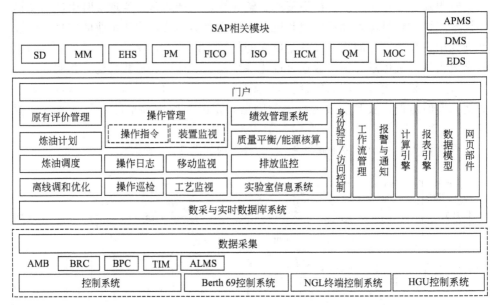

图 1-13　沙特阿拉伯延布炼油厂 IRIS 系统功能模块架构

4. 西门子公司流程行业数字化战略

电气化、自动化和数字化是提升流程行业生产力的关键手段，内容涉及：价值链横向集成、生产制造网络与系统纵向集成，设计、建设与运行的全生命周期端到端集成，实体工业过程与信息化的融合（即：信息物理融合系统，CPS），工厂参考架构模型，创新性集成等。Fernandez 提出，如何在老的工厂打造自动化和数字化，是西门子必须面对和解决的问题，西门子公司提出的流程行业数字化全景图如图 1-14 所示。

(二) 国内重点石化企业信息化进展与建设内容

1. 三大公司信息化发展概况[24]

中石化、中石油、中海油均属于特大型企业集团，机构庞大、管理层级多，信息化实施难度较大。各公司高度重视信息化总体规划，顶层设计、自上而下推进信息化建设。进入 21 世纪以来，三大公司都编制了全局性的信息技术总体规划，将业务发展战略与信息化战略相融合，确定了信息化的发展路线和实现目标，并将信息化目标明确化和具体化，形成有形的、可操作的软硬件系统，为各级用户的管理和操作提供了平台。中石化、中石油都提出了"六统一"原则（统一规划、统一标准、统一设计、统一投资、统一建设、统一管理）来建设各类信息系统。通过标准化设计和统一实施，保证系统在各单位功能一致、编码统一、

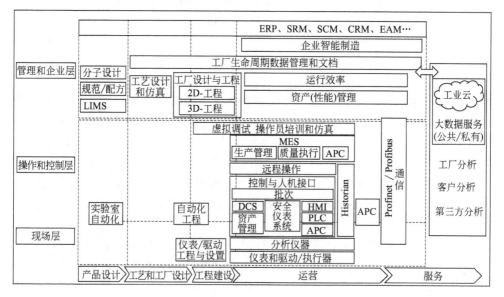

图 1-14　西门子公司流程行业数字化全景图

数据共享、流程规范，并为系统集成打下基础。

2. 中石化信息化进展[25]

中石化是一家从事石油天然气的勘探开采和贸易、石油产品的炼制与销售、化工产品的生产与销售的上下游一体化的能源化工公司，下属企业包括油田分公司、炼化分公司、成品油销售企业、设计施工单位、科研单位、专业公司等。

（1）信息系统

目前，中石化已全面完成股份公司以及各分（子）公司 ERP 系统建设，110家企业 ERP 系统上线运行，系统用户约 6 万名。主要实施了财务会计、管理会计、资金管理、投资管理、生产计划、销售分销、物料管理、物资供应、工厂维护、人力资源等模块，基本覆盖了各分（子）公司的经营管理核心业务，规范了业务流程，实现了资金流、物流、信息流"三流合一"。

资金集中管理系统建立了集团公司"资金池"和"总分账户"，形成了整体协调的资金管理体制及运行机制；业务公开管理系统实现了主要对外经营业务的网上公开和在线监督检查；物资采购电子商务系统应用范围覆盖了全部下属企业以及约 2 万家供应商，约 95% 的物资实现了网上采购，规范了采购业务，降低了采购成本；全面预算管理系统实现了股份公司、炼油板块、化工板块预算编制、汇总审批、执行监控、分析调整和评价考核的全过程管理，并与 ERP 及生产执行系统有效集成。

生产运营指挥系统整合了上中下游各板块生产调度系统，实现了总部和企业生产运行主要环节的动态跟踪、协调指挥；计划优化系统利用优化模型进行网络排产，提高了生产计划的准确率和管理效率；二次物流优化系统规范了物流配送管理流程，为在低库存的情况下保证市场供应提供了有效支撑；化工销售物流运行管理系统实现了化工物流节点的全方位、多视角跟踪监控；加油卡系统实现了"一卡在手、各地加油"的目标，为客户提供了用油管理的增值服务；勘探开发源头数据采集实现了跨专业跨系统的数据共享和高效应用，自主开发了钻井工程设计系统、开发部署管理系统、勘探决策支持系统、集输与注水生产优化系统；炼化企业 MES（生产执行系统）在 36 家企业推广应用，统一了企业生产运营平台，对统计、调度、操作等业务管理实现了表单化；炼化企业先进控制系统应用数量已达到 177 套，改善了过程动态控制性能，减少了过程变量的波动幅度，提高了目标产品收率。

下一步发展方向：完善提升经营管理、生产营运、信息基础设施与运维 3 个平台，全面实现企业层面以及总部和企业之间的信息集成，建立起统一、集成、安全、高效的信息系统，整体信息化能力达到国际先进水平。重点工作包括：开展 ERP 大集中，建成中石化统一集中的 ERP 系统，完成 ERP 大集中管控平台建设；以智能化应用为主线，启动智能企业试点，推进智能工厂、智能油田、智能加油站的建设；推进云计算应用，重点建设基础设施、勘探开发和综合应用云服务；在物流管理与安全环保领域开展物联网的示范应用；建设能源管理系统，实现能流管理；建设共享服务平台，逐步推进业务共享服务中心建设；加快数据中心和海外网络建设，建成一体化、安全可靠的信息基础设施。

（2）基础设施

建立了总部和骨干企业的数据中心，按照"两地三中心"模式规划了北京总部和昌平的两个同城灾备中心以及在南京的异地灾备中心；建成了覆盖约 130 家企业及部分海外分支机构的主干网络；建成了覆盖总部和企业的高清视频会议系统；建立了统一身份认证（CA）系统、统一防病毒及终端安全管理系统；初步建立了信息标准化体系框架，建立了信息标准化管理与维护系统，实现了主要信息标准代码与 ERP 等系统的集成分发。

（3）信息化管理

建立了"业务部门专业牵头，信息部门综合管理，IT（信息技术）队伍技术支持"的项目管理模式，完善了建设、应用、运维和安全等信息化管理制度。整合运维支持队伍，成立了 IT 运维支持中心，并成立了 ERP 支持中心，形成了总部和企业两级的 ERP 运维支持体系。建立了企业信息化考评体系，从信息化管理、建设和应用、系统运维、信息安全等 5 个方面对企业开展信息化水平评价工作。

中石化信息化总体架构如图 1-15 所示。

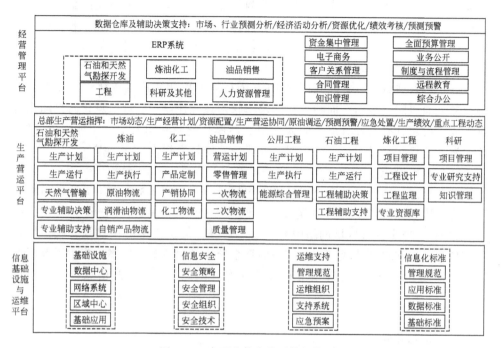

图 1-15 中石化信息化总体架构图

3. 中石油信息化进展[26]

中石油主要业务包括油气勘探开发业务、炼油化工及产品销售业务、天然气及管道业务、石油工程技术、石油工程建设、石油装备制造、金融服务等,实行上下游、内外贸、产销一体化,是跨国经营的综合性石油公司。

（1）信息系统

ERP 系统已在 132 家企事业单位上线运行。采用统一的数据编码和软件平台,在每个业务领域集中部署,采用统一的流程,用一套系统进行业务处理。作为集团公司经营管理的运行平台,ERP 系统支持核心业务的网络化运营,推动了管理创新。

以加油站管理系统、炼油与化工运行系统为代表的生产运行系统的建成应用,提升了生产运行效率和精细化管理水平。加油站管理系统在 18000 座加油站实施,成为全球油品零售业规模最大的集中式信息系统平台,实现"一卡在手,全国加油";勘探与生产技术数据管理系统支持上游的勘探开发技术研究;油气水井生产数据管理系统支持油田生产运行管理;勘探与生产调度指挥系统,在总部层面实现了油气生产和集输数据的在线统计、综合展示和重点井监控;炼油与化工运行系统在 27 家炼化企业和公司总部建成应用,实时监测主要装置和重要工艺指标，加强了生产受控和量化考核；炼化物料优化与排产系统建立了总部和企业两级计划优化模型，为优化原油选购与配置、优化生产方案及产品结构提供了科学依据；管道生产管理系统加强了管输计划、调度、计量等业务的全过程管理；工程技术生产运行管理系统对物探、钻井、录井、测井及井下作业的生产数据进行动态管理和实时共享。

下一步发展方向：全面开展以 ERP 为核心的应用集成系统建设，促进上下游业务全面协同、数据全面共享；加快物联网系统建设，实现信息化与自动化有效集成；搭建具有云计算能力的数据中心，提高资源利用效率，实现绿色发展；加大海外信息化推进力度，为实现海外业务发展目标提供全面支撑。

（2）基础设施

按照集团、区域、地区公司三级架构建设数据中心。3 个集团级数据中心分别是北京中石油勘探院和昌平建设 2 个同城灾备中心，在吉林建设异地灾备中心；建成了 12 个国内区域网络中心和 5 个海外区域网络中心；视频会议系统在各企事业单位和总部建成应用；按照信息系统安全整体解决方案，集中了互联网出口，部署了桌面安全管理系统和身份管理与认证系统；按照信息技术标准体系，制/修订了公共数据编码，构建了公共数据编码平台，推进了系统专用标准的编制。

（3）信息化管理

建立了信息化管理体系和信息化工作制度。构建了由信息技术专家中心、信息技术支持中心、各企事业单位现场运行维护队伍组成的三级运行维护体系，确保了业务应用的连续性。加强信息化工作考核，促进已建系统的深化应用。

中石油物联网应用总体架构如图 1-16 所示。

4. 中海油信息化进展[27]

中海油主要业务包括上游（油气勘探、生产及销售）、中下游（天然气及发电、化工、炼化、化肥）、专业技术服务（油田服务、海油工程、综合服务）、金融服务以及新能源等产业板块。

（1）信息系统

自 2005 年开始，中海油开始 ERP 项目的实施。通过统一、规范的业务流程，在总公司层面和二级单位层面 ERP 已全面上线，建立了全面统一的经营管理平台，规范了生产经营流程，提升了公司管理水平。目前，全面预算信息系统已在总部和二级单位全面实施，为预算的编制、多维分析、实时控制等奠定了良好的基础。各所属单位结合自身生产、经营和发展的实际需求，建立了 MES、LIMS（实验室信息管理系统）、仓库管理条码系统、加油站和加油卡系统等生产信息化系统，在不同领域发挥着积极作用。

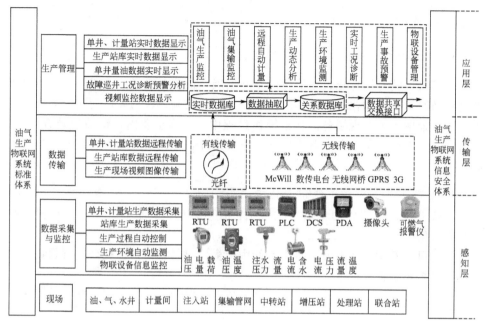

图 1-16 中石油物联网应用总体架构图

下一步发展方向：中海油提出了"数字海油"的建设目标，通过建设数字海油推动智能发展，促进生产方式的转变。重点任务可以概括成"1341"工程：深化 1 个应用系统——ERP 系统；形成 3 个基础平台——多协议标签交换（MPLS）网络平台、数据管理平台（MDM）、地理信息系统平台（GIS）；完成 4 个系统建设——企业决策支持分析、勘探开发生产管理、天然气贸易运营及管理、生产调度及应急指挥；完善 1 个管控体系——信息化管理及信息技术管理制度。

（2）基础设施

中海油广域网覆盖到国内外 57 个点，接入总公司网络的服务器近 2000 台、卫星站点 120 个、海上卫星链路加微波链路总带宽达到 200M。启动了 MPLS 云状网络建设；建成并启用了信息系统灾难恢复中心，对重要系统数据实现了"零丢失"。

（3）信息化管理

信息化管理体系由领导层、管理层、技术管控层、服务层 4 个层次组成。总公司范围内 IT 服务的流程管理，形成了总公司流程化的三级运维管理架构，搭建了 ITSM（IT 服务管理）统一信息平台，建立了总公司内统一的 IT 服务呼叫中心，并于 2006 年 11 月通过了 ISO 20000 认证，信息安全体系在 2007 年获得了 ISO 27001 的标准认证。

三、新一代通信技术用于工业环境

(一) 复杂工业环境对移动通信要求

近年来，随着信息化、智能化的不断发展，传统有线通信方式已不能满足工业企业随时随地移动化现场操作的需求，语音、视频、数据等移动通信需求将越来越深入地融入工业现场各类日常操作过程中。流程企业内，钢结构装置巨大、设备众多、工况复杂，存在各类屏蔽、干扰情况，对无线移动通信技术提出了更高要求。

1. 复杂工业环境对无线信号传播的影响

无线电波在空间中的传播方式包括：直射、反射、折射、穿透、绕射（衍射）和散射。

直射可以看做无线电波在自由空间中传播。直射波传播损耗公式（自由空间中的路径损耗公式）如下：

$$P_L = 32.44 + 20f + 20\lg d$$

式中　P_L——自由空间的路损，dB；

　　　f——载波的频率，MHz；

　　　d——发射源与接收点的距离，km。

电磁波在传播过程中遇到障碍物的尺寸远大于电磁波的波长时，电磁波在不同介质的交界处会发生发射和折射，对于良导体，电磁波会无衰减反射；对于绝缘体，只反射入射能量的一部分，剩下的被折射入新的介质继续传播；而对于非理想介质，电磁波贯穿介质穿透时，介质会吸收电磁波的能量，产生贯穿衰落。穿透损耗大小不仅与电磁波频率有关，而且与穿透物体的材料、尺寸有关。

绕射也称衍射，电磁波在传播过程中遇到障碍物的尺寸与电磁波的波长接近时，电磁波可以从该物体的边缘绕射过去。绕射可以帮助进行阴影区域的覆盖，绕射波是建筑物内部或阴影区域信号的主要来源，绕射波的强度受传播环境影响很大，且频率越高，绕射信号越弱。

在电磁波传播过程中遇到障碍物的尺寸小于电磁波的波长，并且单位体积内这种障碍物的数目非常巨大时，会发生散射。散射发生在粗糙物体、小物体或其他不规则物体表面，如树叶、路灯和钢柱等。

首先，在工业现场存在大量金属设备，由于金属设备对电磁波的遮挡、反射，无线信道严重恶化，发生随机衰落，降低了网络连通度。其次，由于移动终端的天线高度比较低，传播路径总是受到地形、设备及人为环境的影响，使得接收信号为大量的散射、反射信号所叠加。再次，设备的转动产生电磁噪声，电力线、无线电发射塔、电焊机、电车或高压电力变压器等强信号干扰源也会对无线信号造成干扰。另外，人、车上的移动终端总是在移动，周围环境也一直在变化，使得基站与移动终端之间的传播路径不断发生变化，造成通信的不稳定。在炼化企业，还有很多外操间、内操间等防爆体多采用大型钢筋混凝土结构，对无线信号屏蔽强烈，使得无线信号无法从外部覆盖。此外，一些企业的泵房、涵道、钢结构厂房内部也由于封闭的钢结构导致无线信号无法覆盖，这些情况也使得流程行业工厂内的无线信号覆盖及网络优化非常复杂。另外，无线通信在雨天、雪天等恶劣环境下，也会受雨损、雨耗等的影响，衰减比较厉害，导致通信质量的进一步下降。

从通信频率上来看，国内无线电主要分为以下各频段：

甚低频（Very Low Frequency，VLF）。频段为 3～30kHz，也称超长波，波长从（100～10）×10³m，主要用于海岸潜艇通信、远距离通信、超远距离导航等方向。

低频（Low Frequency，LF）。频段为 30～300kHz，也称长波，波长从10000～1000m，主要用于越洋通信、中距离通信、地下岩层通信、远距离导航等方向。

中频（Medium Frequency，MF）。频段为 0.3～3MHz，也称中波，波长从1000～100m，主要用于船用通信、业余无线电通信、中距离导航等方向。

高频（High Frequency，HF）。频段为 3～30MHz，也称短波，波长从 100～10m，主要用于远距离短波通信、国际定点通信等方向。

甚高频（Very High Frequency，VHF）。频段为 30～300MHz，也称米波，波长从 10～1m，主要用于电离层散射通信（30～60MHz）、流星余迹通信（30～100MHz）、航空和航海通信、电视广播通信等方向。

超高频（Ultra High Frequency，UHF）。频段为 0.3～3GHz，也称分米波，波长从 1～0.1m，主要用于移动通信、小容量微波中继通信（352～420MHz）、对流层散射通信（700～1000MHz）、中容量微波通信（1700～2400MHz）等方向。

特高频（Super High Frequency，SHF）。频段为 3～30GHz，也称厘米波，波长从 10～1cm，主要用于大容量微波中继通信（3600～4200MHz，5850～8500MHz）、数字通信、卫星通信、国际海事卫星通信（1500～1600MHz）、雷达、无线电导航等方向。

极高频（Extremely High Frequency，EHF）。频段为 30～300GHz，也称毫米波，波长从 10～1mm，主要用于再入大气层时的通信、波导通信等方向。

根据上述无线电波传播损耗公式，通信频段越高、距离越远，则通信损耗越大、信号强度越低、通信质量也越差。同时，通信频率越高，绕射（衍射）能力越差，也不易在流程行业装置密集区应用。但通信频率越高，穿透能力也越强，无线信号可以进入建筑物内部和钢结构覆盖的狭窄区域，而且高频带可利用频率资源较多。所以，如何选择适合于流程行业工厂的宽窄带通信频段，是一个重要的课题，既要能满足在装置区大型钢结构覆盖情况下的远距离通信效果、节省建站成本、满足安全通信要求，又能兼顾宽带通信大带宽、窄带通信低功耗的要求。

最后，在商业应用环境下存在雨损（雨耗）、阴影衰弱、多径衰落、同频干扰等问题，在流程行业的工厂内会更加突出，应对解决这些问题，也需要根据厂区的装置及设备分布的情况，选好站址，做好仿真计算。同时，通信设备部署实施后，针对无线信号的覆盖情况，需要在全厂范围内进行路测，并根据路测情况进行通信参数调优、补盲。

2. 复杂工业环境对宽带无线通信的要求

随着 4G 及 5G 无线技术的发展，宽带无线通信的速度越来越快，在民用领域应用越来越广泛和深入。在石油化工智能工厂建设中，宽带无线通信作为智能业务的基础，也将发挥同样重要的基础通信保障作用。在大型钢结构密布的装置区域，无线信号的通信距离、覆盖范围、漫游能力、通信延迟、网络安全、功耗优化、通信稳定性、可靠性等各项功能及性能指标，都是关系到其是否能在厂区内得到良好使用效果的关键因素。此外，低成本、便捷的安装部署、维护管理也是使用者会考虑的各类因素。

首先，石油化工企业生产区域环境复杂，包括各种金属管线、罐塔装置、复杂钢结构设施以及操作间等防爆建筑，很多设施对无线信号具有屏蔽作用。为了能够很好地支持企业日常的各类通信业务，移动宽带网络信号需要无死角地覆盖整个厂区，特别在一些信号衰减明显的地方，需要通过增加直放站或者独立的远端射频单元（RRU）来提高通信质量。以某工厂为例，其建设 4G 专网后，分别针对覆盖率、基站切换成功率、各区域信号噪声比、无线资源控制（Radio Resource Control，RRC）建立成功率等指标进行了路测，通过分析这些数据，并与设计指标对比后进行网络优化，最终达到设计要求，保障了各类语音、视频、数据业务在大负荷通信时的流畅使用。

其次，流程行业的产品有很多是易燃易爆的危险化工品，生产环境要求绝对安全防爆，各类在厂区内防爆区域部署和使用的设备都要求具有国家专业机构颁发的防爆认证证书。同时，网络及终端设备需要具有很高的安全可靠性。既要求设备工作稳定，故障率低，能够可靠承载企业的各类数据通信业务，也要求在设备发生故障的情况下，备用设备能够快速切换并投入使用。

再次，宽带无线通信在承载语音、视频等实时通信业务时，网络的延迟时间要小，否则会影响用户的使用体验。语音通信的整体延时在 200ms 左右为宜，视频通信的整体延时在 400ms 左右为宜，这就要求数据通信的延时在 100ms 以内为宜。同时，语音和视频通信要满足终端在不同基站间切换时保持不中断的流畅传输，也需要宽带无线通信具有漫游能力。

另外，石化行业中包括智能巡检、语音视频融合通信、应急指挥、人员安全管理、设备管理、物料管理、环境监测等各类移动应用都会产生大量实时数据，因此要求承载这些应用的宽带无线网络必须具有足够的带宽和通信速率。终端要根据各个使用场景进行功耗优化，以满足现场使用者长时间工作的使用要求。

此外，随着越来越多的智能化功能在工业现场的应用，宽带无线通信承载的数据价值越来越大，一旦出现网络攻击，发生数据泄露、通信中断等情况，将给企业带来重大的效益损失，甚至产生事故，这也对宽带无线网络的安全性提出了更高的要求。

最后，宽带无线网络应便于安装、维护和升级，降低使用成本。软、硬件及安装结构的设计应具有可扩展性，以满足企业业务不断发展带来的扩建和设备的升级改造。

3. 复杂工业环境对窄带低功耗无线广域网的通信要求

随着低功耗广域网的发展，物联网技术也会更上一个台阶。窄带无线通信在频带利用效率、接入终端的数量、覆盖距离、抗干扰能力、功耗、成本等各个方面，都会有更大进步，这些都是物联网在石化智能工厂进一步推广的基础。

首先，无线的频谱资源越来越稀缺，无论是授权频段还是非授权频带的使用，都希望在单位频率下，通信的容量越大越好，这样可以接入更多物联网传感器及终端，也可以做更多对带宽要求稍大的业务。

其次，需要通过技术的提升，提高窄带无线通信的链路预算，使得无线通信能够覆盖更远的通信距离并提升通信抗干扰能力，满足窄带无线通信在各类天气下的稳定通信的要求。

再次，需要通过功耗优化技术，使得通信功耗大大降低，使用普通电池即可满足传感器的无线部署，并在整个产品生命周期内，不再需要更换电池。

最后，为了能让无线智能传感器在流程行业广泛应用起来，低成本也是一个重要的要求。

（二）移动多媒体信息实时动态交互

移动多媒体通信对无线网络的要求较高，要求无线通信具有低延时、大带宽及高稳定性。4G宽带通信技术已经能满足这些要求，随着5G时代的来临，通信带宽将达到现在4G带宽的几百倍，能为超高清视频通信提供带宽保证。因此，基于语音、视频通信的融合通信、集群调度、视频会议、应急指挥等多种形式的移动化多媒体信息实时交互功能将在越来越多的石化企业中得以应用。

1. 多媒体融合通信

多媒体融合通信包括语音点呼、语音组呼、视频对讲、视频监控、视频会议等几种基本通信模式，如图 1-17 所示。语音点呼是一对一的语音通信，也就是通常所用的电话功能；语音组呼即语音会议功能，可以将多方的语音接入同一个会议组，并在会议组进行线性合并后再发回至会议中的每一方；视频对讲即视频电话功能，能够实现一对一的视频对话；视频监控是将每一个视频采集终端的视频发送至视频转发服务器，再由视频转发服务器根据不同监控者的要求，组合出多路终端视频发送至监控者的 PC 或手机监控软件上，实现多对多的视频查看；视频会议相比视频监控更加复杂，除了需要将语音、视频都以会议的形式进行多对多传输，还需要有更为复杂的会议管理控制功能。

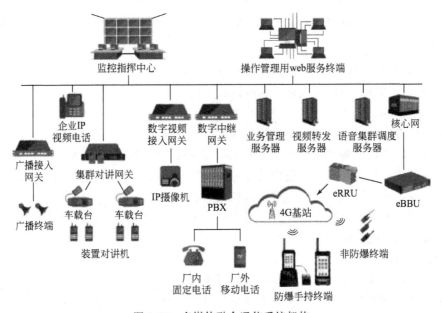

图 1-17　多媒体融合通信系统架构

以这几类基本多媒体通信模式为基础，石化工厂内的固定电话、移动电话、对讲机、语音/视频 IP（互联网协议）电话、笔记本电脑、台式机、电视墙、大屏幕、广播系统、智能手持终端等都可以实现语音、视频等各层面、不同程度的融合。手机、笔记本、台式机、智能终端、IP 视频电话、电视墙、大屏幕都可以实现语音的电话、组呼，视频的对讲、监控、会议。这些设备可以与对讲机进行语音组呼，实现与对讲机的语音对讲通信；也可以实现与固定电话和外线手机进行语音点呼；还可以实现对广播系统的控制，使得有权限的人能够对全厂进行广播通信。从而，最大限度地将各类通信终端设备进行多媒体融合，实现企业内的高效指挥调度。

2. 移动作业监控系统

在石油化工现场，无论是对施工过程进行视频监管，还是在紧急情况下对固定摄像头无法覆盖的区域进行现场视频回传，都需要能够快速部署的移动视频监控终端，如图 1-18 所示。它不仅可以快速地部署在装置区钢结构上，还可以部署在工程及消防车辆上，达到对施工作业现场及应急指挥现场进行临时视频监控的目的。"移动视频监控终端"支持快速安装及拆卸，携带轻便，方便在高空和管廊上安装。终端配备大容量电池，满足长时间连续高清视频拍摄及视频实时回传。同时，终端可以抗强风，支持在海边及钻井平台上使用，还支持各类有毒有害气体传感器的接入，以便于对作业现场及应急指挥现场的有毒有害气体环境的采集分析。

- 支持现场作业监控及车辆移动监控
- 多画面实时展示现场监控视频
- 支持监控端与后台语音集群调度对讲
- 支持在地图上展示现场作业点及移动车辆的实时位置

图 1-18　移动作业监控系统

3. 调度系统

传统调度系统只实现了语音的集群调度，随着宽带无线网络、移动智能终端、融合通信技术的发展，使得需调度的设备越来越多，对视频等多媒体调度的要求也越来越高。首先，移动终端、手机、IP 电话、对讲机的语音调度是基础。其次，固定摄像头、移动终端、IP 可视电话、移动作业监控等现场的视频调度与转发必须方便快捷。再次，调度系统需与视频会议系统相融合，便于现场视频会商工作的开展，同时视频与音频还需进行联动，保障多方音频同时出现在现场会商视频中。最后，调度系统还希望与 GIS 系统相融合，能够通过地理信息系统来定位被调度的终端，并通过地图圈选即可快速实现语音会议调度、广播调度以及视频的转发调度等功能，如图 1-19 所示。

4. 应急指挥系统

应急指挥是指在面临突发事件的紧急情况下，指挥者根据现场情况，对所属

将GIS(地理信息系统)与多媒体融合通信相结合,可在GIS上对移动电话、IP电话、对讲机、防爆移动终端的语音进行统一调度,对移动终端、作业监控终端、固定摄像头的视频进行统一调度,并发起多方语音、视频会议,可显示防暴移动终端的位置和历史轨迹

扫一扫彩图

终端轨迹回放

Q厂   J厂   D厂

图 1-19 GIS音视频调度系统

下级的应急活动进行组织的领导活动。其实质也是一种调度指挥活动,只是在调度指挥过程中,应急系统会根据应急处置情况的不同,及时呈现给指挥者多角度的现场多媒体音视频信息,以及人员、设备、物资、环境等实时数据信息,协助指挥者快速形成综合判断,并下达指挥调度指令,快速处置现场的突发紧急情况。为了更好地应对紧急突发事件,应急系统除了能进行上述多媒体调度外,还应根据应急情况的不同形成相应的预案,在日常工作中根据预案进行演练,在紧急情况发生后,才能快速启动并实施相应预案,使指挥调度能够更为快速有效地解决现场的突发问题。

(三) 日益丰富的移动化应用场景

宽带无线网络的建设及投用,除了能够支撑移动多媒体信息的实时交互,还可以为石油化工更多的移动化智能应用提供通信保障,带来生产管理、设备管理、物料管理、安全环保管理、质量管理等各方面的效率提升。窄带无线网络主要与低功耗传感器和安全供电技术相结合,为石油化工现场的信息泛在感知提供基础。

1. 宽带无线通信的应用场景

宽带无线通信的主要特点是速度快、延迟小、可靠性高。工业现场广泛使用的智能终端特别适合使用宽带无线通信,通过终端上与生产管理、设备管理、人员管理、安全管理、环保管理、质量管理等相关的移动应用,可以显著提升企业的管理效率。

① 生产管理:"智能巡检"应用软件可以对生产现场的巡检活动进行系统化管理,提高巡检效率和巡检结果的可追溯性,对巡检人员活动及设备运行情况进

行统计分析，有利于及时发现工业现场的设备及环境异常；"隐患管理"应用软件可以为生产现场各类隐患的收集和排查提供高效的管理手段等。

② 设备管理："设备点检"应用软件可以实时测量现场设备的振动、温度等工况信息，并对测量信息进行分析，结合设备历史维修记录，形成对设备的预测性维检修管理等。

③ 人员管理："三维定位"应用软件可以实时采集现场工作人员的位置信息，为人员的指挥调度及救援提供依据；"人员核查"应用软件可以实时调取现场工作人员的信息，为及时发现非法现场人员提供依据等。

④ 安全管理："SOS报警"应用软件可以在外操人员遇到意外时，准确地将信息传递给相关施救人员，达到快速施救的目的；"应急指挥"应用软件可以在现场发生各类突发灾害事故时，将应急预案快速落实，控制受灾损失等。

⑤ 环保管理："气体云图"应用软件可以对各类有毒有害气体进行移动化的浓度信息采集，为及时发现并解决气体泄漏问题提供依据等。

⑥ 质量管理："采样送检管理"应用软件可以提高样品采集实时性和准确性，为样品的准确化验提供基础，也为产品质量的提升以及先进控制系统提供更为准确的产品质量数据来源等。

2. 窄带无线通信的应用场景

窄带无线通信的主要特点是覆盖广、接入终端数量多、低功耗、低成本，适合于流程工业的无线物联网建设，可以接入各种低功耗传感器，对现场的设备状态、物料状态、环境数据、能耗数据进行采集，实现泛在感知。

① 设备状态感知：窄带无线通信与低功耗加速度传感器相结合，可以低成本实现对工业现场全部设备的振动、温度以及腐蚀数据的感知，监控设备的运行状态趋势，为预测性维检修提供全面、可靠、及时、准确的数据。

② 物料状态感知：窄带无线通信与压力、流量等传感器相结合，可以作为全厂DCS系统的有效补充。

③ 环境数据采集：可采集包括废水水质、有毒有害气体排放浓度等在内的各类环境数据和信息，形成实时环保地图。

④ 能耗数据采集：可将工业现场的用水、用电、用气量采集后，形成全厂统一的能耗监控，通过分析采取相关措施降低使用量。

四、石化过程数字化建模的复杂性

（一）原油资源及加工特点

1. 原油是组分结构复杂的烃类混合物

原油是由成千上万种烃类化合物、非烃类物质、金属及其他杂质组成的复杂混合物。由于形成原油的外部环境和条件不同，使得原油性质千差万别，即使是同一产地的原油，采油工艺及时期不同，所产原油的性质也不尽相同。国内外建立了很多烃类化合物的分析方法，统一了对原油关键性质的认识。例如采用API°或密度来表征原油的轻重程度，采用硫含量、酸值、金属含量等表征原油加工的难易程度等。对原油性质的了解与掌握的程度，直接关联到原油的加工流程、产品产量和质量、加工成本、企业效益等。

2. 原油加工流程长

原油加工的链条长，涉及原油开采、储存、运输、预处理、切割、馏分油加工、产品调和、产品储存、出厂等诸多环节。原油可以直接加工生产汽油、煤油、柴油、液化气等产品，也可以作为化工、医药等领域的原材料继续延长加工过程，直至获得日常生活所需的目标产品。原油加工流程中的每一个环节均不是独立的，上下游流程工序关联性很强。因此，如何高效统筹计划安排炼油加工过程的每一个环节，是石化行业的核心技术，迫切需要一整套信息化、数字化的模型进行支撑。

3. 原油加工技术复杂多样

近年来，原油加工技术不断衍生、发展、进步，原油加工由"馏分油加工"逐渐向"分子级炼油"发展。炼油装置结构也从单一炼油工艺向多个工艺的组合进行转变，原油加工技术呈现出多样性和复杂性。按加工技术及目标产品不同，炼油加工装置主要有：常减压、催化裂化、催化重整、芳烃抽提、汽油加氢脱硫、汽油吸附脱硫、柴油加氢脱硫、航煤加氢处理、戊烷油加氢处理、蜡油加氢处理、渣油加氢处理、加氢裂化、加氢改质、溶剂脱沥青、延迟焦化、气体分离、硫黄回收、尾气处理、轻烃回收、产品精制、污水汽提等[28]。

4. 炼油产品结构复杂

原油主要产品有车用汽油、车用柴油、航空煤油、燃料油、液化气、硫黄、沥青、石油焦等，也可以作为化工、医药等行业的原材料。石油产品的种类和质量指标不断发生变化，通常通过改变原料组合、优化装置操作、调整加工流程等手段，可以调整产品结构，生产满足市场需要的石化产品。在复杂烃类混合物加工中，需要使目标产品产率最大化、进而实现经济效益最大化，这就要求炼油企业对其加工过程进行整体统筹规划和安排[29]，不断优化调整其季、月、周的生产方案，既实现全厂的平稳生产，也实现所加工每吨原油的经济效益最大化。

5. 原油价格市场波动大

众所周知，任何商品的价格均受市场供需影响，原油及原油产品也不例外。原油是一个充分市场化的商品，国际经济、地缘政治、地域限制、运输条件、突发事件、自然灾害、资本市场等因素，均会影响到原油及原油产品市场的供需关系，最终造成原油及原油产品市场价格的频繁大幅度波动，且价格波动具有很强的随机性和突发性，变化规律性差，可预测性不强。炼油企业如何应对瞬息万变的价格市场波动，提高企业的竞争力，需要借助信息化建模手段，以快速应对快速变化的市场，从而提高企业效益。

（二）炼油全流程优化技术

炼油过程是复杂开放的系统工程。系统优化是运用先进科学的方法，对系统中相互作用和相互依赖的组成部分进行分析、研究、设计和管理，使系统功能和期望目标相一致的过程。炼油全流程优化的内涵，即是从原油到生产装置操作参数的一体化优化，包括原油选择、采购、运输、储存、加工、成品油调和出厂等的全过程优化。

1. 炼油全流程优化内容

炼油全流程优化的内容主要包含计划优化、调度优化、工艺操作优化等。

① 计划优化：结合企业市场分析预测，有针对性地制订炼油企业的生产方案，包含原（料）油的资源采购计划、生产排产计划、产品销售计划、装置检修计划等，其遵循的原则是"以最低的生产成本，产生最大的经济效益"。

② 调度优化：结合生产现状，对全厂加工方案进行优化设定和调整，满足计划优化下的物料平衡、燃料平衡等，统一原料及产品的进厂周转协调，使其与"水、电、汽、风"等公用工程匹配，紧急情况下统一调度原料及产品收储，进行加工方案调整、产品调和方案变更等。在满足安全环保的前提下，实现生产组织最优。

③ 工艺操作优化：结合专家经验和工艺过程机理模型，综合考虑产品质量、收率、能耗等工艺条件，在满足计划优化等全厂性目标的前提下，寻找各装置、各单元最佳操作点，并在实施过程中平稳控制当前操作参数尽可能靠近最佳操作点，即在满足全局最优的前提下，实现各单元操作过程最优。

2. 炼油全流程优化的方法

炼油过程系统优化主要是定性到定量的综合集成方法。处理复杂开放的大系统，钱学森提出一种比较现实可行的方法——"定性到定量综合集成法"[30]，处理炼油系统的优化要采用经过实践证明的模型进行定量分析，同时要发挥专家经验作用，对系统优化进行定性分析，将他们的经验、判断和模型的定量计算结合起来。即在定性分析的基础上建立模型，定量计算，计算结果再请专家评审，进行结果比对与分析反馈，最后校验、改进模型，如此闭环地进行系统优化决策。

3. 炼油全流程优化的技术手段

为解决过程系统工程优化问题，科学家们陆续发明创造了线性规划、非线性规划、混合整数规划等重要的数学方法（即优化方法）。随着计算机技术、人工智能技术的发展，大数据应用又开发了基于这些优化算法，能处理复杂大系统优化并和实际过程相结合的各种计算模型，形成了解决炼油过程系统优化的技术手段。目前常用的模型有：

Aspen PIMS（Process Industry Modeling System，流程工业模型系统），以线性规划技术为核心的经济优化软件，主要用于优化过程工业各装置的生产操作和设计，短期及长期战略性规划，如物料采购优化、产品生产计划、运输物流和供应链管理、技术评估、工厂新建和扩建评估等。

Aspen ORION（Optimal Refining Process Information，简称 ORION）模型，是一个生产调度优化系统，有效协调月度计划与日常操作，并能优化炼厂的日常生产操作和库存管理。它还可通过提高装置负荷、降低库存、降低迟交货风险等措施，提高炼厂经济效益。模型内含用于炼厂调度的三种基本方法：模拟、线性规划和专家系统。模拟用于预测在一组给定工况下的炼厂绩效，线性规划和专家系统用于处理各种生产条件，使生产能满足设备约束、原料约束和提高产品收率需求的调度。内置功能包括基于原油数据库的原油蒸馏、油品调和优化、原油管道输送跟踪等。

机理模型，基于海量历史数据库及经验，以反应动力学机理模型为基础，对炼油加工过程中的单一环节进行预测及寻优，或是对未知原料加工进行评价分析寻找机遇，满足全流程效益最大化。如 RSIM（Refinery SIMulation）模型是以Hysys Refinery 界面为基础，把图形化的过程模拟器和先进的炼油 Profimatics 动力学结合起来，为炼油厂提供完整的反应模型。既可以模拟单个设备、单个装置，也可以进行全厂模拟，开展全流程优化、故障排除研究和操作过程监视等[31]。

此外，炼油过程工艺操作优化的主要技术手段还有流程模拟、先进过程控制等，以及支撑炼油过程系统优化的实验室信息管理系统、原油评价数据库、生产执行系统等。

4. 炼油全流程优化发展趋势

国外公司为实现炼油系统优化，高度重视炼油信息系统建设，支持系统持续滚动优化、持久产生效益，覆盖炼油生产经营管理的各个方面：过程控制、生产管理、经营管理、决策支持、计划优化、供应优化、生产优化、配送优化、原油调和、流程模拟、先进控制、油品调和、装置设计、设备状态监测和分析等。

实施生产执行系统，实现生产过程和管理信息的集成。主要包括：物料平衡、装置校正、生产管理、操作管理、调度管理、储运管理，形成生产运行和管理平台，强化对物料的跟踪管理，奠定优化生产的基础。生产执行系统与 ERP 系统紧密集成，既为 ERP 提供计划数据和执行结果，又从 ERP 系统获取数据支持生产运行优化。

以供应链为主线实施系统优化，覆盖从原油供应到成品油销售的整个业务链。据统计，供应链优化平均可以降低运行成本 20%～40%、运输成本 10%～20%、分销成本 10%～20%，减少过量库存和流动资金占用 25%～50%，减少油品供应断档 75%～95%，提高了资金回报率。

实施从计划、调度到油品调和的集成优化。在日趋严格的环保要求下，高精度的调和控制有助于生产符合质量要求的油品，同时减少质量浪费、增加企业效益；应用在线调和控制与优化技术提高调和效率，减少中间罐的需要；全厂生产计划调度与油品调和集成，提高生产计划的整体可行性。

五、石化流程企业智能化升级挑战

石化工业由于其固有的生产运营和企业管理特点，在推进数字化、网络化、智能化制造过程中面临着众多挑战，需要一一破解。

1. 一些生产过程的反应机理及数学模型构建仍需研究探索

石化工业的生产工艺日趋成熟。但是，由于生产过程复杂、物料性质变化大，在许多生产过程中，仍有不少反应机理需要进一步研究，生产加工模型还需深入研究、探讨。例如，石油加工过程中催化裂化装置生产，以原料适应性强、重油转化率高、轻质油产率高、生产方案灵活等特点而广为应用。但自 1942 年第一套催化裂化装置投用以来，其生产技术仍在不断发展和创新，生产过程催化剂结焦的影响因素或成因、结焦类型以及焦炭产生的积极或消极影响仍在探讨中。

2. 各类"孤岛"的挑战

"孤岛"是指相互之间在功能上不关联、信息不共享，以及与业务流程和应用脱节的应用系统等。"孤岛"的产生是普遍问题，产生的原因众多，主要包括：

一是信息化发展的阶段性，企业每一次局部的 IT 应用都可能与以前的应用不配套，信息化的实施和应用都不是一步到位，而是通过循序渐进的过程逐步建立起来的。

二是人们的认识原因，一些企业重视信息基础设施建设，而忽略应用建设，"重硬轻软"现象导致信息资源的开发与利用滞后于信息基础设施建设。需求不到位，信息化建设一方面缺乏对企业内部员工的信息需求了解；另一方面企业员工没有形成主动的信息需求意识，缺乏将自身潜在需求转化为显性需求的动力。

三是标准不统一，信息化应用部门不同、起点不同，导致开发工具不同、数据库版本不同、数据编码和信息标准不统一。

四是业务"孤岛"导致企业业务各自为战，生产流程、供应流程、销售流程和财务流程不能协同运行，或不能形成一个有机整体，导致信息系统建设不能很好地集成共享。

信息"孤岛"通常可分为数据"孤岛"、系统"孤岛"、业务"孤岛"。数据"孤岛"是最普遍的形式，不同软件间，尤其是不同部门间的数据信息不能共享；系统"孤岛"指在一定范围内，需要集成的系统之间相互孤立、彼此独立；业务"孤岛"表现为企业业务不能完整顺利地执行和处理。这些都是石化工业推进智能制造面临的重大挑战。

3. 智能装备与工业软件国产化应用的挑战

目前，我国石化装备制造业快速发展，基本可以满足行业需求。但在加工制造精度和自动化控制等核心技术方面，与发达国家相比仍存在不小差距。推进智能制造所需的大型装备控制系统、控制总线、工业传感器、软件包及应用模型、制造与应用标准等仍大多为国外垄断，相关自主核心技术研究及其成熟的国产化产品应用进展缓慢。

4. 业务流程优化、管理体制机制等方面的挑战

多数企业传统上采取自上而下、条块化、功能化管理，企业职能部门各负其责，相互协同不够，阻碍了信息的畅通，也分隔了企业内原本应该统一的信息数据。优化业务流程，并通过流程把所有应用、数据管理起来，使之贯穿众多应用系统、数据、用户，涉及建立相适应的体制机制，也需要对企业原有组织功能架构进行再造。如果没有最高管理层的明确态度和积极务实的利益协调，必将影响智能制造的有效推进。

参考文献

［1］ 中国石油规划总院.提升石化产业供给质量思路研究报告［R］.北京：中国石油规划总院，2017.

［2］ 骆红静，吕晓东等.2016 年世界和中国石化工业综述及展望［J］.国际石油经济，2017，25（5）：51-60.

［3］ 王震，张安.国际油价走势影响分析和国际油企应对措施启示［N］.中国能源报，2016-4-11，第 4 版.

［4］ 史昕，邹劲松.2016 年世界炼油产业发展综述［J］.当代石油石化，2017，25（3）：25-31.

［5］ 蔺爱国，李雪静.能源结构转型形势下国内外炼油工业发展方向［A］.AFPM2016 年会文集，2016.

［6］ 洪定一.炼油化工一体化——石油化工的战略选择［J］.中外能源，2007，12（6）：62-67.

［7］ 姚国欣.世界炼化一体化的新进展及其对我国的启示［J］.国际石油经济，2009，17（5）：9-19.

［8］ 王大全，候培民.石化产业链绿色化发展与思考［J］.石油化工技术与经济，2010，26（1）：1-4.

［9］ 王金鹏，王新平.世界炼化技术进展和我国炼化科技发展建议［J］.石油科技论坛，2017，（2）：8-15.

［10］ 张海桐，王广炜，薛炳刚.对分子炼油技术的认识和实践［J］.化学工业，2016，36（4）：16-23.

［11］ 覃伟中．积极推进智能制造是传统石化企业提质增效转型升级的有效途径［J］．当代石油化工，2016，24（6）：1-4.

［12］ Yuan Z, Qin W, Zhao J. Smart manufacturing for the oil refining and petrochemical industry［J］. Engineering, 2017, 3(2): 179-182.

［13］ 中国石油化工集团公司经济技术研究院．2016年国内外油气行业发展报告［R］．北京：中国石油化工集团公司经济技术研究院，2017.

［14］ 李宇静，陈庆俊等．我国石化工业优化发展趋势［J］．石油科技论坛，2017，（2）：1-7.

［15］ 覃伟中，陈丙珍等．面向智能工厂的炼化企业生产运营信息化集成模式研究［J］．清华大学学报（自然科学版），2015，55（4）：373-377.

［16］ 金云．国务院发布石化产业发展指导意见引导产业调结构促转型增效益［J］．国际石油经济，2017，25（1）：16-17.

［17］ 集智俱乐部．科学的极致：漫谈人工智能［M］．北京：人民邮电出版社，2015.

［18］ 工业互联网产业联盟．中国工业大数据技术与应用白皮书［R］．北京：工业互联网产业联盟，2017.

［19］ 张建明，詹智财，成科扬，詹永照．深度学习的研究与发展［J］．江苏大学学报，2015，3（36）：191-200.

［20］ 曹凯．华为发布企业云服务，打造属于自己的云模式（2）［EB/OL］．洞悉数据经济，2015-08-06.

［21］ 周佳军，姚锡凡，刘敏，张剑铭，陶韬．几种新兴智能制造模式研究评述［J］．计算机集成制造系统，2017，3（23）：624-639.

［22］ Hinton G E, Osindero S, Teh Y. A fast learning algorithm for deep belief nets［J］. Neural Computation, 2006, 18: 1527-1554.

［23］ Hinton G E, Salakhutdinov R R. Reducing the Dimensionality of Data with Neural Networks［J］. Science, 2006, 313: 504-507.

［24］ 王华．论我国三大石油公司信息化进展［J］．石油规划设计，2013，24（6）：5-9.

［25］ 中国石化"十二五"信息化工作回顾［EB/OL］．中国石化报，2016-9-8 http://www.sinopecnews.com.cn/news/content/2016-09/08/content_1643433.shtml.

［26］ 刘希俭．中国石油信息化回顾与展望［EB/OL］．2016-03-15. CIO 时代网．http://www.ciotimes.com/cio/111 274.html.

［27］ 金晔．国有大中型企业信息化建设研究——以中海油为研究案例［D］．上海：上海财经大学，2011.

［28］ 侯芙生主编．炼油工程师手册［M］．北京：石油工业出版社，1994.

［29］ 林世雄主编．石油炼油工程［M］．北京：石油工业出版社，2000.

［30］ 卢明森．"从定性到定量综合集成法"的形成与发展［J］．中国工程科学，2005，7（1）：9-15.

［31］ 邹圣武．RSIM模型在炼油厂的应用［J］．石化技术，2012，19（3）：25-29.

第二章

以经济效益最大化为目标的卓越运营

本章分析了石化敏捷生产的关键要素，阐述了生产装置的建模与优化，介绍了以经济效益最大化为目标的卓越运营关键措施，包括以月为时间尺度优化生产、实时优化与先进控制、工业大数据优化技术及应用、工艺技术与能源管理智能化、原油及成品油在线自动调和等。

第一节 石化敏捷生产的关键要素

一、原料与产品市场价格快速变化

1. 石油价格走势及影响因素

国际原油市场定价，都是以世界各主要产油区的标准油为基准。当前，国际原油计价方式主要以 ICE Brent、Nymex WTI 等为基准原油，除此之外就是新加坡原油。其中，除部分中东和远东原油外，北海（布伦特）、非洲、拉美、加拿大以及部分中东和远东地区向欧洲出口原油时的计价均以 Dtd Brent 计价；WTI 原油在纽约商品期货交易所交易，只针对美国本土原油计价，区域性强，但它是最大的原油期货交易品种，对其他原油期货价格（如 ICE Brent、DME Oman 等）具有很强的指导作用和影响力。

受各种因素影响，石油价格波动频繁。近年来，受美联储加息及加息预期、OPEC（石油输出国组织）与非 OPEC 产油国的冻产协议及进展、美国页岩油产量变化、美国新任总统特朗普上台后对能源政策及经济政策的调整、欧洲大选等多方面因素影响，国际原油价格持续动荡，甚至出现了"过山车"现象。近几年，Brent、Nymex WTI 原油价格走势如图 2-1、图 2-2 所示。

影响国际原油价格因素主要有：

其一，市场需求是影响原油价格走势的主要原因。原油作为大宗商品，决定价格长期走势的主要因素是市场供需关系。原油是不可再生资源，短期供给弹性

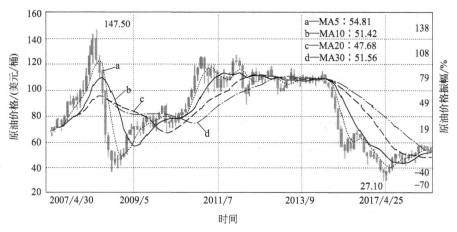

图 2-1　近几年 Brent 原油价格走势

MA5、10、20、30—分别为 5 日、10 日、20 日、30 日均价，下同

（数据来自新浪财经网）

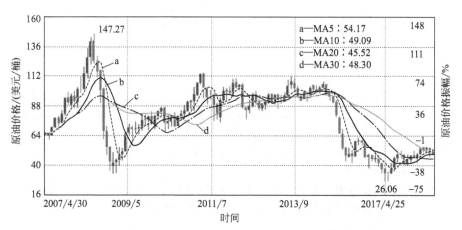

图 2-2　近几年 Nymex WTI 原油价格走势

（数据来自新浪财经网）

较小，在没有新的大型油田被发现以及重大技术创新出现时，影响原油价格的最主要因素是原油的需求。

其二，原油价格走势受世界经济发展状况影响。全球经济的增长会通过改变石油市场的需求量，从而影响石油价格，经济增长和石油需求的增长有较强的正相关关系。

其三，资本市场的投机行为是一个不可忽视的影响因素。原油作为期指交易市场的一种商品，国际投机资本的操作对其价格的影响是一个不可忽略的因素。原油市场的投机与市场预期往往加大了原油价格的波动，国际原油市场中投机因素对原油价格有 15%～25% 的影响力。

其四，替代能源技术革命是影响原油价格走势的重要因素。例如美国页岩油技术取得突破，并于 2009 年开始商业化开发，使美国原油产量出现了爆发式增长，原油供应出现过剩；再如消费市场随着电动汽车呈现出替代汽油车的发展趋势，一定程度上也影响原油的价格。

2. 炼油产品走势

目前，全球成品油定价主要有三种形式：一是市场化定价模式，以美国为代表的发达国家基本上都是市场化定价；二是政府定价模式，主要是一些富油国，通过高额政府补贴来实行低油价政策；三是中间道路，既有市场化成分，也有政府管控成分。如图 2-3 所示。

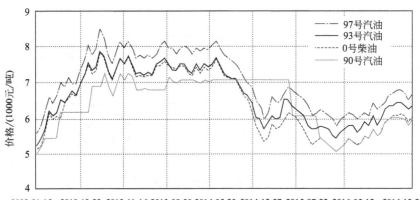

图 2-3 成品油价格走势

3. 石化产品走势

对比原油和成品油，石化产品的总数量相对较小，市场供需结构的影响更为明显，因此市场价格的波动强度远大于原油及炼油产品，如图 2-4 所示。

二、原料油性质的快速与准确评价

1. 原油性质表征

在石油行业中，原油的名称一般以产地命名，如胜利原油、大庆原油、中东原油等；对同一产地不同性质原油，则以关键组分区分，如伊朗轻质原油、伊朗中质原油、伊朗重质原油等。

原油是一种黏稠的深褐色液体，主要成分是各种烷烃、环烷烃、芳香烃和非芳烃的混合物，以 C、H 元素为主（约 95%），同时含有少量 S、O、N 等元素以及 V、Ni、Fe、Mo、Co、W 等微量金属元素。鉴于原油复杂的组成结构，不同碳数与不同族组成从两个维度交错，形成了不同的烃类和非烃类，很难对其组成进行详细清晰表征。可以通过一些关键元素（或性质）进行表征，将不同类型

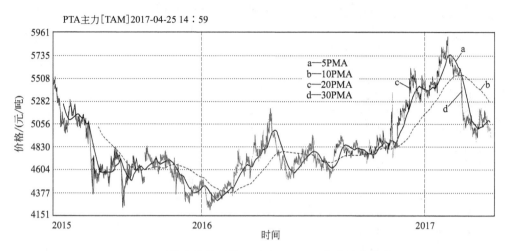

PTA主力[TAM]2017-04-25 14：59

图 2-4 石化产品精对苯二甲酸（PTA）期货价格走势

5、10、20、30PMA—5 日、10 日、20 日、30 日均线

（数据来自东方财富网）

的原油区分开来。

2. 原油性质快速评价方法

为更好地了解炼厂所加工的原油，需要对其关键性质进行全面分析评价，为原油加工方案及生产过程改进提供基础数据支撑。原油主要评价方法包括[1]：

原油一般性质评价：主要了解不同原油的一般性质，掌握原油性质变化规律和动态。

简单评价：初步判别原油的类别和特征，为不同类型原油分开输送、炼制以及合理利用提供依据。

常规评价：为炼厂设计提供基础数据，或服务于各炼厂加工原油的半年（或季度）进行的原油评价。

综合评价：为综合性炼厂设计提供依据，根据需要，也可以增加某些馏分的化学组成、重油或渣油的可加工性能评价。

能否快速评价原（料）油性质，是体现炼化企业信息化管理水平的重要标准之一。目前常用的有近红外光谱技术[2]和核磁共振技术[3]。

三、采购性能价格比最高的原料油

① 原油价格不同。不同品种的原油性质不一样，价格也差别较大，见表 2-1。如 API° 相同而硫含量等其他性质不同的巴士拉和卢拉两种原油，其 CIF（Cost, Insurance & Freight，到岸价）价差为 253.9 元/吨。硫含量相同而 API° 等其他性质不同的南巴、吉拉索、杰诺等原油价格也不一样。

表 2-1 不同品种原油的性质及价格对比

油种	CIF 价格 /(元/吨)	API°	硫 /%	酸值 /(mg KOH/100mL)	Ni+V /(mg/kg)	价差 /(元/吨)
萨西	2184.5	30.4	0.29	0.74	55.1	41.4
南巴	2249.8	37.0	0.34	0.46	82.6	106.7
吉拉索	2155.3	30.7	0.34	0.34	73.8	12.3
杰诺	1950.6	28.7	0.34	0.57	121.5	−192.5
萨宾诺	2070.5	29.8	0.37	0.27	17.6	−72.5
普鲁托尼	2140.3	33.3	0.38	0.21	123.2	−2.8
凯萨杰	2127.9	30.9	0.40	0.42	87.2	−15.2
卢拉	2080.8	30.3	0.40	0.28	61.0	−62.2
塞巴	2112.3	31.5	0.41	1.00	64.4	−30.8
阿曼	2011.9	31.9	1.52	0.65	63.8	−131.1
阿布扎库姆	2017.0	33.8	1.93	0.04	94.3	−126.0
沙轻	2016.9	33.3	2.00	0.05	66.6	−126.2
伊重	1892.0	29.2	2.02	0.11	379.5	−251.1
沙中	1917.5	30.5	2.48	0.22	254.5	−225.6
巴士拉	1826.9	30.3	3.02	0.14	204.7	−316.1
沙重	1810.0	27.4	3.10	0.24	216.0	−333.0

② 加工流程不同。原油加工分为一次加工和二次加工。一次加工主要指常减压蒸馏，是物理过程，其余加工过程统称为二次加工。原油加工过程包含物理、化学过程，物理反应有蒸馏、精馏、溶脱等，化学反应有裂化、缩合、聚合、叠合、异构化、芳构化、环化、重整、加氢、焦化等。各种原油加工工艺可以组成不同的原油加工流程。某石化厂原油加工流程如图 2-5 所示。

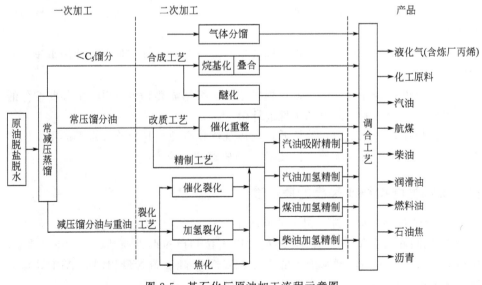

图 2-5 某石化厂原油加工流程示意图

③ 装置结构不同。比如 J-厂和 Q-厂均为炼油企业，代表两种不同的加工流程，其中 Q-厂为行业内俗称的"焦化"路线，J-厂为行业内俗称的"加氢"路线。其装置结构见表 2-2。

表 2-2 不同炼油企业装置结构对比

装置名称	Q-厂		装置名称	J-厂	
	处理能力/(万吨/年)	占原油比例/%		处理能力/(万吨/年)	占原油比例/%
常减压	1000		常减压	1000	
催化裂化	290	29	催化裂化	220	20
蜡油加氢	320	32	渣油加氢	170	17
			溶脱	50	5
加氢裂化	200	20	加氢裂化	240	24
延迟焦化	290	29	延迟焦化	100	10
连续重整	150	15	连续重整	120	12
柴油加氢	410	41	柴油加氢	330	33
航煤加氢	100	10	航煤加氢	20	2
S-ZORB	150	15	汽油加氢	90	9
			S-ZORB	120	
聚丙烯	12	1.2	聚丙烯	10	1
制氢	$7.0 \times 10^4 \mathrm{m}^3/\mathrm{h}$（标准状态）		煤制氢	$7.0 \times 10^4 \mathrm{m}^3/\mathrm{h}$（标准状态）	
硫黄	20	2	硫黄	7+7	1.4
气分	60	6	气分	45	4.5

④ 产品收率不同。对于炼油企业来说，其装置结构在设计和建设阶段就已基本固定，这就决定了每个企业对于不同品种原油加工的性价比不一样。比如，某种原油经过装置结构不同的 J-厂、A-厂、W-厂、C-厂、M-厂 5 个炼油企业加工，对应的产品收率也就不同，见表 2-3。

表 2-3 不同炼油企业加工同一原油产品收率对比

名 称	J-厂		A-厂		W-厂		C-厂		M-厂	
	产量/(万吨/年)	收率/%	产量/(万吨/年)	收率/%	产量/(万吨/年)	收率/%	产量/(万吨/年)	收率/%	产量/(万吨/年)	收率/%
加工量	325.60		437.30		478.90		344.20		277.90	
93 号汽油	66.50	20.40	118.00	27.00	53.90	11.30	80.80	23.50	52.90	19.00
97 号汽油	38.00	11.70	14.70	3.40	21.50	4.50	19.20	5.60	19.80	7.10
0 号柴油	109.10	33.50	173.00	39.60	156.90	32.80	122.40	35.60	90.30	32.50
航煤	16.30	5.00			32.20	6.70	18.30	5.30	16.40	5.90
润滑油									7.80	2.80
苯	2.70	0.80	2.90	0.70	0.70	0.10	0.90	0.30	1.70	0.60
甲苯					0.50	0.10	3.60	1.00		
二甲苯	1.20	0.40	6.20	1.40	0.40	0.10	3.60	1.00		
聚丙烯	6.40	2.00			6.10	1.30	5.20	1.50	6.00	2.20
石油焦	19.90	6.10	21.40	4.90	36.90	7.70	10.20	3.00	18.40	6.60
硫黄	1.90	0.60	3.40	0.80	3.00	0.60	2.20	0.60	0.90	0.30
液化气	21.50	6.60	35.10	8.00	12.40	2.60	19.60	5.70	13.90	5.00

⑤ 产品销售价格不同。同一种产品，受地域、加工成本等影响，其市场销售价格也不同。如 J-厂的吨产品价格为 6539 元/吨，A-厂的吨产品价格为 6548 元/吨，W-厂的吨产品价格为 5967 元/吨，C-厂的吨产品价格为 6695 元/吨，M-厂的吨产品价格为 6341 元/吨，J-厂、A-厂、W-厂、C-厂、M-厂 5 个炼油企业销售产品价格及效益对比见表 2-4。

表 2-4　原油产品销售价格对比　　　　　　　　　　　单位：元/吨

产品名称	J-厂	A-厂	W-厂	C-厂	M-厂
93 号汽油	7939	7931	7951	7949	7899
97 号汽油	8372	8363	8371	8336	8377
0 号柴油	6489	6490	6532	6490	6480
航煤	5935		5942	5956	5937
润滑油					7421
苯	7397	7807	7668	7722	7626
甲苯			6874	6920	
二甲苯	6702	6808	6576	6818	
聚丙烯	9334		9281	9391	9269
石油焦	911	991	934	969	996
硫黄	967	927	937	1003	969
液化气	5678	5727	5788	5811	5477
吨产品加权平均价格	6539	6548	5967	6695	6341
吨产品扣税后价格	5727	5591	5353	5771	5562

综上，原油性价比是相对概念，通常是指依照设计建成已定型的装置结构，采购适合于炼厂总加工流程的原油，使用最低的原油成本，最大化地产出目标产品，使得炼油企业的经济效益最大化。因此，炼油全流程优化的努力方向是采购性价比最好的原油，这是炼油企业提质增效最为行之有效的手段。如图 2-6 所示某石化企业 J-厂加工原油的吨油效益及价格（性价比）排序。

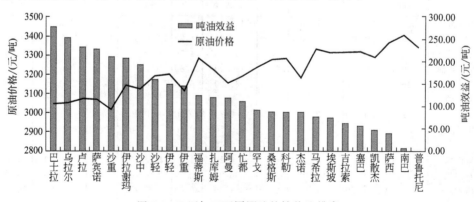

图 2-6　J-厂加工不同原油的性价比排序

四、最大化产出原料油每馏分价值

1. 馏分油定义

原油是多组分复杂混合物，为便于研究或加工利用，采用分馏的方法，将其按沸点的高低分割成若干部分（即馏分），每个馏分的沸点范围简称为馏程（或沸程）。从原油直接分馏得到的馏分称为直馏馏分，用来表示与原油的二次加工产物的区别。为了统一名称，一般把原油中从常压蒸馏开始馏出的温度（初馏点）～200℃（或180℃）之间的馏分称为汽油馏分；常压蒸馏200（或180）～350℃之间的馏分称为柴油馏分；原油从350℃开始有明显的分解现象，故对于沸点高于350℃的馏分，需在减压条件下进行蒸馏，然后换成常压的沸点，相当于350～500℃之间的高沸点馏分称为蜡油馏分，剩下的高于500℃的馏分称为渣油馏分。

2. 不同馏分油的转化与价值变化

不同馏分油性质不同，所加工获得的最终产品也不相同。馏分油的加工转化，既可以是单一炼油工艺技术，也可以是多个工艺技术进行串联组合。在原油加工过程中，既可将原油转为聚丙烯、苯、汽油、煤油、柴油、液化气等高价值馏分商品，也可转化为沥青、石油焦、硫黄等低价值馏分产品。原油加工是一个系统工程，馏分油转化过程相互关联，为提高炼油企业的经济效益，可以通过催化裂化、加氢裂化、加氢改质、催化重整、异构化、芳构化等手段，将各馏分油转化成为企业所需的目标产品，从而最大化发挥每一个馏分油的价值。

比如常一线油，其馏程在130～245℃，其中有60％的130～205℃组分为汽油组分，可作催化急冷油、航煤料、进催化分馏塔料、加氢料四种工艺处理，价值对比如图2-7所示。

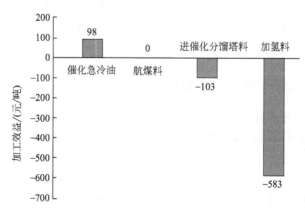

图2-7　常一线油不同工艺走向价值对比

再比如重油加工流程，对同一炼化企业，重油先经过溶脱装置处理后，重组分送至焦化装置加工，生产的焦化蜡油和轻组分合流，经过重油加氢装置处理后，送催化裂化装置加工生产汽油、柴油等产品，较重油直接经溶脱装置生产沥青和经焦化装置生产汽油、柴油、蜡油，对全流程来说可以提高轻质油收率1.0个百分点以上，如图2-8所示。

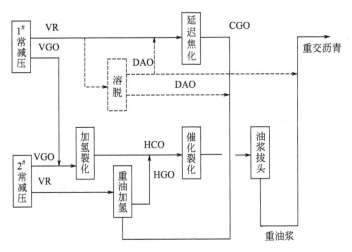

图 2-8　重油馏分组合工艺

VR—减压重油；VGO—减压蜡油；CGO—焦化蜡油；DAO—脱油沥青；
HCO—加氢裂化尾油；HGO—加氢重油

综上所述，炼油全流程优化就是全馏分、全过程优化，最终目的是将原油及各馏分油通过合适工艺进行转化，最大化产出所加工原油各个馏分的价值。主要是优化采购高性价比的原料油，优化各馏分油的加工路线，系统优化实现整体最优，通过分子级炼油实现每一馏分（或每一分子）价值最大化等。而原油组成复杂、品种多，炼油厂生产装置多、产品数量品种多，如何生产才能实现加工过程最优、成本最低，仅仅依靠经验认识不能完全指导生产操作，需要有软件模型和专业技术支撑相结合，充分发挥模型优化功能，实现从定性到定量的转变。

五、成品油及石化产品的质量效益

1. 石油化工产品等级

在日常生活中，通常采用牌号来区分石油化工产品。如按照油品中硫含量不同可以将汽油分为国Ⅳ质量标准汽油（硫含量不大于50mg/kg）和国Ⅴ质量标准汽油（硫含量不大于10mg/kg）；按油品中研究法辛烷值（简称RON）不同，可以将汽油分为89号汽油、92号汽油、95号汽油和98号汽油等；按油品中凝固点不同，将柴油分为−10号柴油、0号柴油、5号柴油等；按组分用途不同将石油液化气分为民用液化气、工业液化气等。

不同等级的石油化工产品，其性质不同，用途也就不一样，最终通过市场价格来体现。受市场供需关系影响，同一产品不同等级价格不同，见表2-5。

表2-5　不同等级石油化工产品价格对比

产品名称		价格/(元/吨)	产品名称		价格/(元/吨)
烯烃	苯乙烯	9610	汽油	98号汽油(国Ⅴ)	7967
	聚乙烯	8300		95号车用乙醇汽油调和组分油	7759
	聚丙烯	8250		95号车用汽油(国Ⅴ)	7759
	聚丙烯粉料	7500		92号车用乙醇汽油调和组分油	7343
芳烃	石油苯	6075		89号汽油(国Ⅴ)	6927
	石油混合二甲苯	5225		92号车用汽油(国Ⅴ)	7343
液化气	民用液化石油气	3650	柴油	-10号军用柴油(国Ⅳ)	6253
	工业液化石油气	3151		-10号车用柴油(国Ⅴ)	6191
	饱和液化气	3012		-10号普通柴油(国Ⅳ)	5836
石油焦	3号B石油焦	1500		0号车用柴油(国Ⅴ)	5834
	4号A石油焦	992		0号普通柴油(国Ⅳ)	5489

不同时期石油化工产品的价格及价差变化趋势，见表2-6。

表2-6　不同时期石油化工产品价格及价差变化趋势　单位：元/吨

名称	2016年6月	2015年6月	2014年6月	2013年6月
聚丙烯	5829	7692	9366	8803
苯	3946	4646	7215	7755
97号汽油	3917	4569	6884	6223
二甲苯	4314	4530	7543	7237
93号汽油	3580	4197	6432	5807
军用柴油	3299	3976	6134	5749
车用柴油	3457	3787	5597	5301
液化气	2914	3750	5504	5133
航空煤油	2897	3662	5880	5744
船用燃料油	2896	3473	5454	5129
普通柴油	2855	3471	5480	5130
道路沥青	834	2027	2991	3351
硫黄	603	957	934	1059
石油焦	660	936	848	1314
93号汽油与原油价差	1290	974	1222	1055
93号汽油与普柴价差	725	726	951	677
97号汽油与普柴价差	1062	1098	1403	1093
车柴与普柴价差	602	316	117	171
航煤与普柴价差	42	192	400	614
93号汽油与沥青价差	2746	2170	3440	2456
93号汽油与石油焦价差	2920	3261	5584	4493
93号汽油与液化气价差	666	447	928	674
97号汽油与二甲苯价差	-397	39	-659	-1014

2. 产品质量卡边控制与质量效益

产品质量的卡边控制均需满足该产品质量标准要求，否则失去了操作意义。炼油加工是动态平衡过程，受设备性能、操作人员主观因素等制约，为使装置安全平稳运行及产品质量连续合格，人们往往根据经验，人为预留部分操作调整空间，从而造成产量质量过剩，与理论最优值进行对比，不可避免造成部分效益损失。例如，为确保每罐汽油（约5000t）出厂质量合格，在调和过程中通常人为控制辛烷值指标略高于国家标准0.1～0.2，使得调和成本较理论值增加。炼油行业内通常将这部分效益称为质量卡边效益。产品质量效益与产品质量卡边控制范围息息相关，受人为主观性影响较大，但潜力也巨大。

随着加工成本升高、市场竞争日趋激烈等因素影响，炼油行业对产品质量卡边控制需求愿望越来越强烈。近年来，信息化、自动化技术的发展进步，为产品质量进一步的卡边控制创造了条件。炼油行业里，应用先进过程控制技术与人工智能技术，参照上游工段运行状况及分析化验数据，对下套工序操作进行预测性的提前优化调整，进一步提高操作平稳率，产品质量指标更趋于理论最优值，可最大化发挥产品质量效益。例如，将100万吨/年催化裂化装置的汽油干点由198℃卡边控制到202℃（国家标准要求不大于205℃），产量可以提高1.0～1.5t/h，产生价值可达800万～1000万元/年，此项调整不需要增加额外的操作成本。基此，产品质量卡边控制对产量质量效益影响很大，也是石化行业重点关注的优化方向之一。

第二节　石油化工生产装置建模与优化

对石化生产过程的数字化建模，是石化流程型企业推进智能制造的前提和基础，即：建立生产过程的数学模型，通过对模型的求解与优化，实现对生产过程的量化分析与优化决策。

一、石化生产装置的数学模型

在科学、工程和商业的所有领域，都需要采用数学模型来解决问题、设计装备、解析数据并交流信息。1974年，Eykhoff将数学模型定义为："表达了一个现存系统或待建系统的本质属性，以一个有用的形式提供了该系统的知识"[4]。模型是对实际过程的抽象，模型化方法能避免重复地进行实验和测定。但是，要注意到模型仅仅是对实际情况的模拟，它并不能包含实际过程的所有特征。在开发模型时，必须决定哪些因素是相关的，以及模型的复杂程度。

石化生产过程的建模方法可以分为三类，即通过机理分析建立模型、通过数据驱动建立模型、将机理建模与数据驱动建模两种方法结合起来建立数学模型[5]。

机理建模是从石化生产过程的工艺机理出发，建立对象的机理模型，这种方法要求建模者研究并掌握生产过程的基础理论与专门知识，并对建模过程的工艺和控制方案有比较深入的掌握。

数据驱动建模是针对对象内部结构与机理不清楚（或不了解）的情况提出的，是通过获取过程的生产数据，对控制变量之间以及优化目标之间的关系进行解析与挖掘，实现对生产过程优化目标和工艺约束的精确描述。随着大数据技术的发展，该方法逐渐成为过程建模的重要方法。

由于纯机理建模和纯数据驱动建模各自存在局限性，因此研究者提出了将机理建模和数据驱动建模相结合的混合建模方法[6~9]。对于机理建模的过程中机理认识不清的部分，利用数据驱动建模方法补偿该部分的未建模特性；同时，机理建模方法可以提供建模的先验知识，为数据驱动建模方法节省训练样本，提高建模效率和准确性。

石化生产过程模型除了可以分为机理模型、数据驱动模型和混合模型之外，通常也按下述方式分类[5]：

（1）线性模型和非线性模型

如果相关变量或其导数只表现出一次方关系，则模型是线性的，否则是非线性的。实践中线性模型比非线性模型更易于处理和求解。

（2）稳态模型和动态模型

稳态模型（或称定常态模型）是指不随时间变化的模型，而动态模型（或称非稳态模型）是瞬变的，其中过程相关变量会随时间发生改变。

（3）集中参数模型和分布参数模型

集中参数代表着忽略空间上的变化，将整个系统的状态及属性看作均相的，分布参数则考虑了系统内不同位置之间的状态变化。

二、机理建模与数据驱动建模

1. 机理建模方法及应用实例

针对生产装置的机理建模过程，实质是实现质量衡算和能量衡算的具体化，主要利用化学反应动力学及动力学常数、相平衡及相平衡常数和传质、传热速率方程及传递系数等。为了保证机理建模的精确性，需要足够和可靠的化学工程和生产工艺方面的知识，以及详细的过程设备参数和生产数据等。

机理建模的基础是基本的物理和化学定律。所用的守恒定律，一般被称为过程建模的基本方程，其中质量、能量和动量称为基本量。一般基本量无法直接测量，需要用密度、浓度、温度、流量和压力等其他变量的适当组合来表示。

除上述基本方程外，建立过程机理模型时，还需要用到热量、质量和动量的传递速率方程，以及化学平衡、相平衡、化学反应速率、物质状态等辅助方程。

基于机理的数学模型中的代数和微分方程都是基于过程的质量衡算和能量衡算关系，对于包含化学反应的过程，在质量衡算方程式中，应考虑化学反应中生成和消耗的物料；在能量衡算的方程式中，应考虑化学反应的热效应。

衡算关系的一般形式为[4,5]：【输入速率】－【输出速率】＋【源】＝【累积速率】。其中，【源】（Source）主要指化学反应过程带来的影响；【输入速率】（Input Rate）和【输出速率】（Output Rate）包括对流流动和扩散，流体相内（或相间）存在的"浓差"，是扩散的推动力；【累积速率】（Accumulate Rate）为变量对时间的倒数，稳态建模时该项为 0。

过程单元操作中，可以把流体性质分成以下四类[4]：

① 质量：以密度表示，其意义为单位体积流体的质量，表达式为：

$$\rho = m/V$$

式中，ρ 为流体密度；m 为流体质量；V 为流体体积。

气体因具有可压缩性及膨胀性，其密度随压力和温度发生变化。在温度不太低、压力不太高的情况下，气体的密度通常可以利用理想气体状态方程推导出：$\rho = pM/RT$。其中，p 为气体压力，M 为分子的摩尔质量，T 为气体的热力学温度。

② 组分：以各组分组成 C_i 表示。

③ 热量：以流体的 $\rho C_p T$ 表示，其中 C_p 为流体的比热容，T 为流体温度，一般情况下，可以将 ρ、C_p 视为常数。

④ 动量：以流体的 ρu 表示，其中 u 为流体速度。

这四类性质在质量衡算和能量衡算中表现出相似性，为简单起见，可以用统一符号表示。

下面将通过几个具体建模实例，说明生产装置机理模型的情况。

（1）精馏塔机理建模

精馏塔是最常见的化工设备，它利用混合物中不同组分的沸点差异实现组分分离。精馏塔热量自塔釜输入，物料在塔内经多次部分汽化与部分冷凝进行精馏分离，由冷凝器和冷却器中的冷却介质将余热带走。回流比、进料位置等多种操作因素会影响精馏操作的产品质量。以下以板式精馏塔为例，介绍精馏操作的建模过程。模型塔示意图如图 2-9 所示。

模型塔内有 $n-2$ 块塔板，加上塔顶的冷凝回流罐和塔底的再沸器，共有 n 个平衡分离级；每一级都有进料 F_j，汽相侧线采出 SV_j，液相侧线采出 SL_j，并有中间冷却器和加热器，热负荷为 Q_j。为简化建模过程，将每块塔板均作为

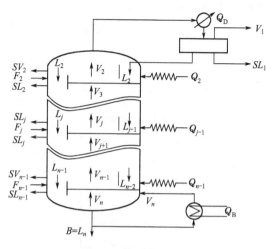

图 2-9　模型塔示意图

理论塔板，即模型建立在平衡级基础上，主要假设有以下四点[10]：

① 离开塔板的汽相和液相处于相平衡状态。

② 汽相和液相达到理想混合状态。

③ 各塔板间压降忽略不计。

④ 没有带液现象。

对于 n 块理论板、m 种组分的精馏塔，根据体系内的物料平衡、热量平衡、相平衡，以及各组分摩尔分数的归一，可以列出以下的模型方程组[10,11]：

组分 i 的物料平衡方程（$n \times m$ 个）：

$$L_{j-1}x_{i,j-1} + V_{j+1}y_{i,j+1} + F_j Z_{ifj} - (L_j + SL_j)x_{i,j} - (V_j + SV_j)y_{i,j} = 0$$

热量平衡方程（n 个）：

$$L_{j-1}h_{j-1} + V_{j+1}H_{j+1} + F_j h_{fj} + Q_j - (L_j + SL_j)h_j - (V_j + SV_j)H_j = 0$$

汽液平衡方程（$n \times m$ 个）：

$$y_{i,j} - k_{i,j}x_{i,j} = 0$$

各组分浓度总和方程（归一方程）（$2n$ 个）：

$$\sum_{i=1}^{m} x_{i,j} - 1 = 0$$

$$\sum_{i=1}^{m} y_{i,j} - 1 = 0$$

以上四组方程即为精馏塔的 MESH 方程组，由各平衡级的每一组分物料平衡方程（M 方程）、相平衡方程（E 方程）和各平衡级的组分组成归一化方程（S 方程）、热平衡方程（H 方程）构成。MESH 方程组为逆流多级分离的平衡级模型，同时适用于吸收、解吸、萃取等分离过程。

（2）乙烯装置裂解炉机理建模[12]

蒸汽裂解制乙烯工艺是一种成熟工艺。乙烯裂解炉示意图如图 2-10 所示。

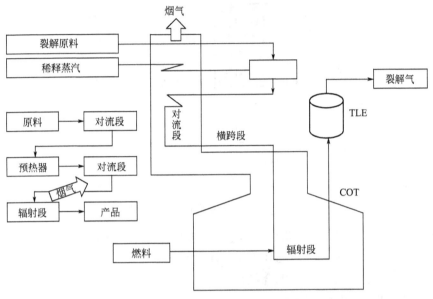

图 2-10　乙烯裂解炉示意图

蒸汽裂解炉的主要操作单元为管式加热炉（结构与流程简图见图 2-10），大致分为对流段与辐射段两部分，原料与水蒸气在对流段混合，经盘管预热后进入辐射段。辐射室底部或侧壁设置了若干烧嘴，通过燃烧燃料油使辐射室达到一定温度，通过辐射方式向裂解炉管传热，以维持裂解反应所需的温度。进入辐射段的原料与水蒸气的混合物在密集排列的裂解炉管中发生裂解反应，生成包括乙烯、丙烯等产物的裂解气，进入后续分离系统中。

整个管式加热炉的反应过程主要集中在辐射段，其中存在着质量平衡、动量平衡以及能量平衡，管式反应器的平衡方程一般采用沿管长的一维衡算模型，不考虑径向的平衡变化。

质量平衡方程，是针对过程涉及的所有物质建立的物料平衡方程。由于涉及反应物和生成物，其质量衡算式中必然涉及具体的反应及其动力学数据。反应网络相关的内容在这里不做介绍。在已知反应网络的基础上，设管式反应器中包含 M 个物质参与反应体系，对应任一物质 m 的质量浓度沿管式反应器的物料平衡如下式所示。

$$\frac{\mathrm{d}N_m}{\mathrm{d}L} = \frac{S}{V}\sum_i v_{im}r_i = f_N(T_r, p_r, N_m)$$

式中，N_m 表示物质 m 的摩尔流率，mol/s；L 表示反应炉管长度，m；S 表示反应炉管内实际流通面积，m^2；V 表示裂解气通过反应管的体积流率，

m^3/s；v_{im} 表示关于物质 m 的第 i 个反应式的反应计量系数；r_i 表示反应 i 的反应速率；T_r 表示反应中心温度，K；p_r 表示裂解气压力，Pa；质量平衡方程可以表示为温度、压力与物质质量的平衡方程。

动量平衡方程，是计算沿管式反应器管长每个微分段的裂解气压力降的衡算方程。因为裂解油气在反应管中的流速和体积直接影响到反应停留时间，而反应停留时间是管式反应器设计中的非常重要的设计参数，它的变化会直接影响反应效果，其对反应管的压力衡算尤为重要。可根据微分段的状态直接计算压降，具体的计算式如下。

$$\frac{dp_r}{dL} = f\,\frac{E(L)G^2}{5.07 \times 10^4 D_i \rho_r} = f_P(T_r, p_r, N_m)$$

$$f = 0.00356 + 0.264/Re^{0.42}$$

式中，$E(L)$ 表示在 L 位置该微元段的当量折算系数；G 表示反应管内裂解气总质量流量，kg/s；D_i 表示反应管内实际的流通内径，m；ρ_r 表示反应管内物质密度，kg/m^3；Re 表示雷诺数；f 表示范宁摩擦系数。

反应管中反应中心的温度直接影响到反应速率的计算，能否准确计算反应温度对能否准确预测最终反应产物分布有重要影响。除了管外模型计算得到的热流密度，主要对反应热进行衡算，如下式所示。为了提供管外壁温度作为管外耦合的边界条件，Q_f 是对管外壁温度进行衡算。

$$\frac{dT_r}{dL} = \frac{\dfrac{Q_f}{dL} - \sum_m \Delta H^0_{fm}\dfrac{dN_m}{dL}}{\sum_m C_{pm}N_m + C_{pH_2O}N_{H_2O}} = f_T(T_r, p_r, N_m)$$

$$Q_f = k_w \pi D_0 [T_w(L) - T_r]dL$$

式中，$T_w(L)$ 表示管长 L 位置的反应炉管外壁温度，K；Q_f 表示在 L 位置管外传热模型传入热流密度，J/s；ΔH^0_{fm} 表示物质 m 的标准摩尔生成焓，J/mol；C_{pm} 表示物质 m 的等压比热容，J/(kg·K)；C_{pH_2O} 表示水的等压比热容，J/(kg·K)；k_w 表示总传热系数，W/(m²·K)；D_0 表示反应管外径，m。

整个乙烯管式加热炉的反应过程模型可以用图 2-11 来概括说明。

（3）聚丙烯间歇反应机理建模

某典型聚丙烯工艺采用卧式搅拌釜反应器，每台反应器内部沿轴向分为若干个近似全混釜反应器的区域，总停留时间分布近似于平推流反应器。气相和液相丙烯分别从反应器对应区域的底部和顶部进料，采用液相丙烯闪蒸的方式撤热。H_2 参与聚合反应中的链转移过程，可以通过调节氢气浓度控制反应产物的分子量分布。卧式搅拌釜聚丙烯反应器如图 2-12 所示。

聚丙烯反应器采用 Z-N 催化剂，发生的反应属于配位聚合，具有高活性，可得到立构规整的聚合物（如丙烯均聚等规度可达 99%），生产的产品具有较宽

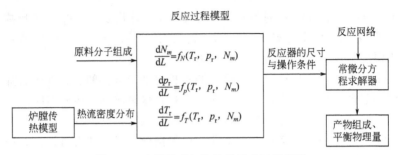

图 2-11　乙烯管式加热炉的反应过程模型

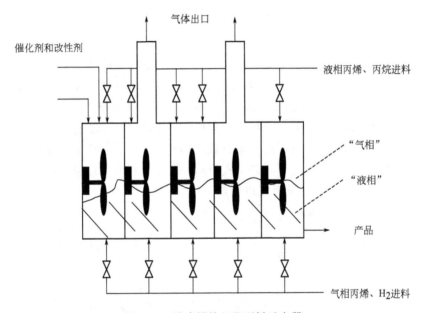

图 2-12　卧式搅拌釜聚丙烯反应器

分子量分布等。反应网络见表 2-7[13]。研究体系不存在毒物、溶液和其他转移剂。

表 2-7　丙烯聚合反应动力学网络

项目	反应方程 $i = 1, 2, \cdots, n_{st}$
助催化剂活化	$CAT_i + COCAT \rightarrow P_{0,i}$
链引发	$P_{0,i} + M \rightarrow P_{1,i}$
链增长	$P_{n,i} + M \rightarrow P_{n+1,i}$
单体转移	$P_{n,i} + M \rightarrow D_n + P_{1,i}$
氢转移	$P_{n,i} + H_2 \rightarrow D_n + P_{0,i}$
催化剂自失活	$P_{n,i} \rightarrow D_n + DCAT_i$

注：下标 i—活性位点类型；下标 n—链长；CAT—催化剂；COCAT—助催化剂；M—丙烯单体；P—活性聚合物链；H_2—氢气；DCAT—失活催化剂；D—死聚物；$P_{n,i}$ 和 D_n 分别表示能发生下一步聚合反应的聚合物链（活链）和链转移后产生的没有聚合能力的聚合链（死链）；n_{st}—活性位类型数。

反应动力学方程如下所示[13]：

$$\frac{dc_{cat}}{dt} = \frac{F_{cat,in} - F_{cat,out}}{V} + (-k_{ac,i}c_{cat,i}c_{cocat})$$

$$\frac{dc_{cocat}}{dt} = \frac{F_{cocat,in} - F_{cocat,out}}{V} + (-k_{ac,i}c_{cat,i}c_{cocat})$$

$$\frac{dc_{P_0}}{dt} = \frac{F_{P_0,in} - F_{P_0,out}}{V} + (k_{ac,i}c_{cat,i}c_{cocat} - k_{ini,i}c_{P_0,i}c_M + k_{th,i}c_{H_2}^{0.5}c_{\lambda_0})$$

$$\frac{dc_M}{dt} = \frac{F_{M,in} - F_{M,out}}{V} + (-k_{ini,i}c_{P_0,i}c_M - k_{p,i}c_M c_{\lambda_0} - k_{tm,i}c_M c_{\lambda_0})$$

$$\frac{dc_{H_2}}{dt} = \frac{F_{H_2,in} - F_{H_2,out}}{V} + (-k_{th,i}c_{H_2}^{0.5}c_{\lambda_0})$$

$$\frac{dc_{\lambda_0}}{dt} = \frac{F_{\lambda_0,in} - F_{\lambda_0,out}}{V} + (k_{ini,i}c_{P_0,i}c_M - k_{th,i}c_{H_2}^{0.5}c_{\lambda_0} - k_{dsp}c_{\lambda_0})$$

$$\frac{dc_{\mu_0}}{dt} = \frac{F_{\mu_0,in} - F_{\mu_0,out}}{V} + (k_{tm,i}c_M c_{\lambda_0} + k_{th,i}c_{H_2}^{0.5}c_{\lambda_0})$$

$$\frac{dc_{\lambda_1}}{dt} = \frac{F_{\lambda_1,in} - F_{\lambda_1,out}}{V} + [k_{ini,i}c_{P_0,i}c_M + k_{p,i}c_M c_{\lambda_0} + k_{tm,i}(c_{\lambda_0} - c_{\lambda_1})] + k_{tm,i}c_M c_{\lambda_1}$$

$$\frac{dc_{\mu_1}}{dt} = \frac{F_{\mu_1,in} - F_{\mu_1,out}}{V} + (k_{tm,i}c_M c_{\lambda_1} + k_{th,i}c_{H_2}^{0.5}c_{\lambda_1} + k_{dsp}c_{\lambda_1})$$

$$\frac{dT_r}{dt} = \frac{1}{[V\varepsilon\rho_{PP}C_{p,PP} + V(1-\varepsilon)c_m C_{p,g}]}\Big[H_r\sum_i k_{p,i}c_{P_0,i}c_M + Q_a - H_v F_{M,in} - (T_r - T_{mix})\sum_k(F_{k,L}C_{p,k,L} + F_{k,G}C_{p,k,G})\Big]$$

式中，λ_i 和 μ_i 分别表示活链和死链分子量的 i 阶矩；i 表示催化剂活性位点类型编号；μ 表示死链各阶矩；λ 表示活链各阶矩；PP 表示聚丙烯；k_{ac}、k_{ini}、k_p、k_{tm}、k_{th}、k_{dsp} 是反应速率常数，分别对应催化剂活化、链引发、链增长、单体链转移、氢转移和失活反应；V 表示单个反应区体积；ε 表示固含率；ρ_{PP} 表示 PP 的密度；$C_{p,PP}$、$C_{p,g}$ 分别表示固体和气体比热容；H_v 表示汽化热；H_r 表示反应热；Q_a 表示热量校正项；T_r 表示反应温度。

根据已有的反应动力学模型，不仅可开展稳态模拟研究，而且可以使用拓展的同伦延拓法计算各变量随参数的变化情况，从而研究系统的稳定性。图 2-13 是开环情况下五个反应区域反应温度随催化剂进料量的变化趋势。

图 2-13 中，实线表示稳定的稳态曲线，而虚线则表示不稳定的稳态曲线。通过计算发现，在开环的聚丙烯反应模型中，在每个反应区域的低温区都存在

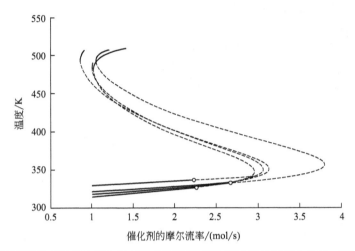

图 2-13　聚丙烯反应器五个反应区域反应温度随催化剂进料量的变化趋势（开环情况下）

Hopf 点（黑色圆圈点），当开环系统在 Hopf 点附近操作时，会出现非稳态，如振荡等现象。

　　机理建模具有理论基础好、可解释性强和良好的外推性等优点，因此该方法得到了广泛的应用。但是，由于石化生产过程的种类繁多、过程复杂，因此利用机理来建立准确可靠的数学模型是非常困难的。截至目前，机理建模方法存在如下缺点：

　　一是机理建模具有专用性，不同过程机理模型的结构和参数千差万别，使得模型的可移植性差。当然，对于典型、简单的过程单元的机理建模，具有普适性。

　　二是机理建模过程复杂，模型往往具有非线性或高阶数，而且模型不但具有代数方程，还包含微分方程组和偏微分方程组，因此当模型规模较大时，求解计算量大，收敛速度慢。

　　三是由于研究过程复杂，研究者对于过程机理只能达到部分了解，因此需要对模型进行简化和假设，这就造成了机理建模与实际过程之间的偏差。

　　2. 数据驱动建模方法及应用实例

　　数据驱动建模方法是通过获取过程的生产数据，对控制变量之间以及优化目标之间的关系进行解析与挖掘，实现对生产过程优化目标和工艺约束的精确描述。根据数据解析方法的不同，可以分为如下五类方法[14]。

　　（1）基于回归分析的建模法

　　回归分析是一种最常见的经典建模方法，其中主成分分析法（PCA）以及偏最小二乘法（PLS）使用广泛。PCA 通过线性变换将原始数据变换为一组各维度线性无关的表示，可用于提取数据的主要特征分量，常用于高维数据的降维。PLS 最小化误差的平方和找到一组数据的最佳函数匹配。用最简方法求得一些绝对不可知的真值，而令误差平方之和为最小。

回归分析最大的优势在于降低样本维数，对于变量维数较高的情况可以有效提高建模效率，避免病态问题的出现。但是基于线性的回归分析不适用于强非线性对象，且不考虑对象动态特性。

（2）人工神经网络建模法

人工神经网络（ANN）是一种发展较为成熟的人工智能方法，它主要通过大量高度互联的神经元组成复杂的网络计算系统，通过神经元之间的相互作用来实现网络信息的存储与处理。神经网络具有较强的非线性逼近能力，为非线性建模过程提供了一条新的解决途径[15]。但人工神经网络可能会出现多次训练不能得到一致的模型，以及容易陷入局部最优解、出现过拟合等问题。而且通过神经网络建模的方法得到的模型为黑箱模型，无法知道变量之间的具体关系。人工神经网络建模常用的神经网络类型包括 BP 神经网络、RBF 神经网络、GRNN 神经网络等。

（3）基于统计学习理论的建模法（支持向量机）

支持向量机（Support Vector Machine，SVM）是 Cortes 和 Vapnik 于 1995 年首先提出的，它在解决小样本、非线性及高维模式识别中表现出许多特有优势，并能够推广应用到函数拟合等其他机器学习问题中[16]。支持向量机方法是建立在统计学习理论的 VC 维理论和结构风险最小原理基础上的，根据有限的样本信息在模型的复杂性（即对特定训练样本的学习精度）和学习能力（即无错误地识别任意样本的能力）之间寻求最佳折中，以期获得最好的推广能力（泛化能力）。支持向量机具有更严格的理论和数学基础，由于采用结构风险最小化方法，其解不存在局部最小问题，适合小样本学习，且具有很强的泛化能力，不过分依赖样本的数量和质量等优点。但当训练样本比较大时，其训练过程的计算量将成倍增长。

（4）基于概率核函数的建模法

核函数 K（kernel function）就是指 $K(x, y) = \langle f(x), f(y) \rangle$，其中 x 和 y 是 n 维的输入值，$f(\cdot)$ 是从 n 维到 m 维的映射（通常而言，$m \gg n$）。$\langle x, y \rangle$ 是 x 和 y 的内积，严格来说应该叫欧式空间的标准内积。核函数其实是省去在高维空间里进行繁琐计算的"简便运算法"。甚至，它能解决无限维空间无法计算的问题。其不仅可以建立点对点的映射，还可以建立原空间上一个分布对点的映射。

基于核函数的建模过程，在已知分布的前提条件下能够实现概率化预测，然而实际过程的分布往往事先是未知的，并且并不一定符合常见的分布规律，因此基于概率核函数的建模方法往往受到限制。

（5）基于聚类的建模法

聚类也称为自动分类，是一种无监督的学习方法。算法的原则是基于度量数据对象之间的相似性或相异性，将数据对象集划分为多个簇；相比较于分类技术，聚类只需要较少的领域知识，就可以自动发掘数据集中的群组。基本的聚类方法包括：

① 划分方法。即基于距离使用迭代重定位技术，通过将一个对象移入另外一个簇并更新簇心，典型的算法有 K-均值算法和 K-中心点算法。

② 层次方法。力求把数据集划分成不同层次上的组群，形成"树"状结构。典型的方法包括：凝聚层次聚类（自底向上的方法）和分裂层次聚类。

③ 基于密度的聚类方法。划分和层次方法都是通过距离度量确定数据对象间的相似性，通过发现的模式都为球状簇，而对于其他形状簇，都无法识别该簇的凸区域，基于密度的方法正是克服了以上方法的这一缺点。基本方法有基于高密度连通区域的聚类和基于密度分布函数的聚类。

聚类是从空间上对数据集合分成几类，然而对于连续过程来说，测量数据集合与时间相关，仅仅从空间上聚类会破坏数据时间上连续性和所反映的动态特性及非线性，聚类方法应用到建模上有一定局限性。

下面将通过两个具体建模实例，说明生产装置数据驱动建模的情况。

【案例 2-1】　天然气脱水装置能耗优化平台设计与开发（BP 神经网络）[17]

目前，国内天然气脱水主要采用三甘醇（TEG）脱水法，脱除来自脱硫单元净化湿气中的水分，以降低天然气的水露点。以川渝地区某天然气净化厂 600 万立方米/日天然气脱水装置为例，对整个脱水装置而言，蒸汽消耗是最主要的能耗，考察 TEG 再生塔底再沸器蒸汽用量和产品天然气水露点。综合考虑装置重点能耗及对产品气质量的影响，确定决定蒸汽消耗量的 3 个关键参数：TEG 循环量、再生塔顶温度以及汽提气用量。天然气脱水装置流程如图 2-14 所示。

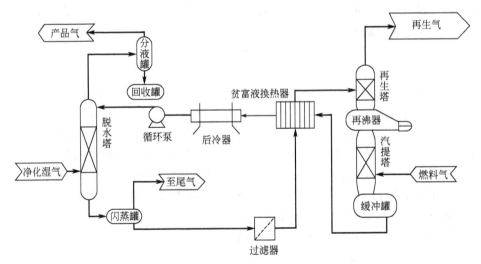

图 2-14　天然气脱水装置流程图

为使所选数据有代表性，以 TEG 循环量、再生塔顶温度及汽提气的用量这 3 个关键操作参数为主要依据，取其对应实际运行数据附近值的 121 组数据用于模拟建模。

用 BP 神经网络对天然气脱水过程-能耗指标预测模型的原理如图 2-15 所示。

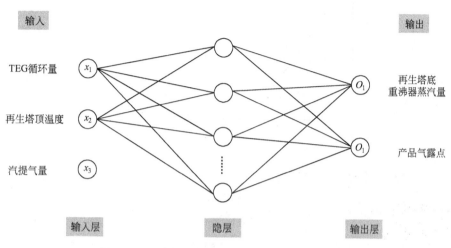

图 2-15 天然气脱水过程-能耗指标预测模型原理

BP 网络是一种多层前馈型神经网络,是人工神经网络中应用最成熟、最广泛的一种神经网络。一个 BP 神经网络主要由输入层、隐层和输出层构成。BP 网络的学习过程主要由信号的正向传播与误差的反向传播构成。正向传播时,输入信号从输入层经隐层,传向输出层,在输出端产生输出信号,将输出参数的估计值(O_{ik}^{*})与训练矩阵中相应曲线的(O_{ik})进行比较,如 RMS 值不满足要求,就会反复迭代。RMS 值计算公式为:

$$RMS = \sqrt{\frac{\sum_{i=1}^{m}\sum_{k=1}^{n}(O_{ik}^{*} - O_{ik})^2}{mn}}$$

式中,m 和 n 分别为训练矩阵的行数和输出参数的数量。

如果在输出层不能得到期望的输出,则转入误差信号反向传播过程;在误差信号反向传播过程中,误差信号由输出端开始逐层向前传播,网络的权值由误差反馈进行调节,通过权值的不断修正使网络的实际输出更接近期望输出,如图 2-16 所示。当达到最低 RMS 值时,训练完毕。

网络结构方面,选择 "tansig" 和 "logsig" 函数作为传递函数,选择 "traingdx" 函数作为训练函数。通过已构建的训练函数对 115 组数据进行学习训练,调试程序到收敛为止。

构建预测函数 sim (net,P_test),对另外 6 组数据进行预测,将作为输出量的蒸汽量和水露点的预测值与 Promax 模拟值相比较,通过误差值来评价 BP 神经网络的预测准确性。构建的 BP 神经网络训练收敛较好,预测值准确性较

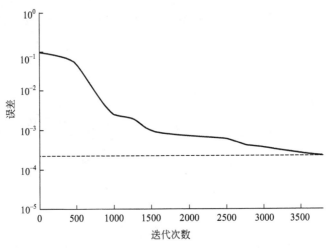

图 2-16　BP 神经网络训练收敛图

高，蒸汽量和天然气水露点两项指标的预测误差都小于 6%，见表 2-8。利用神经网络方法得到的数学模型，可根据某一时刻的操作参数实时计算对应的塔底再沸器蒸汽用量和产品天然气水露点，进而优化天然气脱水装置能耗，提高企业经济效益。

表 2-8　BP 神经网络预测值与实际值的对比和误差表

输入值(实际值)			输出值		实际值		蒸汽量相对误差/%	水露点相对误差/%
TEG 循环量 /(kg/h)	再生温度 /℃	汽提气量 /(m³/h)	蒸汽量 /(kg/h)	水露点 /℃	蒸汽量 /(kg/h)	水露点 /℃		
5500.536	204	20	265.452	−18.351	261.813	−17.677	1.390	3.813
4510.631	180	30	272.356	−20.466	264.283	−19.617	3.055	4.328
5094.371	204	30	250.213	−21.903	244.093	−20.791	2.507	5.348
4210.786	198	40	281.741	−19.653	286.705	−18.665	1.731	5.293
4600.541	204	50	267.694	−22.624	270.878	−23.767	1.175	4.809
3140.025	180	60	289.754	−14.403	282.129	−14.006	2.703	2.834

【案例 2-2】　柠檬酸发酵过程（支持向量机）

柠檬酸是目前可以用微生物代谢生产的重要有机酸，用途十分广泛。柠檬酸发酵过程属于生化反应过程。生化反应过程模型的功能是用来描述基于现在和过去生化反应过程的条件、代谢反应速率和其化学状态。由于代谢的复杂性等原因，所有模型都必须加以简化，建立模型的主要困难是找出影响生长过程的主要因素，以及寻找合适的模型结构以适用于细胞内部的生长过程。根据细胞生长特点，研究开发发酵过程数学模型，指导发酵过程的操作和控制优化。图 2-17 为柠檬酸发酵罐的装置图。

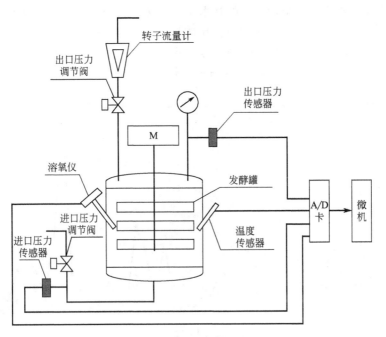

图 2-17 柠檬酸发酵罐的装置图

根据生物发酵过程建模特点，通过对整个过程的影响因素分析确定模型结构。柠檬酸发酵是复杂的生化过程，符合 Gaden 对发酵的分类，属 Ⅱ 型发酵，影响柠檬酸发酵的工艺条件有温度、压力、搅拌速度、空气流量、pH 值等。根据工厂数据，柠檬酸发酵对温度很不敏感；且柠檬酸是一种较强的有机酸，发酵过程的 pH 值变化不大，因此温度和 pH 值对发酵过程的影响在建模中可以忽略不计。搅拌速度、空气流量、罐压这三个工艺参数可以归结为发酵液中溶氧（DO）产生影响，利用发酵液中的溶氧衡算式说明。

根据上述分析，将溶氧值作为发酵过程的基础工艺参数，其他工艺条件都可以归纳为对溶氧值的影响。除了工艺条件影响外，柠檬酸发酵过程的重要影响因素还有菌种质量、初始总糖浓度以及发酵时间等。因此，模型的输入变量可以归纳为：发酵过程三个阶段的溶氧量、菌种质量、营养条件（用初始总糖浓度表征）、发酵时间。建立发酵过程模型的目的是考察在一定反应条件下的产酸情况，因此模型的输出变量取为发酵过程的最终柠檬酸酸度。

支持向量机（SVM）方法中的参数主要有不敏感系数，惩罚系数 C 和核函数参数。采用径向基核函数作为核函数：

$$K(x_i,x)=\exp\left(-\frac{|x_i-x|^2}{2\sigma_j^2}\right)$$

由训练取各支持向量为中心向量，则径向基核函数的参数即为宽度系数 σ。

每次取出 1 个样本用作检测，其余样本用作训练，进而可计算所建模型的拟合误差、预测误差及其均值。以预测误差均值最小为目标，选定主要参数的取值。在优化好 SVM 方法中各参数的取值之后，将 SVM 方法的预测结果与 ANN 方法进行比较，误差对比结果如图 2-18 所示[18]。

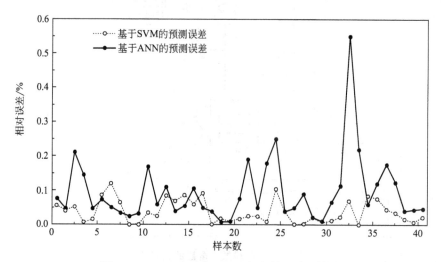

图 2-18　SVM 方法与 ANN 方法误差对比结果

对于柠檬酸发酵过程而言，SVM 预测相对误差的均值下降了 5 个百分点多。SVM 预测相对误差的标准差也明显低于 ANN 方法，表明 SVM 方法稳健性更好。

数据驱动建模方法只依赖过程生产数据，不需要任何先验知识，这是该方法的最大优点。与此同时，单纯依赖数据建模也为该方法带来了一定的局限性：

① 对于复杂非线性过程，样本数据通常只包括部分区域，无法覆盖整个操作区域，泛化能力差。

② 学习过程只能保证样本数据范围内的计算准确，对于差异较大的样本数据无法保证精度，外推性能差。

③ 由于模型不依赖机理过程，因此难以确定合适的网络结构，导致模型无法描述实际过程。

3. 混合建模方法及应用

混合建模方法一般是在已知机理知识的基础上，利用某些数据驱动建模方法估计机理方法无法确定的内部参数，或者模型一部分采用机理模型，另一部分采用数据驱动模型。混合模型能够充分利用已有的先验知识，挖掘数据中的有效信息，提高建模的效率与精度。混合建模方法是将机理模型和非机理模型通过不同方法的联结而得到的。为方便叙述，按照模型之间的联结方式对混合建模方法类型进行简单分类。总的来说，机理模型和非机理模型的联结方法有串联、并联和混联[6,8]。

（1）串联

串联指输入变量首先进入机理模型进行运算，机理模型的输出再作为非机理模型的输入，非机理模型的输出作为最后的输出，其示意图如图 2-19 所示。

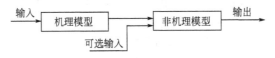

图 2-19 串联建模示意图

此模型适用于复杂石化生产过程中已知部分机理的情况下，充分利用现有知识提高建模精度。

（2）并联

并联指机理模型和非机理模型对输入数据是并行运算的，如图 2-20 所示。

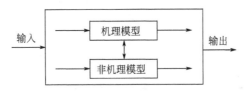

图 2-20 并联建模示意图

最外面的框表示集成模型，其输入是总的输入变量，内部的机理模型和非机理模型的输入变量可以不同。根据实际需要，也可由两个机理模型或两个非机理模型甚至多个模型并联在一起组成并联模型。在单独使用机理模型所得输出数据误差较大的情况下，可利用合适的非机理模型进行误差学习，总输出为机理模型和非机理模型的结果之和，这样所得的输出误差就会大为减小。

（3）混联

混联建模的优点是自由度大，可同时将几个机理模型和几个非机理模型集成在一起，适用于非常复杂的石化生产过程建模。

这里介绍一种针对乙烯裂解炉反应与传热耦合计算的机理与数据混合建模过程[19]。该耦合模型一般由管内反应过程模型和管外辐射传热两个模型耦合而成。管内反应模型通过求解质量、热量和动量平衡的微分方程组，输入原料组成计算得到产物组成，同时将求解方程组得到的管内温度分布作为管外传热模型的边界条件。基于机理的反应模型在前文中已经有所介绍。管外传热部分的计算一般采用区域法机理模型，通过对炉膛做合理的分区，并假设每个区域拥有均匀的温度和物性，从而以单个分区作为系统进行衡算，求解得到的管外温度分布通过进一步计算可以得到热流密度分布曲线，并作为管内模型的边界条件。研究发现，基于区域法的管外传热计算模型准确度较高，但计算效率较低。同时通过分析发现，一般情况下，沿炉管的热流密度曲线可由多项式曲线拟合的方式，得到简化模型，有利于提高计算效率。

模型则是建立在机理模型基础上，通过管外传热的机理模型产生关键参数，生成训练数据样本进而构建管外传热的神经网络模型。采用"机理＋神经网络"的混合模型，即：机理模型用于产生关键参数，经验模型用于提高计算速度，对管外传热计算起到了非常好的配合效果。

对于管外传热的神经网络模型，由于拟合热流密度曲线可采用4个系数，而决定热流密度的自变量则由沿管的管内油气温度分布和操作参数两方面组成。因此设计神经网络时，将沿管长物料温度分布提取出6个特征温度，与燃料气流速、空气流速、火焰高度等操作参数一起作为神经网络输入，而把拟合热流密度曲线的4个系数作为输出。采用BP神经网络，回归的结果如图2-21所示，清楚地展示了所选网络对机理模型的学习以及对相关输出参数模拟的准确性。

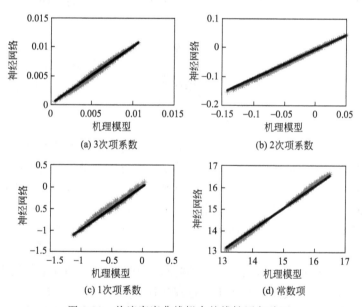

图2-21　热流密度曲线拟合的线性回归验证

乙烯裂解炉耦合模型迭代过程指的是管内温度分布及热流密度曲线这两组中间变量间的迭代过程，当中间变量在相邻两次迭代过程中达到了限定的误差限，可以认为迭代收敛。

工业实际算例验证了这一机理模型与数据模型混合建模的可行性。将管式反应器的过程模型和以神经网络方法实现的管外传热模型相耦合，迭代运算得到产物组成。训练后的神经网络模型极大地缩短了迭代运算的时间。在给定同样初值条件下，纯机理模型需计算463s实现收敛，而混合模型仅用78s就收敛。在给定操作条件和原料信息的输入信息下，混合模型和纯机理模型对产物的预测结果与工业标定值的偏差都很小，能够达到工业模拟预测的精度要求，见表 2-9。

表 2-9 智能混合模型和纯机理模型的产物收率 单位：%

主要裂解产物	工业收率（质量分数）	机理模型计算结果（质量分数）	混合模型计算结果（质量分数）	机理模型计算误差	混合模型计算误差
H_2	1.07	0.9757	0.9702	−0.10	−0.10
CH_4	16.55	16.4146	16.3967	−0.14	−0.15
C_2H_4	30.65	29.9463	29.899	−0.70	−0.75
C_2H_6	3.79	4.2501	4.2829	0.46	0.49
C_3H_6	16.13	16.0328	15.9961	−0.10	−0.13
C_3H_8	0.90	0.9522	0.9791	0.05	0.08
C_4H_6	6.02	6.1563	6.1338	0.14	0.11
$n\text{-}C_4H_8$	1.41	1.1196	1.1210	−0.29	−0.29
$i\text{-}C_4H_8$	2.66	2.6773	2.6802	0.02	0.02

混合建模方法综合了各类建模方法的优势，有利于降低模型复杂性，改善模型性能。但是，混合建模法仍存在种类纷杂、方式多样，以及建模精度、鲁棒性不够等问题，有待于进一步深入研究。虽然混合模型有很好的实际应用，但是其前提条件是必须存在简化的机理模型，这在一定程度上限制了其应用范围。

三、石化生产装置与过程模拟

石化过程的数学模型是对过程中涉及的变量、参数及其关系的数学描述，一般是由若干方程组成的方程组。通过计算机进行物料平衡、热平衡、化学平衡、压力平衡等的计算，即求解模型方程组的过程，称为过程模拟（或流程模拟）。模拟是系统工程学的基本方法之一，它利用数学模型在计算机上做试验，用以研究过程系统的性能。

按照过程模拟对象的时态不同，可分为稳态流程模拟和动态流程模拟。当过程对象的主要研究参数不随时间变化而变化时，称为稳态模拟，例如研究连续生产的石化装置在稳定工况下的运行性能。考虑过程对象的参数随时间变化的关系时，称为动态模拟，例如石化装置开、停车过程，或间歇操作时的动态性能研究。

按照求解过程模型方程组的方式不同，过程模拟的基本方法可分为序贯模块法（Sequential Molular Method，SM 法）和联立方程法（Equation Oriented Method，EO 法）[20]。石化过程的物料一般依次进入加工过程，直至获得最终产品。在序贯模块法的模拟计算中，将物料流抽象成物质流和能量流，将加工单元抽象成单元模块，按照单元模块分别构建数学模型并依次求解，当遇到循环物流时，采用假设循环物流信息和迭代收敛计算的方式来处理。这种方法的优点是求解过程与石化流程密切联系，易于构建通用模块的模型和相应解算方法，从而开发通用流程模拟软件。如美国 AspenTech 公司的 Aspen Plus，英国 PSE 公司的 gPROMS，美国 Invensys 公司的 PRO/Ⅱ 等，都是国际知名公司基于序贯模块法开发的通用过程模拟软件系统。联立方程法是将描述整个流程所有方程组成的方程组，作为一个整体联立求解，从而避免因循环物流过多给序贯模块法造成的收敛困难的情况。但是，联立方程法这种依靠应用数学技术进步提升的过程模拟方法，无法查找问题求解失败的原因，因此以联立方程法为基础开发的通用流程模拟软件远不如前者多。从求解方法的发展看，20 世纪 80 年代后，两种典型过程模拟方法有融合趋势，用以处理流程更复杂的问题。

按照流程模拟软件的应用范围不同，分为通用流程模拟软件和专用流程模拟软件。上述提到的几种基于序贯模块法开发的通用流程模拟软件，用户都能够根据流程工艺变化，利用软件中的通用模块自行搭建流程，同时，这些软件都配有强大的物性系统，用以处理流程模拟中遇到的大量物性计算问题。顾名思义，专用流程模拟软件是针对特定装置（或过程）开发的模拟系统，如针对乙烯裂解炉，Technip 公司的 SPYRO 软件、清华大学的 EPSOS 软件等，均是根据裂解炉辐射段的炉型结构和反应特点开发的专用模拟软件。

当前，石化工业流程模拟技术向深度和广度延伸。一方面，开展分子水平的炼化装置的建模研究，扩大可模拟物系范围，建立油品的分子表征方法与油品转化反应动力学模型，实现更加准确高效的单装置、多装置，乃至全流程模拟；另一方面，与先进控制、计划优化、实时仿真、虚拟现实等技术相结合，同时基于远程应用，共享模拟软件、分析结果与过程数据。

四、石化装置建模与优化方法

所谓优化，即寻求从所有可能的方案中选择最合理的、能够达到最优目标的方案的过程。达到最优化目标（Optimization Object）的方案是最优方案（Optimal Solution），搜寻优化方案的方法称为优化方法（Optimization Method）。

针对石化过程的优化可分为两个层次：过程系统结构优化和过程参数优化。过程系统结构优化，是指寻找最佳工艺流程的过程综合问题，它涉及不同工艺路线、不同生产加工方案的选择，用于过程设计（或改造）时，满足特定原料条件下的产品要求。过程参数优化，是指在确定的工艺流程中，选择流程内部各环节、各单元的操作状态，使整个流程的总体性能达到最优。通常提到的石化装置优化问题，多指针对在役石化装置的过程参数优化。

开展过程优化问题研究，需要首先建立优化模型。优化模型至少包括两个要素：一是优化过程的目标，即目标函数；二是确定可能方案的决策变量。目标函数又称性能函数、评价函数等，是评价是否满足"最优化"要求的指标，如装置产量最大、经济效益最大、能耗最小等，既可以包含单个优化目标，也可以包含多个优化目标。决策变量是描述过程系统的参数中被选来进行调节以改进系统性能的变量。对于一个过程系统，描述过程系统的数学模型是一组状态方程，称为状态方程组。系统状态变量的数目与状态方程数目相等，而决策变量数目等于系统变量总数减去状态变量数。在过程优化中，决策变量的数量又被称为过程系统的自由度。当自由度为 0 时，即无决策变量，表明该系统不存在最优化问题，利用状态方程组求解得到的状态变量数值是唯一的；自由度等于 1 的优化问题被称为一维优化问题，自由度大于 1 的优化问题被称为多维优化问题。随着系统自由度的增加，求解系统优化问题的难度也在增加[21]。

由于过程系统中变量的取值大多存在取值范围，因此描述过程系统的优化模型中常会包含第三个要素：约束条件。约束条件又可分为等式约束和不等式约束。等式约束相当于增加的状态方程，因此，等式约束的数量应小于决策变量数，否则优化问题不成立。不等式约束是把优化问题的解限制在一定区域内。含有约束条件的优化问题称为约束优化问题，否则称为无约束优化问题。

针对石化装置开展的过程优化研究，涉及过程的运行、管理和控制等很多方面，实现系统节能、降耗、提高经济效益等目标。当实现的优化目标方案与时间无关时，该优化问题被称为静态（稳态）优化问题，而与时间相关的优化问题被称为动态优化问题。当优化计算过程和结果与生产装置没有直接相连时，称为非实时优化；反之，如果优化计算过程与生产装置直接相连，称为实时优化。对于实时优化，如果经过优化模型计算得到的最优操作条件，只提供给操作人员参考，而如何改变操作条件由操作人员来决定时，称为开环的实时优化（或开环优化）；如果最优操作条件不需要操作人员干预，优化计算结果直接被下载，使装置执行新的操作，则称为闭环的实时优化（或闭环优化）。闭环优化使生产装置的自动化程度提高，相应的风险也提高了，只有在数学模型和优化算法都十分成熟、且优化方案经过安全校核后才能使用。

针对石化装置遇到的优化需求构造优化模型，就将优化对象转化为数学上的最优化问题（Optimization Problem），对于搜寻最优方案的最优化方法，可以按不同类别进行分类。

1. 线性规划与非线性规划

线性规划：目标函数与约束条件的函数性质均为线性函数。

非线性规划：目标函数或约束条件中至少有一个为非线性函数关系。

2. 直接最优化方法与间接最优化方法

直接最优化方法：利用目标函数在某点上的性质和目标函数值，通过搜索、改进，逐步逼近最优解（如：黄金分割法、单纯形法、遗传算法、模拟退火法、粒子群优化算法、免疫算法等）。

间接最优化方法：需要借助函数的导数、梯度、一阶偏导数矩阵、二阶偏导数矩阵的性质等，寻求最优化的必要条件，修正决策变量，搜索极值点，从而求得最优解。这类方法按照最优化问题是否含有约束条件，又可分为：无约束问题（如最速下降法、共轭梯度法、牛顿法、变尺度法等），和有约束问题［如 La-grange 乘子法、罚函数法、序贯二次规划（SQP）法等］。

3. 可行路径法与不可行路径法

可行路径法：求解有约束最优化问题时，每次迭代产生的决策变量修正值都必须满足约束条件，如图 2-22(a) 所示。

不可行路径法：迭代过程中不需要在约束条件所划定的可行域内进行，而是变量逐步向使目标函数最优的方向移动，同时考察偏离约束条件的程度，作为变量修正的依据，最后当目标达到最优时才能同时满足约束条件，如图 2-22(b) 所示。

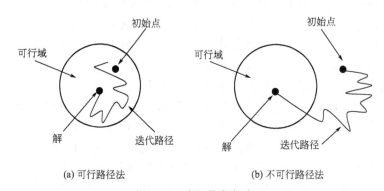

(a) 可行路径法　　　　　　　　　　　(b) 不可行路径法

图 2-22　路径分类方法

随着石化工业的转型升级，石化装置的优化问题也在变化，模型上从集总模型向分子水平模型发展，规模上从单装置向全流程、供应链发展，从而给优化问题的求解提出了前所未有的考验。为解决大型优化问题的求解，一方面利用传统方法，进行系统分解、降低变量维数、简化目标函数等处理，以利于优化求解；另一方面积极开发新算法，引入分解协调技术、复杂网络技术、大数据技术等，实现石化装置的优化运行。

第三节　以月为时间尺度优化生产

一、经济效益最大化排产方案求解

1. 石化企业计划排产需求与意义

对于石化企业来说，单纯完成生产加工计划不能满足要求。通过对加工流程的精细规划，充分利用好宝贵的石油资源，捕捉市场需求变化的机遇，最大化生产高价值产品，精细化调整装置操作实现节能降耗，是石化企业共同追求的目标。

计划排产即是指在一定时间范围内，对生产经营进行配置与优化，包括原油品种与数量、产品配置与产量、装置加工负荷和配套公用工程安排等。计划排产过程中，一般采用能够自动寻优的计划优化软件（如：PIMS 等），综合考虑原油采购、装置运行、产品配置、公用工程等特定约束条件，形成可操作的最优化生产方案，并下达至基层生产单位执行。

企业经营管理者需要认真研究市场变化规律，预测市场变化趋势，借助信息化与智能化手段，灵活安排原油采购和生产加工方案，提高企业的竞争力和经济效益。

2. 基于 PIMS 模型的排产策略

计划优化模型主要采取线性规划加递归技术，以"经济效益最大化"为第一目标，测算在一定原油资源条件下的装置负荷、生产方案、产品产量等生产计划相关内容，为制订生产计划提供支持。计划优化模型适用范围是炼油化工等流程型企业，可用于短周期、多周期或长期战略性的计划及规划研究。

在石化行业，基于 PIMS 的排产模型主要内容包括原油选择优化、加工负荷、产品结构优化及原料油保本点计算等。

原油选择优化是 PIMS 应用最多且效果最明显的案例，以资源可行、工厂可加工、经济效益最好为追求的策略和目标。对给定全厂原油的主要性质（如：硫含量、密度、酸值等），PIMS 可根据各种原油的性质和价格，经过计算后，给出采购成本最低的运算结果。对给定总流程和主要装置进料限制，PIMS 在满足约束条件的前提下，给出采购成本最低的运算结果。

PIMS 计划排产需要特别关注的一些要点包括：

① 产品价格的比例关系不能偏离。

② 要结合生产技术的应用对模型进行修正，不能全靠固定模型进行测算。

③ 不要忽视利用悬摆调整所需产品组分的手段。

④ 不要忽视利用改变调和方案达到增产某种产品的途径。

⑤ 可以利用替代组分的加工路线增产（或减少）目的产品。

⑥ 不要忘记价格政策调整对某个产品的奖励（或优惠）。

3. 以经济效益最大化为目标的排产方案求解

优化过程中，最常遇到的情况是在当月原油加工计划和产品销售任务已经确定，在此前提下寻求可行的最优生产计划方案。

制订排产方案时，首先要注意的是实现全厂加工流程下的物料平衡。制订原油加工计划的过程中虽然确定了每天的原油处理量，但是由于不同批次原油性质的差异，使得从常减压装置获得的蜡油和渣油收率会出现波动，有些情况下甚至超过了下游二次加工装置的处理能力。这种情况下需要及时调整全厂范围的蜡、渣油加工路线，通过不同装置加工负荷的调整实现全厂范围内的物料平衡。

其次，在制订排产计划的过程中要注意加工负荷、原料性质对催化裂化、加氢裂化等关键加工装置的影响，使得这些装置可以运行在最优工况下，获得最理想的产品分布。

在选择二次加工流程、配置加工负荷的过程中，还需留意不同装置加工成本对全局经济效益最大化的影响，通过优化加工路线，合理控制加工成本。

在以经济效益最大化为目标的排产方案求解过程中，答案并不是唯一的。随着原料和产品价格波动、产品配置计划的调整、市场需求的变化等多种因素的影响，需要不断修订计划和调度排产方案，以实现全局经济效益最大化的目标。

二、单装置模型修订计划排产参数

1. 基于线性规划的计划排产的局限性

PIMS 是以线性规划技术为核心的计算软件，是制订全厂单（多）周期生产计划、优化原料采购、指导生产经营的辅助决策工具。应用于石化企业的计划排产时，二次加工装置（如：催化裂化、加氢裂化、延迟焦化等）的产品收率通常随进料性质及操作条件的不同而变化。目前通行的技术是采用 Delta-base 技术来描述进料性质和操作条件对装置收率的影响。由于该技术本身为线性的，这样模型系数只在一定的进料性质和操作条件变化范围内有效，而当进料性质和操作条件发生较大改变时，上述 Delta-base 数据将不再准确，需要进行修正。以催化裂化装置的柴油收率计算为例，在柴油方案下，提高反应温度，柴油收率增加，相应的 Delta（差值）为正值，但是在汽油方案下，提高反应温度，柴油收率将减少，相应的 Delta 应更新为负值。当然，可以通过多方案和 Delta-base 技术结合来克服这一困难，但是进料性质对于 Delta 的影响却难以修正。

2. 单装置模型校核的实践

为提高计划优化模型的准确性，必须定期对主要生产装置的产品收率数据进行校核，正常情况下每半年校核一次。当遇到新装置开工投产、装置生产工艺重大调整等情况时，都需要对计划优化模型进行及时校核。随着信息化技术的不断应用，模型校核工作正在不断向智能化方向发展。

以某石化企业为例，通过建立全流程优化平台，实现了模型校核所需物料平衡数据、装置操作数据、产品质量数据的自动收集、整理，利用机理模型计算得到各装置模型校核所需的 Delta-base 数据，实现计划优化模型的及时更新。

催化裂化装置是石化企业的核心装置，为了满足不同阶段的加工目标，需要经常根据原料性质、产品需求灵活地调整催化裂化装置的操作条件。由于 PIMS

是线性规划软件，建立模型时的操作条件、原料性质和产品分布不能进行较大范围外推；在装置工况与前期有较大区别时，需要重新对模型进行校核，以装置当前数据为依据，计算得到 PIMS 模型更新所需的数据。

【案例 2-3】　某石化企业催化裂化装置由于近期原料性质有一定程度的调整，导致催化汽油收率较高但是辛烷值下降，这就使得出厂汽油调和过程中对高辛烷值组分的需求过高，增加了全厂的生产成本。经过一段时间的装置操作参数调整，通过采用提高反应温度等一系列技术手段实现了催化汽油的辛烷值桶收率（汽油收率与辛烷值的乘积）最大的目标，降低了汽油调和的成本，满足了全流程最优化的要求。在模型校核过程中，首先采用当前的装置操作条件、原料性质、产品分布等数据对催化裂化机理模型（RSIM）进行标定，重新校准模型，然后通过一系列模型计算，寻找 PIMS 模型所需的线性区间。如图 2-23、图 2-24所示。模型测算了催化裂化装置提升管反应温度由 502℃ 提高至 532℃ 的过程中，对汽油收率和辛烷值的影响，结果表明汽油收率先上升、后下降，在反应温度522℃ 时汽油收率最大；汽油辛烷值则一直上升，在 532℃ 时达到最大。同时，根据汽油收率和汽油辛烷值计算得到的辛烷值桶收率数值一直呈抛物线上升。

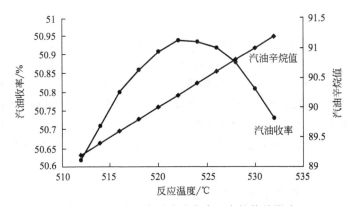

图 2-23　反应温度对汽油收率、辛烷值的影响

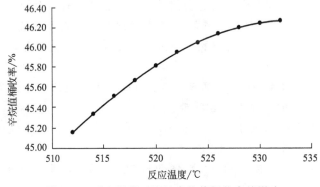

图 2-24　反应温度对汽油辛烷值桶收率的影响

为避免目标产品过度裂化，选取 512～522℃ 这一段作为 PIMS 模型的线性区间，在此条件下研究了原料性质、操作条件、产品性质等一系列因素对装置收率的影响，并生成 Delta-base 数据用于修订 PIMS 模型参数。

三、生产装置未知工况下收率预测

1. 计划优化模型更新的数据需求

PIMS 作为一款非常优秀的寻优工具，其并不具备单装置流程模拟的能力，表现在装置生产条件发生较大变化时，必须通过其他技术手段更新模型中的产品分布数据。

在 PIMS 的建立和使用过程中，需要生产装置的产品分布数据。以催化裂化装置为例，主要包括：基本产品分布数据、装置主要操作条件，以及原料性质变化对产品分布的影响等。其中装置主要操作条件包括：装置处理量、提升管反应温度、原料预热温度、反-再系统取热负荷、催化剂活性等；原料性质变化包括：原料的馏程、密度、硫含量、碱性氮含量、残炭值、金属含量等。这些数据通常可以通过收集生产装置历史数据、实验室研究数据等方式获得，也可以利用流程模拟软件建立机理模型，通过软件模拟的方式获得。

实际生产过程中，经常会根据市场需求变化调整产品结构，如在适应市场需求变化提升汽柴比的过程中，需要调整产品结构，改变某些中间物料（如：常三线、加氢裂化尾油等）的走向。在此情况下，需要预测加氢裂化尾油进催化裂化装置的产品分布，并且还要探索在什么样的操作条件下，才可以获得最理想的产品分布。随着智能化技术的应用，目前已经可以利用 RSIM 机理模型预测装置进料性质及操作条件变化对产品收率的影响，快速获得 PIMS 模型修正所需的产品分布数据。

2. 运用装置机理模型探索最优工况

炼厂二次加工装置（如：催化裂化、加氢裂化、延迟焦化等）生产工艺复杂、操作变量多，关键操作参数的变化对装置产品分布有较大的影响。

【案例 2-4】 以催化裂化装置增产汽油案例为例，提升管反应温度的设置、加氢裂化尾油的掺炼量、进料位置、预热温度、雾化蒸汽流量等，都对最终产品收率和性质有直接影响。

原料油预热温度由 200℃ 提高至 245℃ 的过程中，汽油收率逐步下降，而汽油辛烷值则逐步上升，如图 2-25 所示。

汽提蒸汽流量由 4.0t/h 上升至 5.5t/h 的过程中，汽油收率逐步下降，而汽油辛烷值则逐步上升，如图 2-26 所示。

提升管反应器出口温度由 500℃ 提升到 520℃ 的过程中，汽油收率先上升、后下降，汽油辛烷值则逐步上升，如图 2-27 所示。

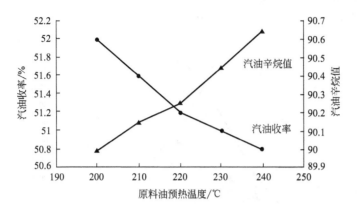

图 2-25　原料油预热温度对反应温度的影响

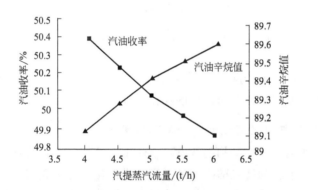

图 2-26　汽提蒸汽流量对汽油辛烷值的影响

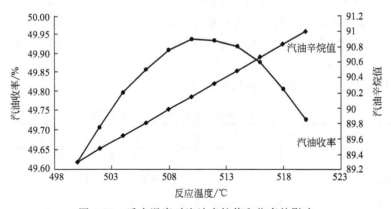

图 2-27　反应温度对汽油辛烷值和收率的影响

再生器床温由 685℃ 提高至 720℃ 的过程中，汽油收率先上升后下降，而汽油辛烷值则逐步上升，如图 2-28 所示。

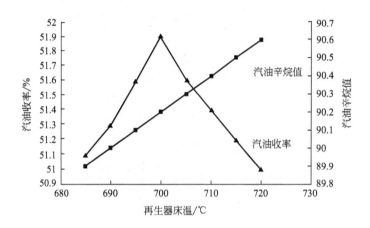

图 2-28　再生器床温对汽油辛烷值和收率的影响

在加工方案改变的情况下，预测装置收率需要综合考虑多个操作条件的共同影响，寻找一组使得产品分布最优的操作条件。

3. 运用反应机理模型预测未知工况的实践

某石化企业随着生产结构的调整，新建了一套加氢裂化装置，主要生产航煤和国五柴油，尾油作为装置的副产品，需要进催化裂化装置加工。加氢裂化尾油组成主要是烷烃，几乎不含硫、氮、残炭、金属等杂质，与原有的催化裂化原料性质相差极大。

虽然从尾油结构上可以看出其适合作催化原料，但是因为没有加工经验，不知道加工后对产品收率、操作工况可能带来的具体影响。为了预测其可能带来的影响，运用 RSIM 机理模型对加氢裂化尾油进装置加工后所需的优化操作条件和产品分布进行预测。

催化裂化反应模型的主要操作参数见表 2-10。

表 2-10　催化裂化反应模型的主要操作参数

操作变量	参数	操作变量	参数
反应新鲜进料量/(t/h)	140	原料油预热温度/℃	230
回炼油回炼量/(t/h)	0	原料油雾化蒸汽/(t/h)	7.2
提升管出口温度/℃	508	预提升蒸汽/(t/h)	1.9
急冷油(催柴)/(t/h)	5		

模型预测掺炼加氢裂化尾油（30t/h）的装置产品分布见表 2-11。由于加氢裂化尾油的掺炼，极大地降低了碳氢比，改善了催化原料的性质，使得催化汽油收率有大幅度提升。

表 2-11　模型预测的产品分布

产品	产品收率/%	
	掺炼后	掺炼前
汽油	51.3	47.6
柴油	18.5	23.7
液化气	16.5	13.7
干气	3.5	3.6
油浆	3.0	3.9
焦炭	7.3	7.4

在装置应用过程中，根据前期 RSIM 模型提供的产品分布数据，更新了 PIMS 模型的产品收率数据，制订了新的生产加工计划。

加氢裂化装置投产后，加氢裂化尾油直供 1 号催化裂化装置加工，经过一段时间的调整，加氢裂化尾油的进料量控制在 30t/h，在保证汽油辛烷值大于 89.5 的情况下，汽油收率由掺炼加氢裂化尾油前的 47.6% 上升到 50.46%。

根据生产执行系统（MES）的数据反馈，实施加氢裂化尾油进催化裂化装置的优化措施后，催化裂化装置的汽油收率大幅增长，超过了 50%，见表 2-12。从实际运行情况看，RSIM 机理模型预测的产品收率变化趋势与装置实际情况基本相符，特别是汽油收率的变化。

表 2-12　某石化企业 1 号催化裂化装置生产执行系统（MES）数据

催化加工量/(吨/月)	117389.957	产品名称	收率/%	产量/(吨/月)
其中:冷渣/(吨/月)		汽油	50.46	59233.020
脱油沥青/(吨/月)		柴油	20.52	24092.596
冷蜡油/(吨/月)	45276.527	干气	1.44	1692.817
回炼量/(吨/月)	1331.000	酸性气	1.16	1365.000
轻石脑油/(吨/月)		液化气	13.94	16363.223
加氢蜡油/(吨/月)	57773.380	烧焦	6.09	7154.408
		油浆	5.16	6062.500
		污油	0.10	122.178
		液氨	0.82	965.580
		损失	0.29	338.635

运用机理模型预测未知工况的实践表明，在企业实际运行中，当需要在计划优化过程中修改中间物料加工路径，导致装置收率发生较大变化时，依靠机理模型（RSIM）推算最优工况下的装置产品分布，为 PIMS 模型更新提供依据是非

常必要并且切实可行的。

四、生产装置案例库自动搜索匹配

1. 研究背景

美国 2008 年举行了 NSF 支持的研讨会讨论智能过程制造[22a]，2009 年 9 月该研讨会成果及后续的讨论成果被以 "Smart Process Manufacturing：An Operations and Technology Roadmap" 为名结集发布，详细论述了智能过程制造的发展远景和面对的技术难题。德国[22b] 2006 年 8 月启动 "High-Tech Strategy"，2012 年 3 月进一步提出 "High-Tech Strategy Action Plan" 来具体落实 2006 年的计划，该计划提出了十大 "Future Projects"，而 "工业 4.0" 是其中重要的一项。其他国家也陆续跟进，都欲把握第四次工业革命带来的机会。在这样的国际背景下，综合对国内工业发展的全面分析，国务院于 2015 年 5 月发布了《中国制造 2025》，作为中国实施制造业强国战略的第一个十年行动纲领。国家工信部随后发布了首批智能制造试点示范企业[23]，国内关于智能制造的研究步入实际行动。

作为石化行业的智能制造试点示范企业[22b,24]，某石化企业在推进智能过程制造领域进行了很多探索。为解决长期困扰炼化企业的信息 "孤岛" 问题，提出了基于运营数据库（Operational Data Store，ODS）的生产运营信息系统一体化模式，并进行了实践。基于这一平台，对常一、常二线馏分和重油等进行了方案模拟和优化分析，实践结果经生产执行系统（MES）确认，增加了可观的经济效益。例如其对催化裂化装置急冷油流量的调整，半年就带来 5600 万元额外收益[25]。

在取得这些成果的基础上，该厂追求进一步提高生产经营的敏捷化程度，以提高经济效益。虽然其现有运行体系已经很有成效，但还存在一些问题。图 2-29 展示了工厂现行的决策过程，从接受原料信息到给定可执行的方案，需要经过 PIMS、RSIM、MES 和人工决策的过程，决策过程耗时长，对以往来说尚可使用，但其无法把握市场快速变化时可能带来的机遇，而当前原油快评系统的出现使得原油性质的快速感知成为可能。针对这一问题，该厂提出基于案例库的模糊匹配方法来提高炼厂的敏捷性[26]，为这一问题的解决提供新的策略。该研究成果（基于案例库的炼油过程模糊匹配调优方法）申请了国家发明专利（申请号：201610718270.5）。

2. 国内外研究进展

（1）Case-Based Reasoning（案例推理，简称 CBR）及其应用

CBR 是基于重新利用过去经验来解决问题的一种方法[27]。当遇到新的案例时，CBR 通过相似度的度量，从案例库中提取出相似度最高的案例及其相应的解决方法，旧案例的解决方法成为新案例解决方法产生的基础。提取出来的方法可能被以一定的方式进行进化，以更好地解决新的问题，新生成的解决方案又被

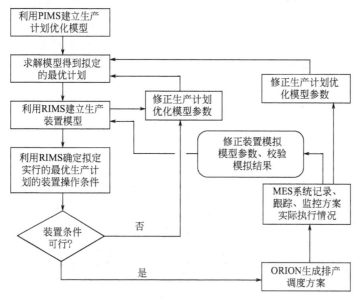

图 2-29　炼厂生产计划制订过程

存储在案例库中，以指导未来问题的解决。

CBR 在很多方面有应用：Pajula 等[28]将 CBR 用于过程集成和流程设计；Nakayama 和 Tanaka[29]用 CBR 来支持热力学分析；赵劲松等[30]采用 CBR 开发了一个有学习能力的 HAZOP（危险与可操作性分析，Hazard and Operability Analysis）专家系统；Tivadar Farkas 等[31]用 CBR 来指导精馏塔集成模型的求解；Timo Seuranen 等[32]则将 CBR 用于分离过程集成。

CBR 的关键问题之一是如何提取旧案例，即如何度量新旧案例之间的相似度。Kolodner[33]提出了相似度度量的基本步骤：首先确定案例的特征，然后计算新旧案例对应特征的相似度，最后将各个特征的相似度与相应的权重系数相乘，结果相加得到最后的整体相似度。针对不同的数据类型，有很多不同的相似度度量方法[34,35]。距离法[35]是最基本且最简单的方法。本章节所介绍的方法将距离法和模糊分布函数结合，来度量相似度。由于实际操作的复杂性，本章节重点是解决如何匹配的问题。

（2）模糊逻辑和模糊匹配

模糊数学[36,37]是描述相似度的一种很好的数学方式。定义在 X 上的模糊集 A 由它的隶属度函数 $\mu_A(x)$ 来表征，X 的每一个元素 x，都有一个对应的函数值，且取值在 [0，1] 内。隶属度函数的函数值称为 x 的隶属度（Degree of Membership，DOM）[38,39]。模糊分布函数有许多种，常用的有三角形分布[40]和梯形分布[41]等。图 2-30 描述了一个三角形分布函数，隶属度描述的是两个待匹配参数（t 和 $t-a$）间的相似度。如果 a 为 0，隶属度为 1，表明两者完全一致。如果 a 很大，则隶属度为 0，表明两个值被认为完全不同。Petley 和 Edwards[42] 用模糊匹配来估计化工厂的建设耗资；高晓丹等[43] 用模糊匹配来估计石脑油裂解过程中的一次反应选择性系数。本章节所介绍的方法主要采用正态分布，即 Gamma 分布和 Cauchy 分布。

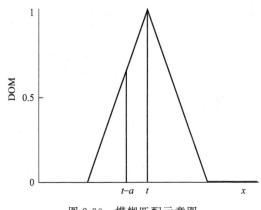

图 2-30　模糊匹配示意图

3．匹配方法

（1）模糊分布函数

模糊集[36] A 的定义[44] 为：定义在论域 X 上的任意一个 x，都有一个 $A(x)$ 属于 ［0，1］与之对应，则 A 为模糊集。$A(x)$ 称为 x 对 A 的隶属度（Degree of Membership），相应的函数称为隶属度函数（Membership Function）。$A(x)$ 越接近于 1，x 对 A 的隶属度越高；反之越小。当 $A(x)$ 仅取 0 或 1 时，模糊集退化为一般的集合。

模糊匹配基本判定原则：一是最大隶属度原则——计算样本对各个不同类的加权隶属度，取隶属度最大的类作为样本的归属；二是阈值原则——为避免误判，隶属度低于阈值的不做考虑。

（2）模糊匹配方法

基于对模糊数学的认识，确定了如下模糊匹配步骤：一是选择合适变量描述客观现象；二是建立标准案例库；三是选择合适的隶属度函数，确定参数的值；四是测试准确性。

案例库构建。每一个案例由 ABC 三部分组成。A 部分是指纹信息，可以特异性描述一个案例，应当包含物性信息等。B 部分是操作情况评估信息，主要为产品信息，例如产品流量、产品性质、产品价格等，用于评价操作状况，主要的评判标准就是其对经济效益的贡献程度。C 部分为待匹配操作参数和状态参数，例如各流股流量、操作参数等。案例库数据来自对历史生产运营记录和优化计算积累数据的筛选整理，按照上述结构构建成案例。随着装置的运行，将会产生新的数据，这些数据也可以以同样方式筛选整理，从而使库不断扩充。其间，由于装置改造或流程改造，一些不会再出现的案例将会被淘汰。图 2-31 描述了这一过程。

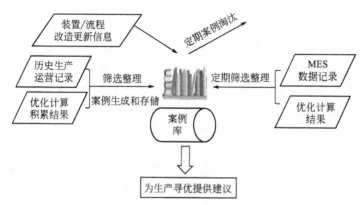

图 2-31 案例库构建与更新示意图

隶属度函数选择及参数确定。隶属度函数是依各个数据的特点而确定的。相应的参数可以根据经验确定其值，也可以构建优化模型来确定。隶属度函数参数优化有两种思路：逐步优化和全局优化。两种优化思路的优劣阐述如下：

① 逐步优化：由于各个性质的匹配是相互独立的，可以各自优化。优点是能够逐步检查匹配结果，保证每一步匹配都符合其物理意义。缺点是逐步优化，过程重复性大，工作繁杂。

② 全局优化：所有参数一起优化的优势是工作量小，但是最后要评估单个性质的匹配结果是否不失其物理意义。

优化方法：构建的案例库的案例总数记为 NCB，用来测试的案例数目为 NCC，将隶属度函数中的参数与案例库实际数据变动范围关联，从而将决策变量变为 0~1 之间的数，构建的优化模型如下：

$$
\begin{cases}
目标函数：\max = \sum_{i=1}^{NCC} D_i \\
决策变量：\sigma_1,\ K,\ \sigma_k \\
约束条件：0 < \sigma_j < 1,\ j=1,\ K,\ k; \\
\qquad\quad D_i = \max_{j=1,K,NCB} D_{i,j}; \\
\qquad\quad D_{i,j} = f(x_i,\ x_j,\ \sigma) \\
优化方法：遗传算法
\end{cases}
$$

函数 $f(x_i,\ x_j,\ \sigma)$ 的具体形式由相应的隶属度函数形式确定。

有效性验证。

① 模拟验证法：对于基于软件模拟（如：PIMS，Gio-PIMS）的数据，采用将匹配出来的操作参数带入进行模拟计算来验证有效性，模拟通过则认为匹配合适。

② 扰动法：对案例库中的某些案例（称为母案例），施加 1% 的扰动，生成大量案例（称为子案例），以子案例作为新的输入，在案例库中搜索，以匹配效果的统计结果来评价有效性。

为此，提出四种匹配结果的统计指标：能选出母案例的子案例数目；除选出母案例，还选出其他案例的子案例数目；选不出母案例但选出其他案例的子案例数目；没有匹配结果的子案例数目。同时还统计了以下三个指标：

平均隶属度（ADOM）：所有选出案例的隶属度的平均值。

最小隶属度（MinDOM）：所有选出案例的隶属度的最小值。

最大隶属度（MaxDOM）：所有选出案例的隶属度的最大值。

稳定性测试。大体与有效性测试方法一致。对案例库中的某些案例（称为母案例），施加 1%~15%（15% 的扰动对炼厂操作的稳定性来说已经有很大的影响）的扰动，生成大量案例（称为子案例），以子案例作为新的输入，在案例库中搜索，统计不同扰动程度下的匹配结果，以该结果来评价有效性。在前述四种匹配结果的基础上，稳定性更强调较高的有效率和较低的多选率。

（3）可行性验证

借助 Aspen 软件模拟[45]生成虚拟案例库，应用前述方法构建匹配方法，在常减压装置验证可行性。常减压装置包括：初馏塔、常压塔和减压塔。在 Aspen 上进行模拟，如图 2-32 所示。

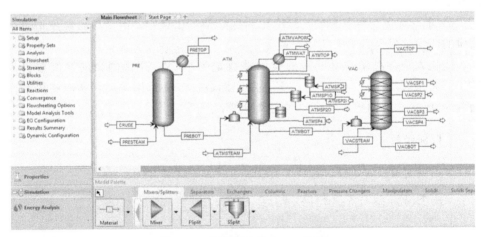

图 2-32　常减压过程 Aspen 模拟

案例结构按前述 ABC 三部分划分，其中 A 和 B 统称为表征变量，对常减压装置，用来评估操作状况的 B 部分，即产品质量，在这里作为指纹 2，也可进行匹配。如此表征变量包括图 2-33（a）内容；C 部分为待匹配参数，包括图 2-33（b）内容。利用 Aspen 自带的油品性质数据作为输入，在已有的常减压模拟结果[45]上进行变动来生成模拟案例库。最后生成 20 个标准案例。

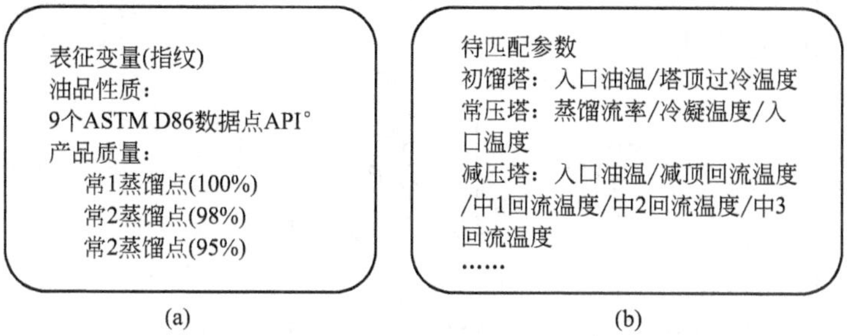

表征变量(指纹)
油品性质：
9个ASTM D86数据点API°
产品质量：
常1蒸馏点(100%)
常2蒸馏点(98%)
常2蒸馏点(95%)
(a)
待匹配参数
初馏塔：入口油温/塔顶过冷温度
常压塔：蒸馏流率/冷凝温度/入口温度
减压塔：入口油温/减顶回流温度/中1回流温度/中2回流温度/中3回流温度
……
(b)

图 2-33　常减压装置案例结构

模糊匹配方法应用：

① 隶属度函数选择及参数确定：这里选用正态分布和梯形分布。对各个不同的性质，又有具体的应用。

ASTM 数据点：数据拟合。

拟合公式[46]：

$$t=t_0+a[-\ln(1-V/101)]^b$$

隶属度函数：
$$A(x)=e^{-k(x-a)^2}$$

式中，t 为温度；V 为馏出体积分数；a，b 为待定参数。采用正态分布：以新案例与知识库中的案例的 ASTM 曲线所夹面积积分值作为 x 来计算隶属度。k 取 lg(0.5)/(−225)，意义是差值绝对值为 15 时，隶属度为 0.5。积分值意义为图 2-34 中两条曲线所夹面积。

900
800
700
600
500
400
300
200
100
0
100
t/℃
0
10
20
30
40
50
60
70
80
90
100
分布/%

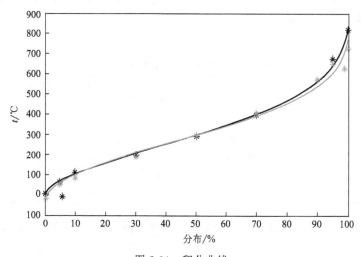

图 2-34　积分曲线

API°匹配：采用正态分布，($x-a$) 以差值代入，$k=$lg(0.5)/(−1) 表示 API°差值绝对值为 1 时，隶属度为 0.5。

产品质量匹配：

隶属度函数定义为：

$$A(x) = \begin{cases} 0, x \leqslant \beta \\ \dfrac{x-\beta}{-\beta}, \beta < x \leqslant 0 \\ e^{-k(x-a)^2}, 0 < x \end{cases}$$

参数设定：

$\beta = -10$，表示能接受的相应指标最大超标程度为 10；

k 取 $\lg(0.5)/(-900)$，表示差值为 30 时隶属度为 0.5，质量过优不易于盈利，故而隶属度也是递降。

② 有效性验证：从 Aspen 中取新的油品作为 new case 进行测试。

初次匹配——物性：

New case 与案例库中 case 积分值为：[1667，915，5215，3165，5086]，将差值除以 1000 所得结果作为计算隶属度依据。

计算结果见表 2-13。

表 2-13　常减压分隶属度计算结果

项目	Mode 1	Mode 2	Mode 3	Mode 4	Mode 5
ASTM 分隶属度	0.9915	0.9974	0.9196	0.9696	0.9234
API 分隶属度	0.0001	0.0002	0.0000	0.9727	0.0092

两个分隶属度需要加权，考虑如下四种加权方式：分隶属度比、分隶属度倒数比、算数平均、几何平均。

加权结果见表 2-14。

表 2-14　常减压分隶属度加权结果

项目	Mode 1	Mode 2	Mode 3	Mode 4	Mode 5	结果
ASTM 分隶属度	0.9915	0.9974	0.9196	0.9696	0.9234	
API 分隶属度	0.0001	0.0002	0.0000	0.9727	0.0092	
分隶属度比	0.9914	0.9973	0.9196	0.9711	0.9144	Mode2
分隶属度倒数比	0.0003	0.0003	0.0000	0.9711	0.0183	Mode4
算数平均	0.4958	0.4988	0.4598	0.9711	0.4663	Mode4
几何平均	0.0112	0.0127	0.0016	0.9711	0.0923	Mode4

进行 Aspen 模拟测试，发现 Mode4 可行，而 Mode2 无效，故而不选用按"分隶属度比"加权的方式。

再次匹配——产品质量：

在初次匹配中选出的 Mode4 基础上，用产品质量要求作为指纹，与 Mode4 的四个子案例进行匹配。

按各分隶属度值比重加权，得到结果：

[0.6000，0.1100，0.1800，0.6100]；

按阈值原则，子案例4最符合，子案例1也可以。

4. 在催化裂化装置上的工业级应用

应用以上方法，在催化裂化装置进行了工业级应用。催化裂化装置的工艺流程如图2-35所示。

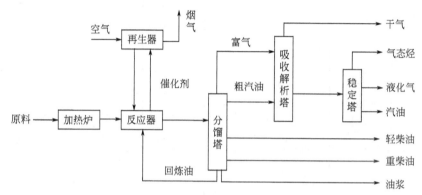

图2-35 催化裂化装置的工艺流程

催化裂化装置主要包括三部分：发生催化裂化反应、脱氢反应和其他副反应的反应-再生系统，将产品脱过热并进行初步分离的分馏系统，对产品进行精制以获得合格产品的吸收稳定系统。汽油评价标准主要看稳定蒸气压和辛烷值。按化学理论，催化裂化装置所用的催化剂的活性中心为酸性，不同的微量元素对其活性的影响不一样。镍（Ni）会催化脱氢反应，加大生焦量，对催化裂化装置整体效益的副作用大；钒（V）会破坏分子筛晶体结构，使催化剂活性下降；钠（Na）会中和酸性中心，并且会导致催化剂熔点降低。这三种微量元素对催化裂化装置整体运行效果的影响比其他元素的影响大。

某石化厂提供了基于"实时数据系统"导出的Excel数据，其内容概括在表2-15中。

表2-15 某石化厂催化裂化装置数据汇总

项目	项目数目	项目	项目数目
操作参数与状态数参	27	脱前液化气	18
物料流量	11	稳定汽油	8
蜡+渣	19	粗汽油	6
脱前富气	22	油浆	10
轻柴油	9	回炼油	6
脱前干气	25	再生烟气	3
待生剂	1	再生剂	20
瓦斯	22	公用工程	13

基于以上数据内容和对催化裂化工艺的认识，提出了表 2-16 的案例结构 (1)、(2)。

表 2-16　催化裂化案例结构

		项目		数目	具体内容
案例结构(1)	表征信息	流量	进料	4	蜡油|轻油浆|减渣|回炼油
			出料	2	液化气|汽油
		新鲜进料(蜡+渣)性质		19	见案例结构(2)
		回炼油性质		6	见案例结构(2)
		丙烯密度		1	丙烯占液化气流量百分比
		汽油蒸气压		1	
	待匹配信息	关键操作参数与状态参数		26	雾化蒸汽流量等

物流	项目	数目	具体内容
案例结构(2)			
蜡+渣	ASTM	4	初馏点、10%、50%、90%
	金属含量	6	Ni、Fe、Na、Ca、V、Cu
	黏度	1	
	密度	1	
	氮含量	1	
	硫含量	1	
	其他性质	5	饱和烃、芳烃、沥青质、胶质、残碳
回炼油	ASTM	5	初馏点、10%、50%、90%、终馏点
	密度	1	

其中表征信息包含指纹信息和工况评价信息。待匹配信息中的关键操作参数可用于指导生产，状态参数则可便于监控。从工厂获得的数据齐全的 Excel 表格仅 5 个，为便于研究，在此基础上利用随机方法生成了 200 个案例（仅生成表征信息）作为案例库内容。

多级匹配流程如图 2-36 所示。

具体内容为：

一是进行进料类型与流量的匹配：催化裂化装置总共有 4 种进料，要求进料的流股类型相同，对于流量，其变动范围限制在 10% 以内。

二是进行进料物性的模糊匹配，涉及两个流股：回炼油和新鲜进料（蜡+渣），通过设定阈值淘汰部分案例。

三是计算产品状况，搜索产品状况（即经济效益）比当下好的案例，输出所得案例的 Excel 文件名。其中，产品状况用汽油产率和丙烯产率来衡量。

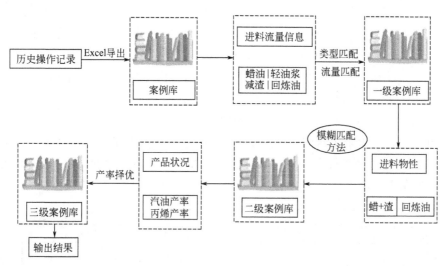

图 2-36　多级匹配流程

（1）隶属度函数选择及参数确定

各参数隶属度函数汇总于表 2-17 中。

表 2-17　正态分布系列信息汇总

物流	项目	隶属度函数	分隶属度权重	参数数目	最终分隶属度
蜡＋渣	ASTM	NormalDis	IBP|10%|50%|90%＝[0.1 0.3 0.3 0.3]	4	$\sum_{i=1}^{7} \dfrac{D_i^2}{\sum_{j=1}^{7} D_j}$
	金属含量	OneNormal	[Ni|Fe|Na|Ca|V|Cu]＝ [0.25 0.1 0.2 0.1 0.25 0.1]	6	
	黏度	NormalDis		1	
	密度	NormalDis		1	
	氮含量	OneNormal		1	
	硫含量	OneNormal		1	
	其他性质	NormalDis		5	
回炼油	ASTM	NormalDis	IBP|10%|50%|90%|FBP＝ [0.05 0.3 0.3 0.3 0.05]	5	$\sum_{i=1}^{2} \dfrac{D_i^2}{\sum_{j=1}^{2} D_j}$
	密度	NormalDis		1	

（2）隶属度函数参数优化

选取生成的 200 个案例中的 5 个母案例，这里选择编号为 10，50，90，130，170 的案例，每个案例给予 1% 的扰动，各生成 10 个子案例，总计 50 个案例，在此基础上构建优化模型：

$$\begin{cases} \text{目标函数：} \max = \sum_{i=1}^{50} D_{i,j} \\ \text{决策变量：} \sigma_1, K, \sigma_{25} \\ \text{约束条件：} 0 < \sigma_m < 1, m = 1, K, 25 \\ \qquad\qquad D_{i,j} = f(\sigma, x_i, x_j) \\ \text{优化方法：遗传算法} \end{cases}$$

式中，$D_{i,j}$ 表示子案例 i 与其母案例 j 的进料物性隶属度，其具体计算由隶属度函数确定。表 2-17 提供 $D_{i,j}$ 具体计算所需信息，在此基础上，按图 2-37 所示逐个计算。

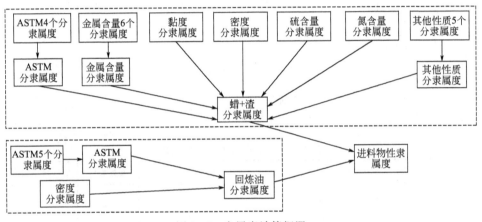

图 2-37 隶属度计算框图

利用遗传优化算法获得的优化结果整理于表 2-18 中。

表 2-18 正态分布系列隶属度函数参数优化结果

进料	项目	未优化值	优化结果
蜡＋渣	ASTM	[0.25 0.25 0.25 0.25]	[0.7770 0.9984 0.8406 0.9171]
	金属含量	[0.25 0.25 0.25 0.25 0.25 0.25]	[0.7048 0.9936 0.5525 0.7428 0.8117 0.5328]
	黏度	0.25	0.7790
	密度	0.25	0.0378
	氮含量	0.25	0.4302
	硫含量	0.25	0.9500
	其他性质	[0.25 0.25 0.25 0.25 0.25]	[0.8755 0.9729 0.3545 0.9165 0.5133]
回炼油	ASTM	[0.25 0.25 0.25 0.25 0.25]	[0.6128 0.9686 0.9451 0.9159 0.9173]
	密度	0.25	0.8952

（3）有效性验证

以前面 1％扰动数据为基础，统计这 50 个案例的匹配结果，汇总于表 2-19 中。其中评估指标定义为：有效率（ER）——选出母案例的比例；多选率（MR）——除母案例外还选出其他案例的比例；失效率（IR）——选不出母案例，但选出其他案例的比例；失败率（FR）——没有匹配结果的比例。

表 2-19　正态分布系列优化前后 1％扰动匹配结果比较

项目	ER/％	MR/％	IR/％	FR/％	ADOM	MinDOM	MaxDOM
未优化结果	100	44	0	0	0.9448	0.9010	0.9874
已优化结果	100	0	0	0	0.9956	0.9593	0.9996

从匹配结果来看，优化后的参数提高了匹配过程对母案例的忠实度。后续的稳定性测试结果将表明，优化极大提高了稳定性。

（4）稳定性测试

匹配的稳定性定义：对同样的扰动，有效率高则说明稳定性高。

稳定性测试方法：

① 从 200 个案例中选择 5 个案例。

② 每个案例给一定程度（1％～15％）的扰动，各生成 10 个案例。

③ 统计不同扰动程度下的匹配结果。

以 5％扰动下优化前后匹配结果为例，结果汇总见表 2-20。

表 2-20　正态分布系列优化前后 5％扰动匹配结果比较

项目	ER/％	MR/％	IR/％	FR/％	ADOM	MinDOM	MaxDOM
未优化结果	52	6	14	34	0.9252	0.9006	0.9653
已优化结果	100	4	0	0	0.9664	0.9022	0.9918

从表 2-20 中数据可知，优化后的参数大大提高了匹配的稳定性。

15 组扰动测试结果汇总于表 2-21，从计算结果可以看到，正态分布对 9％的扰动还能保持 100％的有效率，只是会出现一些多选率，即对案例库中的案例的区分度不是那么高，亦即对母案例的忠实度不高。这里定义稳定数的概念，即匹配方法能保持 100％有效率的最大扰动幅度。从而，正态分布的稳定数为 9％。

表 2-21　正态分布系列稳定性测试结果

扰动程度/％	ER/％	MR/％	IR/％	FR/％	ADOM	MinDOM	MaxDOM
1	100	0	0	0	0.9956	0.9593	0.9996
2	100	0	0	0	0.9892	0.9519	0.9986
3	100	4	0	0	0.9822	0.9001	0.9969
4	100	2	0	0	0.9773	0.9022	0.9931
5	100	4	0	0	0.9664	0.9022	0.9918

扰动程度/%	ER/%	MR/%	IR/%	FR/%	ADOM	MinDOM	MaxDOM
6	100	2	0	0	0.9617	0.9030	0.9864
7	100	2	0	0	0.9520	0.9103	0.9870
8	100	8	0	0	0.9463	0.9025	0.9888
9	100	10	0	0	0.9396	0.9008	0.9799
10	82	2	0	18	0.9375	0.9001	0.9801
11	82	4	0	18	0.9324	0.9001	0.9730
12	40	8	6	54	0.9318	0.9021	0.9739
13	32	0	8	60	0.9289	0.9039	0.9715
14	20	4	4	76	0.9187	0.9012	0.9387
15	26	2	6	68	0.9198	0.9004	0.9774

通过将模糊匹配方法和案例库应用于石化行业，提出了可以提高智能过程制造敏捷性的策略：通过对历史数据进行整理，按照提出的结构构建案例，而后组建成案例库，在案例库基础上应用多级匹配方法进行筛选，得到可用于指导生产调整的操作参数集。为验证以上策略的可行性，借助 Aspen 模拟了常减压过程，得到不同进料物性下的操作参数，按提出的案例结构，整理出了 20 套数据作为虚拟案例库，而后用新的油品作为输入，用模糊匹配方法匹配出与新油品物性最相似的历史案例，用历史案例的操作参数来对新油品性质进行模拟，模拟成功收敛，从而策略的可行性得到验证。依托某石化厂提供的催化裂化装置的实际数据，所提案例库搜索匹配策略在工业装置级别得到了应用，验证了所提策略的有效性，并可方便地推广至全厂各个装置。

五、计划排产与生产执行闭环反馈

1. 全流程优化协同平台的优化理念和应用

（1）炼油全流程一体化智能协同优化

炼油全流程一体化优化，能够使生产组织安排由定性转为定量，为企业提升经济效益提供正确的指导信息。"从原油到装置操作参数"的全流程一体化智能协同优化平台架构如图 2-38 所示。

（2）涉及的主要子系统

炼油全流程优化协同平台可以实现 PIMS（计划排产）、ORION（生产调度）、RSIM（机理模型）等系统之间的数据交互，同时实现和 ODS（中央数据库）数据部分的集成。

PIMS（流程工业模型系统），用于生产计划优化系统。

炼油生产调度优化系统（ORION），生产调度优化系统。

装置机理模型（RSIM），生产装置的机理模型模拟。

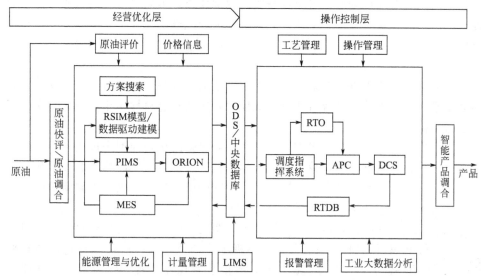

图 2-38　炼油全流程优化一体化智能协同优化愿景图

运营数据仓库（Operational Data Store，ODS），也称企业级中央数据库，可以集成多个应用系统的数据。

先进过程控制（Advanced Process Control，APC），通过多变量协调和约束控制，直接对生产装置实施优化控制策略，保障生产装置始终运转在最佳状态。

实时优化（Real Time Optimization，RTO）技术，基于严格机理模型和预估控制技术或相关积分优化技术，对生产过程进行模拟和动态优化，并实时调整生产装置运行参数。

DCS（Distributed Control System），又称为集散控制系统。

实时数据库（Real Time Data Base，RTDB），从分散在各个装置的 DCS 系统中读取实时操作数据，实现全厂关键生产数据的集中查询，为各种操作优化、管理系统提供数据支持。

（3）经营优化层的主要特点和内容

炼油全流程优化平台是经营优化层的核心内容，实现了计划排产与生产执行的闭环反馈，其运行流程是：从 RSIM 模型获得加工路线与单装置优化数据（含 Delta 数据、反应参数），由 PIMS 完成月度计划排产，分解得到 ORION 周计划并进行执行；在操作过程中产生的实时数据流（实际产品分布、库存、产品性质和操作参数）通过生产执行系统反馈到优化层面，再提供给 PIMS 和 RSIM 作参考，实施滚动螺旋上升优化，从而形成一个大的闭路循环优化过程。

经营优化层的主要工作内容包括：

原油资源优化：原油通过管道、船舶等运输手段到达加工企业后，首先进行的是原油性质的分析、检测，了解与生产加工密切相关的性质数据。传统的原油评价方法能够准确得到原油各个馏分段的关键性质，为制订可行的原油加工方案提供依据，但是耗时较长。原油快评是当前最为先进的原油快速分析方法，通过核磁共振分析设备只需要少量原油样品就可以迅速得到原油关键性质，实现对原油性质变化的及时监控。

原油调和系统根据及时取得的原油快评数据，针对原油性质的不断变化，灵活调整罐区原油进装置的混合比例，保证常减压装置进料性质相对稳定，确保装置运行平稳。

为了提高生产计划优化模型的准确性，需要采用机理模型来预测各种生产需求下的装置收率数据，用于修正生产计划模型。机理模型不断积累的模型数据库可以通过方案搜索系统，实现快速检索，为新的生产方案提供可以利用的历史数据，提升预测数据的准确性和敏捷性。

根据 PIMS 月度计划可以分解得到生产调度 ORION 系统所需的 7 日计划数据，用于生产执行。MES 系统收集、整理了生产执行过程产生的物料移动和平衡数据，结合从 ODS（中央数据库）得到的装置操作数据和实验室信息管理系统（LIMS）数据，反过来又可以对 PIMS 和 RSIM 模型预测模型进行校准和修正，提升这些模型的准确性。

能源管理及优化系统、计量管理系统、财务价格信息等系统为全流程优化平台提供各种必要的信息支持。

（4）操作执行层的主要特点和内容

操作执行层的核心内容是实施"从原油到装置操作参数"的一系列优化措施。

其主要工作内容包括：

ODS 数据库接收从经营优化层获得的一系列指令（包括：RSIM 模型计算得到的优化后的装置操作参数，以及 ORION 系统下达的生产调度指令），并将操作执行层接收到的实时数据反馈给经营优化层。

调度指挥系统根据 ORION 系统下达的生产指令，按照 RSIM 模型计算的优化后的装置操作参数下达给 APC 执行，APC 系统直接控制装置的 DCS 系统，从而实现装置的优化操作。

生产装置的 RTO 优化系统建立在 APC 的基础上，可以根据生产调度给出的优化目标，结合原料性质的不断变化，及时计算出优化后的操作参数，通过 APC 的执行，实现装置运行过程的自动优化。

基于全流程优化、数字化炼厂、物联网技术的工艺管理系统，可以实现指令流转的闭环管理。

操作管理系统通过对工艺参数平稳率、工艺参数合格率、产品质量合格率的严格控制，提高装置运行的平稳性。

报警管理系统对生产运行过程中发生报警事件、处置过程进行详细记录，及时发现安全隐患。

基于工业大数据分析开展的炼油操作参数在线诊断根据生产运行过程长期积累的数据，通过数据之间的关联计算，给出当前生产条件下的理想操作参数，指导装置运行。

产品智能调和系统通过汽油质量的在线分析检测，按照调度指挥系统下达的生产任务目标，根据不同牌号汽油的产品质量指标，自动优化多种汽油组分的调和比例，实现产品质量的科学卡边控制。

2. 全流程优化协同执行过程

全流程优化工作在实际执行过程中按照"先算后干，算精、算赢了再干"的原则，将原来定性模糊的粗放式管理转变为定量精细化管理，通过"计划优化-生产执行-数据反馈"的滚动更新模式，形成一整套的全流程一体化优化运作模式。

（1）根据历史数据反馈完成计划优化

当装置加工量和产品配置计划等关键指标确定后，下一步就是以经济效益最大化为目标制订详细的生产计划。

原油采购成本占总成本 90% 以上，原油优化的重要性不言而喻。把握原油性质主要利用两种手段：一是对经常采购和有采购意向的单品种原油性质进行原油评价，建立本企业的专用原油数据库，用来更新 PIMS 模型中的原油数据库，从计划优化层面把握原油信息；二是利用基于核磁分析的原油快评系统对实际到厂的混合原油进行快速分析，为装置具体生产计划的制订提供依据。

在"计划优化-生产执行-数据反馈"的滚动更新模式中，将会逐步积累起极为丰富的历史案例数据，形成生产装置优化案例库。在制订具体的计划优化方案前，可以通过"生产装置案例库自动搜索匹配系统"，根据关键条件的快速搜索，将当期需求与案例库中的已有方案进行自动匹配，利用历史案例库为新的优化需求提供可靠的数据支持。

以催化裂化装置为例，案例库自动搜索匹配过程如下：采用指纹技术从案例库中进行信息提取，依靠装置进料性质和催化剂活性等特征值在案例中进行性质模糊匹配，得到初步的候选案例集；通过特征值做筛选，进一步缩小候选案例集范围；按照当前优化目标的需求对已选案例集进行择优，获得目标案例；将选定目标案例中的关键操作参数作为催化裂化加工方案调整的参考值，提供给计划优化使用。

当生产装置工况发生较大变化时，还需要依靠机理模型（RSIM）推算最优工况下的装置产品分布，为 PIMS 模型更新提供新的产品分布数据。用此数据对原有的 PIMS 模型收率数据进行修订，以使 PIMS 模型能够反映新的加工方案下的装置产品收率数据，并更新全厂加工计划。

生产计划的优化过程涉及的影响因素很多，是一个复杂、大规模的线性规划求解过程。石化企业生产计划编制的过程主要涉及原料采购和产品种类需求的预测、根据装置运行情况确定可行的加工方案，以及公用工程消耗等要素。在综合考虑原料供应和产品配置约束、加工装置能力约束、库存约束的情况下，建立数学模型、运用数学规划的方法进行优化计算，以获得满足当前需求的最优解。

炼油全流程优化平台中实现了以上过程的集成，使各个分散的系统的数据、信息能够被自动读取、调用，实现了 PIMS 模型关键数据的自动更新，大幅提高了计划优化过程的工作效率。

（2）计划优化方案的执行

ORION 作为炼化企业的生产调度排产软件，是炼油厂调度员制订、模拟各种生产方案，预测未来 5～10 天企业原料、中间产品、半成品及成品产、运、销平衡衔接情况，公用工程系统产销平衡情况的辅助决策工具。

PIMS 借助全流程优化协作平台获取 RSIM 的 Delta 数据、原油品种及其价格、产品价格、ORION 的库存情况等开展 PIMS 排产，形成月度计划，然后储存在平台数据库。

PIMS 形成月度计划后，ORION 通过 ODS 获取平台数据库（如库存、产品性质、月度计划数据等），编制七日作业计划，再通过 ODS 下发到调度台和运行部执行。

ORION 周计划的准确制订对全厂物料平衡具有非常重要的意义。全厂蜡油、渣油、重整料、加氢料等物料平衡，瓦斯、氢气等公用工程平衡涉及多套装置，通过 ORION 系统装置模型测算，根据生成的七日作业计划报表可提前预测出每个装置的物料消耗量、产出量，并汇总预测出全厂每一天的平衡状况，在实际生产发生前，可以对相关装置负荷进行调节，使蜡油、渣油、加氢料、氢气、瓦斯平衡的调节量在可控制范围内，做到中间物料、公用工程动态平衡，不仅使生产平稳进行，而且可有效降低全厂能耗。ORION 模型执行过程如图 2-39 所示。

（3）根据装置优化方案数据生成先进过程控制操作参数

实时优化（RTO）是基于严格机理模型（如 ROMeo）和预估控制技术或相关积分优化技术，对生产过程进行模拟和动态优化，并实时调整生产装置运行参数，使生产装置始终处于高效、低耗和安全的最优运行状态。主要特点：数据收集、整定、输入自动进行；优化结果自动并且实时传入 APC 进行执行。

先进过程控制（APC）系统是"从原油到装置操作参数的一体化智能协同优化"的重要组成部分，主体生产装置均应实施 APC，并以"经济效益最大化"为目标，将机理模型优化测算的最优工艺参数值下达到操作执行层，实现全流程一体化优化的实时闭环管理。

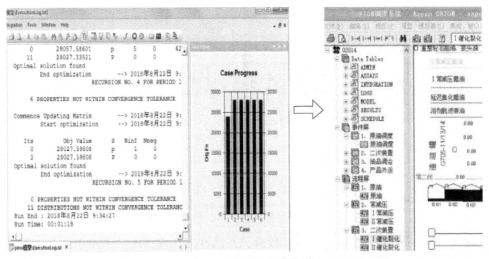

图 2-39　根据 PIMS 月度计划分解产生 ORION 周计划

主要执行内容有：

① 根据原油快评数据，利用全流程优化平台测算最优加工方案，并明确常减压装置切割方案、各馏分加工方案以及二次加工装置最优工艺参数。

② 全流程优化平台将最优切割方案及工艺参数下达给操作管理系统，操作管理系统以此为目标更改监控目标，将工艺参数和馏分切割控制目标通过实时数据库写入 DCS。

③ APC 系统通过 OPC 接口接收 DCS 的工艺参数和馏分切割控制目标，由装置工程师确认后执行。

④ DCS 根据 APC 系统给定的最优工艺参数对各控制回路进行调整。

⑤ MES 跟踪各装置及全厂物料平衡数据，并提供给全流程优化平台持续校正更新模型。

先进过程控制系统的投用可以提高装置平稳率，减少产品质量不合格点。例如，催化裂化装置投用 APC 后，催化汽油终馏点合格率提高，APC 投用前后对催化装置平稳率的影响对比效果如图 2-40 所示。

（4）生产数据的收集反馈

在全流程优化平台的操作流程中，不可避免地存在生产计划与实际运行结果的差异。通过 MES 系统收集、整理装置生产统计数据，通过实验室信息管理系统（LIMS）收集原料和产品质量分析数据，通过实时数据库收集装置操作数据，再反馈到优化层面，重新修正 PIMS 和 RSIM 模型，实施滚动螺旋上升优化，即形成一个大的闭路循环，最终实现企业整体效益最大化。

利用全流程优化协同平台的装置方案库收集功能，可以通过 ODS 数据库提

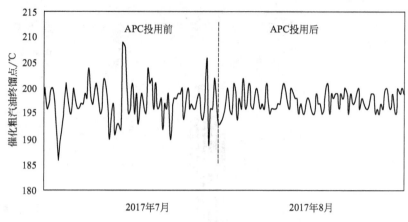

图 2-40　APC 投用前后对催化装置平稳率的影响对比效果

取过去某个时间段的装置物料平衡数据、产品性质和操作参数，用于修正 PIMS 排产依据，达到根据 MES 数据反馈调整 PIMS 计划排产模型的目的。

通过全流程优化协同平台收集 MES 反馈数据过程如图 2-41 所示。

图 2-41　通过全流程优化协同平台收集 MES 反馈数据

六、更短周期优化排产可行性

1. 原油储运对更短周期优化排产的需求

某石化企业原油进厂完全依靠原油管道。受管道运输条件限制，管输混合原油的硫含量上限为 1.0%。随着企业的发展，新建了加氢裂化装置和渣油加氢装置，提升了企业加工高硫原油的能力。为充分利用新建重油加工装置的优势，根据对全厂全流程优化的测算结果，需要尽可能多地加工价格较低的高含硫原油，以降低原油采购成本。

在目前加工流程中，两套常减压装置分别对应减压深拔-焦化路线和渣油加氢-加氢裂化的加氢路线，更高硫含量的原油更能发挥深度加氢装置的优势。

因此，根据管输原油性质变化，通过制订更短周期优化排产计划，合理安排不同性质原油的加工生产计划，具有实际意义。

2. 库存优化对更短周期优化排产的需求

在目前的管输原油加工过程中，缺乏对到岸原油性质的详评数据的监控，在管输原油输送配置过程中只能对 API°、硫含量、酸值进行匹配，受原油到岸批次的影响，有时混合原油的 API°会出现较大波动，反映到加工企业，最明显的不足就是重整原料、蜡油、渣油的收率不稳定，与炼油加工装置的能力不匹配，造成重整原料、蜡油、渣油的库存偏高（或偏低）。因此经常需要出于罐区平衡的需要，调整加工计划，通过短期操作，达到库存优化的目的。

3. 装置异常工况对更短周期优化排产的需求

石化厂在运行过程中，难免会发生异常工况，如单装置的短停消缺、事故处理等，打乱了原有的生产加工计划。

现代石化企业生产流程复杂、技术指标要求高，各套二次加工装置彼此依赖，形成复杂的加工流程。异常工况的出现，改变了原有的原油加工流程，根据解决问题的时间需求，有时会对全厂物料平衡造成严重影响。为确保其他生产装置的正常运行，需要在极短时间里，制订应变措施，修改排产计划，尽可能实现优化排产。

4. 更短周期优化排产的思路与实践

更短周期排产最常见的是对装置异常工况的处理，一般需要制订生产预案，详细考虑异常工况发生时对全厂其他装置的影响，制订相应的应急措施，确保全厂生产受到的影响最小。

某石化厂当前的装置配置中，加氢裂化、渣油加氢等重要的二次加工装置对氢气的消耗巨大，氢气平衡对全厂生产装置的平稳运行尤为重要。全厂制氢装置主要依赖煤制氢和连续重整装置（其中：煤制氢装置产出的高纯氢占 60%）。煤制氢装置生产工艺复杂，加工流程长，发生过多次异常停工事件，给全厂生产造成巨大冲击，需要预先制订全面、稳妥的优化排产预案，实现装置异常处理过程中的平稳生产。

【案例 2-5】 煤制氢装置由于异常情况，退出运行进行抢修。

在全厂正常运行情况下，煤制氢装置产氢主要供加氢裂化和渣油加氢装置使用。当煤制氢装置出现故障，中断氢气供应时，耗氢最大的加氢裂化装置必须退出运行；渣油加氢可以通过停止加工渣油，改为蜡油进料并适当降低处理量的方式减少装置氢耗，维持装置生产。调整前后的全厂氢气平衡情况见表 2-22。

表 2-22　煤制氢装置异常对全厂氢气平衡情况的影响

装置名称	工况 1,氢气(标准状态)/(m³/h)	工况 2,氢气(标准状态)/(m³/h)
产氢装置		
连续重整	51000	51000
煤制氢	55000	0
2 号 PSA 产氢	19015	9585
1 号 PSA 产氢	2650	2650
合计	127665	63235
耗氢装置		
1 号加氢	8512	8512
2 号加氢	8000	0
吸附脱硫	1853	1853
4 号加氢	10500	9890
航煤加氢	882	882
预加氢	1075	1075
重整氢至 1 号 PSA	5500	5500
重整氢至 2 号 PSA	8000	8500
渣油加氢	29800	24050
加氢裂化	49980	0
合计	124102	60262

注：PSA—变压吸附。

调整前后全厂主要装置加工负荷变化情况对比见表 2-23。

表 2-23　煤制氢装置异常对全厂主要装置加工负荷情况的影响

装置名称	工况 1,处理量/(t/d)	工况 2,处理量/(t/d)
1 号常减压	13500	13500
2 号常减压	9500	9500
1 号催化	3800	3800
2 号催化	3800	3800
延迟焦化	2400	2400
溶剂脱沥青	1100	1100
加氢裂化	6000	0
渣油加氢	5050	3600
连续重整	3350	3350
1 号加氢	1350	1350
2 号加氢	3200	3200
吸附脱硫	2800	2800
4 号加氢	4250	3850
航煤加氢	760	760

由于渣油加氢装置原料的变化，催化裂化进料性质明显好转，有利于催化裂化装置降低烧焦负荷、提高汽油收率。在此工况下，渣油库存会出现较快上升，需要密切关注。

通过对异常工况下装置氢平衡情况的分析，合理安排二次加工装置负荷，适当改变相应装置的进料组成等措施保证过渡期间全厂生产运行的平稳，同时利用催化装置原料优化的机会增产汽油，尽可能提高全厂的经济效益。

第四节　实时优化与先进过程控制

随着国内外石化行业竞争压力越来越大，石化企业不断从工艺技术、装置规模、产品差异化、管理现代化等方面来提升效益。但无论生产工艺技术如何先进，它总是一个预先设计好的方案。针对不断变化的原料供给、产品需求、装置检维修等，很难使装置始终处于最优的经济运行状态。无论是 PID（比例、积分、微分）控制器还是 APC 控制器，均无法解决一个核心问题，即如何确定经济性最优的运行区间，帮助操作人员迅速、准确地找到最优工艺点。复杂化工生产的工艺特性决定了其生产过程的非线性化[47,48]，产品产量不一定和原料投入量呈简单比例关系，原料投入量与生产过程中的能量消耗也往往不是简单的线性比例关系；复杂的化工生产过程包含了大量设备，这些设备的叠加效应造成相当复杂的结果。APC 和 PID 控制器均无法在控制方案、模型上反映出如此复杂的工艺、设备特性。

实时优化技术[49]是专门针对复杂化工生产过程开发的优化控制技术。所谓实时优化（Real Time Optimization，RTO），主要是基于严格稳态模型（Rigorous Steady-State Model）和模型预测控制（Model Predictive Control，MPC）算法，通过采用先进的计算机技术对工艺状况进行实时监测和优化计算。实时优化模型计算以企业经济效益最大化为目标，实时优化生产装置运行参数，生成工艺参数最佳设定，下发给先进过程控制系统，使整个生产系统运行并维持在最优状态。实时优化在石化企业生产流程中的角色如图 2-42 所示。

一、实时优化系统及应用

实时优化技术是全流程优化技术体系的重要环节。其把优化技术应用于生产过程控制，在满足各项生产技术指标的要求下，自动寻求使目标函数达到最优的一组操作参数，并将该组操作参数用于生产装置的实际控制。RTO 技术可设定经济效益最大化、高附加值收率最大化等为目标函数，在不调整工艺流程、不增加或减少生产设备的情况下，通过调整压力、温度、负荷等操作参数，使生产过

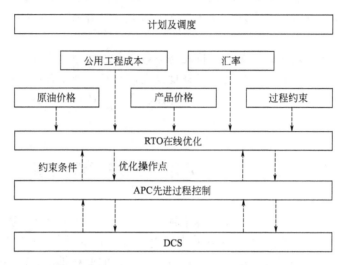

图 2-42   计划调度操作控制一体化优化架构

程处于最佳运行状态。

1. 石油化工优化控制的不同层级及其相互关联

石油化工的优化体系包含计划、调度、操作、控制四个层级。在不同的层级都有相应规模的优化技术。因不同层级所涉及的优化目标数量、优化变量复杂程度各不相同，不同层级的优化所采用的技术也各有不同。对于计划、调度层级，因涉及的流程多、变量数量庞大，以目前的计算机处理能力很难囊括全部流程的详细机理模型，因此计划、调度层级的优化多采用线性规划方法，用机理模型（或经验模型）生成的结果数据，结合线性规划模型算法，进行计划、调度层级的优化。对于操作层级的优化，可采用流程的机理模型（或大数据驱动的数据模型）进行优化。对于控制层级的优化，出于对运算速度的要求（通常要求在分钟级），多采用简单机理模型（或数据模型）建立预测模型并进行优化。

实时优化是流程工业中实现计划、调度、操作、控制一体化优化的关键环节，在整个优化体系中起承上启下的枢纽作用。基于实时优化，可以将生产计划、调度排产、操作优化、操作控制整体贯通，真正做到优化目标从上到下、从全局到局部的层层分解和闭环控制。基于实时优化技术，在不增加重大设备投资的情况下，可以充分发挥现有生产装置的运行潜力，使主要技术经济指标达到或超过同类装置的国际先进水平，有效实现增产、节能、降耗的目标，为企业提升经济效益。

以我国石化行业为例，自 20 世纪末、21 世纪初开始推行计划优化、调度优化、先进过程控制等的试点和推广应用工作。到目前为止，中石化总部和下属各石化企业基本上都使用 PIMS 软件进行计划排产工作，中石油总部及下属企业都使用 APS 软件进行计划排产工作，部分企业使用 ORION 软件辅助日常调度工作。在控制优化领域，几百套生产装置先后投用了 APC 系统。

2. 部署实时优化系统所需的条件

实时优化包括两种使用模式：

一是实时开环优化。实时优化系统实时从在线仪表、DCS 数据服务器获取模型计算所需数据，实时生成最优操作方案，并提供给操作人员作为指导方案。

二是实时闭环优化。实时优化系统实时从在线仪表、DCS 数据服务器获取模型计算所需数据，实时生成最优操作方案，并直接与 APC、DCS 连接，将最优操作方案部署下去并自动执行。

石化企业部署实时优化系统需要具备一些基础条件。对于实时开环优化模式，企业需具备 DCS 控制系统、在线仪表（可选）、实时优化软件系统、实时优化计算机服务器、准确的装置模型等环节。对于实时闭环优化模式，除上述环节外，还需要具备运行良好的先进过程控制系统。

在实时闭环优化的应用模式中，先进过程控制系统是部署实时优化系统的基础。实时优化系统所产生的实时优化方案将通过先进过程控制系统部署至 DCS 执行。自 2000 年以来，实时优化在国外流程工业获得了广泛的部署，这也得益于先进过程控制的全面应用，为实时优化闭环控制提供了技术基础。

对于未部署先进过程控制系统或先进过程控制系统投用情况不理想的企业来说，可以采用实时开环优化的模式，借助实时优化系统给操作人员提供准确、实时的工艺优化建议，同样可取得良好的经济效益。

此外，实时优化系统需要工作状况良好的在线仪表作为实时数据的支撑。在线仪表提供的准确、及时的装置及物料数据能确保实时优化模型运算准确，计算所得出的优化方案具备实时性。对于未部署在线仪表的装置，也可采集 LIMS 数据作为实时优化模型的数据输入。但受到 LIMS 数据收集频率的影响，整个实时优化系统的实时性从 1 小时/循环，下降到 4～8 小时/循环。在装置不具备在线仪表的情况下，虽然实时性受到影响，但仍然能够对装置操作进行及时的优化，产生一定的经济效益提升。

稳定、完善的实时优化软件系统是成功实现实时优化的另一个关键条件。实时优化软件系统需包括实时取数功能（从 DCS、在线分析仪或 LIMS 系统取数）、流程模拟模型、优化求解算法模型等环节。其中，流程模拟模型包括装置的机理级模拟、模型自矫正两大功能，实现实时数据的输入、机理模型的实时校正、实时模拟。在实时模拟的基础上，优化求解算法模型根据用户设定的优化目标，计算出各操作参数的最优组合。

与此同时，还需要具备友好简单的人机界面，以及与各种第三方组件的数据接口，为各类过程优化工作提供强有力的支持。

准确的流程模型是决定实时优化效果的重要环节。没有准确的流程模型作为实时优化系统的运算内核，实时优化的作用无法充分体现。因为产物预测是实时优化环节的重要一环，没有准确的流程模型，就无法精确计算出不同操作条件下的产物成分，从而导致整个实时优化给出的优化方案出现偏差，达不到最优状态。为实现准确的流程模拟，国内外石化行业一直致力于建立详细的分子级流程模型。在分子级流程模型中，结合装置的质量传递、热量传递、动量传递、反应动力学（即"三传一反"），建立装置严格机理模型。其中反应动力学以分子级动力学机理为基础，实现了对装置反应过程的准确模拟[50~52]。以埃克森美孚公司为例，自1980年以来，其研发部门对连续重整、催化裂化、加氢裂化、延迟焦化、乙烯裂解等重要装置进行了分子级动力学机理的建模，并广泛运用到装置的实时优化系统，产生了显著的经济效益[53,54]。

近年来，随着计算机计算水平的不断提升，以及数据挖掘、数据分析、机器学习等分析算法的发展，基于数据驱动模型的流程模拟也取得一定进展。相关内容可参看本书第二章第二节"石油化工生产装置建模与优化"。

3. 实时优化系统的技术环节
实时优化系统通常包括三大模块：流程模拟、实时优化、用户界面。

（1）流程模拟

在构建实时优化系统时，首先需要对优化对象装置建立流程模型，并基于历史数据对流程模型进行离线验证，以提高模型的模拟精度。

常见的实时优化对象包括：常减压装置、连续重整装置、乙烯装置等。对于常减压装置而言，因其不涉及化学转化，只涉及物理分离（假设因加热所发生的原油热化学反应忽略不计），因此对常压塔的精馏模拟，可直接按照每个分子的实际沸点数据进行计算。而对于减压精馏装置的沸点，根据真空度对实际沸点进行转换，换算为常压下的沸点。对常减压装置的模拟可借助目前比较成熟的Aspen Plus、HYSYS、PetroSim等软件进行建模，或根据气液相平衡、热量传递、物质传递、动量传递（三传）等物理化学规律进行自行建模。对于炼厂的二次、三次加工装置，不仅涉及"三传"，更重要的是流程中所发生的化学反应。在"三传"的基础上，还需加入反应动力学模型（"一反"），才能够对流程进行完整建模。而"三传"与反应动力学模型的结合也是反应过程模型准确与否的关键。在目前通用的流程模型中，反应机理多采用集总型模型[55,56]，存在两个缺陷：使用范围窄，鲁棒性较差；需要依赖大量数据进行校正，以确保模型的准确性和延展性。目前一些实时优化技术较为领先的国外石化企业，已经将分子级的动力学模型整合至流程模型中，大幅提升了模型的鲁棒性与准确性。

（2）实时优化

在流程模拟模块的基础上，实时优化系统还需要优化模型对装置的操作参数进行优化，得出实时的操作优化方案。以某石化企业的常减压装置实时优化为例，其实时优化模块包括如下环节：

① 从实时数据库实时获取 DCS 数据。

② 稳态检测和数据整定。

③ 机理模型在线校正。

④ 运行优化模型，获取优化结果。

⑤ 将优化结果下达给 APC 系统。

实时优化的上述整个循环过程均基于实时优化平台完成，其典型流程如图2-43 所示。

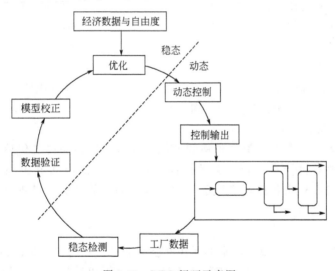

图 2-43　RTO 闭环示意图

图 2-43 所示的实时闭环优化流程中，其中的优化模块目前常采用的模式包括序贯模块法与联立方程法两种[57]。序贯模块法的特点是按照流程图的顺序逐个模块进行模拟。在一般的流程模型中，序贯模块法可靠性强，易于理解，方便查找错误所在。但在复杂流程当中，由于模块多、耦合物料多等情况的存在，序贯模块法在计算时会变得非常缓慢，且很有可能无法收敛。联立方程法则可以解决上述问题。联立求解将所有模块的方程全部列出来并组成以矩阵形式表达的方程组，再进一步联立求解。联立方程法计算速度快，适合复杂流程模型，但方程组需要初值进行求解。故实际操作中，通常先对模拟进行序贯求解，再将所得值

赋予联立方程法中对应的变量，作为联立方程求解的初值。

以某石化企业常减压装置实时优化系统为例，首先通过实时取数功能将装置DCS数据与模型相应数据建立连接，然后执行如下步骤：

① 如用户对仪表标定过程中已掌握了仪表的偏差值，则将偏差值从DCS数据中减去。

② 运行装置模型，将计算值与调整后的DCS数据进行比较，计算出仪表和模型的偏差值。

③ 根据仪表和模型的偏差值，对模型参数进行校正，使得模拟结果与当前仪表数据吻合。

④ 执行流程优化求解，得出最优的操作参数。

在执行流程优化求解过程中，优化目标函数的设定分为两个级别：一是全厂级别（全局）；二是单个装置级别（局部）。设置优化级别时，需考虑综合利润最大化。在满足生产调度与计划任务的前提下，为达到优化目标，软件会自动计算相应优化变量的最优值。根据不同的优化目标，可以设立相应的优化方案，再对该方案进行配置，使用时只需要切换优化方案即可进行相应优化。

局部最优方案可以控制某个范围内的目标函数使其达到最优值。以常减压操作为例，局部优化目标可以为常一线拔出量、减压塔热负荷等。优化方案由目标函数、限制条件和操作变量等部分组成。目标函数为求得最优值的数学表达式；限制条件限制了目标函数的移动范围；操作变量可以改变目标函数的值，使其最终能够求得所需的最优值。

全局最优综合考虑产量、价格和消耗等因素，最终获得最优值。在定义装置全局经济效益目标时，需定义各产品的内部结算价或估算价值。可结合计划、调度数据推算出各侧链流股的价值，或借助相关计算工具推算中间流股的价格。

（3）用户界面

用户界面综合展示模块通常部署在办公网络中。公司、车间、装置等各级部门可以通过综合展示模块功能直接查看装置实时优化数据、历史趋势、经济效益、原油分子数据的综合展示与统计分析。系统采用流程图、优化对比曲线趋势图、表格等多种方式直观展示相应数据，各级领导能够及时了解掌握优化实时运行数据，进行快速指挥调度生产。综合展示的常见功能如表2-24所示。

表2-24 实时优化用户界面模块详细功能与实现方式样例

序号	功能	功能描述及实现方式
1	实时优化	通过流程图的形式，实时监视1号常减压装置主要参数的当前运行情况，如流量、温度、压力以及原油、侧线产品的质量分析数据，另外将模型的估算参数、整定后的关键数据及优化数据均展示在流程图中，实现当前运行值（Plant）与模型值（Model）的有效对比

序号	功能	功能描述及实现方式
2	优化效益分析	针对经济效益最大化的优化目标,展示该目标对应条件下的优化经济效益统计分析,提供小时、日、月的经济效益分析数据,通过报表的方式直观展示
3	优化对比趋势分析	针对侧线收率最大化的优化目标,通过历史趋势曲线图的方式,展示优化值与实际值的对比分析
4	原油及侧线产品分子组成展示	将从原油分子数据库获取的原油及侧线产品对应的分子组成及分子结构通过分子结构图形及列表的方式进行展示
5	运行配置	管理模块中的优化方案、任务单、模型操作变量

在实现上述功能的基础上,实时优化运行环境的设计还需要满足以下原则:

① 可靠性:采用高质量的设备和成熟的技术,保证系统运行稳定、可靠。

② 可用性:系统设计符合一般操作习惯,操作方便。

③ 先进性:在系统设计和设备选型方面采用目前先进和成熟的技术,兼顾优化系统的多功能需要,保证系统在一定时间内的先进性。

④ 实用性:根据具体业务需要,设计贴近业务,符合实际要求的系统。

⑤ 标准性:系统的设计符合国家、行业等各方面标准。

⑥ 开放性:应用系统应具备足够的灵活性,以适应实施中及实施后业务环境的变化。

⑦ 经济性:系统设计从符合简便使用、符合长远发展出发,充分考虑系统的性价比。

⑧ 安全性:由于RTO实现闭环操作时涉及对装置操作的控制,对其系统的安全性也有严格的要求,在配置IT架构时,服务器均采用TCP(传输控制协议)/IP(互联网协议)协议(网络通信协议)相互联网,实现优化控制的各种功能。控制网和办公网之间采用防火墙隔离,如图2-44所示,既实现了通过办公网查看RTO的运行情况,又保障了控制网的信息安全。

4. 实时优化系统的应用情况

作为贯通计划调度优化和先进过程控制系统的关键一环,实时优化技术在我国石化行业的应用开始于2008年。中石化于2008年启动了燕山石化乙烯裂解装置实时优化项目。镇海炼化百万吨乙烯装置的实时优化技术截至2016年年底完成了一期投用,主要覆盖11台乙烯裂解炉,投用后炉出口温度(Coil Outlet Temperature,COT)波动范围在±0.8℃以内,第二阶段实现了3台裂解炉以高附加值产品收率最大化为目标的实时优化,经过标定,高附加值产品收率提高0.213个百分点。九江石化于2016年启动了1号常减压装置的实时优化项目。

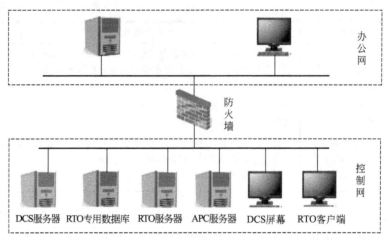

图 2-44　RTO 网络架构

实时优化在石化行业的应用，展示了其提高石化企业乃至整个流程工业的全流程优化和计划调度操作一体化优化水平的潜力。考虑到我国石化流程工业的规模，广泛采用实时优化技术，有望带来更大的经济效益。

二、先进过程控制及应用

先进过程控制技术是信息化技术在生产装置级的应用。它使石油化工生产过程控制实现革命性的突破，由原来的常规控制过渡到多变量模型预估控制，工艺生产控制更加合理、优化。先进过程控制技术采用科学、先进的控制理论和控制方法，以工艺过程分析和数学模型计算为核心，以工厂控制网络和管理网络为信息载体，充分发挥 DCS 和常规控制系统的潜力，保障生产装置始终运转在最佳状态，通过多变量协调和约束控制降低装置能耗，实现科学卡边操作，获取最大的经济利益。

先进过程控制技术直接对生产装置实施优化控制策略，把效益目标直接落实到阀门，是装置进一步挖潜增效的有效手段。先进过程控制技术的应用，不仅提高了装置的控制能力和管理水平，而且还为企业创造了可观的经济效益。

1. 先进过程控制的技术环节

（1）多变量预测控制

先进过程控制技术的核心是多变量鲁棒预测控制器，采用模型预测控制算法。预测控制算法具有三大本质特征：预测模型、滚动优化和反馈校正。其计算步骤是：在当前时刻，采用过程动态模型来预测未来一定时域内每个采样点的过程输出，并用当前时刻的预测误差修正模型的预报值；然后，基于输出期望设定值与预测值的偏差按某个优化目标函数计算出当前及未来一定时域的控制量。为了柔化控制量和防止超调，一般要求设定值按某种参考轨迹达到其目标值。每次计算后，仅输出当前控制量并施加给实际过程。至下一时刻，根据新的测量数据重新按上述步骤计算控制量。因此，这种计算是一个不断滚动的局部优化过程，其控制结构如图 2-45 所示。

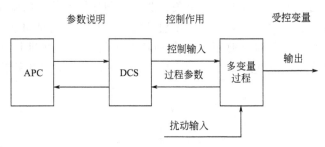

图 2-45　DCS 支撑的 APC 控制结构

先进过程控制的多变量预测需充分考虑实际控制系统中的各种要求，保证系统性能和控制器的鲁棒性。通常要求实现以下功能：

① 灵活的约束控制可满足工艺要求的同时，较好地提高装置产能。

② 局部优化装置控制手段，有效提高产品质量。

③ 在满足装置工艺指标和装置控制回路指标上下限约束的前提下，有效地利用对控制回路的调节，使工艺指标按照装置测试得到的模型算法及制定的闭环性能达到预期的性能指标。

④ 通过触发"先进过程控制集成平台"提供的虚位号脚本功能实现自定义控制，用户可以通过该功能对多变量鲁棒预测控制器进行扩充，从而提供更强大的灵活性和运算能力。

（2）软测量与工艺计算

控制产品质量是装置优化控制的基础，只有在产品质量合格的前提下，才能追求产品的产量最大和消耗最小。在产品的质量控制中，实时在线质量分析数据十分重要，寻求通过软测量计算技术来在线计算产品的质量将是一条很好的途径，这将克服在线质量分析仪表存在的滞后较大等缺陷，提高先进过程控制的应用水平。

软测量模型是软测量技术的核心。它不同于一般意义下的数学模型，强调的是通过辅助变量来获得主导变量的最佳估计，建立的方法有机理建模、经验建模以及两者的结合[58]，软测量与工艺计算技术将用于对产品的质量指标和工艺参数进行在线计算，供多变量控制器使用。

软测量技术的核心是建立工业对象的精确可靠的模型。首先深入了解和熟悉软测量对象及有关装置的工艺流程，通过机理分析可以初步确定影响关键变量的相关辅助变量，并对辅助变量进行筛选。辅助变量的选择应符合关联性、灵敏性、特异性、过程适用性、精确性和鲁棒性等原则。初始软测量模型是对过程变量的历史数据进行辨识而来的，在现场测量数据中可能含有随机误差甚至显著误差，必须经过数据变换和数据校正等预处理，将真实信号从含噪声的混合信号中分离出来，才能用于软测量建模或作为软测量模型的输入。

因此，软测量的离线数据准备至关重要。软测量模型的输出就是软测量对象的实际估计值，在应用过程中，软测量模型的参数和结构随时间迁移工况和操作点可能发生改变，需要对软测量模型各种状态进行监控，并进行在线或离线修正，提高模型的适用范围。图 2-46 表明了一般的软测量结构和软测量中各模块之间的关系。

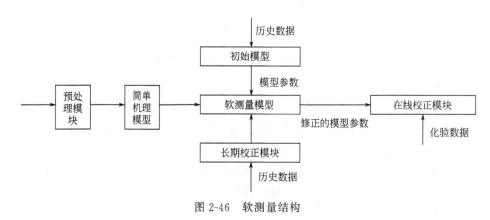

图 2-46　软测量结构

（3）系统集成

完整的先进过程控制系统需将多变量预测控制技术、软测量和工艺计算技术有机结合起来，在装置上进行整体应用。

以一套烷基苯联合装置的先进过程控制为例，如图 2-47 所示。系统共采用 5 个先进过程控制器，分别为煤油加氢精制单元控制器、分子筛脱蜡单元控制器、正构烷烃脱氢单元控制器、烷基化单元控制器、公用工程（加热炉部分）控制器。各计算模块和控制模块各自独立，子控制器中各控制目标既相对独立又相互关联，控制器之间变量是相关的，一个控制器中的操作变量（MV），可能是另一个控制器中的受控变量（CV）或干扰变量（DV），它们之间的联系通过软测量、工艺计算与干扰来体现，整个控制系统是一个有机的整体，共同保证装置生产的稳定运行。

2. 先进过程控制技术的应用

自 20 世纪 90 年代开始，国外石化行业中推广应用基于模型的先进过程控制方法，克服了常规单回路控制的缺点，能进行多变量协调控制。目前国外已形成了先进过程控制系列软件产品，有 AspenTech、Profimatics、Adersa、Honeywell、Treiber Controls 等多家公司，开发出多变量先进过程控制和实时在线优

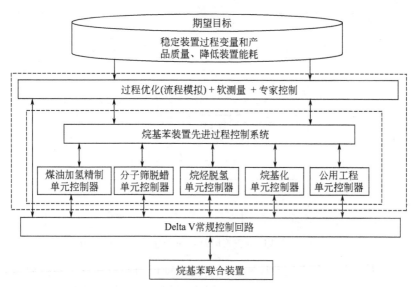

图 2-47 烷基苯联合装置先进过程控制系统总体框架

化的商品化工程软件产品，在上千家大型炼油、石化、化工、冶金等企业获得成功应用。据统计，国外著名的先进过程控制软件包已有 5000 多套得到应用，对炼油单装置实施先进过程控制和优化技术已成熟并商品化，工程化方法也已经逐步规范化。据统计，美国炼油厂 90% 的常减压蒸馏、催化裂化、延迟焦化、加氢裂化等装置已经实施了先进过程控制技术。

进入 20 世纪 90 年代以来，国内一些高校和企业将预测控制、模糊控制、专家系统控制、神经网络控制等先进过程控制技术成功应用于一些复杂工业生产过程，达到稳定操作、提高质量、增加产量、降低能耗、节约成本的目的，取得了显著的经济效益。

三、计划调度与操作集成

1. 先进过程控制与实时优化结合

以某石化厂常减压装置 RTO 为例，RTO 与 APC 的结合如图 2-48 所示。

实时优化系统所涉及的服务器均布置在专用以太控制网中，办公网的数据均通过防火墙集成到控制网中的实时优化专用实时数据库中。工厂数据包括装置的操作参数和原油、中间流股、产品在线分析数据，它们由 DCS 系统经标准接口传递到实时优化专用实时数据库，再经实时数据库将工厂数据导入到装置实时优化平台。

原油及产品在线核磁快速分析数据和原油分子级表征数据同时导入到基于实时优化平台的常减压装置机理模型。然后结合工厂实际情况启动不同的优化模型

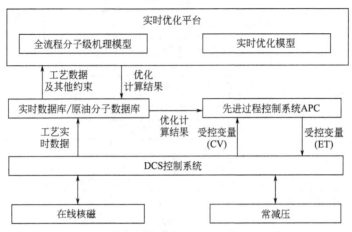

图 2-48　常减压装置实时优化系统整体架构示意图

方案，实时优化平台完成稳态检测后，启动机理模型的数据整定和模型参数校正工作，获取最优的机理模型参数集。同时根据相应方案的优化目标给出最优操作点（优化变量设定值），再一次通过稳态检测后，由实时优化平台将生成的优化操作点写到实时优化专用实时数据库中，最后下达给先进过程控制控制器实施，对装置进行闭环操作。先进过程控制控制器实际优化控制结果也会传给实时数据库，用于结果展示和生产下一组参数校正样本。若第二次稳态检测未通过，则实时优化平台的优化操作点也将写入实时数据库，但不下达到先进过程控制控制器中实施。

　　实时优化和先进过程控制的联动是实现实时优化的另一关键。由于装置原料供应、经济、设备性能及其他操作变量的变化，装置效益的最大化通过组合实时优化非线性优化模型和基于先进过程控制的装置经验模型共同实现。严格机理模型的优化系统可以精确地确定最优的操作点在可行的、约束的操作区间，同时，过程动态模型的先进过程控制系统的任务是确定最有效的方法，将装置推到新的优化点上运行。先进过程控制控制平台由模型预测控制器和线性规划优化器构成，它通过实时地与 DCS 双向数据通信，根据实时优化的优化目标，通过 DCS 对装置实施控制。这样，不仅可以达到对单一装置的优化控制，同时可以根据区域或全厂的优化目标，实现对装置的优化控制。

　　根据本系统的架构，也可以根据用户需要决定是否执行闭环控制。本系统的设计还有一个优点，可以根据用户需要，将先进过程控制单独运行，而不投用实时优化。

2. 先进过程控制/实时优化嵌入全流程优化

　　先进过程控制/实时优化系统的结合，在炼油全流程优化中起到关键的承上启下作用。向上层，接受计划与调度的要求，在计划、调度的要求范围内实现装置的最优化操作。向下层，将优化的操作方案部署至 DCS，成为 DCS 的上层优化控制。先进过程控制/实时优化嵌入全流程优化的层级关系如图 2-49 所示。

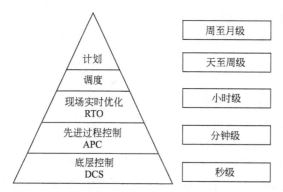

图 2-49　先进过程控制/实时优化系统与全流程优化的结合

同时，在实时优化系统本身的优化过程中，也需要结合全流程优化的数据，而不仅仅是最大化某个装置的经济效益。如果仅仅最大化某个装置的经济效益，可能是以牺牲其他环节的经济效益为基础。这样的局部经济效益最大化并不一定带来全流程经济效益的最大化。因此，结合全流程优化的实时优化系统需综合考虑产量、价格和消耗等因素，获得最优值。在优化过程中可以设置全面的目标函数，适合全局优化使用。在定义单装置的全局经济效益目标时，需定义该装置的产物的内部结算价或估算价值，要求结合全流程优化系统的数据推算出其产物的价值，从而实现全局经济效益的最大化。

第五节　工业大数据优化技术及应用

工业大数据是新一轮工业革命的核心要素。未来，工业企业将通过数据的快速全面深入分析与综合，进一步提升企业竞争力。主要体现在两方面：一是，通过大数据驱动的创新产品设计、智能制造、智能服务，提升产品质量、提高生产效率、降低成本，缩短产品研发制造周期；二是，以智能互联的工业产品为载体，以联网产品数据支撑产业互联网业务，开创新兴市场和新业务模式，构建互联网＋工业的新型用户生态系统。

工业大数据技术在石化行业中的应用示例如下。大数据分析技术主要是对大量业务数据进行抽取、转换、分析和其他模型化处理，从中提取辅助决策的关键性数据，发现规律和异常，定性问题定量化，预测未来发展。

1. 在过程监测和故障诊断方面的应用

过程监测和故障诊断源于 20 世纪 60 年代美国的航天和军工方面。当代流程工业生产不断向大型化、连续化、高速化、智能化和精细化的方向发展，其工艺过程和设备日益复杂。实时了解设备运行数据和工艺过程信息，及时发现设备和工艺故障，甚至提前预知故障隐患，对控制好工艺过程，实现生产的安全平稳与高效运行十分重要，因此，过程监测和故障诊断已经成为工业发展的必然趋势。

在远程故障诊断方面，中石化做出了有益尝试[59]，建立了"大师远程诊断工作室"，整合了 301 名炼油技术专家，建立工艺模型 63 大类 2900 多个，积累各类工艺技术资料 1000 余份，实时采集 13 万条生产过程数据，实时在线监控生产装置运行状态，远程为企业把脉问诊、为技术人员答疑解惑，通过系统单次技术服务时间由 5 天缩短到 1 天以内，保障了生产装置安稳、高效运行。

在设备故障诊断方面，某石化企业（Z 厂）建立了设备健康管理系统，覆盖了设备分类、特性、故障、维修等 12 类主数据，形成了可靠性的 85 个模型、42 条模型规则、152 个算法。某石化企业（Y 厂）建立了关键设备数据分析与智能诊断系统，每天对 27 个关键机组 216 个振动测点，约 300 万条数据进行采集监测，实时获取机组的振动、温度、压力、流量等数据，利用大数据分析技术对设备运行状态进行评定，预测振动趋势，实时对监测数据进行故障诊断和案例匹配，提前预测发现潜在问题，判别问题风险，实现了预防性维护维修，减少了非计划停工。

在生产工艺流程的故障诊断方面，传统的方法比如专家系统虽然在故障诊断上表现出了很高的价值，但由于复杂石油化工流程的故障发生的原因和机理十分复杂，发生频次稀少，对工艺流程的故障的认知尚不深入，其应用往往局限于一些特定的约束条件下，很难实现对全流程故障诊断的实时应用。

随着数据库的发展以及数据挖掘技术在商业、银行等行业的成功应用，对大数据分析技术的降维处理、分类与聚类分析，相关性分析和预测分析方法充分体现了该技术在处理海量数据方面的优势。因此，将该技术与过程监测和故障诊断相结合，有利于突破传统方法在过程监测和故障诊断方面的瓶颈。

为此，清华大学研究团队提出了基于工业大数据和云计算的复杂流程装置实时故障诊断框架，如图 2-50 所示[60]。根据该框架，利用相似生产装置的危险与可操作性分析的结果，结合案例推理技术，系统全面地识别某类生产装置的高风险场景，进而确定该类生产装置可能发生的故障类型。鉴于故障不常发生、故障样本稀少的事实，提出利用动态人工免疫系统（该系统已获国家发明专利 1 件，专利名称"一种基于 PCA 和人工免疫系统的流程工业混合故障诊断方法和系统"；专利号 ZL 2009 1 0244066.4），将相似装置的故障样本通过交叉和变异的方法，构建若干个大型的故障抗体库[61]，并在应用中不断自适应更新。人工免疫系统的特征变量选取则利用改进的传递熵算法[62]，利用大数据进行选取。有关技术框架公开后，得到国际上的关注，论文很快成为"Computers & Chemical Engineering"这一计算机与化学工程领域的国际权威期刊的下载率最高的论文之一。

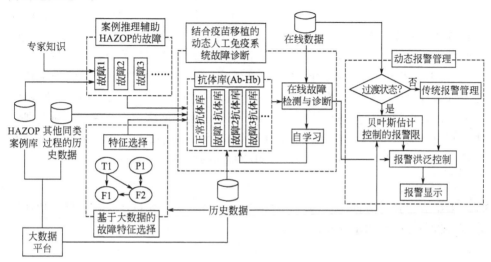

图 2-50 基于工业大数据和云计算的复杂流程装置实时故障诊断框架[59]

2. 在生产优化方面的应用

当今世界各类工业过程都面临着巨大的挑战，尤其是流程工业，随着社会生产力的发展促使企业不但要提高装置的生产效率，提高产品的质量，而且还需要将其对环境的危害降到最低。面对如此严峻的生产形势，工业过程优化体现出极大的优势。

工业过程优化方法有很多，但由于工业过程的复杂性，传统的优化方法往往着力于过程中某一点的优化，很难对生产过程进行全局的优化。将工业大数据技术与传统优化方法相结合，可以避开传统优化方法单纯依靠机理研究的困难，为生产过程优化带来了新的思路。详见本章第三节。

3. 在产品预测方面的应用

流程工业中产品的产率和质量由装置的操作过程所决定，但产品产率和产品质量数据的测量具有严重的时间滞后性，不能及时地将该结果反馈到生产操作过程中。利用大数据技术对装置操作与产品产率进行分析，可以根据操作参数快速、准确、及时地预测产品收率，进而可以根据预测结果，及时优化调整装置操作，对提高目标产品收率和产品的质量具有重要意义。

催化裂化装置是炼油厂的关键装置，也是炼油企业提升经济效益的关键所在。但由于催化裂化装置生产工艺的复杂性，由结焦引起的非计划停工、生产报警数量远大于其他炼油装置等成为催化裂化装置迫切需要解决的问题。针对这些存在的问题，企业一直使用传统工艺技术分析手段进行研究解决，获得了较好的成果。但随着企业对工艺生产精细化要求的提高，传统工艺技术分析手段在定量化解决问题方面遇到了瓶颈。

2014～2015 年，某石化厂基于云技术，建立了催化裂化装置大数据平台，实现催化裂化装置报警的根原因分析、催化裂化结焦在线量化计算、催化汽油收率预测。研究成果申请了国家发明专利（一种基于大数据技术的石油化工装置产品收率优化方法、一种基于大数据技术的催化裂化装置沉降器分部位结焦预测方法）。采用适于大数据计算的改进的传递熵因果关系分析并行算法，实现催化裂化装置报警根原因分析，找到了更全面的关键报警相关变量，并得到工业验证；将大数据分析技术与流场数值模拟技术相结合，实现催化裂化装置结焦量在线预测；利用集成 GRNN 神经网络、优化算法结合可视化技术，全景展现多维空间数据，实现催化目的产品收率寻优方向和路径的可视化展示。

1. 技术架构

采用分布式大数据平台的技术架构进行大数据平台建设，便于数据的快速采集与分析计算；采用组件化的开发技术，实现高度可定制化的用户界面，便于系统的扩展，改善信息的展现方式。催化裂化装置大数据平台技术架构如图 2-51 所示。

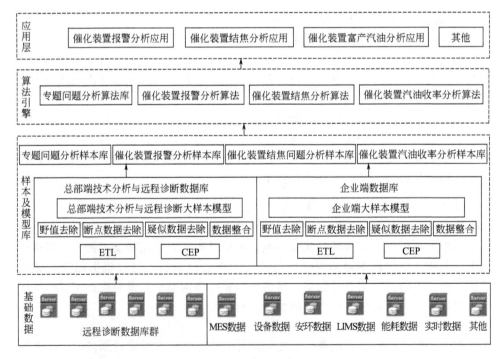

图 2-51　催化裂化装置大数据平台技术架构
ETL—数据抽取-转换-装载的过程；CEP—复杂数据处理

2. 核心算法

（1）报警分析模块

一旦生产装置发生报警，操作人员需要尽快判断报警产生的原因，以便制定相应的决策，消除报警，使生产装置回归到正常状态，但不同的操作人员对产生报警的原因有不同的判断。因此，报警的因果分析尤其重要。最早涉及因果性定量化的是 Wiener[63]。他在 1956 年的著作中提出，变量间的因果性可以用它们相互之间对预测的改善来衡量。例如，如果 Y 的信息可以改善对 X 的预测，就称 Y "引起" X。受这一表述的启发，Granger 在 1969 年提出了 Wiener-Granger 因果性的概念[64]，用于经济学中的因果分析。然而，Wiener-Granger 因果性基于线性自回归模型的框架，因此对于非线性的系统并不适用[65]。对于化工过程等具有强非线性的对象的因果分析，传递熵更加适合。传递熵的概念是 2000 年由 Schreiber 提出的[66]。传递熵的理论基础是 Shannon 于 1948 年提出的信息熵[67]。

为了更为准确地在传递熵计算结果中区分直接与间接的因果关系，清华大学研究团队于 2013 年改进了传统的传递熵算法[62]，相比于原先的传递熵形式，可以更为准确地估计变量间因果关系的时滞。将该算法用于在催化裂化装置的关键报警的因果分析，生成关键报警的因果链路，并通过因果链路选取预警系统的关键输入参数。催化裂化大数据分析系统申报了软件著作权（登记号：2017SR392525）。

（2）结焦分析模块

采用结焦分部位量化、GRNN 神经网络等算法，通过建立结焦诊断模型，确立结焦关键性参数，对装置结焦状况进行实时追踪，实现延缓和防止装置结焦，降低炼厂催化裂化装置沉降器结焦带来的危害。

（3）收率分析模块

筛选影响汽油收率的因素确定独立变量作为神经元搭建神经网络模型进行目的产物（汽油）收率的预测，并提出优化方案寻找逼近最佳收率的最优/最短路径。

3. 应用系统

（1）系统功能结构

大数据系统功能结构如图 2-52 所示。

（2）功能模块

① 总体报警表：展示当前的报警总体状况，分为五个等级，可查看每个等级的判断标准。

② 频繁报警位点：对报警次数和报警时间进行统计，显示频繁报警位点。

③ 报警分类：根据报警管理国际标准 ISA18.2—2009 "Management of

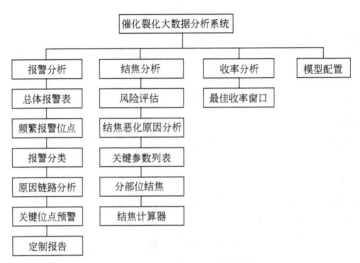

图 2-52　大数据系统功能结构

Alarm Systems for the Process Industries" 的定义进行重复报警及常驻报警的统计和制图。

　　④ 原因链路分析：展示关键报警点的报警因果链路。

　　⑤ 预警：展示每个关键报警点的预警概率、相关点位趋势图、当前值及预警状态。

　　⑥ 定制报告：生成报警关键指标分析报告和高频报警分析报告。

　　⑦ 结焦风险评估：展示累积结焦量预测及结焦量趋势图。

　　⑧ 结焦恶化原因分析：当每日结焦量发生了快速的增长时，进行原因分析。

　　⑨ 结焦关键参数列表：给出结焦量计算模型的最主要的参数及各自的贡献度，并按照倒序排列。

　　⑩ 分部位结焦：展示沉降器内部各部位的结焦强度和结焦量，并提供沉降器内部的流场分布，包括：温度场、速度场、涡强度场、油气浓度场。

　　⑪ 结焦计算器：提供结焦量计算模拟器。

　　⑫ 最佳收率操作：提供在给定参数范围内的最佳收率、参数组合、调节措施。

　　4. 应用效果

　　(1) 报警分析功能应用效果

　　针对催化裂化装置的一些关键报警点，收集催化裂化装置一年的历史数据，利用改进的传递熵算法[62]，找到了影响关键报警变量的主要变量及其之间的因果关系，如图 2-53 所示，并与中石化有关高级专家的分析结果相比较，发现大数据分析算法能够比这些专家找到更多的因果关系。例如，大数据分析算法发现

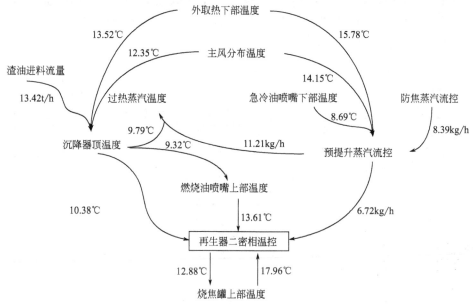

图 2-53　再生器二密相温控因果链路分析[68]

待生斜管滑阀阀位对再生滑阀压降有显著影响，如图 2-54 所示，而专家没能在事先分析出这个影响因素。某石化企业（J 厂）利用催化裂化装置计划停车的机

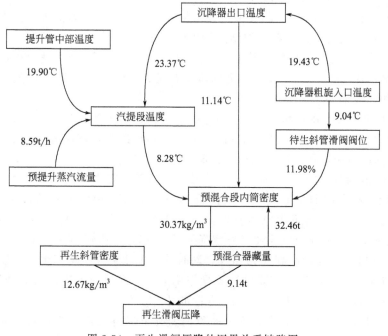

图 2-54　再生滑阀压降的因果关系链路图

会，在停车之前，做了工业试验，验证了这个影响确实存在，如图 2-55 所示。但是针对一些不可测量的变量例如催化剂活性，大数据分析算法则无能为力，而在这方面，专家要更胜一筹。

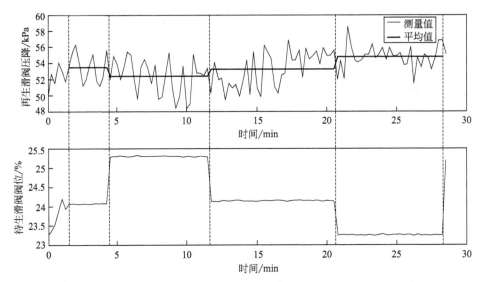

图 2-55 待生滑阀阀位对再生滑阀压降影响的工业试验数据曲线[69]

（2）结焦分析功能应用效果

在某石化企业（J 厂）两套催化裂化装置的结焦量工业验证表明，系统做出的结焦量预测较为准确。各部位结焦量预测，如图 2-56 所示。

2015 年 11 月一催化停工检修，清焦 102t，大数据预测纯焦量 60t，以焦块中催化剂占比 25%～45% 计算，沉降器总焦量为 80～110t。系统预测和实际称重量两相比较偏差小于 20%。

2016 年 1 月二催化短停消缺，清焦 60t，大数据预测纯焦量 39.8t，根据焦块性质分析结果，焦块中催化剂占比 35%～39% 计算，沉降器总焦量为 61～66t。系统预测和实际称重量两相比较偏差小于 10%。

系统能够跟踪结焦量及原因，方便技术人员及时安排调整操作。例如：2015 年 10 月 27 日、30 日，系统提示沉降器结焦量出现快速增长并给出主要原因，30 日技术员查看结焦恶化原因发现：原料残炭含量升高了 1%（m/m），达到 5.6%（m/m），沉降器反应油气温度降低了 1.83℃，达到 509.55℃，而且回炼油流量增加 2.42t/h，达到 39.26t/h，同时计算出油浆分压略有增加。随后技术员根据提示结合实际生产需要进行了操作调节：提高反应温度、降低回炼油量，结焦计算量自 31 日逐步降低。系统功能如图 2-57 所示。

2015 年至今，两套催化装置在高负荷前提下保持正常平稳运行，未发生非计划停工。

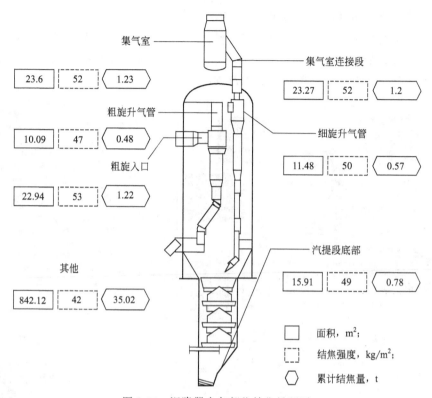

图 2-56　沉降器内各部位结焦量预测

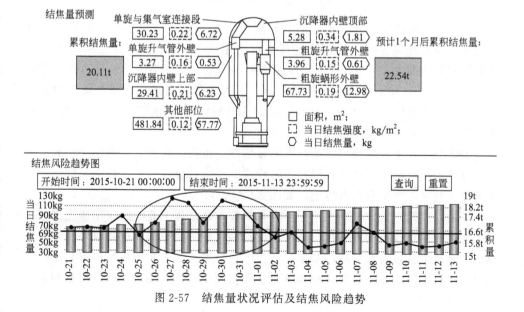

图 2-57　结焦量状况评估及结焦风险趋势

（3）收率分析功能应用效果

系统根据历史操作参数形成可视化操作工况分布图，并计算出优化方向及优化调节范围，如图 2-58 所示。系统能够指导技术人员，在当前的原料、催化剂性质下，什么样的操作工况在历史上汽油收率是比较高的。

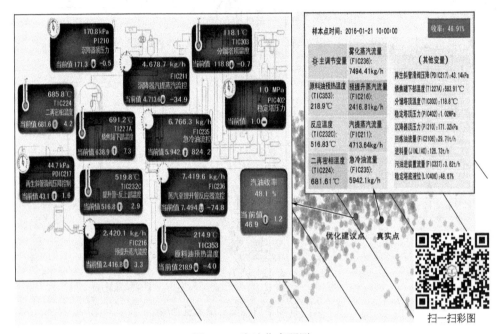

图 2-58　汽油收率预测

系统每小时给出优化调整方向及幅度。如 2016 年 1 月 21 日 10 时，系统建议汽油收率有提高空间，可以考虑提高反应温度 2.9℃、提高再生温度 4.2℃、降低原料预热温度 4.0℃、提高急冷油流量 824.2kg/h 等措施，预计可以使汽油收率从 46.9％上升 1.2 个百分点至 48.1％。经操作人员操作，待装置平稳运行后汽油收率上升明显，21 日 10 时至 22 日 10 时期间，汽油收率均值为 48.05％，上升幅度与预测值基本吻合。

大数据系统上线运行后汽油收率明显增加。根据优化测算结果保守估算，大数据分析系统帮助一催化装置提升汽油收率 0.4 个百分点以上，帮助二催化装置提升汽油收率 0.6 个百分点以上，如图 2-59 所示。

最近，中国石油大学（北京）对大数据技术在过程工业中的应用研究进展进行了综述，指出现有的大数据分析技术在过程工业中的应用仅仅是取得了初步的成果，已有大数据技术的应用基础只涵盖了一台设备、一套装置最多也只是一个车间的数据范围，还没有有效地将整个企业内部生产制造系统的全部数据和企业外部的数据相结合[70]。

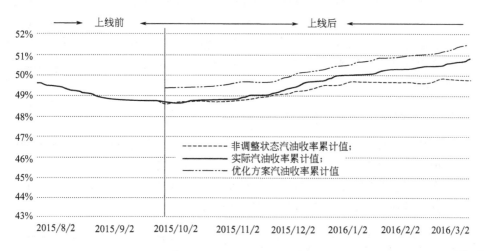

图 2-59 某石化企业（J厂）两套催化装置 YTD 汽油收率变化趋势

工业大数据价值创造的序幕刚刚开启，工业大数据在石化行业的应用是价值逐渐提升的过程，也是智能制造持续深入发展的过程。鉴于石油化工流程具有机理复杂、强非线性、维数高、供应链长等特点，不能简单照搬商业、互联网大数据的习惯做法，应该结合流程行业的自身特点，兼容石油化工行业前期已经开发的机理数学模型，实现定量与定性、数据与机理的有机融合，才能开发出满足石化流程工业需求的大数据模型与系统。

第六节　工艺技术与能源管理智能化

一、工艺技术管理智能化

工艺技术管理与炼厂的生产、安全、质量、环保、能源管理等均有密切联系，通过加强工艺技术管理，可以建立良好、正常的生产秩序，创造较好的生产工况运行条件；确保在产品的生产过程中实现高产、优质、低消耗和安全平稳。

随着新工艺、新产品、新理念的不断涌现，装置规模日趋扩大，数据信息量剧增，工艺技术更加复杂，操作条件更加苛刻，潜在危害逐渐增多，工艺技术管理日趋被人们重视，同时发生了本质性的改变。全生命周期管理、集成化与智能化、重视工艺优化，已成为工艺技术管理的发展趋势。

如何将工艺技术管理与生产相关的业务有机整合起来，形成业务统一、数据统一、数据共享的统一系统，同时实现技术文件的在线审批；技术月报等报表及台账实现格式化和自动编制；操作平稳率、工艺参数合格率统计，工艺卡片动态管理，重要工艺参数报警提示；工艺联锁的全面监控，强化工艺变更管理，确保生产装置运行安全，通过中央数据库实现生产数据的"就源输入，全局共享"的要求，全面提升生产管理业务的规范化、信息化、高效化管理，是工艺技术管理的业务需求。

（一）智能化工艺技术管理系统

工艺技术管理应贯穿工艺管理的全过程，对全厂生产装置进行基础及专业管理，实现静态、动态全覆盖监管，以及在线检查与考核。工艺技术管理系统包括日常工作、工艺监控、工艺分析、工艺模型、工艺优化、工艺资料和工艺知识、工艺检查与考核等内容，功能架构如图 2-60 所示。

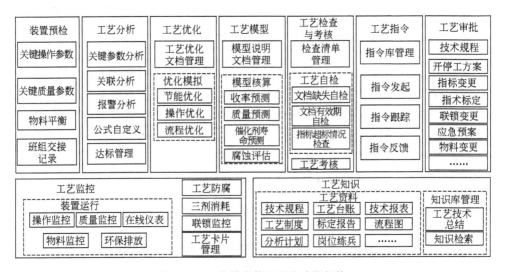

图 2-60　工艺技术管理系统功能架构

（二）智能化工艺技术管理系统应用

1. 工艺监控

工艺监控是以装置工艺技术管理对装置生产运行提出的计划、指标和规章制度为依据，对装置生产运行情况进行监控。传统的工艺监控以点检为主，不能实现生产过程的连续管控，通过建设工艺技术管理系统，实现了工艺卡片、联锁、现场巡检等全面监控，某石化企业全厂操作合格率由 97.46% 提高至 99.62%，操作平稳率（均方差）由 0.079 下降至 0.022。

工艺卡片是对装置主要指标控制范围进行明确规定的技术文件，工艺参数控制在工艺卡片范围内是装置安全稳定运行的基础。通过对工艺卡片指标范围、时间范围、超标范围等条件的设定，系统全时段监控工艺参数的合格率和平稳率，量化了各操作班组的技能水平。同时重要工艺参数出现超指标情况，会触发短信提醒，根据不同参数的重要级别推送超标信息至相关层级管理人员手机，实现异常工况下的应急处置快速响应。

联锁及报警是生产装置（或独立单元）超出安全操作范围、机械设备故障、系统自身故障或物料能源中断时，发出警报直至自动（必要时也可以手动）产生的一系列预先定义动作，使操作人员和生产装置处于安全状态的系统。在流程行业生产中，联锁、报警占有重要的地位，为了使装置能够安全平稳运行，促使工艺人员尽职尽责，系统对联锁、报警情况的管理至关重要。工艺技术管理系统根据各装置各班组每月发生的联锁报警次数，依据企业管理规定进行统计并自动生成联锁、报警情况清单。同时实现对工艺联锁的状态监控，并将监控的信息与台账结合，自动记录变化情况，强化工艺联锁投用管理。

按照工艺防腐有关制度，将各装置水相与油相腐蚀分析数据、在线腐蚀监测数据等数据整合到工艺技术管理系统，实现防腐蚀数据集中存储和数据整合，利用系统自定义分析视图等功能实现数据关联分析，实现防腐台账自动生成，利用系统的腐蚀模型进行腐蚀风险评估等技术分析工作，并对工艺防腐助剂的使用效果进行评估。

现场巡检是班组日常工作的一项重要内容，可以及时了解、掌握装置运行情况，发现装置异常并及时消除隐患。工艺技术管理系统会根据工艺考核管理规定对现场巡检质量情况定期进行自动考核评分，主要考核是否进行现场巡检、巡检是否及时、各站点之间巡检间隔时间等。

根据装置单元排产计划和实际加工任务的完成情况，可按年度、季度、月度、每日等不同的时间维度，自动统计和展示生产计划完成情况，包括当前时间实际和剩余计划加工量，产品收率、分布和计划偏移量等功能，满足生产计划管理及完成情况分析的需求。

2. 工艺分析

工艺分析工作是企业工艺技术管理工作的重要部分。工艺技术管理系统在实现装置数据整合的基础上，基于工艺分析工作的业务需求，设计了报警分析、关键参数分析、达标管理等功能模块。

（1）报警分析

报警分析管理主要涉及两个方面内容。其一，装置报警统计及处理，针对装置单元生产运行过程出现异常情况的特征表现，工艺技术管理系统建立了有效运行的生产监控报警处理模块，保障装置"安、稳、长、满、优"运行，如图2-61所示。其二，装置报警预警，基于大数据应用，有效地利用大量生产运行历史数据，寻找关键报警点的根原因，建立人工免疫算法和灰度算法的报警预警模型。

报警策略管理综合其两大功能实现对报警信息的实时监测、报警系统的状态评估、扰动报警及长期报警等相关问题的分析诊断；将报警问题和处置过程存储至报警知识库，为操作人员提供报警指导，提高报警响应速率，减少冗余报警，提高报警质量，实现对报警系统的持续优化，详见第三章第一节。

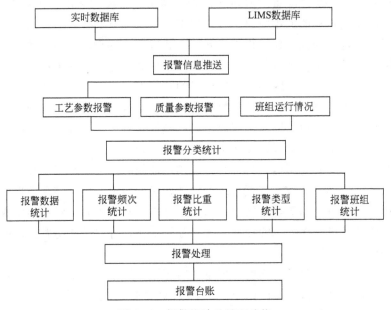

图 2-61　报警统计及处理功能

（2）关键参数分析

关键参数指关系到装置"安、稳、长、满、优"运行、工艺变更、生产优化及技术攻关等企业工艺技术分析及管理业务的热点问题和核心任务。工艺热点随着装置生产运行、工艺技术管理工作过程和工作的需要而不断变化，实时反映了工艺技术管理工作中的难点和关键点。工艺技术管理系统通过快捷配置，根据基础数据类型绘制常用的分析图形，提供数据过滤和时间过滤的功能，确保分析视图的可用性和灵活性；有效地辅助用户完成数据获取、数据处理、工艺计算、分析视图等工艺技术分析和技术台账编制的前期准备工作，借助系统文档辅助生成功能，实现工艺热点技术分析文档的数据视图辅助生成工作。

（3）达标管理

企业达标情况综合反映了装置技术经济水平与企业综合竞争能力，工艺技术管理系统利用工作流管理、文档资源管理、信息发布等业务流程控制和自定义分析视图等功能，开发符合企业达标工作管理制度的达标工作专业平台，包含数据传递、文档资源、指令传达和信息展示等基本功能。利用系统自定义分析视图功能，用户可按照数据统计分析的需求，自行生成所需的分析视图，利用系统数据综合搜索、自定义分析视图和文档辅助生成功能，实现达标文档的辅助生成，如图 2-62 所示。

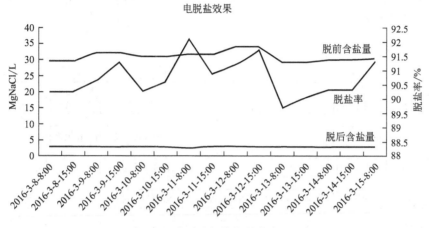

图 2-62 装置达标指标数据示意图

3. 工艺优化

工艺优化是指工艺技术管理人员在数据整合、工艺技术分析的基础上，对装置生产存在的各种瓶颈进行工艺优化操作的业务。针对工艺优化业务，工艺技术管理系统设计了优化方案管理、节能优化、方案优化等功能。

优化方案管理模块集中了企业工艺技术人员利用优化工具对装置进行工艺优化分析的文档，提供查看和交流功能，集中用户智慧，解决装置瓶颈，对优化方案进行讨论和评价。工艺技术管理系统根据装置产能和耗能的特点，对关键流程和设备的工艺参数进行用能或产能数据的长期跟踪，设计对应的能耗分析模块，为装置工艺技术管理人员提供节能优化辅助功能。

生产方案切换是生产装置适应市场变化、全厂流程优化、原料性质变化等要求，在整个生产周期不断发生的业务。常规的生产方案切换一般伴随着系统物料置换、多个工艺流程调整、产品质量的波动等，消耗了大量的物料和时间，不可避免产生了不合格产品。工艺技术管理系统借助大数据分析手段，通过对装置操作数据历史长期的跟踪分析，提出生产方案切换优化解决方案，降低物耗、能耗和时间消耗，最大限度减少不合格产品产量。

4. 工艺知识

传统的工艺技术管理中有关文档资源只有部分存储在信息系统中，其余则分散在企业不同人员的手中，容易随着人员流转而丢失，存在同一类文档在企业中存在多个版本，已生效的最新版本流转困难；没有快捷的文档资源搜索手段，查找困难等问题。为了解决这些问题，工艺技术管理系统建立了文档管理系统，实现统一的数据中心，集中进行文档管理，并设计了文档自动生成功能，实现了台账、报表的在线编辑和自动生成两大功能，将传统的记录形式由纸质版变为电子版，在便于记录的同时也减少了资源的浪费，记录生成简单，方便归档管理。工艺知识组成如图 2-63 所示。

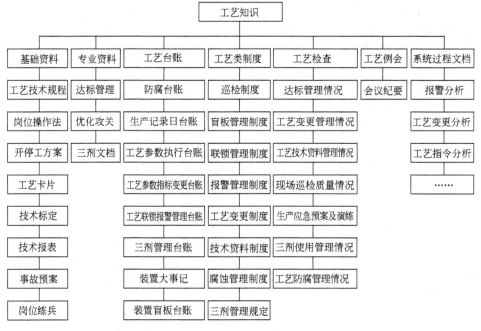

图 2-63　工艺知识组成

5. 工艺检查与考核

工艺检查是企业对工艺技术管理制度执行情况的检查，传统的工艺检查以现场督促为主，需要耗费大量的人力和时间来完成，并且每个人检查的标准和尺度不一致，造成检查结果难以量化。工艺技术管理系统可以自动对工艺管理静态工作进行在线检查，并自动生成考核清单，督促管理人员严格执行工艺管理制度，按时完成工作任务。

① 在线文档检查。工艺技术管理系统自动定期检查电子类文档的编制、修订及上传情况，并记录自动生成检查结果，主要包括技术月报、季报、年报编制上报情况；工艺卡片版本管理；工艺技术规程及岗位操作法适应性及有效性等。

② 联锁、报警检查。工艺技术管理系统自动统计各装置在运行期间发生的联锁变动、报警次数，并生成联锁、报警检查结果清单。

③ 工艺卡片执行检查。工艺技术管理系统自动检查工艺卡片内指标的执行情况，并统计出操作平稳率、质量合格率、超标次数等信息，生成检查结果

清单。

④ 管理流程检查。工艺技术管理系统根据工艺技术规程、岗位操作法、工艺卡片、工艺联锁报警制度、盲板管理制度等相关规定，自动检查这些内容项目是否及时提交申请、是否按时审批、对于重要参数改动是否符合工艺变更流程等。

⑤ 现场巡检检查。工艺技术管理系统定期自动检查巡检终端上传的各装置现场检查情况，包括是否进行现场巡检、巡检是否及时、各站点之间巡检间隔时间等，并生成考核报表。

⑥ 检查结果查看。系统完成工艺自检查后，生成工艺检查结果清单，系统还针对检查结果进行分析，自动解析管理的薄弱环节，提醒管理人员加强关注。此外，工艺检查的最终结果会自动形成工艺检查结果清单并生成工艺考核清单，作为工艺考核的重要依据。

二、能源管理智能化

石化企业既是产能大户，也是耗能大户。近年来，企业对能源管理在思想上更加重视、方法上不断创新、措施上不断加强，节能工作取得了较好成效。但是，能源管理的各项措施，包括能源监控、能源分析、能源统计、能效提升等，尚未形成统一的有机整体。通过建设涵盖策划、实施、监管、优化、提升等的综合能源管理平台，采用系统的管理模式提升能源管理精细化智能化水平，才能实现能源管理效率、能源投入产出效率的大幅提升。

能源管理优化系统，建立起能源供应、转换、输配和消耗集中的能流体系，实现能流、能耗的动态监控及能源集中统一管理和优化利用，形成能源管理业务从用能计划、用能监控、用能优化、用能统计到用能改进的业务完整闭环，做到能源用前有计划、使用过程有跟踪、成效结果有评价，且有助于"总部-企业"集成一体的能源管理体系的形成。通过先进信息化技术，将成熟的公用工程模型、实时优化技术、模拟技术与信息系统结合，提高能源管理与优化的定量管理水平。

（一）能源管理与优化系统

涵盖企业能源供应、生产、输送、转换、消耗全过程的能源管控，以降低能源成本为目标，建立能源生产运行调度，实现能源在线优化。该系统能实现企业能耗数据的采集、存储、处理、分析、优化、评价、统计和查询，是一种基于计算机、网络等先进技术的现代化能源管理平台和应用系统，为企业提供所需的能源计划、能源运行、能源优化、评价分析、能源统计、节能管理等管理模块，并对企业能耗进行在线监测、控制、分析、诊断和优化。其主要优点在于集中了能源计划、消耗、监控、优化、统计分析综合管理于一体的闭环管控平台；实现了企业能源消耗科学，及时、合理调度能源，对能源利用进行在线优化、保证生产快速稳定经济运行，提高能源利用效率。智能化能源管理系统见表2-25。

表 2-25　智能化能源管理系统

能源计划	能源运行	能源优化	能源统计	评价分析	节能管理
计划编制	能流管理	动力锅炉优化	区域节点计量	能源产耗分析	节能制度
计划查询	锅炉动力转换	蒸汽管网优化	管网节点计量	能源统计分析	节能指标
计划跟踪	水电汽风氮氧等	氢气系统优化	能源管网平衡	能源动态展示	节能分析
计划分析	燃料气、烧焦转换	瓦斯系统优化	能源统计报表	能源差异分析	节能考核

（二）能源管理与优化系统的应用

智能化能源管理系统遵循系统管理原理、智能管理方式，通过能源计划、能源运行、能源优化、能源统计、评价分析等功能模块，实现各种能源介质和关键耗能设备的实时监测、控制、优化、调度和综合管理，实时掌握各种能源在生产过程中使用情况，以及掌握各种能源加工、转换环节效率，关键耗能设备的运行情况，以便进行科学决策和有效指挥控制，确保生产过程获得最大的运行效益。

1. 能源计划

能源计划通过能源计划管理和计划流程管理，制订优化的用能计划、产能计划，实现优化的能源计划编制和发布工作，做到能源消耗计划和实际运行跟踪的闭环管理。

根据生产流程，实现公用工程消耗细化到装置，根据装置排产、加工方案、装置检维修等，用历史统计单耗数据、历史介质每小时消耗量逐一或批量计算装置用能需求，确定最利于企业耗能、效益最大化的能源需求计划，生成装置用能需求数据。而产能计划则以满足用能需求为前提，实现产能装置投入产出最优的运行模式，确保企业整体效益最大化，成本最低。

2. 能源运行

智能化能源管理系统对企业范围内所有供、产、输、转、耗能源业务流程范围内能源相关数据进行收集、确认，对日常能源产耗过程进行实时监控和管理，为能源优化提供基础数据支撑。基础数据收集，通过能源仪表现场实时计量，实时传输、采集、校正等，为智能化能源管理提供基础数据。对运行能源消耗设置预警上下线值，提供预警功能及历史趋势查询，实现异常能源消耗及时纠偏。智能化能源管理系统通过能源运行实时监控，即以能源流程图方式展示关键位置的介质流向和流量数据，对主要蒸汽系统，燃料系统，水、电系统等介质产耗数据进行实时监控，并对异常数据进行报警、纠偏操作等。

3. 能源优化

智能化能源管理系统中能源优化是以系统操作费用最小为优化目标，综合考虑各种操作约束限制，计算系统最优运行参数，并结合生产实际，综合平衡全厂与局部的利益，设计出切实可行的系统优化方案，指导实施，协助企业实现节能减排、降本增效的目的，建立动力锅炉优化、蒸汽管网优化、氢气系统优化和瓦斯系统优化等关键能源产耗优化平台。

① 动力锅炉优化　根据锅炉设备性能数据、工艺参数及流程数据、装置机理数据、燃料分析数据、设备运行数据、燃料价格等数据，从公用工程消耗的实际需求出发，进行在线或离线优化。其中在线优化考虑现场设备的各种约束条件和公用工程的价格因素，找出最经济的动力系统生产运行方案，利用该系统实时调整动力装置的燃料结构最佳配置，满足装置能源运行需要的蒸汽、电力条件下的锅炉运行方式和汽轮机运行方式，并提供运行优化报告和操作建议，降低动力生产成本，实现节能减排。

② 蒸汽管网优化　通过 PROSS 系统对蒸汽管网进行智能管理和动态监测，采集全厂蒸汽系统的生产信息，综合相关约束条件和管网、环境等因素，对这些信息加以分析、优化、配置、管理，找出最经济的公用工程系统生产运行或规划改造方案，帮助管理人员随时掌握蒸汽管网工况，重点监控蒸汽管网管道内蒸汽流向、流量、温度、压力等参数，以及温降、压降、管网损失、冷凝状况等，避免蒸汽降质使用，增加管网运行的安全性和可靠性，为生产运行、管网规划改造、提升管理水平和降低公用工程成本提供依据。同时，进行在线模拟和离线优化。在线模拟和离线优化在全面掌握蒸汽管网现状的基础上，实现蒸汽管网运行参数的全面量化，实现实时蒸汽平衡、管网运行优化建议，管网全面监测和超限报警等在线模拟功能。离线优化为管网运行进行评估优化，定量分析蒸汽平衡对系统管网流速及压力分布的影响等。同步进行散热率计算、评估热损，依照国标GB/T 8174—2008《设备及管道绝热效果的测试与评价》标准，作出管线保温评价和管网优化建议。针对管网存在的问题进行分析，并提出优化建议；对新装置投产及装置改造带来的管线改动或运行方式调整进行讨论，提出多组方案择优选用；从减少热损的角度提出管网优化的方案；对重要管线蒸汽输送量对蒸汽操作参数的影响进行讨论。

③ 氢气系统优化　通过氢平衡在线监测，实现氢气平衡信息、氢气产耗信息和氢气利用率的信息等实时显示，对实时数据库及系统计算，展示氢气系统各装置进出气体量、氢气纯度和压力；对总产氢量、总耗氢量、氢气利用率等指标进行实时显示和提醒，实时了解当前系统的氢气运行状态。通过氢夹点在线监测表征氢气运行状态，分析当前氢气配置是否合理以及改造潜力；确定当前氢气排放总量，各个装置排放氢气量和纯度，即制氢装置的产氢量和耗氢装置氢耗量是否最小。通过对单个装置消耗进行监控，以及对压缩机消耗量、压缩比、功率、耗氢单元氢油比、氢分压、化学耗氢量、新氢压缩机及循环氢压缩机功率及压缩比等数据的实时监控，进行数据分析统计，核算装置产氢成本和耗氢成本，为生

产管理提供实时的成本信息，为降低产氢、耗氢成本提供决策依据；根据不同原料加工方案，计算出系统所需要的新氢量，指导产氢量，减少富裕氢气量。同时，对氢气产量、氢气消耗等进行汇总统计，对数据进行追溯和查询，建立氢气平衡台账，汇总生成日、月、年氢气产耗量统计报表。

④ 瓦斯系统优化　对瓦斯系统加热炉燃料状态、气柜运行状态、管网运行状态、瓦斯管网伴热状态的监测、数据分析与指标超限报警以及加热炉运行情况进行在线监测。实时反映瓦斯管网的产耗情况，以及每个加热炉入口的燃料状态，包括燃料的流量、组成、压力以及热值，给出相应空燃比的理论值，加热炉的炉膛温度、当前负荷；实时监测瓦斯气柜运行状态，包括气柜的已使用容量及组成，排向气柜的瓦斯来源、流量和组成，排出气柜的瓦斯去向、流量和组成，以及装置排向火炬的瓦斯流量、组成。为了气柜安全运行对气柜容量设上下限报警值，给出操作警示。通过瓦斯系统优化平台，及时掌握瓦斯系统所涉及的各个装置产瓦斯和各装置加热炉消耗瓦斯情况，瓦斯回收单元、瓦斯提纯单元、压缩机单元等运行情况，实时显示瓦斯管网中每段管线中的瓦斯流向、流量及组成和热值信息，以及每段管线的进出口温度、压力和压降及瓦斯系统的产、耗平衡情况，以及当产耗不平衡时补充的燃料量或排向火炬的燃料量，显示各加热炉的热效率。根据瓦斯总产量、总耗量，对相关锅炉运行负荷等进行实时调整，并对历史数据进行追溯和查询，汇总生成相应的瓦斯产耗量日统计报表、月统计报表、年统计报表等。

根据现场运行数据，对瓦斯产耗装置、瓦斯回收单元建立相应的瓦斯系统操作优化模型，实现不同运行工况、不同操作条件下瓦斯系统的操作优化，为生产调整提供指导。一是指导补充燃料方式操作。通过对当前瓦斯管网需求计算，需要补充燃料时，对天然气、轻烃、重整 C_5 或轻石脑油等进行成本最小化补充燃料优化，确定最佳的补充燃料种类、流量以及位置。二是指导管网运行操作。以管网中动设备（如压缩机）的运行成本最小化为目标进行优化，计算出管网运行中所需的燃料消耗量。三是加工方案变化选择指导。当加工方案发生变化时，对新方案的瓦斯产量及瓦斯耗量进行重新核算，确定新方案下的瓦斯平衡及燃料补充量或外排火炬量，确定最优的瓦斯系统运行状态。四是设备关停及检修操作指导。当有设备关停或者检修时，产瓦斯量和耗瓦斯量有很大的变化，利用本功能进行瓦斯平衡计算，为设备停工后瓦斯系统的操作提供指导。

能源管理系统对实施的各项优化建议进行优化效益评定，对优化操作取得经济效益进行评定，生成效益分析报告和优化运行报告，为能源管理提升效率提供依据。

4. 能源统计

在能源运行管理收集到的数据基础上，以装置的投入产出量值、管网节点计量量值、区域节点计量量值、外部结算的量值为基础，对能源的外购、外售、供入、供出、自产、消耗、自用、损失、不平衡量的数据进行统计平衡，对优化前后的运行数据进行统计分析，生成需要的能源产耗统计报表，为 ERP 提供数据支撑。按照能源管理相关制度或能源管理需要形成日、旬、月各种时间段的能耗统计报表、调度日报、计量报表、万元产值报表等。

5. 评价分析

评价分析以能源运行数据、统计数据、指标数据等为基础，以标准库数据为对标数据，从板块、装置等不同空间视角，日、旬、月的时间视角，原始量、确认量、平衡量、平衡确认量、平衡再确认量数据视角，实现对能源日产耗数据、能源计量仪表情况、能源关键指标、管网损失情况、能源结构分布情况等进行预警、展示、综合分析，展示分析视图。通过分析反映能源运行状况、计量情况、损失状况、指标波动、优化效果情况以及能源结构是否合理等。通过企业间、同类装置及自身历史对比，发现不足与差距，分析出能源产耗存在的问题和可优化的空间，支持总部相关应用。主要包括能源产耗与计量分析、数据差异分析、能源指标评价、能源结构分析。

①能源产耗与计量分析，分析各生产装置各类能源介质的外购、自产、消耗、转供、自产、自用、外售等信息，进行能源产、供、耗、购、消分析，及时跟踪了解能源的详细使用，快速定位异常波动和问题。以计划值为标杆，分析能源产、耗进度与计划进度执行情况，突显实际与计划的超、欠幅度。②数据差异分析，对管网的损失量、总进量、总出量进行历史趋势分析，突显管网整体的损失变化情况。③同时，以装置的单位综合能耗为分析对象，综合分析各装置实时优化效果、各装置用能情况，以及与达标值进行对比分析，了解装置达标情况；通过对指标的关键影响因素单耗、产品产量、工艺因素进行跟踪和联动分析，及时发现异常消耗、异常指标等。④能源结构分析，对各类能源介质的实物量、折标系数、折标量、单价、消耗成本数据进行跟踪和分析，提供成本结构、能源消耗结构分析方向，对各级核算单元的能源消耗结构变化、成本分布变化、成本趋势变化提供分析数据，根据分析情况指导现场优化调整。

第七节　原油与成品油在线自动调和

一、原油在线自动调和

(一) 业务需求

按照目的产品的不同，炼油企业可分为四种类型（即：燃料型、燃料-润滑油型、燃料-化工型、燃料-润滑油-化工型)。燃料型炼油企业主要生产各种发动机燃料,如:汽油、煤油、柴油、燃料油等。主要加工装置有:常减压蒸馏装置、催化裂化装置、延迟焦化装置、渣油加氢装置、加氢裂化装置、催化重整装置、汽柴油加氢精制装置等。图2-64所示为一个典型燃料型炼油企业的原油加工流程,原油经过常减压蒸馏装置蒸馏后得到不同馏分范围的组分,这些组分根据馏分范围和其性质被安排至不同的二次加工装置进行加工,以获得企业需要的目的产品。

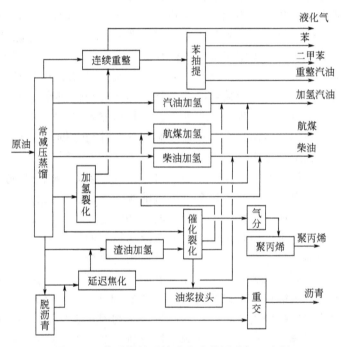

图 2-64　典型燃料型炼油企业的原油加工流程

对于处于运行期的炼油企业来说,为获得最大化的经济效益和安全平稳长周期生产,需要高度重视和持续开展原油调和工作。

1. 满足加工原油多样性的需求

不同原油性质差异较大,从石油炼制的角度,为表征原油性质,按照关键组分分类,原油分为石蜡基、中间基和环烷基原油;按照原油含硫量分类,原油分为低硫、含硫和高硫原油。石油炼制企业在建设之初,均按照特定的原油性质进行全厂加工总流程设计,这意味着企业加工的原油只能在一定范围内选择。随着油田的持续开采,单个油田的原油性质和原油产量在发生变化,同时企业在市场上采购原油也面临其他企业的竞争,这些因素导致炼油企业加工的原油品种远比其设计的原油品种多,为确保企业加工的原油性质符合设计要求,需要持续开展原油调和。表 2-26 是几种原油的评价分析数据，不同原油在 API°、密度、硫含量、酸值、各馏程范围的收率及重金属含量等方面存在一定差异，因而加工多种原油时，为获得需要的混合原油性质，需要进行原油调和，以确保原油加工装置原料性质的稳定。

表 2-26　不同原油的主要性质

原油名称	API°	硫含量（质量分数）/%	凝点/℃	酸值/(mg KOH/g)	石脑油（质量分数）/%	煤油（质量分数）/%	柴油（质量分数）/%	蜡油（质量分数）/%	渣油（质量分数）/%
桑格斯	31.5	0.52	−7	0.48	17.58	9.37	19.65	27.05	24.09
阿曼	29.7	0.98	−20	0.56	15.49	8.06	18.71	26.13	29.78
吉诺	26.2	0.41	−15	0.81	10.88	9.42	18.66	28.61	30.98
沙中	29.1	2.45	−20	0.54	19.68	8.28	17.57	24.41	27.09
伊重	28.9	2.16	−20	0.24	18.24	10.16	17.41	25.02	27.44
南巴	37.1	0.27	−14	0.46	25.30	12.91	20.29	23.57	15.27
萨宾诺	30.3	0.37	−20	0.19	14.44	9.30	17.89	29.08	27.82
芒都	29.1	0.37	−20	1.07	16.26	9.81	17.76	27.80	26.89

2. 石化企业加工装置对原料油性质的要求

对运行期的炼化企业来说，全厂加工总流程和装置的设备材质要求原油的某些性质必须在一定范围内。例如，原油加工总流程对原油硫含量和酸值含量有限制要求。对蜡油馏分的加工来说，催化裂化装置和加氢裂化装置对原料油性质的要求有明显不同；对渣油馏分的加工来说，延迟焦化装置和渣油加氢装置对原料油性质要求的差异较大。由表 2-27 可见，加氢裂化装置原料油较催化裂化装置轻，因而其原料的重金属含量低、残炭低；渣油加氢装置因掺炼约 40% 蜡油，其原料性质好于延迟焦化装置原料性质，延迟焦化装置原料残炭可达到 22%（质量分数）。

表 2-27　不同装置原料设计指标

装置名称	催化裂化	加氢裂化	渣油加氢	延迟焦化
密度/(g/cm³)	0.93	0.90	0.98	0.99
残炭（质量分数）/%	2.50	0.10	13.80	22.00
S 含量（质量分数）/%	0.73	1.11	2.08	1.69
Ni 含量/(μg/g)	8.00	0.10	43.50	43.20
V 含量/(μg/g)	4.00	0.10	13.80	3.34
Fe 含量/(μg/g)	6.00	0.40	6.60	—

（二）智能化技术及应用

传统的原油调和多为人工调和，也即简单混合。受技术水平限制，炼油企业不能在线获取原油性质，原油加工大多按照计划与调度安排，人工计算原油配比量，通过控制各原油储罐的输出量而得到装置加工的原油。这种简单的原油调和方法，混合原油性质起伏大，常常导致原油加工装置操作波动，难以满足集约化、精细化生产要求。

随着科学技术的发展，近红外（NIR）技术、核磁共振技术（NMR）在原油性质快速分析方面得到长足发展，炼油企业可以在线获取原油性质，原油调和正在向基于优化控制的自动在线调和方向发展，朝"分子级炼油"方向发展。例如，BP公司根据在线原油密度和实沸点蒸馏数据，及时调整操作参数，最大限度发挥装置加工能力，带来可观经济效益。韩国SK公司将原油自动调和与原油快速评价技术结合，优化常减压装置操作，在原油品种剧烈变化的时候保证装置操作的平稳运行，实现装置生产的最优化。

智能化原油调和技术，涉及石化工艺、快速原油评价、计算机技术、自动化技术、实时数据库、罐区计量、模型算法等多学科跨领域方面的知识。典型智能化原油调和系统主要包括原油快速评价系统、原油调和优化系统、原油调和控制系统三个子系统，系统构成如图 2-65 所示。

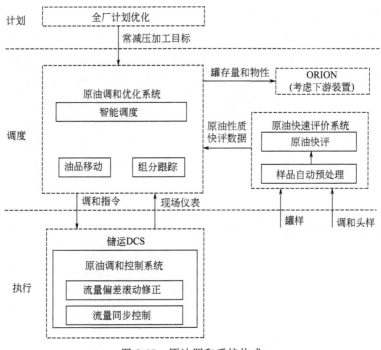

图 2-65 原油调和系统构成

1. 原油快速评价系统

目前已工业化应用的原油快速评价技术有近红外技术和核磁共振技术。以近红外原油快速评价系统为例，该系统采用复合预测技术的原油性质快速检测方法，以近红外光谱数据库及原油性质数据库为基础，采用拓扑分析及偏最小二乘回归进行原油性质复合建模预测，可快速准确预测原油多项性质。该系统原油快速评价流程如图 2-66 所示，系统包括原油样品自动预处理、近红外光谱仪、建模软件、原油光谱数据库、原油评价管理软件以及全球原油评价数据库。

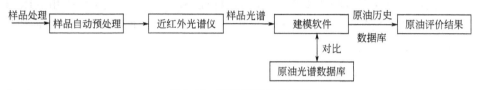

图 2-66　原油快速评价流程

2. 原油调和优化系统

原油调和优化技术给出单周期排产方案，综合考虑成本最低和性质偏差最小。性质偏差最小是在满足一定约束条件下，通过求解多种生产指标与设定值偏差最小，得到各种参与调和油种的占比。典型原油调和优化系统包括智能调度、油品移动和组分跟踪。

智能调度技术原理基于专家经验知识库，用于统筹原油资源，以全厂计划优化条件下的多套常减压加工原油物性和加工量为排产优化目标，以来油计划、实时库存（量和性质）、工艺设备能力为约束条件，在一定周期内，优化计算排产方案，快速实现优质及劣质资源均衡优化使用。

油品移动是以订单方式进行原油油品移动跟踪管理，不仅跟踪当前原油移动状态，还能预测未来移动的趋势。

组分跟踪是对多种作业形式下的储罐混合原油性质进行组分跟踪和未来性质预测，针对不同性质采用线性或非线性调和规则，并通过原油快速评价对组分数据进行校正。混合原油性质跟踪，从原油混合的机理入手，并基于快速评价技术获取大量实验测试数据，针对原油性质表征的指数、倒数等特征，将原油调和性质的非线性分为三种非线性调和模型：包括倒数加和、指数加和，以及乘以相应宽馏分的收率后加和模型。必要时采用性质指数可将非线性调和规则转化为线性的方法进行近似处理，以便采用线性规划算法进行优化计算。

3. 原油调和控制系统

原油调和控制技术，是根据调和优化子系统给出的最优调和占比和主需求流量（即各掺炼线混合后总管线流量），计算出各条原油掺炼线的流量，并采用流量变差滚动修正技术和流量同步控制技术，实现各条掺炼线的原油流量精确控制。

流量偏差滚动修正是指将生产过程按一定的周期进行流量控制管理，即通过统计上一个控制周期的流量累积偏差，并在当前控制周期中自动补偿，从而实现流量控制偏差滚动修正。

原油流量同步控制技术，是指在某些情况下（如管道受阻），当某掺炼线的调节阀开度大于有效调节范围的最大值，而当前实际流量依然达不到要求时，系统能自动降低其他掺炼线的设定流量，以保证流量之间比例不变，实现流量同步控制。

以国内某石化厂成功应用智能化原油调和技术为例[71]，该系统采用 NIR 技术快速感知原油性质，在原油调和调度优化和实现调和比例精确控制等方面取得预期的效果。

1. 快速感知原油性质

该系统通过光谱数据的反推计算，实现了管线原油的性质跟踪。表 2-28 为该系统对储罐原油性质的矫正，保证原油性质的准确性，提高调和优化精度。图 2-67 为该系统对脱前原油的快速分析得到的测试收率数据与装置实际生产侧线收率对比，二者趋势完全相符，绝对值偏差均在精度范围内。

表 2-28　原油快评对储罐原油性质的矫正作用

状态	时间	油种组分 （巴士拉∶荣卡多）	质量/t	密度 /(kg/m³)	硫含量(质量 分数)/%	酸值 /(mg KOH/g)
进油前	2014-3-4 16:49	100.00%∶0.00%	8232	886.90	2.78	0.26
进油中	2014-3-4 23:54	37.31%∶62.69%	22065	911.32	1.43	1.40
进油后	2014-3-5 9:09	20.34%∶79.66%	40480	918.16	1.06	1.71
快评后	2014-3-5 12:24	20.34%∶79.66%	40480	919.23	1.07	1.54

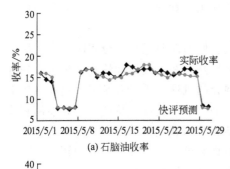

(a) 石脑油收率

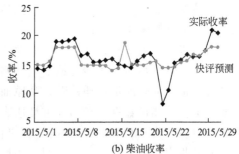

(b) 柴油收率

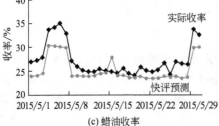

(c) 蜡油收率

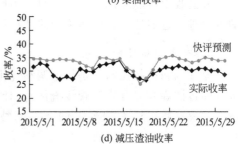

(d) 减压渣油收率

图 2-67　脱前原油快评预测收率与装置实际收率对比

2. 实现原油调和优化

表 2-29 为原油调和优化系统对原油调和的影响。在应用该系统后，实现了装置原油结构优化，不超装置设防值和确保二次加工装置原料质量的稳定。装置加工的原油成本降低 8 元/t 原油。某石化厂应用的原油调和优化系统支持硫含量、酸值、石脑油收率等多个性质参与优化。该厂系统试运时常减压装置石脑油收率目标要求稳定在 18.0%（质量分数）左右，石脑油收率如图 2-68 所示。常减压装置减压渣油收率目标要求稳定在 28.0%（质量分数）左右，从而保证了催化裂化料供料的稳定，减压渣油收率实际如图 2-69 所示。该系统的使用实现原料批次平稳切换，装置进料性质平稳，从而避免原油性质波动给后续加工装置带来的不利影响。

表 2-29　原油调和优化系统对原油调和的影响

项目	评价前人工经验比例			评价后优化比例		
	科威特	沙重	调和后	科威特	沙重	调和后
占比/%	20.00	80.00	—	15.52	84.48	—
API°	29.76	27.55	27.99	29.76	28.15	28.40
硫含量/%	2.57	2.85	2.79	2.57	2.73	2.71
酸值/(mg KOH/g)	0.21	0.24	0.23	0.21	0.23	0.23
石脑油收率/%	19.33	14.14	15.18	19.33	17.01	17.37
渣油收率/%	27.25	21.392	32.86	27.25	32.96	31.41
原油价格/(元/t)	4891	4697	4735	4891	4697	4727

图 2-68　装置石脑油收率曲线

3. 实现原油调和比例精确控制

原油调和控制系统实现了原油调和自动化，大大降低了劳动强度，其小比例调和功能保证调和比例的精确，见表 2-30。在三批次原油的调和中，小比例调

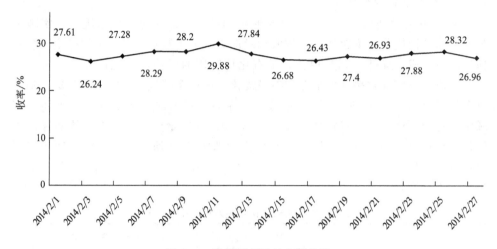

图 2-69　装置减压渣油收率曲线

和的比例小于 10%，且比例误差小于 1%，取得较满意的效果。

表 2-30　原油调和开展系统小比例控制实例

序号	日期	作业单号	储罐及主油种	计划占比/%	实际占比/%
1	2015/7/21	Bld1-20150718-001(20802t)	G911 南帕斯	5	4.91
			G916 巴士拉	47.5	47.49
			G916 巴士拉	47.5	47.60
2	2015/7/23	Bld1-20150718-002(12658t)	G911 南帕斯	8	7.88
			G909 巴士拉	46	46.11
			G909 巴士拉	46	47.46
3	2015/7/25	Bld1-20150718-003(18936t)	G911 南帕斯	2	2.05
			G916 巴士拉	49	49.02
			G916 巴士拉	49	48.93

二、成品油在线自动调和

（一）业务需求

燃料型炼化企业的主要目的产品为汽油和柴油。表 2-31 和表 2-32 为我国即将实施的汽油和柴油质量标准，从中可见，不同牌号的汽油质量指标有一定差异，主要体现在抗爆指数的不同；柴油产品分为普柴与车用柴油，它们的质量指标有较大差异。

表 2-31 汽油主要质量标准

项目名称		国（Ⅵ）		
		89	92	95
抗爆指数（RON＋MON）/2	≥	84	87	90
铅含量/(g/L)	≤	0.005		
铁含量/(g/L)	≤	0.010		
锰含量/(g/L)	≤	0.002		
馏程/℃				
10%蒸发温度	≤	70		
50%蒸发温度	≤	110		
90%蒸发温度	≤	190		
终馏点/℃	≤	205		
残留量（体积分数）/%	≤	2		
蒸气压/kPa				
11月1日～4月30日		45～85		
5月1日～10月31日		40～65		
溶剂洗胶质含量/(mg/100mL)	≤	5		
诱导期/min	≥	480		
硫含量/(mg/kg)	≤	10		
博士试验		通过		
铜片腐蚀（50℃,3h）/级	≤	1		
水溶性酸或碱		无		
机械杂质及水分		无		
苯含量（体积分数）/%	≤	0.8		
芳烃含量（体积分数）/%	≤	35		
烯烃含量（体积分数）/%	≤	15		
氧含量（质量分数）/%	≤	2.7		
甲醇含量（质量分数）/%	≤	0.3		

表 2-32 柴油主要质量标准

项　目		车用柴油（Ⅴ）	普通柴油（Ⅴ）
		0 号	0 号
氧化安定性/（总不溶物）/(mg/100mL)	≤	2.5	
硫含量/(mg/kg)	≤	10	
酸度/(mg KOH/100mL)	≤	7	
10%蒸余物残炭（质量分数）/%	≤	0.3	
灰分（质量分数）/%	≤	0.01	
铜片腐蚀（50℃,3h）/级	≤	1	
多环芳烃含量（质量分数）/%	≤	11	
运动黏度（20℃）/(mm²/s)		3.0～8.0	

续表

项　　目		车用柴油（Ⅴ）	普通柴油（Ⅴ）
		0 号	0 号
凝点/℃	≤	0	0
闪点（闭口）/℃	≥	60	55
十六烷值	≥	51	45
十六烷指数	≥	46	43
馏程/℃			
50%蒸发温度	≤	300	
90%蒸发温度	≤	355	
95%蒸发温度	≤	365	
密度（20℃）/(kg/m³)		810~850	报告
脂肪酸甲酯（体积分数）/%	≤	1.0	

汽油池的成分主要有以下几种：催化汽油、加氢汽油、重整汽油、石脑油、异构化汽油、烷基化油、MTBE 等，各组分的主要性质见表 2-33。由该表可见，各组分的主要性质差异较大，一般难以单独作为成品汽油销售，需要在企业内调和后再进行销售。

表 2-33　各汽油组分主要性质

产品组分	硫含量（质量分数）/%	芳烃含量（体积分数）/%	辛烷值（RON）	烯烃含量（体积分数）/%	苯含量（体积分数）/%	氧含量（质量分数）/%	抗爆指数（DON）	蒸气压/kPa
催化汽油	0.0187	14.70	88.20	26.50	0.23	—	76.20	82.60
加氢汽油	0.007	22.00	91.33	21.50	0.60	0.00	85.90	63.00
重整汽油	0.000	92.06	108.26	—	—	—	104.26	4.80
石脑油	0.001	0.49	72.98	0.00	0.25	0.00	70.44	120.91
异构化汽油	0.00	0.00	96.00	0.00	0.00	0.00	96.00	
烷基化油	0.0001	0.00	96.50	0.00	0.00	0.00	94.50	42.00
MTBE	0.0001	—	117.00	—	—	18.00	111.00	55.00

柴油池的成分主要有以下几种：直馏柴油、催化柴油、焦化柴油、渣油加氢柴油、加氢裂化柴油等，各组分的主要性质见表 2-34，由该表可见，各组分的主要性质差异较大。而柴油各组分大多需要经加氢精制装置进行处理以提升质量，在加氢精制过程，受加氢装置的限制以及目的产品的差异，加氢精制装置的原料大多经过选择和调和，因而后续的产品调和任务大幅降低。

表 2-34 各柴油组分主要性质

产品组分	硫含量(质量分数)/%	十六烷值	闪点/℃	胶质/(mg/100mL)	酸度/(mgKOH/100mL)	黏度20℃/(mm²/s)
直馏柴油	0.370	51.5	60	—	30.21	3.04
催化柴油	0.234	20.6	77	120	6.58	4.49
焦化柴油	0.930	—	85	570	—	6.04
渣油加氢柴油	0.0098	35.1	85.5	11.96	—	36.30
加氢裂化柴油	0.00004	54	82	—	—	—

(二) 智能化技术及应用

传统的成品油调和多为人工调和,各调和组分按照人为计算的调和比例注入成品罐,并根据罐采样分析数据,以决定是否需要进行二次调和以得到所需的成品油。传统的成品油调和,由于大多不能在线检测调和后的油品性质,同时调和指标多为非线性,决定了一次调和合格率不高,调和指标富余量大,同时带来了罐区罐容紧张,油气挥发污染环境等情况。随着现代分析技术的发展,各调和组分油的性质能在线监测,智能化成品油调和技术已成功实现工业应用,国内汽油在线调和技术已有多套装置实现稳定的在线运行。Invensys 公司首家将核磁共振技术(NMR)运用于油品调和[72],近红外分析技术在汽油在线调和上也有较多工业应用。

智能化成品油调和工艺采用管道调和方案,即各调和组分油采用独立的流量控制,总管采用静态混合器混合均匀,大多数在线调和系统都采用了精准度较高的质量流量控制。调和工艺上还出现了直接调和(即 1~2 种主要物料从装置直接进调和工艺系统)和罐调和(所有物料均从中间组分罐进调和工艺系统)2 种方案,还有单调和头、双调和头乃至多调和头等设计方案。

调和系统包括油品性质快速检测系统、成品油调和优化软件、油品调和控制系统。系统预期的一次调和合格率为 95% 以上,全部调和控制指标在合格的前提下确保实现科学卡边(如:汽油辛烷值富余量控制在 0.2~0.3 个单位以内)。

油品性质快速检测系统是油品在线调和能够实现的基础。快速检测系统可采用近红外分析技术和核磁共振技术,目前在线近红外分析仪在油品在线调和中应用较多,该系统的主要功能是提供调和油品性质的在线数据。近年来,一些企业逐渐采用核磁技术对油品性质进行快速检测。核磁技术同样可以对调和组分油和成品汽油进行检测,与近红外技术相比,核磁技术设备和模型的维护工作量低、强度小,对于含水或黑色不透明物料的性质可以直接进行测量,无需脱水等复杂的预处理过程,可真正实现对调和原油质量的高效在线监测,及时有效地为成品油调和优化系统提供基础数据。

成品油调和优化系统包括优化软件(含数学模型库)、网络神经自学习软件等。优化软件根据油品性质快速检测系统提供的调和组分油的性质和调和指令优化计算调和配方，并将配方下达给油品调和控制系统，并随时监测现场数据变化，同步计算现场情况对调和的影响和应该变化的调和配方，及时下载到油品调和控制系统来修正。数学模型库是优化软件的核心。油品的组成十分复杂，一般分为烷烃、环烷烃、烯烃和芳烃等四种。每种单体烃由于结构的不同，调和时都有各自的混合特性，表现为调和时混合物的性质与调和组分性质，如辛烷值、蒸气压、密度等指标呈现为非线性关系，而烯烃、芳烃和苯含量等指标为线性特点。数学模型数据库主要研究非线性指标调和效应，利用数学方法从混合机理和烃类组成等多方面对调和特性进行预测和描述。建立精确度高、适应性广的调和模型是实现油品在线调和的重要基础。例如，被重点关注的汽油辛烷值调和模型，国内外公司和研究院分别建立机理模型和回归模型有 10 多种[73]，在实践中应用较多的有 Ethyl RT-205、Exxon Mobil 变换法和 Du Pont 交互系数法、调和指数法等，模型精度和应用范围各有不同，每种模型一般情况下都需要收集调和数据，回归确定最终的调和模型，并进行调和模型数据库模型的现场校验。神经网络自学习软件自动将成功的调和参数存入数学模型库，进一步完善其本地化的参数库，可以大幅提高首次计算的配方的准确性。

油品调和控制系统根据油品调和优化系统下载的配方执行调和过程，同时监测现场调和油品数据和设备状况，保持与控制计算机的数据交换。

智能化成品油调和技术在国内若干石化企业成功进行工业应用。以某石化企业的智能化成品油调和系统为例，该系统调和 5 种组分汽油，即重整汽油、1 号催化汽油、2 号催化汽油、石脑油、烷基化油。调和工艺采用"直调"和"间调"两个调和头，在"直调"调和头中，各调和组分从装置直接流出进调和头，其他组分油（MTBE 等）仍然采用中间罐—调和泵的工艺；"间调"是把"直调"剩余的组分油和 MTBE 都采用中间罐—调和泵的工艺。该智能化汽油在线优化调和系统包括在线近红外分析仪、汽油在线优化调和系统软件。该系统工业应用取得如下效果：

① 能根据生产指令变化及时调整调和配方，调和结果满足调和要求。

② 调和的在线汽油成品性质与实验室检测数据对比，偏差在预期范围内，达到生产需要，分析数据包括辛烷值、烯烃含量、芳烃含量和苯含量，辛烷值最大偏差为 0.35 个单位，平均偏差为 0.2 个单位，达到了预期效果。汽油成品硫含量由硫在线仪检测。

③ 调和的汽油罐汽油成品性质与实验室检测数据对比，偏差在预期范围内，达到生产需要，辛烷值最大偏差为 0.25 个单位，平均偏差为 0.17 个单位，达到了预期效果。

表 2-35 为某石化厂汽油调和在线数据验收对照，表 2-36 为某石化厂汽油调和项目罐样数据验收对照。

表 2-35　某石化厂汽油调和在线数据验收对照

罐号	辛烷值(RON)			烯烃/%			芳烃/%			苯/%			硫/%		
	化验室	现场仪表	差值	化验室	现场仪表	差值	化验室	现场仪表	差值	化验室	现场仪表	差值	化验室	现场仪表	差值
405	93.20	92.97	0.23	35.00	34.01	0.99	24.00	23.36	0.64	1.64	1.55	0.09	0.041	0.043	-0.002
412	93.40	93.26	0.14	32.30	31.91	0.39	26.60	26.39	0.21	1.23	0.67	0.56	0.036	0.037	-0.001
411	92.20	92.02	0.18	29.70	28.85	0.85	23.30	23.81	-0.51	1.28	1.01	0.27	0.026	0.029	-0.003
413	91.90	91.94	-0.04	29.90	29.04	0.86	21.30	21.51	-0.21	0.77	0.80	-0.03	0.030	0.032	-0.002
404	93.30	92.98	0.32	34.20	34.14	0.06	23.60	23.17	0.43	1.05	0.69	0.36	0.047	0.048	-0.001
403	93.60	93.28	0.32	32.30	32.59	-0.29	26.30	26.96	0.66	1.07	0.91	0.16	0.034	0.036	-0.002
412	93.20	92.85	0.35	27.50	27.75	-0.25	23.20	23.48	-0.28	1.22	1.11	0.11	0.029	0.030	-0.001
402	93.20	93.22	-0.02	30.40	30.58	-0.18	26.80	26.51	0.29	1.11	1.00	0.11	0.030	0.028	0.002
405	94.00	93.86	0.14	27.10	26.66	0.44	26.80	26.66	0.14	1.08	1.00	0.08	0.044	0.041	0.003
	94.40	94.14	0.26	31.90	32.45	-0.55	27.20	26.62	0.58	1.41	1.41	0.00	0.033	0.031	0.002
平均偏差			0.20			0.49			0.40			0.18			0.002
最大偏差			0.35			0.99			0.66			0.56			0.003
最小偏差			0.02			0.06			0.14			0.00			0.001

表 2-36　某石化厂汽油调和项目罐样数据验收对照

罐号	辛烷值(RON)			烯烃/%			芳烃/%			苯/%		
	化验室	现场仪表	差值	化验室	现场仪表	差值	化验室	现场仪表	差值	化验室	现场仪表	差值
413	92.40	92.16	0.24	30.20	29.17	1.03	20.40	19.07	1.33	0.89	1.00	-0.11
404	94.10	93.90	0.20	32.00	32.07	-0.07	26.80	26.91	-0.11	1.07	1.05	0.02
403	94.20	94.13	0.07	31.60	31.80	0.20	28.60	27.90	0.70	1.30	1.18	0.12
412	93.20	93.33	-0.13	28.40	27.82	0.58	21.20	21.94	-0.74	1.22	1.22	0.00
402	93.50	93.25	0.25	30.40	30.81	-0.41	26.80	26.31	0.49	1.23	1.11	0.12
405	94.20	94.45	-0.25	28.40	28.39	0.01	27.20	27.86	0.66	1.22	1.08	0.14
	94.40	94.35	0.05	32.00	32.30	-0.30	31.00	29.96	1.04	1.55	1.41	0.14
平均偏差			0.17			0.37			0.72			0.09
最大偏差			0.25			1.03			1.33			0.14
最小偏差			0.05			0.07			0.11			0.00

参考文献

[1] 田松柏主编.原油评价标准试验方法[M].北京：中国石化出版社，2010.

[2] 褚小立，田松柏，许育鹏，王京.近红外光谱用于原油快速评价的研究[J].石油炼制与化工，2012, 43（1）：72-77.

[3] 段宝军.核磁共振在线分析系统在常减压蒸馏装置上的应用[J].中国在线分析仪器应用及发展国际论坛，2011.

[4] 罗雄麟.化工过程动态学[M].北京：化学工业出版社，2005.

[5] （美）托马斯 F. 德加，戴维 M. 希梅尔布劳，利昂 S. 拉斯东等.化工过程优化（原著第二版）[M].张卫东，任钟旗，刘光虎等译.北京：化学工业出版社，2006.

[6] 王顺岩，张建新，刘健洪.化工过程的集成建模方法研究[J].制造业自动化，2009, 31（10）：139-141.

[7] 曹鹏飞，罗雄麟.化工过程软测量建模方法研究进展[J].化工学报，2013, 64（3）：788-800.

[8] 李晓光.混合建模方法研究及其在化工过程中的应用[D].北京：北京化工大学，2008.

[9] 瞿伟.基于数据驱动的软测量建模方法研究及其工业应用[D].杭州：浙江大学，2008.

[10] 蒋维钧，余立新.化工原理.流体流动与传热[M].北京：清华大学出版社，2005.

[11] 何小阳，李健，闵力等.精馏塔的机理-神经网络混合建模[J].控制工程，2009, 16（2）：211-213.

[12] 张磊.基于自由基机理模型的乙烯裂解过程模拟与优化方法研究[D].北京：清华大学，2015.

[13] Luo L, Zhang N, Xia Z, TongQiu. Dynamics and stability analysis of gas-phase bulk polymerization of propylene[J]. Chemical Engineering Science, 2016, 143: 12-22.

[14] 刘宇佳.基于数据驱动的建模方法仿真研究[D].沈阳：东北大学，2009.

[15] 贺彦林.前馈神经网络结构设计研究及其复杂化工过程建模应用[D].北京：北京化工大学，2016.

[16] 许光.支持向量机在化工过程建模中的应用[D].杭州：浙江大学，2004.

[17] 胡世鹏，吴小林，马剑敏，方传统，李奇，张丽红.基于 BP 神经网络和遗传算法的天然气脱水装置能耗优化[J].天然气工业，2012,（11）：89-94, 123-124.

[18] 吴燕玲.遗传规划及其在数据驱动软测量建模中的应用[D].杭州：浙江大学，2009.

[19] 华丰，方舟，邱彤.乙烯裂解炉反应与传热耦合的智能混合建模与模拟.化工学报，2018, 69（3）：923-930.

[20] 姚平经主编.过程系统工程[M].上海：华东理工大学出版社，2009.

[21] 杨友麒，项曙光.化工过程模拟与优化[M].北京：化学工业出版社，2006.

[22] a. Smart Process Manufacturing Engineering Virtual Organization Steering Committee. Smart Process Manufacturing: An operations and technology roadmap[R], 2009 [2015-12-20]. https://smartmanufacturingcoalitionorg/sites/default/files/spm_-_an_operations_and_technology_roadmappdf.;
b. Germany Trade & Invest. Industrie4. 0: Smart Manufacturing For The Future[R]. Cologne: Asmuth Druch & Crossmedia GmbH & Co. KG, 2014.

[23] 辛国斌.智能制造探索与实践：46 项试点示范项目汇编[M].北京：电子工业出版社，2016.

[24] 覃伟中等.面向智能工厂的炼化企业生产运营信息化集成模式研究[J].清华大学学报（自然科学版），2009, 55（4）：373-377, 469.

[25] 覃伟中.面向智能炼化企业生产运营信息化集成的研究与应用[D].北京：清华大学，2015.

[26] 陈丙珍.过程优化系统运行中的"敏捷性"问题[J].化学工程与技术，2014.

[27] Aamodt A, Plaza E. Case-based reasoning: Foundational issues, methodological variations,

and system approaches [J] . AI communications, 1994, 7 (1): 39-59.

[28]　Pajula E, Seuranen T, Koiranen T, Hurme M. Synthesis of separation processes by using case-based reasoning [J] . Computers & Chemical Engineering, 2001, 25 (4): 775-782.

[29]　Nakayama T, Tanaka K, Nishimoto Y. Computer-assisted thermal analysis system founded on case-based reasoning [J] . Journal of chemical information and computer sciences, 1999, 39 (5): 819-832.

[30]　Zhao J, Cui L, Zhao L, Qiu T, Chen B. Learning HAZOP expert system by case-based reasoning and ontology [J] . Computers & Chemical Engineering, 2009, 33 (1): 371-378.

[31]　Farkas T, Avramenko Y, Kraslawski A, et al. Selection of a Mixed-Integer Nonlinear Programming (MINLP) Model of Distillation Column Synthesis by Case-Based Reasoning [J] . Ind Eng Chem Res, 2006, 45 (6): 1935-1944.

[32]　Seuranen T, Hurme M, Pajula E. Synthesis of separation processes by case-based reasoning [J] . Computers & Chemical Engineering, 2005, 29 (6): 1473-1482.

[33]　Kolodner J. Case-based Reasoning [M] . San Mateo, CA: Morgan Kaufmann, 1993.

[34]　Avramenko Y, Kraslawski A. Similarity concept for case-based design in process engineering [J] . Computers & Chemical Engineering, 2006, 30 (3): 548-557.

[35]　Liao T W, Zhang Z, Mount C R. Similarity measures for retrieval in case-based reasoning systems [J] . Applied Artificial Intelligence, 1998, 12 (4): 267-288.

[36]　Zadeh L A. Fuzzy sets [J] . Information and Control, 1965, 8 (3): 338-353.

[37]　Dubois D J. Fuzzy sets and systems: theory and applications [M] . New York: Academic Press, 1980.

[38]　Gupta M M, Kaufmann A. Introduction to fuzzy arithmetic: Theory and applications [M] . New York: Van Nostrand Reinhold Company, 1985.

[39]　Zimmermann H J. Fuzzy Set Theory and Its Applications [M] . 2nd ed. Boston: Kluwer Acad Publ Dordrecht, 1991.

[40]　Khanum A, Mufti M, Javed M Y, Shafiq M Z. Fuzzy case-based reasoning for facial expression recognition [J] . Fuzzy Sets and Systems, 2009, 160 (2): 231-250.

[41]　Markowski A S, Mannan M S, Bigoszewska A. Fuzzy logic for process safety analysis [J] . Journal of Loss Prevention in the Process Industries, 2009, 22 (6): 695-702.

[42]　Petley G J, Edwards D W. Further developments in chemical plant cost estimating using fuzzy matching [J] . Computers & Chemical Engineering, 1995, 19 (S): 675-680.

[43]　高晓丹, 陈丙珍, 何小荣. 石脑油裂解过程一次反应选择性系数的估计 [J] . 计算机与应用化学, 2005, 22 (12): 1119-1122.

[44]　胡宝清. 模糊理论基础 [M] . 第 2 版. 武汉: 武汉大学出版社, 2010.

[45]　王如强. 石化企业生产计划优化与过程操作集成的研究 [D] . 北京: 清华大学, 2008.

[46]　林世雄. 石油炼制工程 [M] . 第 3 版. 北京: 石油工业出版社, 2000.

[47]　Seider W D, Brengel D D, Widagdo S. Nonlinear analysis in process design [J] . AIChE Journal, 1991, 37 (1): 1-38.

[48]　王杭州, 陈丙珍, 何小荣等. 化学反应系统的多稳态分析 [J] . 化工学报, 2009, 60 (1): 127-133.

[49]　白金麟, 石立宏, 周培湘等. 化工过程实时优化技术现状与未来 [J] . 数字石油和化工, 2009 (7): 2-6.

[50]　Klein M T. Molecular Modeling in Heavy Hydrocarbon Conversions [J] . The Japan Institute of Energy, 2006: Ⅹ-Ⅺ.

[51]　Froment G F. Single Event Kinetic Modeling of Complex Catalytic Processes [J] . Catalysis Reviews, 2005, 47 (1): 83-124.

[52] He K, Androulakis I P, Ierapetritou M G. Multi-element Flux Analysis for the Incorporation of Detailed Kinetic Mechanisms in Reactive Simulations [J]. Energy & Fuels, 2010, 24 (1): 309-317.

[53] Ramage M P, et al. Kinptr (Mobil's Kinetic Reforming Model): A Review Of Mobil's Industrial Process Modeling Philosophy [J]. Advances in Chemical Engineering, 1987, 13: 193-266.

[54] Ghosh P, et al. Detailed Kinetic Model for the Hydro-desulfurization of FCC Naphtha [J]. Energy & Fuels, 2009, 23 (12): 5743-5759.

[55] 石铭亮. 复杂反应系统分子尺度反应动力学研究 [D]. 上海: 华东理工大学, 2011.

[56] 祝然. 结构导向集总新方法构建催化裂化动力学模型及其应用研究 [D]. 上海: 华东理工大学, 2013.

[57] 臧瑜鑫, 高磊. 在线优化模型的建立及软件结构 [J]. 炼油与化工, 2005 (1): 38-41.

[58] 俞金寿. 软测量技术在石油化工中的应用 [J]. 石油化工, 2000 (3): 221-226.

[59] 李鹏, 郑晓军. 中国石化炼油技术分析及远程诊断系统的开发与实践 [J]. 炼油技术与工程, 2012, 42 (10): 49-53.

[60] Shu Y, Ming L, Cheng F, Zhao J. Abnormal situation management: Challenges and opportunities in the big data era [J]. Computers & Chemical Engineering, 2016, 91: 104-113.

[61] Shu Y, Zhao J. Fault diagnosis of chemical processes using artificial immune system with vaccine transplant [J]. Industrial & Engineering Chemistry Research, 2016, 55: 3360-3371.

[62] Shu Y, Zhao J. Data driven causal inference based on a modified transfer entropy [J]. Computers & Chemical Engineering, 2013, 57 (10): 173-180.

[63] Wiener N. I am mathematician: the later life of a prodigy [M]. Massachusetts: MIT Press, 1956.

[64] Granger G W. Investigating causal relations by economic models and cross-spectral methods [J]. Econometrica, 1969, 37: 424-438.

[65] Razak F A, Jensen H J. Quantifying "causality" in complex systems: understanding transfer entropy [J]. Plos One, 2014, 9 (6): e99462.

[66] Schreiber T. Measuring information transfer [J]. Physics Review Letters, 2000, 85 (2): 461-464.

[67] Shannon C E, Weaver W. A mathematical theory of communications [J]. The Bell System Technical Journal, 1948, 27: 379-423.

[68] 李鹏, 郑晓军. 面向催化裂化装置运行分析的大数据平台解决方案 [J]. 炼油工程与技术, 2016, 46 (5): 53-57.

[69] 李鹏, 郑晓军, 明梁, 赵劲松, 高金森. 大数据技术在催化裂化装置运行分析中的应用 [J]. 化工进展, 2016, 35 (3): 665-670.

[70] 苏鑫, 吴迎亚, 裴华健, 蓝兴英, 高金森. 大数据技术在过程工业中的应用研究进展 [J]. 化工进展, 2016, 35 (6): 1652-1659.

[71] 王明辉等. 原油快速评价技术在原油调合中的应用 [J]. 炼油与化工, 2015 (3): 17-19.

[72] 林立敏等. 核磁共振在线分析技术在炼油和化工装置中的应用 [J]. 石油化工自动化, 2004 (3): 55-59.

[73] 李响. 油品调和优化问题的研究 [D]. 大连: 大连理工大学, 2010.

第三章

基于预知预防的安全环保和设备管理

本章从报警仪及工业视频集中管理、施工及作业票证管理、危险与可操作性分析、企地联动应急指挥平台、生产装置现场巡回检查、全厂三维立体人员定位、全过程环境监测与管控、设备管理智能化等方面，阐述基于预知预防的安全环保和设备管理智能化技术和应用实践。

第一节　报警仪及工业视频集中管理

一、全厂报警设施集中管理

为及时发现生产现场可燃气体或有毒有害气体的泄漏，保障石化企业的人身和生产安全，《石油化工可燃气体和有毒气体检测报警设计规范》（GB 50493—2009）规定，在生产或使用可燃气体及有毒气体的工艺装置和储运设施（包括甲类气体和液化烃和甲$_B$、乙$_A$类液体的储罐区、装卸设施、灌装站等）的区域内，对可能发生可燃气体或有毒气体的泄漏进行监测时，应设置可燃气体和有毒气体检（探）测器。设置原则是根据检（探）测点位于释放源的全年最小频率上风向或下风向时，按检（探）测点与释放源的距离来设置。报警信号发送至操作人员常驻的控制室、现场操作室等进行声光报警。

企业按照该规范进行设置，虽然能够满足现场可燃气体或有毒气体的泄漏检（探）测和报警要求，但是实际工作中，由于检（探）测点和操作人员控制室是一对一串联装置内部管理模式，存在个人失误延时处理和缺乏有效监督的管理问题：

一是现场可燃气体和有毒气体超标检（探）测报警，如果当班操作人员没有及时发现，或者发现了没有及时处理，就可能造成报警信息搁置，后续应急处置延误，导致现场泄漏持续扩大，造成火灾爆炸、人员中毒、装置停产、设备损坏、环境污染等事故（事件）。

二是报警处置过程缺乏同步有效的检查监督，难以保证现场出现报警后的及时规范处置和问题闭环管理。

三是报警数据缺乏统计分析，装置单元和工厂一般只完成了突发报警的正确处置，缺乏周期性、规律性的举一反三总结及工艺技术和安全管理改进。

（一）报警设施集中管理的实践

某石化企业结合智能工厂建设，在原有现场可燃气体和有毒气体检（探）测报警信号引至现场控制室的基础上，将全厂生产现场可燃气体及有毒有害气体检测报警、火灾报警（烟感、声光、温感等）引入全厂性的生产管控中心、消防保卫监控中心（119 接警中心）进行集中管理，形成现场检（探）测点至现场外操室、生产管控中心内操室、消防保卫监控中心（119 接警中心）"一对三"并联、集中管理模式。现场气体报警处置流程见图 3-1。

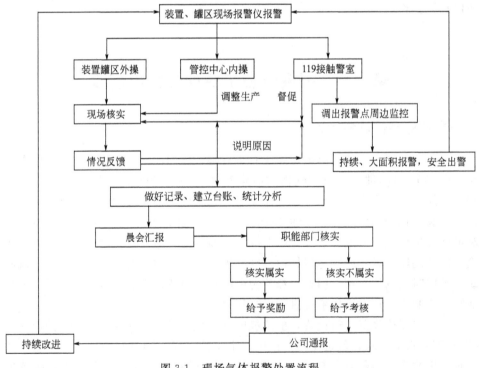

图 3-1　现场气体报警处置流程

1. 明确管理流程

为充分发挥报警仪预警功能，突出事故预防管理，改变以往分装置单独管理的弊端，实现全厂性一体化报警规范化和程序化集中管理处置，该厂确定了明确的管理程序。通过明确报警仪报警管理责任人和工作职责，规范报警仪报警后应急处置程序，明确工作流程（制定流程图、落实汇报程序、执行人、反馈信息、应形成工作台账等）和响应时间。规定要求班组接报警后，1min以内必须报告至车间管理人员和消防保卫监控中心，处置人员要严格执行应急处置规定，佩戴"四合一"气检仪、对讲机、空气呼吸器等，落实好自身安全防护措施，在现场追根溯源排查出隐患点。现场处置时，对现场东南西北四个方向进行检测，记录检测数据，查明报警原因，并尽快消除隐患；接警中心发现异常情况，视紧急程度不同，可以直接安排消防力量出警。运行作业部做好报警仪报警处理记录，建立管理台账，深入分析报警规律，提报安全监管部门，形成报警大数据台账并作专业分析。

2. 加强平台管理

企业报警仪集中管理进一步加强了工艺管理、设备维护和源头治理，减少和消除了现场泄漏和异味。通过加强报警仪设备维护，定期开展校验，提高了设备投用率，确保灵敏度。从管理上，加强专项安全督查，不断推进平台规范管理；安全监管部门加大对报警后应急处置工作的检查考核力度，严禁报警后不到现场检查确认、原因未查清、问题未彻底解决、重复报警等情况出现。通过"硬件""软件"管理相结合，逐步实现了报警仪报警次数减少、安全管理从事后向事前、事中转变的目标。

（二）报警设施集中管理的成果

报警设施集中管理不仅防止当班人员报警处置不及时、泄漏源查找不到位情况的发生，而且建立报警处置履责监督工作机制，保证每项报警都有核查反馈，第一时间发现现场的泄漏情况，将事故隐患消灭在萌芽状态。加强对泄漏源的管控，同时也提高了设备完好率和生产现场异味治理水平。每周、每月对报警数据规律性分析，可以准确掌握生产过程的薄弱环节，提高了生产单元的管理针对性。规范操作人员应急处置过程，提高了人员的安全意识和安全技能水平。领导层高度重视报警处置工作，使得事前防范的要求得到有效落实，部门和人员责任更加明确，报警次数和重复报警得到了有效遏制。初步统计，报警设施集中管理实施后，报警次数比实施前下降60%。

二、全厂工业视频集中管理

石化企业中，生产现场各类工业视频主要应用于跟踪关键机组、重点设备、高温易腐蚀部位的运行状态，监控危化品、剧毒品、放射源仓库及厂界的治安保卫情况。随着安全管理的深化要求，逐步扩展到实时监控用火、进入受限空间等高风险直接作业情况。

由于各类工业视频是由工艺、设备、安全、环保、治安保卫等不同专业提出业务需求并组织实施，技术要求、设备选型、安装位置、信号传输等不尽相同，易形成各自为战、孤岛式的管理模式，既存在资源重叠浪费，不兼容共享，也存在着监控死角盲区，不能满足企业精细化管理的要求。

直接作业环节方面，石化行业是一个高风险行业，涉及物料危险性大，尤其是在用火作业、高处作业、交叉作业、受限空间作业过程中面临诸多高风险因素。企业虽然可以通过发动人员勤下现场开展安全检查，但毕竟人员力量有限，不能及时、全面地掌握所有现场作业情况，一旦现场发生突发事件，难以在第一时间获得有效信息，纠正现场违章，错过最佳应急时间。安全生产现场的全方位视频监控日益成为新时期安全管理的突出要求。

根据生产运行经验，报警仪、视频监控的完善，可以切实提高生产装置现场安全监控的敏捷性，提升装置安全预警能力。在现场原有各类工业视频监控基础上，将各个不同时期建设的固定式工业视频监控信号引入统一的监控平台进行集中管理。为提高监控效果，通过对全厂报警仪和摄像头在原有设计基础上"提质、加密、升级"，整体规划，分阶段、分步骤建设生产装置地面、高空和周界全方位立体防控网络。装置视频设置分为总貌、边界、频繁操作区域（泵区和控制阀区）、事故易发部位区域、有毒有害重点区域、重点设备运行监控等，视频监控由模拟式改为高清式，按照"点、线、面"监控方式，调整原有不合理布置，适当增加必需的移动视频监控终端，最终达到装置生产和现场施工作业全覆盖监控的目的。工业视频监控与移动终端如图 3-2 所示。

图 3-2　工业视频监控与移动终端

视频监控优先考虑安装风险部位：关键区域、关键机组、关键设施、关键物品和关键岗位；操作频繁区、风险叠加区、故障易发区和事故多发区；无人值守区、人员禁入区、人员密集区和环境敏感区。

另外，配置了满足防爆标准的面向复杂工业环境的 4G 无线传输移动终端，通过 4G 专网进行无线传输，作为固定工业视频的补充完善，做到视频监控全覆盖、无盲区。移动终端可用于各个高风险作业现场的旁站视频拍摄，视频信号实时传送至监控中心，解决了生产装置现场监护力量不足、安全监督不够的问题，实现了生产装置、作业现场必须全程视频监控的管理要求。在应急处置方面，通过为应急处置人员配备视频终端，在工业 4G 网络基础上，将现场高清图像传回指挥中心，保证第一时间掌握现场情况、准确决策。

三、报警仪与工业视频联动

按照安全管理"从事后向事前、事中转变"的理念，某石化企业建设了气体报警仪、视频监控集中管理与实时联动系统，并根据生产和安全管理需要，持续"提质、加密、升级"，将全厂生产现场可燃气及有毒有害气体检测报警、工业视频监控、火灾报警（烟感、声光、温感等）进行集中管理并实现一体化联动。

一是新设立的消防保卫监控中心，同时也是 119 接警中心，安排人员 24 小时值守，实现了异常情况下两路接警，确保接警通信顺畅。

二是消防保卫监控中心将全厂有毒有害、可燃气体报警仪进行集中管理。一方面，基层生产单位根据报警情况，佩戴空气呼吸器、携带报警仪，落实好各项个人防护措施后，到现场追本溯源查找泄漏点，并排查泄漏原因；另一方面，当一套装置出现 3 个点及以上大面积报警时，监控中心直接派出消防救援人员，及时赶赴现场进行处置。

三是消防保卫监控中心通过视频集中监控系统将全厂固定视频进行集中管理，监管人员可以在任意时刻随意调取任一位置的监控画面；一旦监控现场出现火灾、治安保卫等事故苗头或异常情况，能在第一时间被发现，是全厂门禁、周界、装置里关键设备和重要设施的立体"监控天眼"。

四是消防保卫监控中心通过现场施工作业备案系统上报的信息，掌握每天全厂施工作业的关键信息（危害识别、施工地点及内容、责任人），每一个作业点周边至少附有一个以上的视频监控点。作为固定视频监控的有效补充，4G 移动终端可用于各个高风险作业现场的旁站视频拍摄，视频信号也可以实时传送至消防保卫监控中心，有效实现了生产装置、作业现场必须全程视频监控的管理要求。

五是消防保卫监控中心不仅将全厂有毒有害、可燃气体报警仪进行集中管理，而且实现了与视频监控的联动。只要一处报警仪出现报警，监控平台会自动同时弹出三个视频监控画面，对报警后生产装置现场和人员应急响应情况进行实时监控。报警仪与工业视频监控系统建立地面、高空、周界立体监控体系，力求做到安全监管实时感知、关口前移、事前预防，实现了炼油企业关键装置重点、要害部位智能化安全监管，为公司安全平稳生产提供强有力支撑和可靠保障。

报警仪与工业视频监控智能化联动系统如图 3-3 所示。

报警仪实现集中管理后，可充分发挥气体报警仪的探测预警功能，报警后能

图 3-3　报警仪与工业视频监控智能化联动系统

做到及时现场核查确认、查找原因、消除隐患，预防和减少因可燃、有毒有害气体泄漏导致的火灾、人身伤害事故；持续开展报警仪报警情况日汇报、周分析、月统计，将成功正确处置典型案例进行总结评比，持续改进气体报警仪与视频联动运行管理效果，营造良好安全文化氛围。

2016 年 1 月 6 日 11 时 40 分，该厂加氢裂化装置内操（工）在监控 DCS 过程中，发现压缩机厂房氢气检测仪多处报警，立即向班长和消防保卫监控中心汇报，时长不超过 2min。班长按照应急处置程序，立刻安排外操（工）带上空气呼吸器和便携式氢气报警仪，到现场进行漏点排查，发现 C102/B 三级入口前缸引压管线接头处焊缝撕裂成 2mm×15mm 裂缝，并成功采取应急措施。期间，消防保卫中心进行了全程视频监控，确保处置安全。

通过实施可燃、有毒有害气体报警仪集中与视频联动管理，加强了发现现场突发事故的监控能力，改进了炼化企业的传统安全监管方式，有利于各生产装置之间信息互通、关联配合和应急联动，减少了应急处置环节和响应时间，实现了"两重点一重大"装置的智能化监控。通过加强气体报警仪与视频联动管理，发现初期隐患次数大大增加，事故得到有效遏制，确保了人身安全和生产装置安全平稳运行，实现了安全管理"预防为主、超前防范"的理念。

下一步，需要进一步梳理业务应用于需求，克服通信、感知能力上的不足，适应工业现场复杂环境条件，不断提升应用效果。一是强化视频感知。运用火灾视频自动采集技术，采用先进算法和计算机图像模式识别技术，通过与火灾视频数据库的各种火灾特征进行对比分析，实时探测监控区域内可能产生的火焰和烟雾并发出报警信号。通过视频监控智能分析技术，实现可视化的快速火灾探测报警功能。二是加强移动监测。利用移动监控、环境监测、手持终端等设备，结合远程通信技术、气体探测及位置服务等进行集成运用和开发。三是远程智能分析。基于三维数字化工厂，建立生产装置、作业现场视频监控与智能分析的可视化运用，建立可燃与有毒有害介质泄漏监测报警和远程紧急切断的自动化运用，建立工艺过程异常工况监测预警、大机组安全状态在线诊断预警以及异常事件与事故处置的智能化运用。

四、生产装置工艺报警管理

化工过程报警系统通过报警信息显示当前过程存在的异常情况，提醒操作人员及时干预以避免生产事故，其运行效率和化工过程的安全性能密切相关。但是由于装置技术改造、运行负荷调整、仪表设备维护不当等原因，报警系统性能效率下降，出现了虚假报警和冗余报警等无效报警，误报警和漏报警的比例提高。一方面无效报警对操作人员造成干扰，使报警系统可靠性降低，操作人员不信任报警系统，这使得报警系统失去意义；另一方面，代表装置异常工况的真实有效报警没有及时发出，事故发生前的预事件得不到处理，操作人员错过提前干预的机会，最终造成严重的事故后果，因此报警系统性能效率低下会严重影响装置的安全经济运行，使得装置运行面临潜在的巨大风险[1,2]。然而报警系统优化与再设计过程复杂，耗费大量人力物力，并且可能影响整个生产过程的正常运行。随着近年来报警管理在理论研究上取得一系列进展，基于标准化的报警管理流程来优化报警系统已经得到业内认同，如图 3-4 所示。

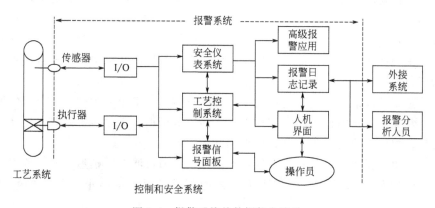

图 3-4　报警系统的数据信息流动

1990 年霍尼韦尔公司最早致力于报警系统管理的研究。1994 年异常工况管理联盟成立，主要研究处理工厂异常工况，其中包括了报警管理。工业界为了规范报警管理，形成了一些指南和手册。英国健康与安全委员会于 1998 年出版了报告《报警系统管理》（The Management of Alarm Systems），对过程工业报警系统的现状和措施作了综述。PAS 公司于 2006 年出版了手册《报警管理手册：综合指南》（The Alarm Management Handbook：A Comprehensive Guide），全面系统但又浅显易懂地介绍了报警管理的概念和方法。2009 年 D-RoTH 公司总裁 Rothenberg 撰写了专著《过程控制中的报警管理》（Alarm Management for Process Control）。此外，报警管理的规范已经形成了若干个国际标准，其中当前最重要的是工程设备和材料用户协会于 2007 年修订的标准 Alarm Systems：A

Guide to Design，Management and Procurement（EEMUA 191—2007）和国际自动化学会于 2009 年发布的标准 Management of Alarm Systems for the Process Industries（ANSI/ISA-18.2—2009）。此外还有德国的 NAMUR NA 102、挪威的 YA-711 等标准。表 3-1 列出了油气、石化、能源等行业的报警现状与有关标准的差异。从中可以看出，各行业的报警率均处于较高的水平，超出了操作人员处理报警的能力。

表 3-1　各行业报警现状与国际标准的差异（EEMUA 191—2007）

项　目	标准	油气	石化	能源	其他
每小时平均报警	6	36	54	48	30
每次切换的停滞报警	9	50	100	65	35
每 10min 峰值报警	10	220	180	350	180
优先级分布(低/中/高)/%	80/15/5	25/40/35	25/40/35	25/40/35	25/40/35

近年来，国内对于报警管理的研究取得了一些理论进展和实践应用。如清华大学在报警管理理论研究上拥有自己的专利技术和科研成果，在多变量报警统计及重复报警处理等方面具有自己独特的方法[3~5]，并利用报警相关性分析方法进行报警管理和预测，在此基础上整合成智能报警管理系统平台 iTAM，形成具有自主知识产权的软件产品，并成功应用在企业的生产实际中。对于报警管理技术的研究，目前主要集中在以下几个方面：

一是报警性能评价。针对报警系统的用户需求，提出一系列切实可行的评价指标。常见的指标有误报率、漏报率、平均检测延迟、无效报警率等，但针对抖动报警、报警泛滥等并没有公认的识别指标。

二是单变量报警信号处理。针对单个报警，通过滤波、延迟、死区等方法对过程时间序列进行处理，生成更为有效的报警信号，提高报警的正确性和快速性。

三是多变量报警分析和设计。分析多个报警之间的关系，提出应对多变量报警，特别是报警泛滥的处理方法，提高报警的简洁性和实用性。

四是报警合理化过程的自动实现。研发软件工具，实现报警设置过程管理的计算机辅助设计。

五是系统开发与应用。开发报警分析和设计工具以及与 DCS 系统的接口，实现离线和在线条件下的报警数据分析统计和报警设置监控管理，在实际工业过程中应用。

报警管理的主要依据是两个报警管理的国际标准。ISA 18.2 标准中介绍了一个报警系统改造项目通常包含的 7 个步骤，其中前 3 步是必需的，完成之后再进行评估是否需要进行下面的步骤。以下分别简要介绍。

第 1 步：提出报警理念。根据需求，明确报警系统应实现的总体目标，并具体化为报警选择、配置、优先级设定等一系列方案，作为报警系统设计与改造的指导方针。

第2步：收集、整理数据，设定报警性能的基准点。通过图表报告等方式（往往通过专用软件生成），分析现有报警系统的优缺点，找到关键问题及其解决方案。

第3步：解决无效报警的原因并解决。根据工程经验，多数报警通常只由少量原因所引起。找到这些无效报警的根源，就可用很小的代价解决关键的问题，取得明显效果。

第4步：报警建档和合理化。对报警系统进行全面检查，以确保每个报警的设置都符合报警理念，能够实现具体的报警目标。

第5步：报警系统的审核和强制执行。通过专用软件进行变更管理，记录并管理报警设置的全部变更。

第6步：实时报警管理。有时需要更加灵活的报警方式，例如基于状态的报警、报警泛滥抑制、报警临时屏蔽等，使报警体现系统运行状态的异常。

第7步：对改造后的系统进行监控和维护。对报警系统进行合适的变更管理、长期分析和关键性能指标（KPI）监控，以确保上述改进的效益能够长期保持。

后4个步骤都很费时间，因此需根据实际需求适当选用。ISA18.2标准给出了报警管理的生命周期，如图3-5所示。该流程共有3个入口：A、H和J，分别对应上马阶段、运行阶段和审核阶段。图中包含3个闭环，第一个是监控与维护，第二个是监控与变更管理，第三个是整个生命周期本身。

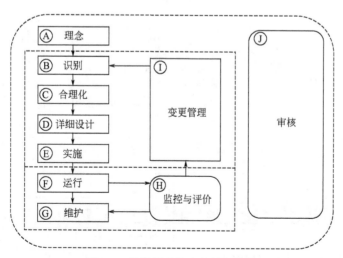

图 3-5　报警管理的生命周期分析

为了对报警进行设置和管理并实现其智能化，国际上已有专用软件开发出来，如 Honeywell 公司的 DynAMo，日本横河公司的 CAMS，PAS 公司的 PlantState Suite 等。这些软件包含了报警和事件数据的收集和管理、生成关键性能指标的标准化报告等功能，方便了报警管理，在实际运用中也取得了较好的效果，有效减少了无效报警数量。

清华大学设计开发的全厂级智能报警管理系统 iTAM（获软件著作权 2 件，登记号：2015SR165261、2015SPR070617）实现了报警合理化、在线报警管理等功能，如图 3-6 所示，并在实际工业应用中取得了的效果证明，如图 3-7 所示。iTAM 在九江石化部分主要炼油装置得到应用，报警率平均降低 57.9%，而且成为该公司生产运营部进行安全生产管理的一个常用工具（见表 3-2）；此外，在某石化企业开展报警管理，催化裂化装置实现报警减少 66%。

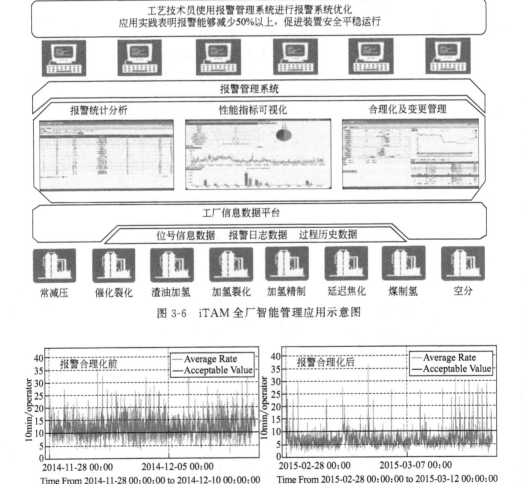

图 3-6　iTAM 全厂智能管理应用示意图

图 3-7　报警合理化前后某装置报警率的对比

表 3-2　iTAM 在九江石化部分炼油装置报警管理的应用效果

装　　置	报警率/(次/10min)		报警率下降/%
	报警管理实施前	报警管理实施后	
催化裂化Ⅱ	4.82	3.33	30.9
催化裂化Ⅰ	13.02	4.32	66.8
加氢Ⅱ	16.30	3.40	79.1
延迟焦化	16.61	7.45	55.1
常减压Ⅰ	10.85	5.80	46.5
加氢裂化	27.22	5.28	80.6
煤制氢	6.420	3.70	42.4
渣油加氢	16.36	6.25	61.8

　　除此之外，企业报警管理实践方面的报道还有：某石化企业（Z 厂）为了避免操作室频繁的无效报警造成操作人员意识麻痹，开展了"消灭装置前 5 位报警"活动，通过在线统计分析各装置的报警情况，采取仪表调整、控制优化等措施，消除高频次报警，有效减少了各类无效报警，各操作室由过去的"警报不断"转为"悄然无声"。某石化企业（H 厂）对全厂 17 套主装置等进行报警管理优化，针对 DCS 上的无效、错误和不合理的报警信息采取了"消除报警前10 名"活动，周报警数量下降 55%。某石化企业（S 厂）在 6 套生产装置投用了 DCS 报警管理系统，集报警收集、处理、分析、管理于一体，实现对报警的有效监控与分析，减少空报警和冗余报警，把报警数量控制在操作人员可承受的范围内，达到报警管理国际标准中的第三等级。某石化企业（Y 厂）在乙烯装置开展报警管理，优化实现报警数量减少 90%。关键点位预警系统如图 3-8 所示。

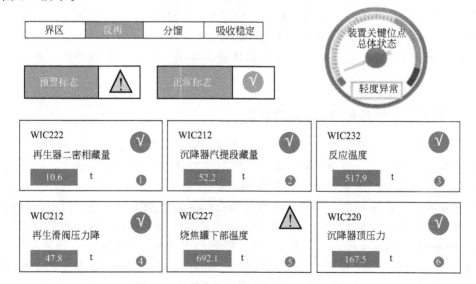

图 3-8　关键点位预警系统界面示意图[6]

　　随着智能报警管理实践的逐步推广实施，生产装置的无效报警将明显下降，操作人员接收到的报警将都是有效报警。这种报警系统去伪存真的过程，也是对报警管理认知水平的提升过程。

　　报警系统经过有效管理后，下一步的重要工作就是对报警进行智能诊断，为操作人员提供智能辅助决策。清华大学利用人工免疫系统技术开发基于大数据的关键报警的早期智能预警与诊断技术[7]，已经在国内某石化企业进行了应用。有关技术获得了 2016 年中国石油和化学工业联合会科技进步二等奖。目前，该团队正利用深度学习算法开发下一代智能故障诊断技术[8]。随着有关技术的逐渐成熟，报警系统管理的智能化程度也将得到大幅提升。

第二节　施工及作业票证管理

　　石化企业具有高温高压、易燃易爆、有毒有害、连续作业、链长面广等生产特点。随着企业的不断发展，新装置工程建设和老装置检维修、技措技改、隐患治理等工作需要，各类施工承包商广泛进入企业生产经营环节。施工承包商安全管理水平不齐，施工人员综合素质各异，加上现场施工作业频繁，作业面狭窄、各类作业交叉等因素，直接影响企业安全平稳生产和直接作业环节安全。对于施工承包商的管理主要有资质审查、单位准入、项目承包、人员培训、机具报验、作业许可、施工作业、项目验收、业绩评价等重点环节，其中又以作业许可、施工作业等直接作业环节为监管难点，直接作业环节违章类型主要有人的不安全行为、物的不安全状态、不良的作业环境和管理上的缺陷等。企业需要结合安全生产特点和施工承包商管理的重点难点，在现有管理模式基础上，充分利用信息化与智能化管理手段，加强承包商和直接作业各环节监管，保障直接作业全过程安全。

一、基于风险管控的作业备案管理

　　为加强直接作业安全管理，切实落实安全管理"预防为主"方针，将事后管理变为事前预防、事中控制，全面监管好生产区当天所有作业活动，实现每项作业安全监管"源头把关、过程控制、各方监督、闭环管理"，某石化企业通过开发作业备案系统，实现每天现场所有作业在系统上提前进行提报，同时设置短信提醒和动态监控平台，改变了以往施工作业计划性不强，监管针对性不够等问题，创新了作业安全管理模式，做到每天作业、每项作业的 PDCA ［计划（plan)-执行（do)-检查（check)-处理（action)］循环监控。作业备案系统和施工动态监控平台如图 3-9 所示。

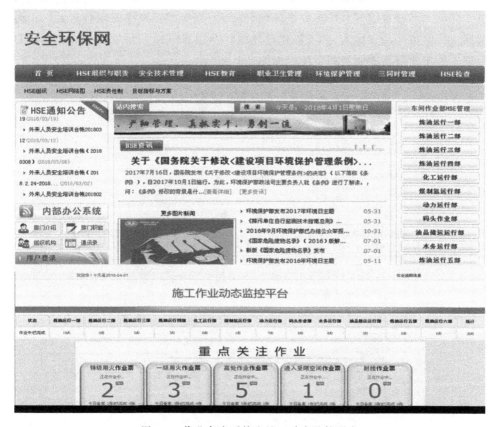

图 3-9　作业备案系统和施工动态监控平台

　　施工作业 HSE（健康、安全与环境管理）备案是指承包商在工程建设、检维修和日常维保等施工项目在开工作业前，持相关审批手续，到项目主管部门、项目所在单位和安全环保处进行审批、登记，并将有关信息上传至 HSE 管理平台，以便对现场施工项目全过程进行有效监管的一种管理模式。作业 HSE 备案分为书面备案和网上备案两种形式。书面备案是指作业项目开工前，承包商编制施工方案，经项目主管部门、属地单位、监理单位等相关部门审核批准后，持《现场施工备案审批表》到安全环保处备案、审批；施工结束后报告项目主管部门，同时向安全环保处注销。网上备案是指作业前，承包商到项目所在单位办理相关作业票证，项目所在单位根据当天作业内容，落实作业责任人、监护人和安全措施，每天填报《承包商现场施工 HSE 备案表》并上传至 HSE 管理平台，当天作业结束后，对作业现场进行检查，对作业 HSE 表现进行评价，对作业项目进行注销。

　　该厂在 HSE 管理平台上设立了作业 HSE 备案模块，分为书面备案汇总、生产领域作业项目汇总和工程建设领域作业项目汇总三个施工信息数据输入接口。其中"书面备案汇总"由安全环保处输入,"生产领域作业项目汇总"由各基层生产单位等每天输入,"工程建设领域作业项目汇总"由项目总承包单位每天输入。作业备案界面和备案流程如图 3-10 所示。

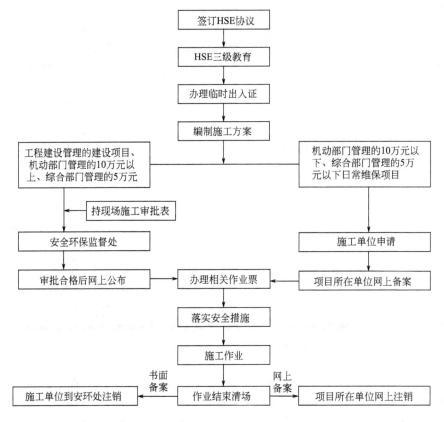

图 3-10 作业备案界面和备案流程

作业前,施工单位办理相关作业票证,同时,各施工作业点设立"施工安全管理牌"实行"看板管理"。作业班组开展"班前 600 秒"安全教育活动,管理人员或班组长向全体班员就本次作业内容进行 HSE 交底,开展作业前安全分析(JSA),危害辨识和风险评估并落实防范措施。作业过程中,建立健全安监部门、总承包单位、分包单位、属地单位和作业班组五级 HSE 监管机制,按照"谁主管、谁负责""谁发包、谁负责"和属地管理原则,对现场施工作业进行有效监管,实施日常检查、专项检查和联合检查。施工结束后,作业班组安全人员在现场进行总结,提出改进措施,按照日作业计划,对"施工安全管理牌"内容及时进行更新。属地单位在网上备案表上对当天每项作业进行 HSE 表现评价,对违规行为提出考核意见，做到违章"零容忍"。

作业备案系统同时与承包商准入、承包商人员安全教育、现场固定视频监控等系统信息相关联，对作业前承包商相关资质审查、承包商人员三级安全教育、特种作业人员资质审查、作业过程中的全程视频监控、作业结束后现场检查、业绩评价等环节进行有效管控，每天对每项作业开始前、作业中、结束后的管理情况进行实时监控，实现系统集中集成、信息共享互通，提升直接作业风险智能化管控水平。

通过作业备案系统，实施作业备案管理，加强对作业全过程的监管，强化了作业安全意识，规范了作业安全行为，提高了作业安全标准，严格了作业安全考核，该厂直接作业环节安全管理工作取得了较好的成绩。主要表现在：

1. 作业内容提前计划

按照作业备案管理要求，施工前施工单位必须提前告知属地管理单位；属地管理单位根据当天的作业项目和内容，合理安排监护人员，有重点地进行检查和监管，最大限度地杜绝了无计划作业、冒险施工。

2. 作业信息公开透明

通过作业备案，将每个施工作业项目的作业单位、作业区域、施工人数、施工类别、作业内容、涉及介质、各方责任人、起止时间、HSE 表现等有关信息在备案管理系统上展示，促使施工各相关方主动做好施工作业各项安全准备工作，开展危害识别和风险评估，制订和落实安全防范措施，自觉接受安全监管。

3. 作业各方责任明确

通过作业备案，进一步明确了施工单位、项目主管单位、属地管理单位的责任，成为检查各方落实"谁主管、谁负责""谁发包、谁负责"、属地管理原则和各级 HSE 责任制的有效评价标准和管理手段。

4. 作业过程全程监督

通过书面备案管理，严格施工作业审批，重点检查施工前 HSE 方案的编制、危害识别和风险评估的开展、HSE 防范措施、应急预案的制订落实等情况，从施工作业源头保证本质安全。

施工作业 HSE 备案管理具有先进性、预防性、系统性、可追溯性和持续改进性等特点，是石化企业作业安全管理的一种行之有效的新模式。

① 先进性。通过 HSE 管理平台作业备案管理模块，企业领导和相关部门每天可以实时、快速地掌握生产区任何一项作业的详细信息，包括作业单位、作业内容、作业类别、作业人数、涉及介质、主要危害、项目主管部门、作业单位、属地单位、监理单位的责任人、作业起止时间、作业 HSE 表现等，还可以对任

何一个时间段内属地单位作业数量、作业类别、作业人数等基础数据进行统计分析，为开展有针对性的检查提供依据，安全监管工作做到了信息翔实、掌控全面、监管有效、评判有据，具有较强的先进性。

② 预防性。作业备案管理制度从建立伊始，就要求做到事前控制。无论是书面备案和网上备案，都要求作业前做好各项准备工作。从作业单位安全资质，到作业类别和存在的危害风险；从作业方案的编制，到作业票证的开出等，都要求在项目主管部门、安监部门、属地单位逐项检查和落实后，方可进行作业。作业过程中，明确了各方监护人和责任，检查安全措施的落实，及时发现和制止不安全行为，最大限度地防止了各类事故的发生，充分体现了"预防为主"的主线和原则。

③ 系统性。作业备案管理制度涉及项目主管部门、安监部门、企管部门、财务部门、属地单位，第三方安全监管部门、项目总包分包单位等，不仅明确了各方职责和分工，而且要求各方参与作业全过程的管理。作业项目招投标、资质审查、合同签订、作业方案编制审核、施工准备、作业实施、过程监管、HSE 表现评价考核等阶段，都有相应部门进行管理。通过作业 HSE 备案管理平台，各部门之间相互协调、补位，形成了一个作业安全整体监管系统，改变了以往各部门各自为战，相互之间缺少联系，信息交流不畅，没有形成合力的状况。

④ 可追溯性。以往作业中暴露的问题，由于作业项目不明确，监管责任未落实，部分未被及时发现和考核，不了了之。作业 HSE 备案管理制度建立后，每天各项作业一目了然，现场发现的问题具有可追溯性，通过查阅备案记录，能够迅速锁定作业队伍、作业区域和作业人员，统计分析和考核也有据可查，也为下一步工作的开展提供了参考数据，指明了改进方向。

⑤ 持续改进性。作业备案管理制度实施以来，通过日检查、周通报、月考核等形式，各部门、各单位对作业 HSE 备案制度的执行标准不断提高，现场各类作业始终处于安全受控状态。安全管理部门通过对作业备案检查情况进行统计分析，提出各项作业提前 1 天进行网上备案，做到作业的计划性和监管的针对性更强；增加网上备案与实际执行符合性的评价，进一步落实作业备案制度；作业网上备案情况从文字、表格形式向图片化、可视化过渡，做到更加直观等，不断改进作业 HSE 备案制度，使其更加具有充分性、适宜性、优越性和有效性。

二、面向作业管控的许可票证管理

为防止作业现场出现作业未提前预约，施工单位和人员的资质资格未经审核，采样分析时间和作业时间间隔不符合制度要求，相关安全措施落实人和监护人不到现场检查确认，作业票代签、事后补签等现象，确保作业票证开具的严肃性、可追溯性，该厂充分利用信息化手段，加强对作业许可票证的管控。主要做法：一是在统一的作业许可管理模块的基础上，增设施工作业管控模块，实现用火、用电、进入受限空间等作业票证的在线预约和签发。二是配备防爆移动终端（PDA），预先录入和保存作业信息，通过 PDA 到现场进行签发。三是作业结束后进行验收的签字，然后通过 WiFi 回传到 PC 端或者电脑端，进入 HSE 系统数据库，以备统计和分析。四是配备打印机，将作业票证打印，交付作业。五是对作业票证开具、执行、存档等情况进行统计分析。移动开作业票架构如图 3-11所示。

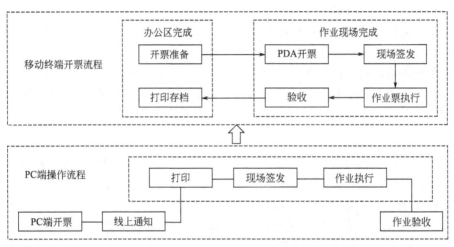

图 3-11　移动开作业票架构

具体做法是：

1. 作业预约

施工作业活动的提前预约和提醒。通过预约登记，实现作业信息的提前预约登记功能，登记内容包括作业时间、作业地点、施工单位、作业人员、作业内容、可能存在的风险、需要开具作业许可票证的类型等信息。通过预约查询，实现作业预约信息的浏览和查询，主要便于各级安全管理员查看各单位的作业预约情况，有利于生产现场的作业监管。通过预约提示，实现作业预约提示信息的自动生成，并能在系统桌面消息系统、企业短信平台或企业仪表盘等功能中进行作业预约信息发布和提示。通过汇总统计，按照属地单位、施工单位、作业类型等自动生成各类汇总统计表。

2. 作业许可

对监护人员定位，实现监护人员的定位监控、报警和地图展示功能。对作业票证签发定位，实现作业票证签发现场位置的定位和地图展示功能。对票证分类统计，实现作业票证的分类统计功能，生成相关的统计分析图表。

3. 作业票移动签发

利用手持终端对作业许可票证进行现场签发和完工验收。主要包括：

票证新增：在手持终端上进行（新增）填写作业票的操作。

票证签发：在手持终端中打开对应的作业票，进行编辑，在主要安全措施和许可证签名处签名，各级签发人的签字应以图片的形式存储其签名，同时完成票证状态从执行中到待验收状态或完成状态的操作。ExPad 定位和地图展示（3G传输数据）、前后拍照功能和存储。签名时增加用户名和密码后再签名。监护人员定位功能和地图展示。

票证验收：对待验收的作业票证，进行作业许可验收信息（包括验收通过、撤销、作废）的填写操作，并改变票证状态至完成。

票证下载：将在作业许可管理系统中开好的作业票下载至手持终端。

票证上传：将手持终端中的作业许可票证上传至作业许可管理系统服务器端。

4. HSE 移动检查

以生产现场 HSE 检查标准为基础，利用移动终端实现现场检查的标准化和信息化检查，分为服务器系统端的功能和手持移动终端的功能。

HSE 移动检查系统端功能包括：

① 任务管理，包括任务定制和任务查询。任务定制主要实现移动检查任务的制定，设置检查时间、检查区域和检查要点；任务查询实现对检查任务的查询，包括任务状态、完成情况、反馈问题等。

② 问题管理，包括问题整改、问题验证和问题查询等，主要实现对 HSE 检查问题的整改情况登记、问题整改转发、问题验证情况登记、问题验证转发，以及针对问题各类情况的汇总查询功能。其业务功能将与 HSE 管理中 HSE 检查模块进行集成融合，确保各类检查的问题的整合和统一。

③ 承包商人员检查。根据现场移动终端的人员检查，实现作业人员是否符合教育培训要求，并能生成承包商人员黑名单。

④ 基础信息。包括 PDA 管理、区域设备、标准化检查、任务模板、检查标准。主要实现的功能包括对公司内所有区域的 PDA 进行注册和分级管理；对检查区域的设备、位置和关键点设置条形编码实现检查到点到位的管理；对区域内的重点设备进行维护和分类管理，确保检查标准按照重点设备的要求进行检查和整改；对检查的标准化要求进行维护，为任务模板提供输入。

⑤ 任务模板。主要是为制订标准化检查提供依据，方便企业制订各类标准化的检查任务。

⑥ 检查标准。主要是实现企业各级各区域各设备的检查评比标准的维护，

为实施标准化检查提供依据。

⑦ 统计报表。包括任务统计、问题统计和考核统计等，主要实现对检查任务执行情况和工作量的统计，对检查反馈的问题进行统计包括问题的整改和验证完成情况、问题类别和问题原因等方面的统计报表。

⑧ 绩效考核。主要是根据检查标准的要求，对存在问题项的考核情况汇总，并能按照区域、单位、部门等分类统计显示。

移动 HSE 检查手持终端功能包括：

① 执行任务。在 PDA 中打开对应的 HSE 检查任务，按照检查任务中规定的检查项目和检查要求，逐项检查并确认，如检查过程中发现不符合，通过问题抄录按钮将问题记录在该项检查要求之下并保存，完成整个检查任务后，提交任务。

② 上传下载。上传是将 PDA 中的已经完成或部分完成的检查任务上传至移动 HSE 检查子系统服务器端；下载是将在移动 HSE 检查子系统中新建的 HSE 检查任务或未完成的检查任务下载至 PDA。

③ 新建任务：在 PDA 上进行（新增）HSE 检查任务。

④ 作业人员检查。实现现场承包商作业人员教育培训、人证是否一致的检查，不合格的可进入人员黑名单。

⑤ 基础数据。用于下载更新检查任务模板、检查标准、PDA 所在部门的用户信息、权限等设置信息。

⑥ 通信设置。进行 PDA 对应的移动 HSE 检查子系统服务器地址设置，对 PDA 进行注册申请。

⑦ 退出系统。通过此按钮退出 PDA 端的移动 HSE 检查子系统。

5. 报警综合展示

根据作业预约、作业票证和 HSE 移动检查的业务数据，生成违章报警和监控数据的综合展示。

移动开票功能如图 3-12 所示，移动开票流程如图 3-13 所示。

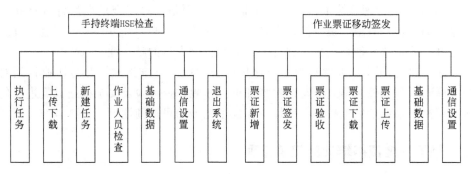

图 3-12　移动开票功能

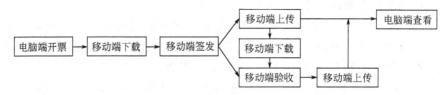

(a) 离线模式1——服务端开票，移动端下载签发及验收流程：服务端开票，移动端下载签发验收再上传服务端

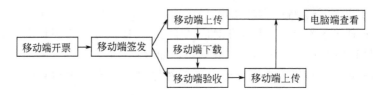

(b) 离线模式2——移动端开票、签发、验收再上传服务端流程：移动端开票、签发、验收再上传服务端

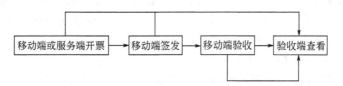

(c) 在线模式——移动端、服务端实时传输数据，PDA端数据实时存入电脑端

图 3-13　移动开票流程

通过以上手段，进一步规范作业开票流程，严格执行票证制度，强化了作业过程管控，保证现场作业安全，实现了现场施工作业的"四定"：

① 定时。作业确定时间后，相关人员必须在作业时间前，进行各项安全措施落实确认并在移动终端上签名，超过时间无法进行签名，保证了票证的严肃性。

② 定点。根据作业内容，通过移动终端、个人 GPS（全球定位系统）定位，确定现场作业点和监护人位置，相关人员必须在距离作业位置有效范围内才能确认签字，监护人员监护轨迹实时监控，保证了票证和现场的符合性。

③ 定人。管理系统中，作业人和监护人必须是经过安全培训教育合格并录入系统的人员，其他人员不能被选择。特种作业人员必须经过相关部门进行资质认定并上传系统才能被选择，保证了作业和监护人员的唯一性。

④ 定票。所有作业票均为中石化集团公司统一标准格式，并与作业计划对应关联，填写人按照格式填写或选择即可，常规作业风险及安全措施只需进行勾选，提高了票证的完整性和严密性，保证了票证的可追溯性。

三、基于安全资格培训的门禁管理

承包商员工安全教育培训合格，掌握相应的安全技能，是保证作业安全的前提和基础。如何减少和杜绝无相应资质、未经过安全教育培训的人员进入生产装置区和施工现场，是石化企业安全管理的重要环节。智能化的生产区出入门禁管理系统就是利用现代技术，对生产区出入口的相关设备进行自动控制，对信息资源进行管理和对用户提供信息服务的一种新型模式。实现生产区出入管理自动化，达到加强及规范企业管理、堵塞各种漏洞、提供决策参考、提高工作效率、促进安全生产、提高企业效益的目的。

某石化企业率先建立了满足防爆标准的面向复杂工业环境的 4G 专网，实现厂区 4G 网络全覆盖。配置 4G 无线移动终端。为所有员工制作包含个人信息的 RFID 卡，并搭建后台数据库，各相关系统可通过识别 RFID 卡来查看相关信息和实现相关操作。在厂区主要办公楼、大门以及重点要害区域设立门禁卡系统，所有人员根据各自 RFID 卡权限进出门禁系统，实现人员管理。

系统包括门禁管理、考勤管理、人员出入管理、车辆出入管理、访客管理、数据集中分析等多个管理系统。

人员审核管理系统主要是对正式员工、改制单位员工、外来施工单位人员进行审核登记、发卡管理的系统，将对所有能出入生产区的人员进行基础信息管理（单位、姓名、身份证号、照片、工种、健康状态、办卡记录等），并根据工作场地的要求进行门禁通行权限设置，所有出入人员的管理审批流程全部采用网络提交、审批，进行流程化管理，可以限时审批，提高工作效率。采用二代身份证录入，录入同时摄像头拍照，保存身份证照片及近期免冠照；人员通过审核后才能发卡，授权后，才能进出厂区；录入特种作业证等其他信息，配合现场检查特种作业人员证件；增设二代证读取设备，录入正式员工及改制员工信息；安装卡片检查系统，新发卡人员可以通过刷卡显示所有信息，查看证件信息是否有误；自动对比数据建立黑名单，录入时通过身份证号自动对比黑名单，防止非法人员进入。

人员考勤系统全部数据通过门禁控制器（或考勤机）采集，考勤数据的准确性及统计及时性大为提升。考虑到数据的完整性，在生产区内所有操作室安装人脸考勤系统，使数据统计更为精确。

生产区出入门禁系统通过建设人行通道闸，在生产区每个出入口安装大屏幕液晶显示装置，刷卡后自动显示进厂人员的照片、姓名、工作单位等相关信息，对于非法卡、超期卡、黑名单人员进行报警提示，防范不法人员进入生产区。

来访人员管理系统建立临时来访人员进出网上审批系统，由接待单位录入来访人员相关信息、事由等，由系统进行黑名单审核，通过网络审核后，临时来访人员在进入厂区时由接待人员领入，并由门卫处根据系统进行审核，同时将接待人员的工卡信息录入，完成后临时人员才能进入。系统可以完整记录来访人员的身份信息、来访事由，接待人员单位、姓名及来访人员出入生产区时间等信息，便于事件的追溯和加强管理，提高安全防范等级。

车辆信息管理系统对自有车辆、外来长期车辆、外来临时车辆进行分类管理，对车辆的基础信息进行录入，同时对车辆的驾驶人员与车辆进行关联管理，可以一对一，也可一对多（一台车多个驾驶员，一个驾驶员多个车辆）；驾驶人员同样办理出入证，正式工、外来工按人员进出生产区分类进行办理。对所有进入厂区的外来车辆采用 GPS 定位管理，管理车辆是否越界、超速等。实时监看车辆在厂区内的实时信息，并通过系统反馈的信息来预防相关隐患发生。可以与安防系统同平台管理，结合 GPS 定位数据、实时视频图像、门禁数据、出入管理系统等多样信息源来综合管理，提升管理水平。

HSE 监管人员利用 4G 移动终端，对作业现场承包商人员姓名、单位名称、二代身份证号码、出入证件有效期等信息进行抽查、核对，防止无资质、资格、未进行安全教育或教育不合格人员进入施工作业现场，从人员进厂、安全教育、作业资格等方面进行源头把关。

门禁系统的实施，实现了对全厂所有员工、长期施工人员的考勤、出入权限、施工资格的管理，弥补了原来对员工以及施工人员无法监管的漏洞。使用 4G 手持终端对厂内人员随机抽查，杜绝了持假证、过期证件的人员入厂施工，提升了施工现场的安全监管标准水平。

四、基于现场监管的无线视频监控

通过广泛覆盖的无线宽带网络，企业可以根据业务需要灵活部署视频监控设施、无线电子仪表、无线智能巡检终端等设备。这就要求无线网络具备有效承载多种无线业务的能力，利用 4G LTE 技术构建宽带多媒体集群，相比窄带集群，除语音外还支持短信及可视化集群调度，具备业务快速建立、低时延等特点。4G 网络作为各类业务的基础承载网络，在很好实现多媒体集群对讲功能的同时，也可以作为有线网络的补充，为视频监控、电子巡检、移动办公等业务提供可靠的网络接入通道，进而实现对生产装置、罐区和厂区环境的全面感知和监控，同时实现各岗位的协同工作，紧密连接生产经营的各个环节，达到降本增效、协同响应、移动化作业和管理的效果。

为弥补现场视频安装位置固定、拍摄角度相对固定，对施工作业现场，特别是高风险作业现场监控不足的问题，某石化企业利用 4G LTE 技术在业内首家建立覆盖全厂的专用 4G 网，实现了复杂工业环境下语音、视频、数字高速通信并不断深化应用。

4G 无线通信系统逻辑结构主要包括应用层、网络层、终端层。其中，应用层由多媒体调度服务器实现对 LTE 移动终端的语音、短信、视频调度，负责石油炼化生产监控、运行管理、协同调度等；网络层实现石油炼化生产各种业务的承载，保证业务的实时性、可靠性、安全性；终端层实现一线语音、视频及数据信息的采集和无线网络接入，包含移动终端、CPE（计算机辅助工程）、视频监控摄像头和人员定位终端等设备。

4G 无线通信系统逻辑结构如图 3-14 所示。

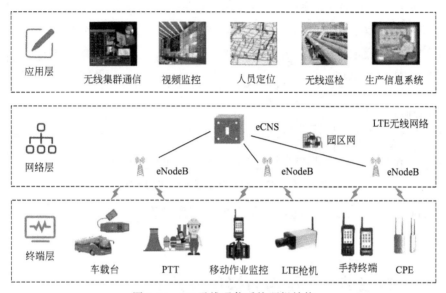

图 3-14　4G 无线通信系统逻辑结构

原来厂区道路监控和装置区关键位置监控使用的都是有线监控，不仅布线工程量大，扩展能力弱，且维护成本高。使用无线监控系统不需要布线，不受地理环境影响，低成本，广覆盖，采用 LTE 无线传输，无须挖沟埋管，缩短网络建设时间，减少网络建设投资，适合已装修好的场合及距离较远的地方，特别是一些偏远区域；扩展性好，组网灵活，用户可根据自身的需求，随时扩展终端数量，网络扩容方便，维护费用降低；可以满足移动监控场景的需求，监控业务领域大大扩展，手持终端支持全高清视频监控（1080P），实现随时随地的高清视频回传，为生产实时掌握现场情况提供帮助。中石化九江石化公司开发并实施了基于 4G 无线视频监控的施工作业动态监控软件，并获得软件著作权（登记号：2017SR544123）。4G 无线视频监控系统组网方案如图 3-15 所示。

通过利用 4G 移动终端，对作业现场票证、检查、监护等制度执行情况进行全程监控，检查督促作业现场相关各方人员落实责任，强化执行，确保作业现场施工和人身安全。同时实时将作业现场画面传送到属地单位中控室和公司现场施工监控室，便于岗位人员、安监部门实时了解、监控现场作业情况，及时发现、纠正违章，实现对装置生产和施工作业的全程实时监控。同时利用图像型火灾探测器、红外热成像、视频传感、视频智能分析等技术，将视频监控识别到的图像信息进行分析处理，对检测到的烟雾、火焰人员不带安全帽、不系挂安全带等违

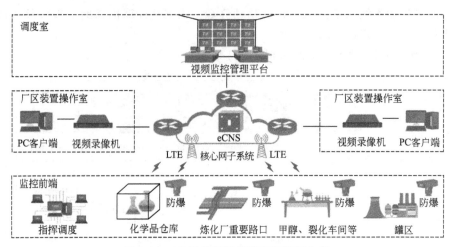

图 3-15　4G 无线视频监控系统组网方案

章行为进行报警，实现视频感知，提升现场监管水平。

第三节　危险与可操作性分析（HAZOP）

由于石化行业的特殊性，其安全风险往往与环境风险、社会风险和巨大的经济风险密切相关，因此安全风险智能化识别也是石化流程行业智能化的基本要素之一[9]。安全风险智能化识别涉及异常工况管理、过程安全管理等多个相关领域，通过实施这些管理方法实现智能化风险控制的首要和基础条件，是对风险进行智能识别和认知。

业界对流程工业中安全风险分析的研究由来已久，针对不同的要求，也产生了多种各有所长的方法和技术。在诸多安全风险分析技术方法之中，起源于化工行业的危险与可操作性分析（HAZOP），是目前最重要的一种分析方法。

HAZOP 是由英国帝国化学公司于 20 世纪 60 年代末提出的用于识别化工装置中潜在危险的一种安全评价方法，是集工艺、设备、自控、安全等专业人员和操作人员集体智慧，系统查找化工装置设计阶段、运行过程安全风险的重要技术手段，也是深入培训企业生产技术和操作人员的有效手段。HAZOP 技术以其科学、全面、系统等突出特点，一经出现，就迅速在国外得到普遍应用，成为埃克森美孚、壳牌、杜邦等著名企业在风险分析领域的最佳实践[10]。

我国于 2000 年前后有化工企业开始使用 HAZOP 方法进行安全分析，并日益得到重视。国务院安全生产委员会办公室于 2008 年发布《关于进一步加强危险化学品安全生产工作的指导意见》（安委办〔2008〕26 号）明确了在新建化工装置中需要进行 HAZOP 分析。随后颁布的两项推荐标准《化工建设项目安全设计管理导则》（AQ/T 3033—2010）和《危险与可操作性分析应用导则》（AQ/T 3049—2013）（参照国际标准 IEC 61882—2001），则从管理制度和技术层次对 HAZOP 方法的使用实施进行了规范。国家安全生产监督管理总局自 2010 年起，依次颁布过安监总管三〔2010〕186 号、安监总管三〔2012〕87 号、安监总管三〔2012〕103 号、安监总管三〔2013〕76 号、安监总管三〔2013〕88 号文件，要求涉及"两重点一重大"和首次工业化设计的项目必须在基础设计阶段开展 HAZOP 分析；涉及"两重点一重大"的危化品生产、储存企业要定期开展危险与可操作性分析[11]。时至今日，通过标准和行政管理命令等手段，以及连续的行业内学习推广普及，HAZOP 分析已成为化工行业企业的"规定动作"。

　　HAZOP 分析一般是由 5～8 人的专家小组来完成的，小组成员为来自不同领域的专家（设计师、工艺工程师、设备工程师、仪表工程师、操作员/班长）。完成一个典型的化工流程通常需要几个星期到几个月的时间。图 3-16 为 HAZOP 分析工作流程示意图，具体的分析步骤和方法详见由国家安全生产监督管理总局颁布的标准《危险与可操作性分析应用指南》（AQ/T 3049—2013）。

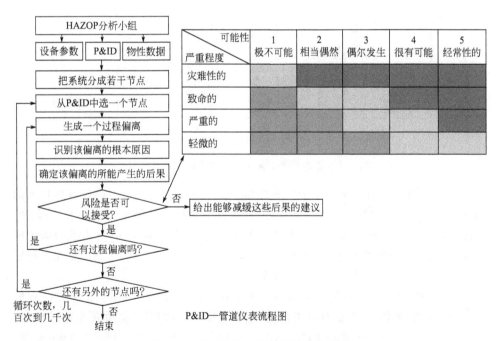

图 3-16　HAZOP 分析工作流程示意图

　　HAZOP 分析虽有系统性、完备性好的优势，但是它也是一种费时费力的分析活动，典型的 HAZOP 分析耗时在几周到数月不等，需要 5～8 人的专家组进行连续的高强度脑力劳动，且应优先于装置的建造和运行，其成本可观，因此有时会半途而废或流于形式。HAZOP 分析完全依赖人工的特点也会导致分析过程效率递减、分析结果不完备等情况出现。此外，HAZOP 的分析结果往往以纸质报告的形式呈现，分析结束后，分析报告往往被束之高阁。其结果就是很少人清楚通过 HAZOP 分析出来的各个装置的风险情况，更谈不上对各个装置的风险的智能认知。

鉴于 HAZOP 分析方法本身和工程实践中存在的这些问题，进行 HAZOP 分析的自动化和智能化尝试从 HAZOP 出现之后不久、计算机得到普及之后的 20 世纪 80 年代就已经开始[12]。图 3-17 是 2009 年有研究者对 HAZOP 研究相关领域的论文的综述汇总，可见 HAZOP 自动化专家系统软件开发是其中最重要的议题。

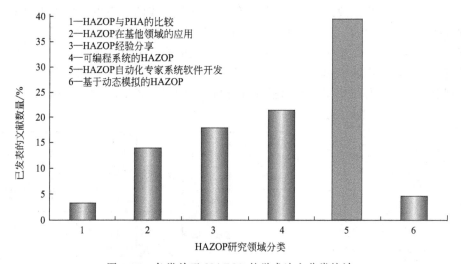

图 3-17　各类关于 HAZOP 的学术论文分类统计

发展初期的产品以文字记录类软件为主，基本没有智能。后随计算机技术的高速发展，HAZOP 智能分析方法及软件系统开始有研究报道，直到 20 世纪 90 年代末，堪用的智能 HAZOP 分析方法和工具才出现。HAZOP 分析的智能化研究在 20 世纪末和本世纪前 10 年得到了广泛关注，产生了较多研究论文和各种原型软件工具，之后其研究热度逐渐减退。

HAZOP 智能化的研究成果视其应用方式大致分为两类：文档记录型、智能分析型。其中文档记录型的成果均为软件工具，有些已经成功商业化，例如：IHS（原 Dyadem）公司的 PHAPro®，美国 Primatech 公司的 PHAWorks®，英国 ISOGraph 公司的 HAZOP＋® 等。这些软件的设计目标是针对人工 HAZOP 分析的工作过程，提供提高工作效率的记录和文档整理的工具。一般其中都带有各式输入表格和模板，各种定性分类工具，便捷的内部检索工具，报告输出器，设计文档导入分析器等功能，为 HAZOP 分析提供便捷的专门软件工具。由于这类软件成本不高，学习曲线平坦，对 HAZOP 分析过程本身几乎不影响，因此也获得了业界的欢迎，有较多的企业用户。但是这类软件不具备一般意义上的智能，不能对分析本身提供任何帮助，所有的分析活动依然要完全靠人类专家完成。

智能分析型的研究则与之相反，重点关注如何自动地实施 HAZOP 分析，试图部分或全部替代人类专家的工作。在国内外学者进行研究的前后 20 余年的时间里，有数十种方法和原型系统见诸论文报道。这些方法基本是在专家知识库的基础上建立定性模型进行定性推理的方法，以此为基础进一步结合模糊集技术、人工神经元网络技术等形成各具特色的方法。

这些方法以基于专家知识或在专家知识基础上建立定性模型的方法为主，定量分析和计算推理方法为辅。其中以符号有向图（Signed Directed Graph，SDG）为基础的方法在后来的研究中得到了很大发展，进行了与很多其他方法集成的尝试，不断增强了它的能力，并逐渐成为最主要和最重要的方法[12]。

美国普渡大学 Venkat Venkatasubramanian 教授领导的实验室在将 SDG 应用于故障诊断及危险性分析方面做了大量工作。1995 年，Ramesh Vaidhyanathan 和 Venkat Venkatasubramanian 把符号有向图应用于 HAZOP 分析，并发布了一个原型系统 HAZOPExpert[13]，后来在此基础上该实验室陆续发布了 Batch HAZOPExpert[14,15]，PHASuite 等系统，集成了半定量方法[16]、定量方法[17]、Petri 网[16]方法等，如图 3-18 所示，并发表论文介绍了一般性建模方法，模型优化方法等[18,19]。普渡大学的研究从定性到定量，应用范围包括危险性分析和故障诊断等，对 SDG 的应用方面的理论做了比较透彻的研究，并有实际的软件

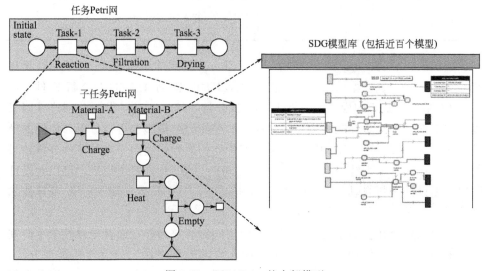

图 3-18　PHASuite 的内部模型

系统加以验证，是自动化 HAZOP 分析的重要贡献者，并得到国际上的广泛认可。德国亚琛大学 Wolfgang Marquardt 教授将该实验室研发的系列 HAZOP 智能软件与传统的石化过程商业化软件例如 Aspen Plus 等并列为化学工程领域的重要计算工具，见表 3-3。该小组的研究成果 PHASuite[20] 于 2001 年在美国几家制药企业得到成功应用。

表 3-3　化学工程领域重要的计算工具[21]

工具类型	实　例
数据检索工具	DETHERM(Westhaus,Droge,& Sass,1999)
物性系统	DIPPR(Wilding,Rowley,& Oscarson,1998)
合成工具	PROSYN(Schembecker & Simmrock,1996) DISTIL(Wasylkiewicz & Castillo,2001)
流程图开发	PDMS Router(http://www.cadcentre.com/)
装置布局和管道路线	Schmidt-Traub,Koster,Holtkotter,& Nipper(1998) HTFS(http://www.software.aeat.com/) Aspen Hetran(http://www.aspentech.com/)
设备设计	MODKIT(Bogusch,Lohmann,& Marquardt,2001)
数学建模	Model.la(Bieszczad,Koulouris,& Stephanopoulos,2000)
溶剂选择	Hostrup,Harper,& Gani(1999)
分析工具	HYSYS(http://www.hyprotech.com/) Aspen Plus(http://www.aspentech.com/)
过程模拟器	FLUENT(http://www.fluent.com/)
CFD(计算流体力学)包	CFX(http://www.software.aeat.com/)
可控性分析工具	MATLAB(http://www.mathworks.com)
HAZOP 工具	Venkatasubramanian,Zhao,& Viswanathan(2000)
2D/3D CAD 工具	AutoCAD(http://www.autodesk.com/) Pro/ENGINEER(http://www.ptc.com/)

英国 Loughborough 大学的 P.W.H.Chung 教授的小组在 1999～2000 年连续发表 5 篇论文，展示了一个名为 HAZID 的自动 HAZOP 分析软件[22]，HAZID 是基于知识和模型的定性 HAZOP 分析系统，通过对设备分别建立因果模型并根据实际设备互联将模型联结成全流程的因果模型而进行分析，使用的模型也属于 SDG 范畴。HAZID 包括从模型建立、流程描述到产生并评价分析结果的全部工作流。该系统后与 InterGraph 公司的 CAD 软件系统集成，可以在设计阶段根据设计资料自动提供 HAZOP 分析报告，但无学术文献继续发表其技术细节。

除以上两个在实际企业中得到商业应用的研究成果外，尚有国内外多个研究小组的多种尝试。例如在 SDG 方法中加入模糊推理方法、分层建模推理方法、神经元网络方法、贝叶斯网络方法、反向推理方法等多种方法的尝试，以及类似

SDG 的其他有向图的方法等。还有其他 SDG 类模型以外的多种方法，例如基于专家系统的、基于规则库的、基于多级定性混合模型的、基于纯定量模型的各种方法的尝试。

综合来看，SDG 方法是各种智能 HAZOP 方法中发展最深入、成果最多的方法，并且由普渡大学的 PHASuite 和 InterGraph 公司的 HAZID 系统最终发展成为商业化产品。

但是，智能 HAZOP 系统发展至今，仍然与理想中的、能够取代专家的智能工具相去甚远。现有的各种模型化方法都几乎无法分析 HAZOP 过程中的非数值类型的偏离，而这类分析在人工 HAZOP 结果中通常占有显著比例。模型化方法产生的结果一般远多于人工分析产生的，但是其中显著有意义的结果比例却不高，而且 SDG 模型本身的验证尚存在问题，其分析结果的完备性和正确性也不容易验证，从而严重削弱了智能化 HAZOP 方法的优势。由于存在这两个重要缺陷，智能 HAZOP 系统在实际企业中的广泛应用受到限制。

从智能化角度看，HAZOP 分析也可以视作是一种建立在规则上的分类。但是其应用到的规则数量庞大、来源多样、形式多变，包括各行业的国家标准、设计规范、设计原则、指南，多种设计经验，大量案例分析，数值计算模拟结果等。分析过程中还需要识图、推断和理解设计意图、合理假设、定性和定量计算等复杂的智力活动。而且由于涉及安全，一般认为使用目前常用的黑盒模型方法进行机器学习也并不合适。可以认为，进行 HAZOP 分析需要的智力能力与进行工程设计所需相差无几。因此，在现有 AI 技术基础上开发智能化全自动 HAZOP 系统为时过早。

通过分析归纳人类专家在 HAZOP 这类活动中的行为可知，人类专家进行分析除了依据标准规范等资料以外，还会大量依靠经验和对既有案例的分析结果。相比之下，依靠案例联系解决问题比建立规则或模型效率更高也更容易。为此，清华大学研究团队从 2008 年起，率先在国际上将人工智能研究领域的案例推理技术（Case based Reasoning，CBR）和本体论（Ontology）应用于 HAZOP 分析，如图 3-19 所示，开发了新一代 HAZOP 专家系统 HAZOP-Suite[23]。该系统一方面集成了文档记录型软件的大部分功能，可以辅助进行 HAZOP 分析，提高效率。更重要的是其依据已有的 HAZOP 分析记录抽提建立了案例库，可以为 HAZOP 提供在线的相似案例支持，可以提高 HAZOP 分析效率和完备性。而且也可以实现知识的储备和共享，利于 HAZOP 分析的推广和普及，对相关管理活动也提供了便利。

HAZOPSuite 及其后续衍生产品 HASILT[24]、PSMSuite 为进行 HAZOP 分析及其后续的 LOPA 分析、SIL（安全完整性等级）定义及验证等一系列过程安全管理活动提供了软件支持，在 HAZOP 分析智能化方面开拓了新的研究和应用方向。HASILT 系统模块如图 3-20 所示。

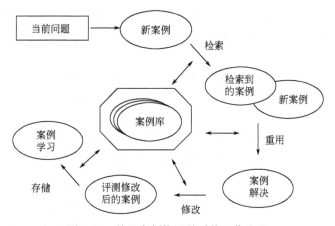

图 3-19　基于案例推理的系统工作流程

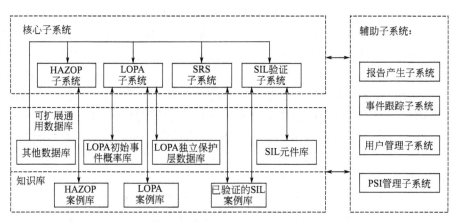

图 3-20　HASILT 系统模块

清华大学化工系开发的 HAZOPSuite、HASLIT 和 PSMSuite 软件系统（获软件著作权 3 件，登记号：2008SRBJ1681、2012SR022831、2010SRBJ3137）在国内的石化企业、设计院、咨询公司等已有较多用户，用户反馈良好。

由于这一系列软件系统的工作原理是建立在大量案例的基础上，具备了相关的管理功能，可以进行装置、企业级别的风险评估和统计。因此，适用于大型石化企业、企业集团、设计院所等用户。也即由此特点，这些软件还如图 3-21 是HASILT 的组织机构管理界面截图，通过此界面可以管理多个企业的 HAZOP分析的报告，并可以将其中的案例进行跨企业的、权限可控的共享。图 3-22 是HAZOPSuite 系统进行的一个企业内的多个装置的风险评估结果横向自动对比结果统计图，实现石油化工装置风险水平量化管理和可视化。如果与移动通信设备相连接，可以随时随地了解每个装置的风险分布和风险场景，提升全装置的风险认知水平。

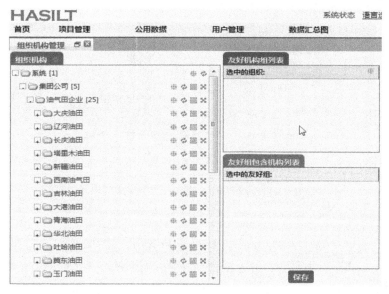

图 3-21　HASILT 组织机构管理界面

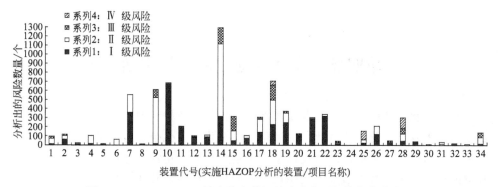

图 3-22　HAZOPSuite 导出的多装置风险分布可视化柱状分布图

相关研究成果曾获得中国石油和化学工业协会科学技术奖一等奖等多项奖励。该系列软件的最新产品 PSMSuite 以软件平台的形式发布，将过程安全管理的各个要素进行了模块化分割并集成进平台，增加了若干常用的计算、统计工具模块。平台以灵活和开放的形式为系统的持续开发打下了基础。PSMSuite 的功能如图 3-23 所示。

在现有的信息技术和人工智能技术基础上，进行 HAZOP 分析的智能化，近期的技术方向应集中在数据的集成、知识的抽提和在人工 HAZOP 分析过程中提供智能的知识支持等方面。现有的大数据分析和处理方法和能力、图形图像识别和处理能力、文本语义的机器学习能力等技术基础已经逐步成熟，经过渐进式的研究和开发应能够对 HAZOP 等活动提供全面的智能化辅助支持。在未来

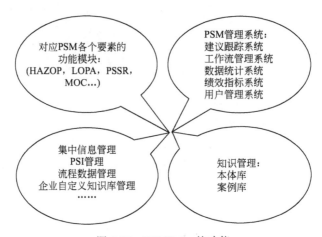

图 3-23　PSMSuite 的功能

PSSR—开车前安全审核；PSI—工艺安全信息；PSM—工艺安全管理

的知识管理和人工智能进一步发展的基础上，实现半自动乃至全自动的 HAZOP 等分析活动是相关领域研究的一个愿景。

第四节　企地联动应急指挥平台

随着石化工业的发展、企业生产规模的扩大以及材料与工艺的革新，生产装置变得越来越自动化、连续化、大型化、复杂化，石化企业生产过程处理和储存的易燃、易爆、有毒的危险物规模也越来越大，一旦正常运行状态遭到破坏，就有可能导致重大事故，造成人员伤亡、财产损失和环境破坏。总体讲，石化企业应急指挥工作有以下几方面重点和难点：一是事故发生具有突发性、灾难性、复杂性和社会性，灾害影响范围大。石化企业生产工艺流程决定着装置发生异常工况具有突发性，一旦出现这种情况，由于大规模生产特点，第一时间如无法有效控制，将给后续应急处置带来极其复杂的难题，鉴于物料具有易燃易爆、有毒、强腐蚀性等性质，一旦处置不当将带来灾难性后果。二是基层、现场的应急能力不足，第一时间、第一岗位的初期处置能力较弱。员工应急能力水平不高，出现紧急情况时，处置措施和程序不当，忙中出错；现场应急设施和物资在面对处置突发情况时作用效果不明显，难以第一时间有效控制事态的进一步扩大。三是信息传递不及时，应急响应和准备能力启动滞后，造成事故扩大、救援难度增大等严重后果。基此，石化企业迫切需要建立企地联动的智能化应急指挥平台，处理潜在的各类突发事件。

（一）应急指挥平台架构

应急指挥平台要充分利用企业 HSE 管理、应急指挥系统数据和生产过程的监测数据，建立监控预警与分析模型，加强应对突发事件的快速处置能力，提高处置效率，生产、消防部门协同处警，并提升应急状态下资源的调配效率。应急指挥平台的主要结构框架如图 3-24 所示。

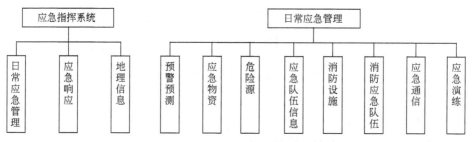

图 3-24　应急指挥平台的主要结构框架

1. 日常应急管理

日常应急管理模块包括：预警预测、应急物资、危险源、应急队伍信息、消防设施、消防应急队伍、应急通信、应急演练。

其中，预警预测主要是对信息来源、发布时间、状态、预测趋势和预警解除等情况进行动态跟踪。应急物资主要是对企业所有应急物资类别、储存地点及完好状态进行动态管理。危险源主要是对生产场所危险点和危险化学品性质等分布情况的管理。应急队伍信息主要是对各单位应急小组情况进行动态管理。消防设施主要是对全厂消防水系统、干粉系统和泡沫系统存储和设施情况进行管理。消防应急队伍主要是对消防队伍、车辆、物资、方案和接处警信息情况进行管理。应急通信涵盖了所有应急人员基本信息。应急演练记录了应急方案的演练情况。

2. 应急响应

应急响应模块包括生产/消防值班管理、生产/消防接处警、预案智能匹配与启动、应急会议与报告、应急处置动态、应急辅助决策等功能。联动接处警二级功能架构如图 3-25 所示。

3. 各模块功能

（1）值班管理

值班管理按照用户分为生产值班管理和消防值班管理。生产值班管理：管理生产值班的交接班、值班日志等信息。消防值班管理：管理消防值班的交接班、值班日志、消防车辆动态管理、人员管理、消（气）防设施检查维护、道路堵塞信息。对车间的消（气）防设施检查维护记录实现信息化管理；值班人员日常维

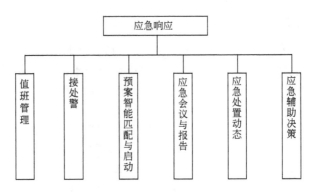

图 3-25　联动接处警二级功能架构

护公司内道路的堵塞信息，为消防出动的车辆提供最优路径。

（2）接处警

接处警分生产接处警和消防接处警。

生产接处警：实现工业生产、自然灾害、公共卫生和社会安全事件的接处警。信息包括事件发生时间、事件单位、事件装置、事件设备、报警人、报警电话、涉及危险化学品、人员伤亡情况、警情简要、已采取的措施等内容。系统同时给出事件的分级标准，供接警人员进行选择。生产接警后，系统将接警信息推送到消防接处警用户，实现接警信息的共享。

消防接处警：实现火灾、泄漏和爆炸事件的接警。信息包括事件发生时间、事件单位、事件装置、事件设备、报警人、报警电话、涉及危险化学品、人员伤亡情况、警情简要、已采取的措施等内容。系统同时给出事件装置的灭火预案，供接警人员进行选择，生成处警单，处警单内容包括事件发生的时间、地点、现场风向、危险化学品和消防车站位图和最佳出车路径。消防接警后，系统将接警信息推送到生产接处警用户，实现接警信息的共享。

（3）预案启动

依据突发事件的事件单位、事件装置、事故类型等信息，系统自动匹配和启动相应应急预案，向相关人员发送事件信息和职责信息。应急预案自动匹配模型如图 3-26 所示。

（4）应急会议与报告

记录事态发生的时间、实时处置状态和造成的影响，应急会议的时间、地点、参会人员、会议纪要。实现会前人员的短信通知，以及会议纪要的快速分发等。

（5）应急处置动态

以地理信息系统为基础，综合展示事件应急处置动态信息。包括事件装置信息、事件设备信息、危险化学品信息、现场预案、灭火预案信息；工业电视监控

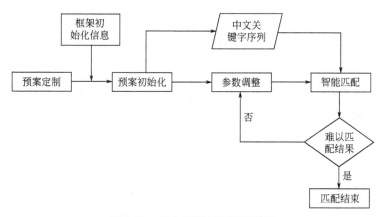

图 3-26　应急预案自动匹配模型

信息，显示接警中队接警室和车库出口画面，以及事件装置的工业电视监控画面；无线视频监控信息；现场气象的监控信息；现场固定气体检测仪检测信息；无线浓度检测系统的气体浓度检测信息；资源出动信息，包括消防车、人员、物资调配信息等。

（6）应急辅助决策

应急辅助决策包括事故模拟、资源调配和智能数据分发，实现全过程的应急指挥。应急指挥辅助决策二级功能架构如图 3-27 所示。

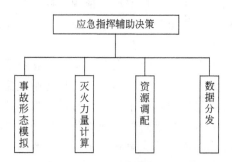

图 3-27　应急指挥辅助决策二级功能架构

事故形态模拟：基于事故地点、事故类型、设备参数、气象参数，利用泄漏、火灾、爆炸数学模型，计算事故扩散模拟趋势，并根据现场消防栓参数、现有消防车性能参数，计算出消防车占位图，为应急救援提供决策依据。

灭火力量计算：基于事故地点、事故类型和设备参数，利用灭火力量计算数学模型，计算事故处置所需的消防水和泡沫的用量、消防车布置。

资源调配：依据事故地点和事故类型，确定需要调配应急物资类型，确定应急物资所在位置，利用资源调配优化模型，计算出资源调配方案。日常状态下应急资源调配模型如图 3-28 所示。

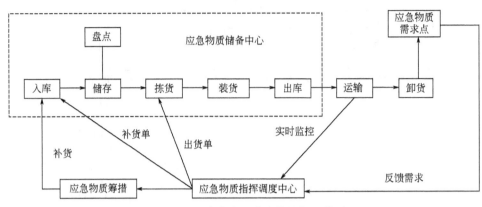

图 3-28　日常状态下应急资源调配模型

数据分发：通过地理信息模块，实现专题图层的查询和展示功能。包括防火重点部位分布图、应急物资分布图、消防管网分布图、消防及救援队伍分布图、灭火预案专题图和车辆 GPS 管理等。

（二）智能化技术应用

某石化企业应急指挥平台的基础是工业 4G 专网，将已实施的固定视频集中管理平台，移动视频集中管理平台，119 接处警、可燃和有毒有害气体报警等系统，集成厂区的地理信息、生产监控信息、视频监控信息、环保监控信息和安全管理信息，并以安全标准化规范为框架，建立起应急指挥系统一体化平台，如图 3-29 所示。

119 接警中心一旦确认警情进行应急启动，119 接处警系统会将事发地点、事件类型、事件级别、处置措施等警情信息自动推送给应急指挥平台。应急指挥平台依据推送信息，自动将应急指挥中心由日常模式切换成应急响应模式，实现应急预案自动筛选、工业电视自动对焦、地理信息自动定位、事故模拟功能、消防力量布置和虚拟演练等功能，为应急状态下提供强有力的辅助决策支撑。建立接处警、应急响应、现场动态、应急指令、大屏展示、事故模拟、应急演练等 10 个子模块。集成应急管理全过程事件、人员、物资、车辆、处置、现场等信息资源和应急指挥统一调度。

1. 应急模式的创新

平台充分利用现有通信资源及信息系统，整合应急救援资源，利用通信、网络、数据库、事故模拟、实时监控等技术和手段，实现重大突发事件（如自然灾害、安全生产事故、公共卫生事件、社会安全事件等）的监测监控、预测预警、应急指挥等功能，满足企业及其下属单位对重特大突发事件的应急管理和应急救援协调指挥的信息需要，使企业在面对重大突发事件时，能迅速反应、有效控制

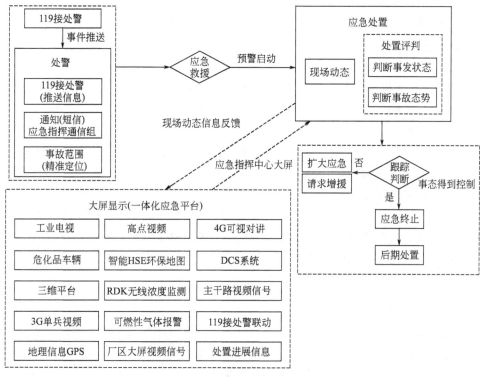

图 3-29　某石化企业（J 厂）的应急指挥平台

和妥善处理，更好地保护人员生命安全，防止环境污染，减少财产损失，维护企业声誉和社会形象，其应急响应多方联动如图 3-30 所示。

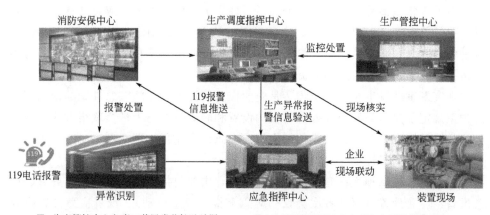

■ 生产管控中心负责工艺异常监控及处置　　　■ 生产调度指挥中心负责生产异常事件处置
■ 消防安保中心负责监控工艺异常处置情况，　■ 应急指挥中心负责安全生产事故/事件处置，
　　负责消防、安保异常处置　　　　　　　　　　　应急演练

图 3-30　应急响应多方联动

（1）响应模式创新

传统响应模式是在事故现场指挥部单向指挥，智能化模式是事故现场、中心控制室、生产调度室、接处警中心、应急指挥中心多方联动。

（2）通信方式创新

启用4G可视数字信号对讲机，充分利用了视频、音频、RDK、GPS等现代化、智能化传输工具，使信息沟通、传递工作更加快捷、高效。

（3）管理手段创新

通过对应急管理相关资源、信息、平台的集中集成，实现了应急指挥统一调度、分级响应、资源调配、信息共享，快速有效。

（4）技术应用创新

集成了HSE管理信息系统、工业电视监控系统、三维数字化平台、消气防接处警系统、实时数据库、实时地理信息等系统，建立监控预警与分析模型，提高风险防范能力、应急响应能力。

2. 智能化应用

（1）应急预案流程化

为全面贯彻落实"安全第一、预防为主、综合治理"的方针，提高突发事件的应急救援反应速度和协调水平，增强综合处置重特大事件的能力，预防和控制次生灾害的发生，保障企业员工和公众的生命安全，最大限度地减少环境破坏、财产损失和社会影响，维护企业形象和声誉，某石化厂制订了各项应急预案。应急预案按类别划分主要包括总体应急预案、专项应急预案、现场应急预案。其中总体应急预案是各种专项预案的基础，规定了应急处置原则和应急处置流程等内容，专项应急预案针对事件类型编写了事件界定、信息处置、应急准备、应急处置（召开首次会议、应急上报、应急行动、应急处置原则）、应急终止等内容，各种专项应急预案与整个突发事件的处置流程类似，只是在事件界定和应急行动方案各有区别，这为应急预案流程化提供了基础。

在突发事件发生时，应急预案是企业应急指挥中心实施应急处置的依据，应急预案规定了参与突发事件处置的机构设置和职能、参与人员及联络方式、应急处置的流程、应急处置终止条件等内容。应急预案流程如图3-31所示。

（2）应急预案标准化

各种专项应急预案都有固定的目录结构，主要包括事件界定、信息处置、应急准备、应急处置（召开首次会议、应急上报、应急行动）、现场应急处置指导原则、应急终止等。应急预案流程化分解主要是按应急预案目录结构将各部分文字分解成结构化的内容，与相应的机构或人员的职责关联，并在数据库中存储该应急预案模型。

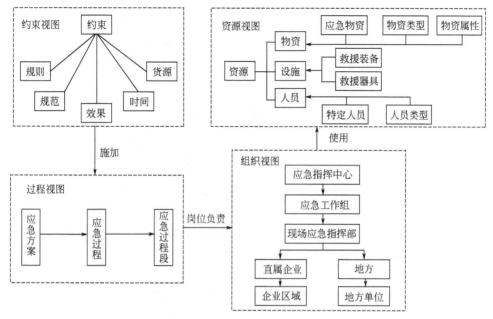

图 3-31　应急预案流程

（3）应急信息统一化

将各项专项应急预案根据预案流程化分解的结构化内容建立的应急预案模型，与应急响应模块的应急事件相关联，将专项应急预案分解内容逐一配置成独立的专项应急预案模型。当发生某类突发事件启动某专项应急预案时，根据突发事件的处置进展，当执行到相应阶段预案内容时应急响应功能模块将自动调出该预案各阶段的参加人员、工作内容、职责、责任人、联系方式等，提高应急响应效率。

（4）现场动态关联化

融合通信以大屏幕为媒介，通过控制切换大屏幕显示模式、综合各种传输介质，在统一平台下把各种音频、视频和数据等在指挥中心呈现给指挥人员和专家组，提高了指挥中心对突发事件的精准了解和反应速度，切实达到了应急的目的。场景/应急预案启动功能模块如图 3-32 所示。

指挥中心大屏幕显示模式根据需要分为不同的使用场景，可以任意时间自由调用。

场景模式。主要分为应急预案模式、现场对话模式、主视频会议模式等。应急预案模式：企业指挥中心图像、工业电视现场图像为主，事故标绘及监测数据为辅。现场对话模式：现场及应急指挥中心语音实时通信为主，事故标绘及监测数据为辅。主视频会议模式：各方视频会议、单兵、4G 通信对讲、工业电视图像为主。

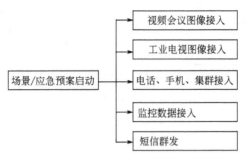

图 3-32　场景/应急预案启动功能模块

视频动态关联。进入应急状态后，可根据需要来切换不同的场景，场景切换的同时，对应的工业电视图像、视频会议图像调用也会随着切换。

语音关联启动。应急预案启动后，4G 可视对讲、手机、预置固话、应急指挥中心麦克及音响等自动连接语音融合系统。

（5）辅助功能联动化

事故模拟与辅助决策主要是在应急响应过程中，选择能引起事故的物质，结合灾害计算模型，根据实时气象参数、事故参数、事故设备信息对事故影响范围进行模拟，并对该影响范围在地理信息系统进行可视化。

① 气象参数：包括事故时间、天气状况（晴天、少云、多云、阴天）、风速、风向、大气压力、大气温度、地面温度、相对湿度。

② 事故参数：包括泄漏孔直径、泄漏孔形状（圆形、三角形、其他）、距罐底高度、瞬时泄漏量、液池面积、泄漏孔方位角度、罐内物质质量。

③ 事故设备信息：包括直径、高度、压力、温度、液位。事故状态下，泄漏源源强等许多信息无法获取，通过现场无线便携式气体应急快速检测系统得到的实测数据，来对计算过程进行修正，可以得到较为准确的模拟结果，可以迅速确定事故状态下危险区域的范围，为事故应急响应系统提供理论基础和技术支撑。

计算结果在结果显示窗口显示，并能够在地图上可视化影响范围。

对于泄漏事故，计算结果包括 1/2 爆炸下限浓度下风向影响距离（m）、1/4 爆炸下限浓度上风向影响距离（m）、1/4 爆炸下限浓度侧风向影响距离（m）、1/4 爆炸下限浓度下风向影响距离（m）。系统可根据计算结果绘制影响区域和时间圆。

对于火灾事故，计算结果包括 $6.7kW/m^2$ 下风向影响距离（m）、$2.5kW/m^2$ 上风向影响距离（m）、$2.5kW/m^2$ 侧风向影响距离（m）、$2.5kW/m^2$ 下风向影响距离（m）。

对于爆炸事故，计算结果包括致死区（100kPa）、重伤区（50kPa）、轻伤区（20kPa）的超压半径（m）。

（6）救援车辆与人员实现了实时定位

基于 4G 专网和 GPS 定位功能，通过配发 GPS 定位仪，应急指挥中心能实时掌握现场应急救援车辆和人员位置动态信息，根据现场救援的需要，结合视频动态的关联，做到快速部署应急力量，并根据现场情况及时调整应急方案，实现了实时定位、精准调配、有效布防和全面把控。

（7）现场与应急指挥中心实现实时通信

应急通信网络是应急体系的重要组成部分，是应急保障的关键基础设施之一，在应急管理中发挥着重要的作用。

某石化企业应急通信网络包括 IP 主干网、卫星专网通信系统、3G 公网通信系统和 4G 专网接入系统。应急通信系统如图 3-33 所示。

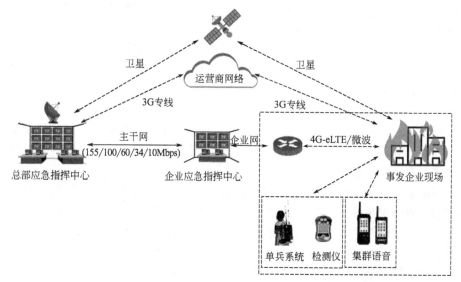

图 3-33　应急通信系统

企业应急指挥中心与集团公司应急指挥中心通过主干网实现网络连通；集团公司应急指挥中心与现场指挥中心（应急指挥车）通过卫星专网和 3G 公网实现网络连通，卫星专网为主用链路，3G 公网为补充和备份链路；该厂应急指挥中心与现场指挥中心（应急指挥车）间的通信以 4G LTE/微波为首选链路。

通过建设企业应急指挥平台，为事故应急指挥提供一个高效、完善的信息化平台，完成从应急预案启动、应急指挥、应急处置与救援等全过程的信息管理；对应急指挥系统内外组织或单位进行任务分派或请求，并跟踪其响应；根据态势发展，协调应急工作并跟踪执行。对事件信息、执行信息进行采集、处理和传递；为决策者提供事件处理进展、态势等信息，辅助决策。加强了企业突发事件的快速处置能力，提高突发事件应急处置效率，达到生产、消防等各部门协同处警的水平，提高应急状态下的应急资源的调配效率，提升了企业应急指挥处置水平。企业员工应急意识得到提高，对应急救援响应程序、应急指挥等方面知识有了更深的认识、了解和掌握。

第五节　生产装置现场巡回检查

生产装置现场巡回检查的目的和意义在于，操作人员在正常生产活动中按照规定的站点、路线、内容及频次进行巡回检查和危害识别，查找不安全因素和不安全行为，及时消除安全隐患，或提出控制不安全因素的方法和纠正不安全行为的措施，保证工艺、设备、安全生产的法规、制度得到切实执行，确保装置长周期安全平稳运行。

巡检主要内容：检查本单位所辖区域各类设备运行状况，对在役设备进行相应的检测（测温、测振等），检查各类塔器、加热炉、反应器、管廊管道等的温度、压力、流量、工艺运行参数并与DCS数据进行核对，查找安全隐患和环保泄漏等方面内容，巡检中发现异常现象、设备不完好、泄漏、保温破损等隐患及时进行记录、及时安排处理，并报告上一级管理人员。生产运行单位应根据安全生产需要，合理设置所辖区域各个巡检站点的检查内容，巡检记录内容应以数据类为主、观察类为辅。

目前，国内大部分炼化企业使用现场挂牌或电子巡检系统进行巡检，岗位人员现场检查情况依靠纸质版台账进行记录，无法对各巡检点周边设备温度、压力、振动、液位等工艺、设备运行参数和巡检耗时进行统计，如图3-34所示。

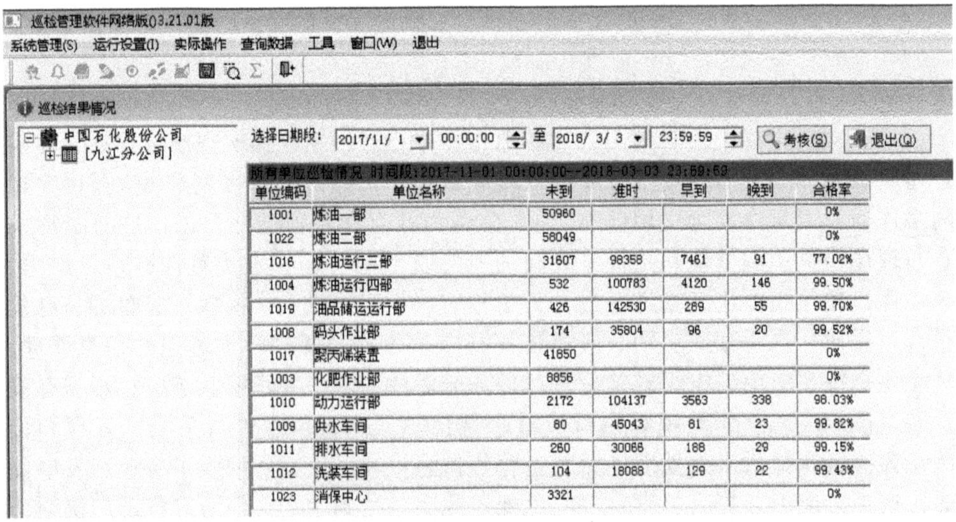

单位编码	单位名称	未到	准时	早到	晚到	合格率
1001	炼油一部	50960				0%
1022	炼油二部	58049				0%
1016	炼油运行三部	31607	98358	7461	91	77.02%
1004	炼油运行四部	532	100783	4120	146	99.50%
1019	油品储运运行部	426	142530	289	55	99.70%
1008	码头作业部	174	35804	96	20	99.52%
1017	聚丙烯装置	41850				0%
1003	化肥作业部	8856				0%
1010	动力运行部	2172	104137	3563	338	98.03%
1009	供水车间	80	45043	81	23	99.82%
1011	排水车间	260	30066	188	29	99.15%
1012	洗装车间	104	18088	129	22	99.43%
1023	消保中心	3321				0%

图3-34　电子巡检系统巡回检查结果统计

如图 3-34 所示，电子巡检系统只能对各巡检点到位情况进行统计，不能对巡检时间间隔和现场巡回检查过程中记录的温度、压力、振动、液位及其他工艺、设备数据进行统计；管理人员无法对操作人员的巡检质量进行量化考核，无法形成闭环的巡检管理模式，不利于及时查找和消除现场安全隐患。

目前各炼化企业大都对现场巡检质量提出更高的要求，需对巡检耗时进行统计和考核，现有的巡检系统不能满足全时程巡检管理需求。为确保操作人员现场巡检安全，操作人员外出巡检时携带的设备包括电子巡检设备、对讲机、便携式四合一气体报警仪、手电筒、听针、测温仪、测振仪、耳塞、口罩等工器具，而各工器具的功能不能集成使用，携带的工器具较多，不利于现场巡检人员在装置生产运行操作过程中使用。

为满足炼化企业安全生产要求，智能化技术在生产装置现场巡检中的应用要支持语音和视频调度，做到可视化调度；同时应支持视频实时分发至其他管理应用系统，以大幅提升指挥调度效率和快速响应能力。

硬件上，工业级智能化应用终端设备要具有较高的防爆、防水性能，以适应安全生产需求，同时终端设备电池应该有较长的待机时间，以满足操作人员全时程巡检要求。某石化厂 4G 智能巡检终端如图 3-35 所示。该设备已获国家发明专利 1 件，专利号 201410201103.4；实用新型专利 7 件，专利号 201420244269.X、201420580019.3、201420725910.1、201420727061.3、201620896841.X、201620896683.8、201621053638.2；外观设计专利 3 件，专利号 201320225351.3、201530557328.9、201530557327.4。

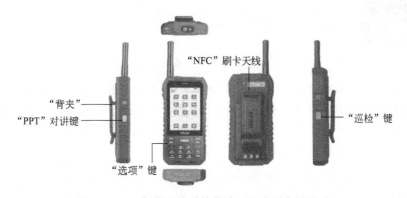

图 3-35　4G 智能巡检手持终端工业应用产品展示

应用智能化技术，企业首先要建立覆盖全厂的专用 4G 宽带网，以实现在复杂工业环境下的语音、视频、数字高速通信，才能拓展智能化技术的深度应用。

操作人员现场巡回检查发现问题时，通过智能化实时语音、视频手段及GPS 定位功能对操作人员现场操作进行指导，异常情况下中央控制室（内操）能够对现场人员的操作进行指导，极端情况下更有助于现场岗位人员逃离危险区域，确保现场操作安全受控。因此石油化工、煤化工等高危险型企业采用智能化技术进一步提升现场巡回检查质量和安全操作管控水平势在必行。

1. 4G智能巡检系统

应用4G智能巡检系统能够帮助企业制订严密的巡检计划，规定周详的巡检（点）线、巡检次序，配备恰当的巡检人员和班次，保证巡检人员按照预定计划、规定线路，按时、按线、按序完成巡检工作任务，对巡检质量进行量化考核，能够进一步提升闭环管理水平，如图3-36所示。该系统获得国家发明专利2件（专利号201310693493.7、201310693491.8），获得软件著作权4件（登记号2016SR102474、2016SR102372、2017SR686198、2017SR686201）。

图3-36 4G智能巡检后台系统绩效考核页面

操作人员现场巡回检查时，4G智能巡检终端能将通过多种手段采集的巡检数据以及巡检视频实时传输到指挥中心服务器；各级管理人员均可及时掌握巡检区域内各设备的运行状态、生产状态、现场实况以及巡检人员的工作状况，并可以随时查询、多维展示各类数据及统计结果，见表3-4。

表3-4 4G智能巡检各部门巡检点到位及巡检内容统计结果

部门	应到点数	未到点数	到位率/%	巡检项目	未检项目	填报率/%
炼油运行二部	3456	0	99.91	51648	3	99.99
煤制氢运行部	7014	0	99.81	53674	132	99.75
炼油运行五部	3272	0	99.51	76442	108	99.86
炼油运行六部	3264	0	100.00	24864	0	100.00
炼油运行一部	4320	0	99.65	53856	89	99.83
化工运行部	3472	0	81.71	22360	6898	69.15
总计	24798	0	100.00	282844	7230	97.44

4G 智能巡检对巡检耗时的详细统计，见表 3-5，能够满足炼化企业对全时程巡检的要求，岗位人员现场巡检耗时增加将有利于尽快发现现场安全隐患，为炼化企业安全生产保驾护航。

表 3-5　4G 智能巡检系统巡检耗时统计展示

部门	路线名称	两轮巡检平均时间间隔 ≥1h	相邻点平均净耗时 ≥3min	路线平均总耗时 ≥30min
炼油二部	班长巡检路线	1:11:46	0:09:41	0:48:53
	值班岗点检	10:10:46	0:10:46	1:37:33
	加氢外操岗点检	0:39:32	0:04:05	0:20:36
	管廊点检	5:08:38	0:23:26	0:46:57
	重整外操岗点检	0:29:26	0:03:48	0:30:43
	高空巡检线	20:36:14	0:31:41	3:41:56
	安全专业岗点检	6:49:38	0:13:16	2:26:12
	工艺专业岗点检	9:19:25	0:05:07	0:51:15
	设备专业岗点检	6:44:33	0:15:30	2:35:14

2. 4G 智能巡回系统与现场操作

4G 智能巡检系统主要包含：防爆型多媒体巡检终端、巡检管理软件、多媒体通信软件及后台巡检管理系统，系统集成了 GPS 定位、GPS 轨迹、语音对讲、视频对讲、测温测振等功能。

现场操作人员在巡回检查过程中使用 4G 智能巡检手持终端即可与中控室语音对讲，取代了现场操作人员随身携带的对讲机，还可通过按键拨号与手机、固话进行语音通话和视频对讲，实现现场巡回检查和相关生产信息实时沟通，如图3-37、图 3-38 所示。

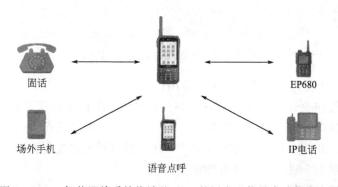

固话　　　　　　　　　　　　　　EP680

场外手机　　　　　　　　　　　　IP电话

语音点呼

图 3-37　4G 智能巡检手持终端基于 IP 的语音通信融合功能示意图

通过语音通话和视频对讲功能，4G 智能巡检系统实现了生产信息传递的有效性、及时性、全面性，当现场操作人员在具体生产操作过程中遇到疑难问题，

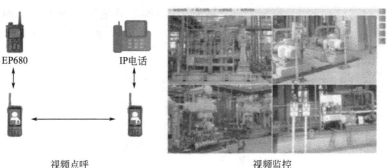

智能巡检视频

视频点呼   视频监控

图 3-38   4G 智能巡检手持终端基于 IP 的视频通信融合功能示意图

管理人员可通过该终端进行实时操作指导，当巡检人员发现安全隐患时，可以远程指挥现场巡检人员及时采取科学有效的处置措施。

4G 智能巡检系统集成了 GPS 定位，能够有效规范岗位人员巡检路线，帮助炼化企业实现立体交叉全覆盖巡检要求，将巡检管理水平提升到新高度，如图 3-39 所示。

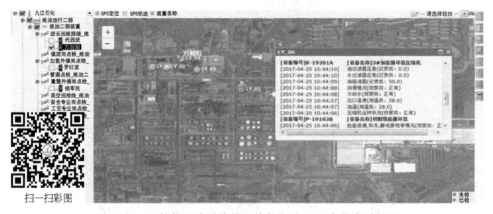

扫一扫彩图

图 3-39   4G 智能巡检系统的巡检信息及 GPS 定位实时展示

基于 4G 智能化技术的其他潜在应用：

一是现场作业管理及采样管理。进一步拓展 4G 智能化技术的 IP 语音、视频通信融合功能，将基于 4G 智能化技术更多地应用于现场施工作业管理、移动开具作业票、化验采样管理等实际生产操作，以规范现场安全作业、统一采样路线，能够帮助企业进一步提升管理水平。

二是装置报警管理和异常事故处理。操作人员使用 4G 智能终端巡检时，能够快速测得目标设备的振动、温度等关键运行信息数据，并将操作人员填报的设备压力、介位等信息数据一并上传至 4G 智能巡检后台系统。

4G 智能巡检后台系统进一步将 4G 终端上传的现场巡检数据进行智能分析、优化、反馈，并将巡检数据和趋势图等上传至 ODS（中央数据库），如图 3-40 所示。

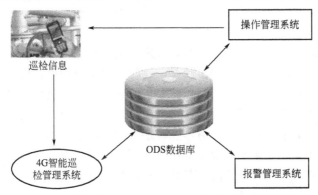

图 3-40　4G 智能巡检系统与 ODS 数据库的联动响应模式

ODS（中央数据库）再将这些信息数据传送至报警管理系统和操作管理系统，工艺、设备管理人员和消防保卫管理人员能够根据巡检数据，第一时间调整操作和安排安全隐患消除作业现场掩护。

当现场发现火灾等异常事故时，消防保卫人员可通过集成 IP 语音、视频、GPS 定位等功能的 4G 智能巡检终端，指挥处理现场安全事故，如图 3-41 所示（彩图见彩插）。

图 3-41　4G 智能化巡检技术应用于异常事故处理的可视化指挥

第六节　全厂三维立体人员定位

石化企业生产中各个环节不安全因素较多，且相互影响，一旦发生事故，危险性和危害性大，后果严重。在复杂的生产区域中，如何最大限度地减少这些突发事件造成的损失，成了人们日益关注的问题。事故发生时，如能在第一时间掌握厂区人员分布情况，将有助于快速开展救援搜救工作，极大降低人员伤亡，意义重大。

为切实加强直接作业环节安全监督管理，全过程、全方位、全天候地监控生产作业现场和生产经营活动的安全状况，及时发现事故隐患，推动现场作业及监督的规范性和有效性。石油化工易燃易爆、有毒有害的行业特点，决定了生产区域必须严格保证不被非法闯入。因此，覆盖全厂重要区域，可提供人员、车辆地理信息位置的人员定位系统，可与作业管理系统、应急指挥系统、门禁管理系统之间的信息互联互通，从而实现安全作业、安全监护、应急指挥、人员管制等管理目标，是实现人员安全管理的基础组成部分，是智能工厂建设的重点内容之一。

某石化企业在实现全厂三维立体可视化以及投用全厂 4G 宽带专网的基础上，又建设了全厂三维立体人员定位系统，强化落实了现场作业的安全规范，提升了现场人员安全管控的力度。

（一）现有的人员定位技术

1. 卫星（GPS/北斗）定位技术

GPS/北斗定位，实际上就是通过四颗已知位置的卫星来确定 GPS/北斗接收器的位置，具体原理如图 3-42 所示。

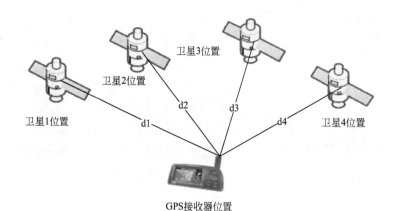

图 3-42　GPS/北斗定位

运行于宇宙空间的 GPS 卫星，每一个都在时刻不停地通过卫星信号向地球表面发射经过编码调制的连续波无线电信号，编码中载有卫星信号准确的发射信号，以及不同时间卫星在空间的准确位置（星历）。GPS 信号接收机捕获按一定卫星高度截止角所选择的待测卫星的信号，并跟踪这些卫星的运行，对所接收到的 GPS 信号进行变换、放大和处理，以便测量出 GPS 信号从卫星到接收机天线的传播时间，解译出 GPS 卫星所发送的导航电文，实时计算出测站的三维位置，甚至三维速度和时间。在静态定位中，GPS 接收机在捕获和跟踪 GPS 卫星的过程中固定不变，接收机高精度地测量 GPS 信号的传播时间，利用 GPS 卫星在轨的已知位置，解算出接收机天线所在位置的三维坐标。而动态定位则是用 GPS 接收机测定一个运动物体的运行轨迹。

GPS 卫星系统的精度，取决于星载原子钟的精度，以及解算卫星的数量。GPS 最开始民用精度受到美国有干扰政策 SA（Selective Availability，选择可用性）的影响只有 100m，SA 政策在 2000 年被取消了。随着不断的卫星更换、原子钟的精度的提高，目前民用信号体制使用的伪随机码 C/A，测距精度在 29.3m 与 2.93m 之间。

北斗卫星导航系统（BeiDou Navigation Satellite System，BDS）是中国自行研制的全球卫星导航系统。是继美国全球定位系统（GPS）、俄罗斯格洛纳斯卫星导航系统（GLONASS）之后第三个成熟的卫星导航系统。北斗卫星导航系统（BDS）和美国 GPS、俄罗斯 GLONASS、欧盟 GALILEO（伽利略卫星导航系统），是联合国卫星导航委员会已认定的供应商。

北斗卫星导航系统由空间段、地面段和用户段三部分组成，可在全球范围内全天候、全天时为各类用户提供高精度、高可靠定位、导航、授时服务，并具短报文通信能力，已经初步具备区域导航、定位和授时能力，定位精度 10m，测速精度 0.2m/s，授时精度 10ns。

2. RFID（Radio Frequency Identification，射频识别）技术

射频识别（RFID）是一种无线通信技术，可以通过无线电信号识别特定目标并读写相关数据，而无需识别系统与特定目标之间建立机械或者光学接触。

无线电信号是通过调成无线电频率的电磁场，把数据从附着在物品上的标签上传送出去，以自动辨识与追踪该物品。某些标签在识别时从识别器发出的电磁场中就可以得到能量，并不需要电池；也有标签本身拥有电源，并可以主动发出无线电波（调成无线电频率的电磁场）。标签包含了电子存储的信息，数米之内都可以识别。

制约射频识别系统发展的主要问题是不兼容的标准。射频（RF）本身具有一定波长的电磁波，范围从低频到微波不一，即从千赫兹（kHz）到吉赫兹（GHz）均可称为射频。射频识别系统的主要厂商提供的都是专用系统，导致不同的应用和不同的行业采用不同厂商的频率和协议标准，这种混乱和割据的状况已经制约了整个射频识别行业的发展。同时，当使用超高频信号进行传输时，标签读写性能稳定性不高、在复杂环境下漏读或读取准确率低等问题也会更加突显。

3. BLE（Bluetooth Low Energy，蓝牙低能耗）技术

蓝牙低能耗（BLE）技术是一种低成本、短距离、可互操作的鲁棒性无线技术，利用许多智能手段最大限度降低功耗，被称为超低功耗无线技术。基于 BLE 的无线网络的工作频段为 868/915MHz 和 2.4GHz，最大数据传输速率为 250kbps。BLE 技术具有如下特点：

一是高可靠性。蓝牙技术联盟 SIG 在制订蓝牙 4.0 规范时考虑了数据传输过程的内在的不确定性，在射频、基带协议、链路管理协议中采用可靠性措施，包括差错检测和矫正、数据编解码、数据加噪等。此外，使用自适应调频技术（自适应调频技术 AFH 是建立在自动信道质量分析基础上的一种频率自使用和功率自适应控制相结合的技术，能使调频通信过程中自动避开被干扰的调频频点并以最小的发射功率、最低的被截获概率，达到在无干扰的调频信道上长时间保持优质通信的目的），最大程度减少和其他 2.4G 无线电波的串扰。

二是低成本、低功耗。低功耗蓝牙支持两种部署方式：双模式和单模式，一般智能机上采用双模，外设一般采用 BLE 单模，例如采用 CC254X 作为 BLE 从机。BLE 技术可以应用于 8-bit MCU，目前 TI 公司推出的兼容 BLE 协议的 SoC 芯片 CC254X 每片价格在 9 元左右，外接几个阻容器件构成的滤波电路和 PCB 天线即可实现网络节点的构建。低功耗设计：蓝牙 4.0 版本强化了蓝牙在数据传输上的低功耗性能，功耗较传统蓝牙降低 90%。传统蓝牙设备的待机耗电量一直是其缺陷之一，这与传统蓝牙技术采用 16～32 个频道进行广播有很大关系，而低功耗蓝牙仅适用 3 个广播通道，且每次广播时射频的开启时间也由传统的 22.5ms 减少到 0.6～1.2ms，这两个协议规范的改变，大幅降低了因为广播数据导致的待机功耗。低功耗蓝牙设计用深度睡眠状态来替换传统蓝牙的空闲状态，在深度睡眠状态下，主机 Host 长时间处于超低的负载循环 Duty Cycle 状态，只在需要运作时由控制器来启动，由于主机较控制器消耗的能源更多，因此这样的设计也节省了更多的能源。

三是快速启动、瞬间连接。此前蓝牙版本的启动速度非常缓慢，2.1 版本的蓝牙启动连接需要 6s 时间，而蓝牙 4.0 版本仅需要 3ms 即可完成，几乎是瞬间连接。

四是传输距离极大提高。传统蓝牙传输距离一般 2～10m，而蓝牙 4.0 的有效传输距离可以达到 60～100m，传输距离提升了 10 倍，极大开拓了蓝牙技术的应用前景。

4. LCS（LoCation Service，基于通信的位置业务）

移动定位技术的发展经历了多个阶段。最初的基于服务蜂窝小区的定位技术（如 CELL-ID）可以快速定位，但是不够精确。之后的基于卫星信号的 GNSS

（全球卫星导航系统）定位技术可以精确地定位，然而由于需要搜星使初次定位时间（TTFF）过长而略显不便。这其中用得最为广泛的就是美国的 GPS 全球定位系统。直到后来，将两者融合产生了 A-GNSS（辅助 GNSS）技术，手机终端首先通过移动网络获取定位辅助数据来实现快速搜星，然后通过 GNSS 信号计算出位置。

　　进入 4G 通信时代后，3GPP Release9 定义了一种全新的定位协议 LPP（LTE 定位协议），并规范定义 LPP 中包括的 3 种手机定位技术：ECID、A-GNSS 和 OTDOA。相对来说，OTDOA 是一个比较新的技术，它不需要使用 GNSS 信号，而是利用类似于 GNSS 的定位原理，通过测量两个或更多的基站参考信号（RS）的到达时间差（RSTD），在已知各基站位置的情况下计算出手机所在位置，如图 3-43 所示。

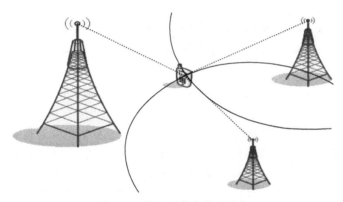

图 3-43　基于通信的位置业务

5. OTDOA 定位技术

　　LPP 在用户平面的应用是通过 SUPL（安全用户平面定位）协议实现的。LPP 消息作为 SUPL 消息的承载（Payload），是定位信息的实际载体。用一个形象的比喻，SUPL 消息就像是信封，而 LPP 消息就是里面写信的信纸。在 SUPL 的网络架构中，如图 3-44 所示，网元 SLP（SUPL 定位平台）负责处理所有的 SUPL 消息。这些 SUPL 消息在 LTE 网络中通过 P-GW 和 S-GW 在数据链路中与终端进行交互，同时 SLP 与 E-SMLC 接口获取定位辅助数据。

6. 惯性定位技术（加速度计＋陀螺仪）

　　利用惯性元件（加速度计）来测量运载体本身的加速度，经过积分和运算得到速度和位置，从而达到对运载体导航定位的目的。组成惯性导航系统的设备都安装在运载体内，工作时不依赖外界信息，也不向外界辐射能量，不易受到干扰，是一种自主式导航系统。惯性导航系统通常由惯性测量装置、计算机、控制显示器等组成。惯性测量装置包括加速度计和陀螺仪，又称惯性测量单元。3 个

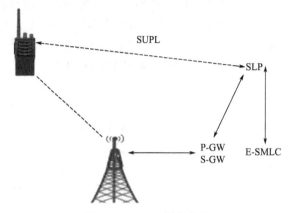

图 3-44 SUPL 网络架构

自由度陀螺仪用来测量运载体的 3 个转动运动，3 个加速度计用来测量运载体的 3 个平移运动的加速度。计算机根据测得的加速度信号计算出运载体的速度和位置数据。

惯性定位系统属于一种推算定位方式，即从一已知点的位置根据连续测得的运载体航向角和速度推算出其下一点的位置，因而可连续测出运动体的当前位置。惯性定位系统中的陀螺仪用来形成一个定位坐标系使加速度计的测量轴稳定在该坐标系中并给出航向和姿态角；加速度计用来测量运动体的加速度，经过加速度对时间的一次积分得到速度，再经过速度对时间的一次积分即可得到距离。

惯性定位系统有如下主要优点：由于它是不依赖于任何外部信息，也不向外部辐射能量的自主式系统，故隐蔽性好且不受外界电磁干扰的影响；可全天候、全球、全时间地工作于空中、地球表面乃至水下，能提供位置、速度、航向和姿态角数据，所产生的导航信息连续性好且噪声低，数据更新率高、短期精度和稳定性好。

其缺点是：由于定位信息经过积分而产生，定位误差随时间而增大，长期精度差；每次使用之前需要较长的初始对准时间；设备的价格较昂贵；不能给出时间信息。

7. 雷达

雷达（Radio Detection And Ranging，Radar），利用发射"无线电磁波"得到反射波来探测目标物体的距离、角度、瞬时速度。一般雷达由发射器、接收器、发射/接收天线、信号处理单元，以及终端设备组成。发射器通过发射天线将经过调频或调幅的电磁波发射出去；部分电磁波触碰物体后被反射回接收器，这就好比声音碰到墙壁被反射回来一样；信号处理单元分析接收到的信号并从中提取有用的信息诸如物体的距离、角度，以及行进速度；这些结果最终被实时地显示在终端设备上。

8．激光

基本原理就是利用定位光塔，对定位空间发射横竖两个方向扫射的激光，在被定位物体上放置多个激光感应接收器，通过计算两束光线到达定位物体的角度差，解算出待测定位节点的坐标。

（二）石化企业普通环境下的三维立体人员定位

某石化企业全厂级人员定位系统总体设计如图 3-45 所示。

图 3-45　人员定位系统

1．室内重点房间人员定位

某石化企业信息中心机房作为全厂信息管理核心区域，通过实地勘测及信号评测，该区域特点：属于重点房间，进门还需要刷一次门禁，有权限门才会开。但是门本身设计为普通门，无法确保一次只进一个人。中心机房内部为长方形，无柱子。中心机房内部全部为服务器柜，无杂物，无干扰源。中心机房外侧为透明玻璃墙，比较薄，需要定位到是墙内还是墙外。UWB 信号实测非常良好。经过评估后认为，该区域为隔离型房间，可采用室内定位方案。如图 3-46 所示。

在室内，采用区域定位，并结合门禁记录，达到一定的非法闯入识别能力。将人员定位与视频周界闯入识别结合，实现准确的判断及闯入报警。

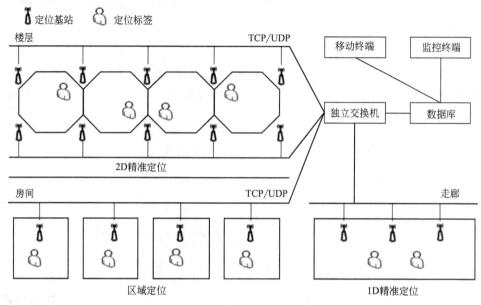

图 3-46　中心机房整体设计

2. 工厂道路上的人员定位

工厂道路暂未建设定位基站，仅针对参观和访问人员的定位管理方案：人员、车辆的移动统一采用 GPS 定位模式；人员需携带支持专网的智能终端，车辆需预先安装 GPS 定位模块，如图 3-47 所示。

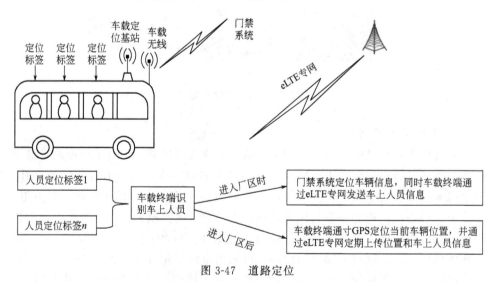

图 3-47　道路定位

方案满足车内人员定位的需求，且可随时获知客车具体位置（包括出厂后），后续可实现员工的上下车管理、车辆停靠路线优化等管理功能。

（三）生产装置内三维立体人员定位

某石化企业研究制定了渣油加氢装置区域室外人员定位的解决方案。基础网络层采用 4G 专网，所有室外定位信息都通过企业专网送至人员定位服务器。人员定位解决方案的核心软件是一体化定位引擎服务，部署在人员定位服务器上，通过企业专网采集各类定位基站返回的定位数据，并依据管理需求及定位策略，智能化选择合适的定位算法进行综合演算，从而确定目标地理位置，并提供实时订阅、范围查询、历史查询、轨迹查询等接口，为三维数字化平台、移动作业系统、安全应急系统等第三方信息系统提供定位数据。项目提供支持室外定位的定位引擎服务软件及相应的配置软件。

人员安全保障系统的功能架构主要分数据采集层、传输层、定位引擎层和应用层，数据采集层主要包括人员原始位置信息采集、时间数据采集等模块，传输层包括无线网络及网络安全管理模块，定位引擎层包括定位算法库、设备库、历史数据库等模块，应用层主要为接口软件模块。

1. 数据采集层

通过智能便携式定位终端、定位辅助标签部署实现原始人员位置信息的采集。智能便携式定位终端内置专网通信模块、BLE 定位模块、气压计及可充电电池。定位辅助标签用于生成数字化地理信息，从而辅助智能便携式定位终端进行绝对定位。

2. 传输层

利用该厂无线专网及企业内网，为自动化采集人员位置信息等数据提供网络传输通道。

3. 定位引擎层

以后台软件服务的形态，安装在人员定位服务器上，内置三边定位、质心定位、指纹定位等多种定位算法，根据从定位设备采集到的原始定位数据，智能滤波并选择最优算法，并参考气压计测量得到的高度信息进行校准，最终按精度需求计算输出位置信息，同时后台将该信息存入历史数据库以备查询。

4. 应用层

开发与数字炼厂平台进行数据对接的专用接口软件，提供人员位置信息（实时 & 历史），由数字炼厂平台进行人员实时位置及历史轨迹展示。

5. 网络架构

根据现有网络情况，将人员定位系统无缝接入企业内网。其中智能便携式定位终端接入该厂无线专网，定位数据可通过专网回传。服务器架设于该厂的云平台上。整体架构如图 3-48 所示。

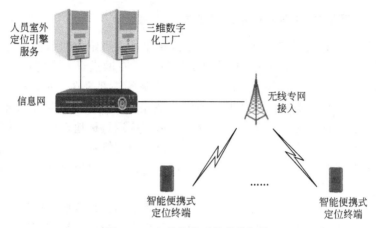

图 3-48　人员定位系统整体架构

实践案例：

项目对渣油加氢装置区域进行定位，经过实地勘察，发现该渣油加氢装置区具备以下特点：

一是属于无围栏、开放式空间，没有统一的进出口。渣油加氢整体范围约220m×75m，反应塔最高约 50m。

二是主要由金属材质构成的多层不规则建筑，每层有独立的楼梯上下；装置区管道、生产设备密集分布，内部空间主要被管道、反应炉等金属物体占据；装置的每层地板为金属材质的网状地板。

三是装置现场的电源已被智能仪表、视频监控占用；照明电属于间歇性供电。

四是装置建筑框架主要为槽钢，可利用的安装空间相对较多。

GPS 定位信号在装置区周围良好，一旦进入装置即无信号；BLE 信号在装置区的单层内接收良好，隔层即极大衰减。本项目中，要求该装置整体区域以层为区域进行定位，同时在中间管桥区地面层需定位到人员所在的阀区，精度最高需达 3m。

方案整体设计如图 3-49 所示。

方案利用智能便携式定位终端作为通信及定位检测设备，在终端中内置通信模块与电池（可更换/可充电），同时在需要定位的装置区内，安装无需供电的定位标签。当员工携带智能便携式定位终端到达装置区时，终端会将检测到的所有定位标签信息通过企业 4G 专网实时发送至人员定位服务器。服务器将根据RSSI（接收信号强度）、标签分类及标签分布信息综合评估出终端所在地理位置，而该位置即为员工的地理位置。终端内置气压计与陀螺仪，用于位置移动的

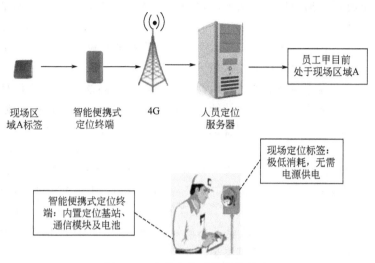

图 3-49　人员定位系统整体设计

修正与纠偏，增加定位精确度。

　　从实际应用效果及定位历史数据分析来看，该方案较好地解决了在不进行现场供电改造的前提下，传统定位方式无法精准定位到层的不足。每当员工到达新的一层后，都能在 1～4s 内识别出来。平面定位的精度可依据现场实际情况进行可控配置，在连续的阀区作业区域，已达到 3m 的识别精度；在定位要求一般的压缩机区，则配置为 8～10m 识别精度，以最大化节约实施成本。整体来看，因现场存在电磁干扰波动等因素，会极小概率（小于 3%）偶发定位识别漂移，且几秒后即会自动修正。定位识别时间平均 1～3s，最长不超过 8s。

第七节　全过程环境监测与管控

　　石化企业在保障国家能源安全、获取经济效益的同时，也消耗了大量的能源和原料，造成了一定程度的环境污染。2003 年《中华人民共和国清洁生产促进法》出台后，石化行业就被列入了国家重点清洁生产审核和推行行业，同时发布了《清洁生产标准石油炼制业》（H/T 125—2003）推荐性标准，从生产工艺与装备要求、资源能源利用指标、取水量、净化水回用率、污染物产生指标、产品指标以及环境管理要求等，评价企业属于国际清洁生产先进水平、国内清洁生产先进水平或国内清洁生产基本水平。特别是近年国家相继出台了《大气污染防治行动计划》（2013 年 11 月）（简称"大气十条"）、《关于印发能源行业加强大气污染防治工作方案的通知》（2014 年 3 月），提出了推进油品质量升级、督促炼油企业升级改造、加快推进清洁油品供应等要求，以有效减少大气污染物排放。原国家质检总局于 2013 年 8 月批准发布了《车用柴油（Ⅴ）》（GB 19147—2016）国家标准，该标准规定了第五阶段车用柴油的硫含量不大于 10mg/kg，这一指标达到了目前欧盟标准的水平。

近年来，石油炼制企业加工重质油、含硫原油、高酸原油的比例越来越大，原油劣质化越来越严重，给企业持续发展带来巨大挑战。针对石化企业排放大量挥发性有机物的特点，原国家环境保护部 2014 年 12 月 5 日印发了《石化行业挥发性有机物综合整治方案》（环发〔2014〕177 号）通知，要求 2017 年 7 月 1 日前，建成全国石化行业 VOCs 监测监控体系，各级环境保护主管部门完成石化行业 VOCs 排放量核定。石化行业 VOCs 污染源排查和 VOCs 排放量核定是一项十分复杂的工作。与此同时，在国家强制性标准《炼油单位产品能源消耗限额》（GB 30251—2013）中，规定了不同炼油企业炼油产品单位能源消耗限额，还规定了炼油生产装置的能耗基准值。

从以往清洁生产实践看，在石化企业持续、扎实推行清洁生产，是进一步达到企业"节能、降耗、减污、增效"的重要抓手。清洁生产是一种全新的发展战略，在产品的整个生命周期的各个环节采取"预防"措施，通过将生产技术、生产过程、经营管理及产品等方面与物流、能量、信息等要素有机结合起来，并优化运行方式，从而实现最小的环境影响，最少的资源、能源使用，最佳的管理模式以及最优化的经济增长水平。

国家已将石化企业特征污染物——挥发性有机物（VOCs）列入"十三五"环保规划重要控制指标，特别对于石化行业而言，已作为继 COD（化学需氧量）、氨氮、二氧化硫、氮氧化物后的第五项总量减排的主要污染物，同时各省已经开展针对 VOCs 排放量核算及收费工作。VOCs 污染源摸底排查工作采用实测、物料衡算、模型计算、公式计算、排放系数等方法，是一项十分复杂、较为困难的工作，包括辅助设施和非石化工艺 VOCs 的排放源：设备动静密封点泄漏、有机液体储存与调和挥发损失、有机液体装卸挥发损失、废水集输储存及处理处置过程逸散、燃烧烟气排放、工艺有组织排放、工艺无组织排放、采样过程排放、火炬排放、非正常工况（停工及维修）、冷却塔和循环水冷却系统释放、事故排放等方面，都将征收 VOCs 排污费。

为减少 VOCs 产生和排放，运用清洁生产理念，对新、改、扩建石化项目在设计和建设中，要从源头上选用先进的清洁生产和密闭化工艺，提高设计标准，实现设备、装置、管线、采样等密闭化，从源头减少 VOCs 泄漏环节，工艺、储存、装卸、废水废液废渣处理等环节应采取高效的有机废气回收与治理措施，满足相关环境质量要求。

在企业的 VOCs 管理方面，要逐步开展 VOCs 申报、统计工作，建立较为完善的 VOCs 相关档案，内容主要包括环评文件及"三同时"验收报告、VOCs

定期检测报告、VOCs 污染防治设施运行记录，以及与 VOCs 排放相关的原辅料、溶剂的储存与使用等信息。

全面推行"泄漏检测与修复"（LDAR）。建立 LDAR 管理制度，对泵、压缩机、阀门、法兰、泄压装置、开口管线、采样连接系统等易发生泄漏的设备与管线组件，制订 LDAR 工作计划，定期检测、及时修复，防止或减少跑、冒、滴、漏现象。建立信息管理平台，设置密封点编号与标识，对易泄漏环节制订针对性改进措施，通过源头控制减少 VOCs 泄漏排放。

推行清洁生产，科学制订 VOCs 综合整治工作方案，实施 VOCs 全过程污染控制。对生产装置排放的含 VOCs 工艺废气应优先考虑生产系统内回收利用，难以回收利用的，采用催化燃烧、热力焚烧等方式处理后达标排放。同时，采取措施尽可能回收排入火炬系统的废气；火炬应按相关要求设置规范的点火系统，确保通过火炬排放的 VOCs 点燃，并尽可能充分燃烧。汽油、石脑油、煤油等高挥发性有机液体和苯、甲苯、二甲苯等危险化学品的装卸过程采取全密闭、液下装载等方式，并优先采用高效油气回收措施。运输相关产品采用具备油气回收接口的车船。

推行清洁生产过程中，强化 VOCs 监测。企业有组织排放（如工艺废气、燃烧烟气、VOCs 处理设施排放废气和火炬系统等）逐步安装在线连续监控系统及厂界特征污染物环境监测设施，后续与当地环境保护主管部门联网。按年度估算各类污染源排放量，通过现场检测或物料衡算等方法分析各类污染源 VOCs 物质成分，对 VOCs 排放和削减情况统计与核算。

清洁生产是一个系统工程，一方面它通过工艺改造、设备更新、废弃物回收利用等途径，实现"节能、降耗、减污、增效"；另一方面注重提高包括管理人员、工程技术人员、操作工人在内的所有员工在经济观念、环境意识、参与管理意识、技术水平、职业道德等方面的素质。因此，推行清洁生产涉及石化企业的整个生产过程，需要全员参与、上下联动，打造清洁环保、高效集约、循环发展的企业。

一、石化企业多层级环境保护体系

在国民经济飞速发展的今天，人们赖以生存的环境也因不断的资源开发、工业生产等，造成了废水、废气、废渣大量排放等污染问题。如何在保持经济高速发展的同时，从源头减少污染物和气体排放，积极推动循环经济发展，保护好人类的生存环境，已成为一个全球性的问题。为有效预防和控制突发环境事件的发生，确保环境安全，构建环境安全防控体系，根据石化企业的易燃易爆、危化品种类多、污染物分布广的特点，建立石化企业多层级环境安全防控体系非常必要。

通过构建多层级环境安全防控体系，可实现"点、面、区"三位一体监测预警，同时亦可实现视音频及报警信息的采集、传输/转换、显示/存储，进行权限管理，保证可视化的环保事件的应急预案管理和处置等多项功能。通过摄像系统对污染事件频发的区域进行连续监视，通过控制中心和分控中心遥控的方式调整监视区域和染污源监控点，足不出户即能实时了解情况并进行监督，一旦发生污染事件，可查阅现场录像记录，并与环境监测数据叠加同步显示，为调查和处理提供方便，把现场监控模式由传统的单一型、粗放型向综合型、智能化、集约型转变，提高了环境管理的效率。

1. 构建"点、面、区"三位一体监测预警体系

预警体系可分为三层结构，基础层（感知层）主要包括污染治理设施现场端的感知，使用现代化的传感器、分析仪、智能仪表等；通信层的主要作用是实现感知层数据的传输，主要包括有线和无线两种数据传输方式；数据应用层是通过数据分析，得出相关的结论支持环保管理决策。首先构建的是点、面、区的一个三位一体的预警体系。点监控，指的是有毒有害气体（H_2S、NH_3、CO 和苯）泄漏监测、LDAR（有组织/无组织污染在线监测），点——污染源烟气 VOCs 有组织排放监测；线——园区边界（或厂界）无组织排放监测。面预警，指的是厂界、敏感区无组织污染在线监测，面——区域环境大气敏感点监测、移动监测、便携监测。区域决策，指的是区域环境质量在线监控，包括气和水的监测。实时监控：通过对产业园区 VOCs 的气体浓度监测，可实现对污染源有组织排放、园区边界或厂界和环境大气敏感点的实时监控，全面客观反映产业园区及周边环境污染现状及其变化趋势。为环境应急监测提供先进的环境监控和预报预警体系，确保人身安全和生产安全。如图 3-50 所示。

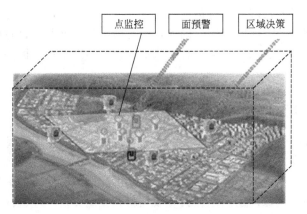

扫一扫彩图

图 3-50 "点、面、区"三位一体监测预警体系

2. 五级环境安全防范管理体系

环境安全防范管理体系的安全等级分为五级。

第一级：基础环境安全，主要内容是有毒有害气体的监测报警和视频监控体系。

第二级：有组织环境，主要内容包括重点排口的监测和制高点的监测，有组织排放源采用 CEMS-V100 烟气挥发性有机物（VOCs）在线监测系统，主要由采样系统、温压流系统、分析系统、控制系统、气源系统等组成。

第三级：厂界环境，内容包括厂界 VOCs 在线监测站和 AQI 在线监测站。

第四级：建立应急响应机制，突发污染事故发生后，快速定位事故周围的污染源及其位置，根据污染物环境危害情况，制订针对性的应急处理措施，全面提升企业内部预先自行处理危废气体异常排放以及执法部门对突发事故的应急处理能力，其内容有应急检测车、便携式 GC-MS（气相色谱-质谱）、长光程监测和 VOCs 监测实验室。

第五级：环境安全综合业务平台，指的是信息化、智能化应用分析平台的应用。如图 3-51 所示。

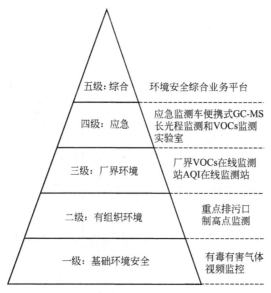

图 3-51　五级环境安全防范管理体系

以某石化企业实施五级环境安全防控管理为例，站点 1：AQI 地面监测站（琴湖大道以西，火炬设施周边），重点监控该企业西门周边主要污染聚集区对环境空气质量的影响，该站点的布设同时可作整个厂区的主导下风向评价点。特征污染因子对象包括 SO_2、NO_x、CO、O_3、PM2.5、PM10、H_2S、NH_3 等二期补充监测因子；有机硫、甲烷/非甲烷总烃（东北面有硫黄回收装置，涉及 VOCs）。站点 2：东南厂界 VOCs 在线监测站，重点监控该企业东南部环境空气质量状况，评价污染物对周边敏感点的影响，同时可兼顾厂区东面某瓷砖厂对该企业的影响。特征污染因子对象包括甲烷/非甲烷总烃、苯、甲苯、二甲苯等。站点3：西北厂界VOCs在线监测站，重点监控该企业西北部环境空气质量状况，评价污染物对周边敏感点的影响。特征污染因子包括甲烷/非甲烷总烃、有机硫、H_2S、NH_3 等。站点4：东北厂界VOCs在线监测站，重点监控该企业东北部环境空气质量状况，评价污染物对周边敏感点的影响。特征污染因子包括甲烷/非甲烷总烃、有机硫、H_2S、NH_3 等。站点5：区域空气超级站（石化生活区），重点监控居民区周边的环境空气质量状况，评价周边污染物对该区域的影响。特征污染因子包括 H_2S、NH_3、甲烷/非甲烷总烃、有机硫等恶臭气体、VOCs等。站点6：应急监测车，非固定，平战结合，灵活巡检和应急。建立环境风险源数据库（平时），根据长期污染物监测数据，结合气象参数、地形参数等，依靠相关性分析模型、污染物风向玫瑰分析模型和拉格朗日流体模型等分析模型，对整个园区污染状况进行大数据分析和预报预警，构建环境风险防范及风险评估体系；突发性事故监控（战时），突发情况下对环境空气和水体等污染情况进行快速现场监测。

3. 六层系统框架体系设计

如图3-52所示。

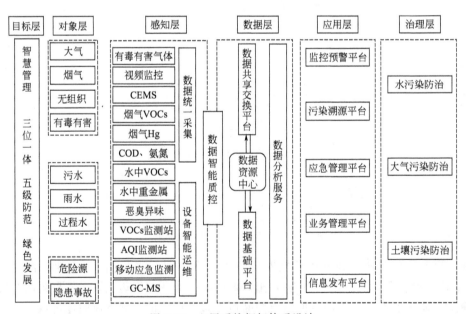

图3-52　六层系统框架体系设计

目标层：指石化企业所要达到的目标，即：智慧管理、三位一体、五级防范和绿色发展。

对象层：管理的对象包含大气、烟气、有毒有害气体（H_2S、NH_3、CO和苯)、污水、雨水、过程水、危险源和隐患事故。

感知层：基本上指的是设备手段，包含有毒有害气体、视频监控、CEMS、烟气 VOCs、烟气 Hg、COD/氨氮、水中 VOCs、水中重金属、恶臭异味、VOCs 监测站、AQI 监测站、移动应急监测、GC-MS。感知层必须数据统一采集和设备智能运维。

数据层：主要是对数据的处理分析服务，根据已有的数据资源中心搭建数据共享交换平台和数据基础平台，对感知层设备检测数据进行分析与统计管理。

应用层：集成了整个体系所有的平台，包括监控预警平台、污染溯源平台、应急管理平台、业务管理平台和信息发布平台。

治理层：包括对水污染、大气污染和土壤污染的防治管理。

二、从源头到结果全过程环境管控

1. 智能环保

智能环保是基于最新的信息化、智能化、遥感等技术的发展提出的一系列技术的组合，是对物联网、云计算、大数据、大地图、人工智能等多种技术的融合提升，形成环境管理、监察、应急的整体解决方案，以提高环保部门综合决策、环境监管、预警防灾以及生产服务的能力为核心目标。环保管理由传统的定性分析、经验管理、事后控制向自动化、智能化、网络化的方向发展，智能化应用于环保领域是环保信息化的必然趋势。将智能化、物联网技术应用到环保，将成为推动环境管理升级、培育和发展战略性新型环保产业的重要手段。借助物联网感知、云计算、3S（RS、GPS、GIS）等技术，形成集废水和废气污染源、大气环境质量监测、放射源监控、烟尘监控、重点污染治理设施全过程监控等多种感知体系，通过网络互相联通，构建全方位、多层次、全覆盖的环境监控系统，建立更全面的互联互通、更深入的智能化系统，以更精细和动态的方式实现环境管理和决策的"智慧"。

环境监控的高清化及智能化。监控系统的高清化以及智能化（智能识别、智能分析等）应用已经成为目前环境监控的发展趋势。高清技术与 IP 技术结合，将为用户提供前所未有的数据传输量和画质体验。通过高清 1080p、720p 视频监控系统，用户将能够分辨出最细微的图片细节和现场的真实情况，适用于更多环保监控系统中污水、大气、粉尘现场监控的实际需要。高清视频监控将为环境监控带来更强的易用性、清晰度，以及更多复杂环境的监控应用。

智能化环保管控通过综合应用在线监测仪、传感器、视频监控、红外探测等装置与技术，实时采集污染源、环境质量等信息，构建全方位、多层次、全覆盖的环境监测网络，以推动环境信息资源高效、准确实时传递；通过构建海量数据资源中心和环境分析平台，进行数据挖掘、模型建立，为环保管理部门提供污染物达标排放、总量控制等数据基础，支持污染源监控、环境质量监测及管理决策等环保业务的全程智能。智能分析系统则通过对视频、音频以及数据的获取和分析，判别环境状况是否正常，如出现污染物超标等异常情况，则会自动报警，提示环境监测和管理部门注意并及时进行处理，从而达到促进污染减排、防范环境风险的目的。

2. 智能环保监控平台

建立"动态立体感知、智能信息应用、智能决策应用"为一体的综合服务平台，是面向综合决策，对环境信息在广度和深度方面进行数据挖掘和对环境模型技术的应用，是以环境信息的全面高效感知为基础，以信息安全及时传输和深入智能处理为手段，实现环境保护业务协同化、管理现代化、决策科学化，使环境保护实现更透彻的感知、更全面的互联互通、智能化更深入、决策支持更智慧、创新环保的工作模式，全面提高环境管理工作效能。在线监测设备与在线视频均与环保地图监测系统实现联网互通，实时传输企业废水排放情况、烟气排放情况、环保设施工艺参数、特殊因子等污染源信息，并由监控中心进行存储、汇总、分析，形成"云数据"，为企业污染减排核查、统计、监测、考核提供基础支撑。

3. 智能环保监控系统应用案例

以某石化企业为例，该企业先后开发投用了生产区异味监控系统、生产区废水特征污染物过程监控系统，生活区大气质量监测系统，完善现有生产区外排污水及大气主要污染物监控系统。在石化大厦、发展建设楼、生产经营楼3栋办公楼，以及生产管控中心、水务运行部共5个地点，采用 LED 大屏显示的方式，24 小时公开环境监测实时数据。通过每隔15s更新一次的实时数据，可直观获悉该厂总排口外排水 COD、氨氮、油含量以及催化裂化装置、硫黄装置和 CFB（循环流化床）锅炉等排放的二氧化硫、氮氧化物、粉尘等近 20 个实时指标。这些在线监测实时数据还与国控监测系统联网，国家和省市环保管理部门同样可以随时了解该厂各项环保指标的变化情况。

其中，覆盖该企业全厂范围的"环保地图"，对厂区及周围方圆5km范围内环境管理实现了可视化，所有在线监测点的实时和历史监测数据，日常监测点的监测数据都可从中得到直观展示。"环保地图"系统主要功能：

① 在线监测（外排污染物监测），基于厂区地图，直观查阅 5 套环保在线仪（4 套气、1 套水）分布，展示环境在线监测数据，对外公开展示数据内容。基本信息：描述监测点基本信息。实时数据：以仪表盘（折线图）的形式展示在线监测实时数据。视频监控：以旋转式多角度方式监测现场工作状态。地图模式：矢量、影像、2.5维。其中，2.5维地图仅作示范性展示。监测数据来源：实时数

据库。

② 日常监测内容。分级控制监测：基于厂区地图，直观地观察全厂的污染物排放点，按照企业、车间、监测点、监测项目（监测因子）的检索习惯，实现分级控制监测，方便查看相应单位的排污情况。在地图上标出各装置污染源排放点，绿色表示排污达标，黄色为警告，红色为超标。点击排放点进入相应的单位，查看具体排污情况。

③ 监测环境因素。监测点类型：通过选择相关环境因素，在地图上显示相应的环境因素监测情况，分为污水排放监测（废水）、废气排放监测（废气）、空气质量监测（空气）、固废监测、噪声监测 5 种类型。数据来源：分级控制监测（12 个车间）数据，主要是环保监测站每日分析数据，人工录入，这部分数据不对外公开。

④ 监控预警。在线报警：基于厂区地图，标出环保在线仪、污染物排放点、移动监测点分布，绿色表示排污达标，黄色为预警，橘红色为超标，红色为严重超标。系统根据配置参数，按一定时间间隔自动获取数据信息，根据监测报警阈值将超标数据第一时间予以报警，将超标信息反馈给相关人员。短信报警：针对在线报警中的超标情况，根据监测点归属、监测点类型和级别，将报警信息以短信形式发送至相关人员。

⑤ 监测管理。环保数据录入：录入监测点的日监测数据，包括水质数据、环境空气数据、烟气数据等。环保数据审核：对录入的监测数据进行审核，经审核通过的数据才能在其他模块查询展示，包括水质数据审核、环境空气数据审核、烟气数据审核等。

⑥ 数据分析。实时监测数据如图 3-53 所示。

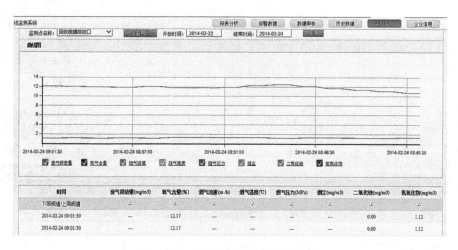

图 3-53　实时监测数据显示示意图

通过选择监测点、监测因子、时间段、监测类型，查看和导出历史数据及历史趋势图，历史数据要保存 1~3 年，如图 3-54 所示。

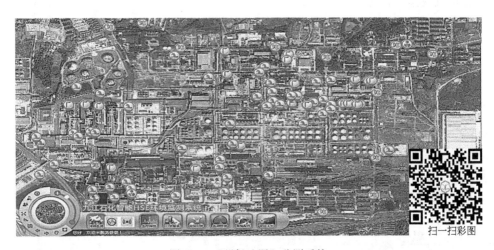

图 3-54　历史数据查看示意图

基于地理信息的"环保地图"监测系统，通过"一张图"可实现环境管理的可视化，直观展示在线监测点的实时和历史监测数据，直观展示日常监测点的监测数据；通过报表功能对日常及历史数据进行查询和统计；对厂区及周围 5km 范围内环境管理实现了可视化。所有监测点的实时和历史监测数据、日常监测点的监测数据都可从地图中得到直观展示，如图 3-55 所示。

扫一扫彩图

图 3-55　"环保地图"监测系统

在环保管理实践中，该企业以信息化推进环保绩效考核，从生产装置产生的废水、废气、废渣进行源头控制与削减，对污染物产生、转移、处理与排放实施分级控制，过程管控，末端治理，进行全过程在线监测与控制，建立环境信息实时数据库和关系数据库，通过 ERP、MES、环境在线监测系统，使管理层和决策层能够及时感知污染物产品及其相关生产信息的变化，形成整体最优调整指令或决策。从严绩效考核，层层传递压力，充分调动每一位员工的积极性、创造性。"环保地图"还对各装置排污情况实行在线监测，及时掌握排污情况。通过预警监控，全面掌握超标排放的具体地点与超标程度，利用短信平台向排放单位发送超标信息，接收排放单位的控制措施，使岗位操作人员、环境管理人员、设备维护人员以及公司领导第一时间掌握环保装置运行情况，实现环保闭环管理。同时，该企业与国家、省市环保部门和总部在线平台实现联网运行；5 套在线监测系统正常运转率、数据有效传输率、自行监测率等均优于国家标准。环保管理实现由定性管理向定量管理转变，由经验管理向科学管理转变，由事后管理向事前监测、诊断及控制转变。

在可以预计的将来，环保工作将运用物联网、移动互联网、大数据、云计算、人工智能等新技术实现管理的专业化、精细化、智能化，形成以问题为导向、以流程为驱动、以预知预防为管控的新型管理模式，实现精确感知，有效解决各类环境问题。

三、基于 4G LTE 移动可燃气检测

甲烷、一氧化碳、硫化氢等可燃、有毒、易爆气体是造成石油化工等生产领域中安全事故的主要来源之一，可燃气体的检测是石化企业安全生产中一个非常重要的环节。通过检测报警，第一时间发现现场出现的可燃气体、有毒有害气体发生的泄漏，组织查找泄漏源，分析报警原因，采取有针对性的防范措施，为企业装置安全生产、设备平稳运行和员工人身安全奠定基础。

现有的可燃气泄漏检测仪器仪表中，绝大部分是常规的有线仪表。有线仪表由于安装使用时必须考虑信号电缆的铺设，限制了其使用范围，在一些难以铺设电缆的地点或铺设电缆成本太高的场合，无法安装固定式可燃气体检测仪，只能通过人工使用便携式可燃气体检测仪进行定时巡检的方式进行检测。受使用终端数量和精度影响，造成无法及时发现泄漏点，使得事故发生的概率增大。具体使用过程中主要存在以下不足：

一是受现场条件、施工条件和成本费用等影响，现有固定式、便携式气体报警仪在数量上不能满足日趋严格的安全环保工作要求。

二是根据现有法规要求，对用火、受限空间等作业现场的作业依据是，按照一定频次要求，对现场环境气体采取现场采样、实验室分析，出具报告单的形式，便携式气体检测仪的检测数据作为检测参考，客观上造成作业现场环境气体有效检测是间断式的。

三是现有气体检测数据无法共享、分析和远程监控，只能手工记录、事后填报，见表 3-6。

表 3-6　炼化企业厂界及生活区环境空气异味检测数据

天气:晴　风向:东偏南　1 级大气压:102.1kPa			监测时间:2017 年 2 月 16 日
序号	监测点	VOCs/(mg/m³)	H₂S/(mg/m³)
1	1#	0.068	未检出
2	2#	0.388	0.1
3	3#	1.688	未检出
4	4#	0.995	未检出
5	5#	1.745	未检出
6	6#	0.330	未检出
7	7#	0.075	0.1
8	8#	0.050	未检出
9	9#	0.062	未检出
10	10#	0.027	未检出
11	11#	0.034	未检出

四是现有检测仪检测精度虽符合相关法规要求，但与安全环保精细管理还有差距。

某石化企业在用好现有固定式可燃气、有毒有害气体报警仪、便携式"四合一"（可燃气、硫化氢、一氧化碳、氧气）气体检测报警仪的同时，针对固定式、便携式报警仪在使用过程中存在的问题和不足，基于自建的 4G LTE 专网，积极研究可燃气无线检测新方法、新手段，开发了"六合一"（可燃气、硫化氢、一氧化碳、氧气、氨气、VOCs）气体检测无线传输技术。

(一) 无线可燃气检测技术原理介绍

无线可燃气检测技术主要是由气体检测仪、中继器、服务器、客户端组成，借助 4G 无线专网，检测仪检测到气体数据后，除在检测仪上进行显示和超标报警外，还能将检测数据通过现场中继器传输到现场外的服务器上，并在电脑客户端上进行显示，实现现场气体数据实时检测、传输、报警等，如图 3-56 所示。

无线监测仪主要有"六合一"手持式气体检测仪、VOCs 监测仪、苯监测仪等。"六合一"监测仪的传感器包括电化学传感器测毒气，催化燃烧或红外传感器测可燃气，PID 光离子传感器测 VOCs（挥发性有机物），以及辐射传感器测

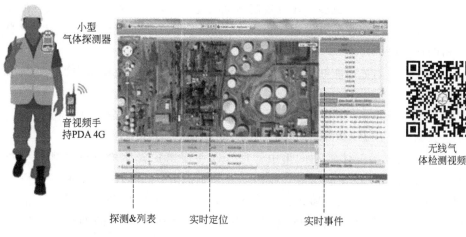

小型
气体探测器

音视频手
持PDA 4G

无线气
体检测视频

探测&列表　　　实时定位　　　实时事件

图 3-56　无线可燃气检测系统

X/γ 射线，各传感器可任意组合、灵活配置，具有防爆功能，可与 RAELink3
无线通信，通信距离 100m；直接或无线监测空气中硫化氢、氨、可燃气、氧以
及高浓度 VOCs 等。VOCs 或苯监测仪采用 PID 光离子检测器，检测范围可达
$0 \sim 15000 \mu L/L$，响应时间 T_{90} 小于 2s，具备温湿度补偿功能可与 RAELink3 无
线通信，通信距离 100m，具有防爆功能，可直接或无线监测低、高浓度的
VOCs 或苯。如图 3-57 所示。

图 3-57　"六合一"监测仪和 VOCs 监测仪

（二）无线可燃气检测应用案例

前述企业将其开发的"六合一"气体检测无线传输技术，在炼油运行二部、
炼油运行三部、煤制氢运行部、油品储运运行部和环境监测站等单位试用，实时
检测、传输生产施工现场氧气、可燃及有毒气体和 VOCs 数据，在加强生产和
施工现场的安全监管和环保管理上取得了较好的效果。较以往普通的便携式气体

检测仪，无线可燃气检测仪具有以下特点：

一是检测气体种类更多，在有效监测可燃气、硫化氢、一氧化碳、氧气的基础上，增加了石化企业常见的氨气和VOCs，特别是VOCs气体监测，契合了日趋严格的环境保护要求。

二是气体检测数据能够实时传输，并能传输到现场以外电脑客户端上，为管理人员远程监控提供了途径，实现了现场和远程的"双监测"。

三是具备统计分析功能，在电脑客户端上能够调取每台气检仪的检测、报警记录、数据趋势，为现场检测分析、重点监控提供了有效平台和手段。

四是实现现场气体检测的集中管理。以往便携式气体检测仪管理是分布到各使用单位，现场检测信息、报警信息只有使用人掌握；如果使用人安全意识不高、责任心不强、监护技能不足等，就可能造成报警信息丢失。通过现场气体检测的集中管理，能够实时掌握全部气体检测仪的使用、报警状况，能够对生产装置运行现场和用火、进入受限空间等直接作业环节现场进行有针对性、重点性的安全监管，保证装置安全生产、设备平稳运行和人员人身安全。

系统由两个平台构成，一个是检测仪监控管理平台，其功能主要是显示无线气体检测仪的实时监测位置、实时检测数据以及预警预报等。另一个是数据查询及检测数据运动轨迹查询功能，可调出历史数据以及对应的数据轨迹。

1. 无线气体检测仪在直接作业环节安全监管的应用

【案例3-1】 2017年3月20日～4月20日，前述企业三罐区306罐汽油罐检修，需要进行浮船更换、罐内全面检测，涉及用火、用电、进入受限空间、搭设脚手架、罐内防腐等作业；虽然前期油罐已进行清罐、加装盲板、开人孔通风置换等处置，但是检修期间如何对罐内气体进行实时监测，防止油气超标，仍然是作业安全监管的重中之重。属地单位严格执行作业许可制度，在做好作业前采样分析，办理相关作业许可证，作业过程中现场监护的同时，将无线气体检测仪放在罐内，对现场气体进行实时检测，并将罐内气体检测数据通过中继器传输到属地单位安全管理人员电脑终端上，一旦罐内气体中可燃气、硫化氢、一氧化碳等气体浓度超标，报警仪就会在现场和电脑终端上进行报警提示，现场监护人员和管理人员可以在油罐现场和办公室同步实施对罐内作业安全进行监控，及时采取停止罐内作业，人员撤离油罐等应急措施。无线气检仪凭借高度的灵敏性及数据的实时远传报警等功能，为现场检修作业提供了强有力的监控保障，大幅提升了用火作业和进入受限空间等高风险作业的安全监管力度，发挥了重要的安全保障作用。

【案例3-2】 2016年10月，前述企业空分装置氧气防爆墙内阀门和管线损坏,根据生产要求,需临时变更氧气工艺流程,存在一定的变更风险,需要对氧气直接放空现场进行氧含量分布检测。该企业利用无线气体检测仪对现场进行了多种工况下的现场检测,为煤制氢装置安全平稳运行提供了有力的参考依据。

聘请专业评估机构对空分装置工艺变更的危险性进行了初步分析,模拟计算放空量 45000m³/h(标准状况)时,氧气的扩散范围及对区域安全性的影响。模拟计算结果如图 3-58 所示。

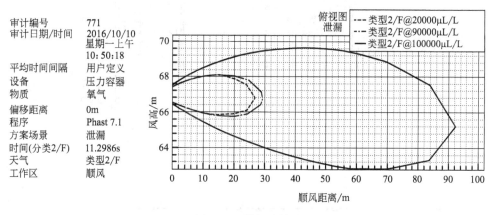

审计编号	771
审计日期/时间	2016/10/10 星期一上午 10:50:18
平均时间间隔	用户定义
设备	压力容器
物质	氧气
偏移距离	0m
程序	Phast 7.1
方案场景	泄漏
时间(分类2/F)	11.2986s
天气	类型2/F
工作区	顺风

俯视图
泄漏
- - - 类型2/F@20000μL/L
- - - 类型2/F@90000μL/L
—— 类型2/F@100000μL/L

图 3-58　模拟计算图

模拟条件工况:风速 2m/s、风向与氧气排放方向相同、氧气流速 45000m³/h(标准状况)、放空口径 800mm、温度常温;蓝线为氧气浓度 23% 的边界,绿线为氧气浓度 30% 的边界。经过模拟得知,在此工况条件下,经过 11.3s 氧气浓度分布达到稳态,水平方向扩散距离较远(超过 90m),垂直方向氧气浓度梯度变化大,放空口以下 4m 处,浓度降至 23% 以下。

气化装置气化框架 9 楼、10 楼(顶楼)取样点布置及示意图如图 3-59 所示。

为了验证模拟数据的真实性,确保生产安全,该企业利用无线气体检测仪对现场放空进行了现场检测试验,从试验分析数据表 3-7 看,氧气管线放空阀 1120FV001 大气量放空从 18000~30000m³/h(标准状况)时,在无风扇助扩散稀释的情况下,气化框架 10 楼在下风口氧含量分析数据最大 23.2%,气化框架 9 楼所有取样点均合格。通过数据比对,无线气体检测仪与"四合一"报警仪、质管便携式分析仪、现场取样分析(色谱)所分析出的数据基本一致。

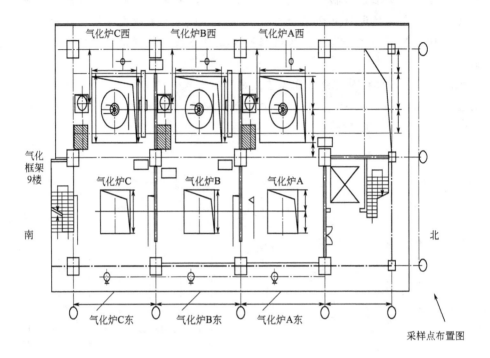

采样点布置图

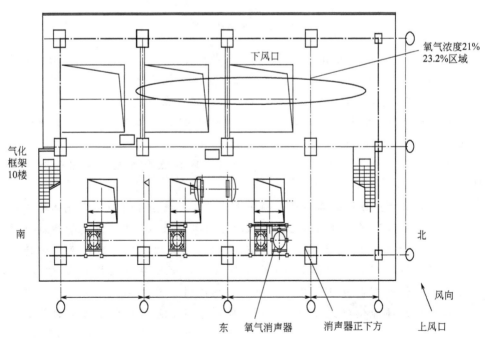

图 3-59　气化装置气化框架 9 楼、10 楼（顶楼）取样点布置及示意图

表3-7　氧气管线放空阀1120FV001大气量放空试验数据记录表

测试条件(2016年10月19日)

序号	风向风力	采样时间	有无风幅	空分氧气流量(标准状况)/(m³/h)	气化氧气流量(标准状况)/(m³/h)	放空阀阀位/%	压力/MPa	测试位置	氧气浓度/%			
									霍尼韦尔分析仪	"四合一"报警仪	质管便携式分析仪	现场取样分析(色谱)
1	北风二级	10:30	有	31714	29255	16.35	5.53	10楼放空正下方	20.9	20.9	21	20.1
2	北风二级	10:30	有	31714	29255	16.35	5.53	10楼上风口	20.9	20.9	21	20.1
3	北风二级	10:30	有	31714	29255	16.35	5.53	10楼下风口	20.9	20.9	21	20.13
4	北风二级	10:30	有	31714	29255	16.35	5.53	9楼A东	20.9	20.9	21	20.15
5	北风二级	10:30	有	31714	29255	16.35	5.53	9楼A西	20.9	20.9	21	20.14
6	北风二级	10:30	有	31714	29255	16.35	5.53	9楼B东	20.9	20.9	21	20.11
7	北风二级	10:30	有	31714	29255	16.35	5.53	9楼B西	20.9	20.9	21	20.13
8	北风二级	10:30	有	31714	29255	16.35	5.53	9楼C东	20.9	20.9	21	20.13
9	北风二级	10:30	有	31714	29255	16.35	5.53	9楼C西	20.9	20.9	21	20.16
10	北风二级	10:50	无	31714	29255	16.35	5.53	10楼放空正下方	20.9	20.9	21	20.11
11	北风二级	10:50	无	31714	29255	16.35	5.53	10楼上风口	20.9	20.9	21	20.09
12	北风二级	10:50	无	31714	29255	16.35	5.53	10楼下风口	23.2	22.1	22.4	20.18
13	北风二级	10:50	无	31714	29255	16.35	5.53	9楼A东	20.9	20.9	21	20.14
14	北风二级	10:50	无	31714	29255	16.35	5.53	9楼A西	20.9	20.9	21	20.13
15	北风二级	10:50	无	31714	29255	16.35	5.53	9楼B东	20.9	20.9	21	20.13
16	北风二级	10:50	无	31714	29255	16.35	5.53	9楼B西	20.9	20.9	21	20.11
17	北风二级	10:50	无	31714	29255	16.35	5.53	9楼C东	20.9	20.9	21	20.12
18	北风二级	10:50	无	31714	29255	16.35	5.53	9楼C西	20.9	20.9	21	20.12

2. 无线气体检测仪在现场泄漏监控的应用

【案例 3-3】 2017 年 3 月 29 日 20 时 20 分，某石化厂原油罐区油槽员嵇某、李某准备到 004 号罐进行脱水作业，走到罐区时忽然闻到持续异味，两人使用"六合一"气检仪检查周边现场，同时通知外操室陈某协助排查。三人从不同路线逐一排查，当嵇某走到原油消防门龙门架时发觉气味骤然变得浓烈，"六合一"气检仪开始报警，经排查发现龙门架下端墙根管线穿涵洞处大量油料正成扇面状往外喷溅，现场物料已通过明沟流入防水体污染池，严重影响周边人员的人身安全和环保安全。嵇某立即转移至上风口处，通知运行部中控联系码头和装置停止输料，报告消保中心提前进行消气防掩护，并进行现场警戒隔离。运行部领导、相关人员及职能处室人员赶赴现场，根据现场情况确定了应急处置方案，环保、消气防、堵漏施工力量合力灭险，现场险情得到了有效控制。

【案例 3-4】 2017 年 7 月 18 日，某石化厂油品罐区汽油 308 罐正在收储 1 号加氢、4 号加氢装置石脑油和一常初顶油。至 19 日 0 时左右，该罐周边可燃气报警仪开始频繁报警。油槽员及中控人员佩戴防护用具先后四次去现场检查，在罐底部及脱水口周边未发现异常情况。19 日 2 时 30 分左右，班长汤某第五次去 308 罐周边检查，远远发现罐顶透气孔似乎有气体飘出，立即爬上扶梯凑近确认，发现大量油气正从透气孔溢泄，同时，他随身携带的"四合一"便携式气体报警仪发生报警，CO、H_2S、可燃气等指标均出现较高数值。他立即撤离至安全区域，及时报告接警中心及总调度，消气防力量及时赶到现场掩护，经抢险人员用"六合一"便携式气体检测仪到罐顶检测，发现 H_2S 浓度高达 $60 \mu L/L$，避免了重大人员中毒事故的发生。

【案例 3-5】 2017 年 8 月 3 日 10 时，某石化厂炼油运行三部工艺副部长在经过 2 号催化精制区时发现现场有异味，用"四合一"检测仪无法检测异味源，立即通知安全组和工艺组用"六合一"便携式报警仪到现场检测，如图 3-60 所示。通过检测发现 E3205（循环水和干气换热器）循环水排空阀滴漏未关死，换热器内漏，造成异味。工艺组立即安排把排空卡死，重新用"六合一"检测仪检测正常。

图 3-60　现场查异味检测图

无线气体检测仪对生产装置现场轻微泄漏进行定性、定量分析，能够及时查出漏点，确保生产安全稳定运行。

3. 无线气体检测仪在 VOCs 及环保管理的应用

【案例 3-6】　2016 年 12 月 28 日至 29 日，某石化厂环境检测人员利用无线 "六合一" 检测仪，对厂区装置区域及厂界环境空气进行硫化氢检测，检测数据轨迹如图 3-61 所示，各检测点空气中硫化氢均未超标，达到国家标准。

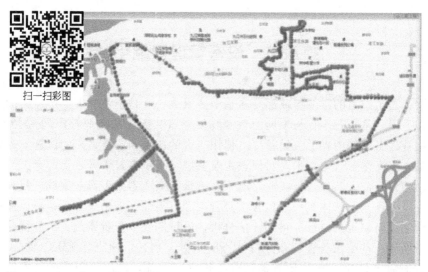

图 3-61　2016 年 12 月 28 日至 29 日厂区及厂界空气中硫化氢检测数据对应轨迹图

【案例 3-7】　2017 年 2 月至 3 月，某石化厂安全环保处按照监测计划的要求，利用无线 VOCs 监测仪 24 小时监测厂区及厂界环境空气中 VOCs 及异味物质，从图 3-62 中可看出，厂区部分装置区 VOCs 出现红色，经过及时反馈运行

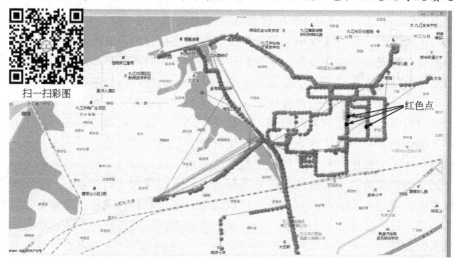

图 3-62　2017 年 2 月 15 日至 20 日厂区及厂界环境空气中 VOCs 检测数据轨迹图

部后，运行部人员迅速利用 VOCs 检测仪查找 VOCs 泄漏源，对查找出的泄漏点进行修复，修复成功后复测无超标红色显示，厂界空气中 VOCs 及异味均达标准。

无线可燃气检测应用大幅提高了炼厂正常生产，装置停、开工过程，以及厂区、厂界环境空气中 VOCs 及异味物质检测的效率，为厂界及装置区域内的无组织排放气体监控提供了有效手段。

第八节　设备管理智能化

设备是生产力的重要组成部分和基本要素之一，是企业从事生产经营的重要工具和手段，是企业生存与发展的重要物质财富。无论从企业资产的占有率上，还是从管理工作的内容上，设备都占据相当大的比重和非常重要的位置，管好用好设备，提高设备管理水平，对促进企业发展与进步有着十分重要的意义[25]。

在国外石油天然气、采矿业、电力、钢铁等资产密集型行业领域，目前成熟的企业设备预知维修体系一般包含维修管理和可靠性管理两个方面，整体业务流程遵循从策略制定到执行、再到评估分析、发现问题、分析原因、再到优化策略的闭路循环，推动设备管理业务持续不断提升。例如：西班牙 IBERDROLA 水电厂、葡萄牙 EDP 水电厂研发的远程维护预知系统，使用预知维护技术，且可远程控制，该系统与电厂原有的 SCADA 系统（数据采集与监视控制系统）及 MIS（管理信息系统）相互通信和连接，构成一个 CMMS（计算机维护管理系统）；美国 Mistras Holding Group 公司开发并应用 PCMS 资产完整性和可靠性管理系统，为企业提供设备完整性解决方案决策；加拿大的 Metergrity 公司开发并应用 Visons Enterprise 资产完整性和可靠性系统，可以有效地分析检测、操作、工程数据，为企业提供创新的解决方案，支持过程设备最佳管理决策。

维修管理工作内容主要集中在策略执行层面，即收集设备基础数据，按照既定的维修策略，进行巡检、状态监测、维护保养、维修、检验和校验等计划的制订、审核、执行管理以及工作完成确认、记录和费用结算等。可靠性管理主要关注于通过收集执行层面积累的数据，进行绩效评估分析、与设备管理目标进行对比，发现问题，进行根原因分析，以及维修策略的制定、优化，再交由维修管理执行层实施，实现闭路循环，以保持设备固有可靠性，并持续提升管理水平。

预知维修作为设备维修管理的先进模式，被广泛应用。状态监测技术是预知维修系统的基础，为预知维修系统提供数据源，通过状态监测技术来捕捉故障的征兆，展示设备状态参数的趋势，为合理地安排维修、避免故障发生的风险提供了有力的支持。这些状态监测系统包括在线连续实时状态/腐蚀监测系统、在线间隔状态监测系统、离线的移动巡检/腐蚀测厚系统以及在线过程控制系统等。

例如：针对大型机组，需要监测轴位移，通过傅里叶变换可以展示机组运行过程中的振动波形图、频谱图、轴心轨迹、轴心位置等，经验丰富的专家可以通过这些信息进行机组的故障诊断；针对机泵，通常只需要监测轴承的振动速度值；针对滚动轴承，需要检查振动的加速度值。针对现场大量的实时数据信息，特别是异常数据、报警数据需要进行管理，并与故障提报和维修处理流程进行很好的衔接。

可靠性管理主要的信息化支持工具包括关键性能指标（KPI）、关键性分析、可靠性分析、系统分析、根原因分析、建议管理、策略管理、策略优化和策略实施等实现基础设备管理闭路循环的应用功能，以及以可靠性为中心的维修（RCM）、故障模式及影响分析（FMEA）、基于风险的检验（RBI）、危险与可操作性分析（HAZOP）、安全完整性等级（SIL）等高级策略开发应用功能等。

相比国外，国内目前在设备管理上偏重维修管理。一般来说，各企业都有较完善的组织机构、业务流程、管理规章制度和考核措施来保证维修管理工作正常开展。近年来，石化企业通过加强设备管理信息系统的应用，基本涵盖了企业设备全生命周期维护维修的各个方面。例如：石化行业设备管理信息化系统功能涉及了文档管理、台账管理、运行管理、维修管理、专业管理和综合管理等，主要实现了基础管理、故障管理、维修工作管理及物料采购和存储管理，拥有完善的设备维修计划，安排、执行和记录反馈的业务流程，为设备维修提供了信息化管理手段，提升了对维修过程及成本费用的管控。

随着维修技术的发展，各企业越来越多地接受和采用基于状态的预知性维修模式进行维修安排。为达到预知性维修的业务需求，国内企业非常重视设备状态监测系统建设。很多企业针对关键设备建立了连续的在线状态监测系统、针对重要机泵建立了非连续性的在线机泵群监测系统以及针对其他设备建立了点巡检系统，以实现对设备状态的实时监控，为维修决策提供依据。部分企业实现了将设备异常状态信息集中地向各管理层进行展示和报警，使得各管理层可以随时随地掌握设备的运行状况，以便及时地采取有关措施，取得了较好的效果。

在设备故障诊断及趋势预测方面，国内企业仍然以依赖故障诊断专家进行故障诊断的模式为主，个别大型企业集团建立了自己的远程故障诊断中心。在智能化故障诊断方面，主要依赖于高校研究所和从事状态监测的企业进行探索和研究。故障诊断核心仍然是经典的振动分析理论，融合计算机技术，将振动分析的很多方法通过算法，用计算机程序自动执行，实现智能诊断的目的。

有些石化企业开始尝试设备可靠性管理，配套与之相适应的业务流程和组织架构，推动维修模式的变革[26]。在转变维修模式的过程中，利用可靠性管理系统，推行 RCM/FMEA/SIL 等方法论基于风险开发维修策略，利用 KPI、可靠性分析工具跟踪和评估策略执行效果，不断优化维修策略。特别是有的企业针对设备管理方面的各类问题挖掘根原因，在彻底消除影响设备正常运行的老大难问题上，取得了显著效果。

在设备状态监测及故障诊断方面，普遍存在两大问题：一是状态监测系统建设由于缺乏统筹规划，综合布局不尽合理，系统架构比较离散，整体功能的发挥受限；二是故障诊断技术的应用，对专业人员的知识、经验和分析解决问题的能力要求很高，分析诊断的实施受限于专家资源的制约。

在设备可靠性管理方面，目前国内企业还处于一个逐渐认识和接受的过程。个别企业开始尝试有关可靠性工作方法和内容，比如 RCM 分析、RBI 分析及 SIL 分析。这些企业中有的企业主要依靠企业外部资源主导来进行，由于缺乏规范化的、完整和准确的维修历史数据，加之分析范围和解决的问题不够聚焦，因此分析结果也即维修策略的针对性不是太强，未能在后续的维修执行工作中贯彻执行，难以充分发挥出效果。

一、基于预知预防的设备维护维修

（一）重要性与必要性

1. 安全环境要求不断提升

国家在法律法规方面，对石油化工行业的安全、生产和环境的要求逐步提高，考核力度不断加大。《环境保护法》《危险化学品安全管理条例》《石油化工行业环保工作条例》《石油化工建设项目环境保护管理实施细则》《中国石化环境保护管理办法》等一系列国家法律、法规要求企业不断加强设备本质安全，提高设备的可靠性，降低安全生产风险，减少和避免安全、生产、环境事故的发生。

在近几年国家新颁布实施的法律法规、标准和中石化集团公司原有的安全管理规章制度基础上，结合生产实际，中石化安全环保局组织具有丰富实践经验的安全管理专家，修订了《中国石油化工集团公司安全生产监督管理制度》，注重建立并实施 HSE 管理体系的长效安全管理机制。

设备管理工作是企业管理工作的一项重要内容，设备运行的好坏，直接影响到企业生产的产品产量、产品质量、安全、环境和人身健康以及经济效益。采用信息化手段支撑企业的设备管理工作，有效地提升企业的设备管理水平，降低各类营运风险，一直是企业设备管理人员关心和重视的工作。检修维护计划的制订和执行是设备管理工作的核心内容，直接影响到设备能否安稳长满优运行。设备预知维修系统所提供的分析和预测结果，是制订检修维护计划的科学依据，是显性化的设备管理经验。

2. 现代新技术的飞速发展

在当今全球一体化背景下，信息通信技术已经成为实现世界互联互通、业务高效协作的重要手段。物联网、云计算、大数据、移动通信等新一代信息技术的发展，正深刻改变着传统制造业的发展模式。

随着传感器、物联网等越来越多地应用到生产制造环节，产生了大量实时或准实时数据，如何进行数据挖掘，获取有价值的信息，是企业面临的一个重要问题。近两年，很多大的 IT 厂商推出了对大数据分析和存储的解决方案，包括 SAP HANA、ORACLE EXDATA 等。大数据分析普遍应用的技术包括分布式计算、基于内存的计算、HADOOP 等。新技术的出现，解决了设备运行状态能够实时感知和通信，解决了对数据的实时分析和存储问题，为实现设备的预知/预防维修提供了技术条件。

（二）方法与实践

预知维修是以状态为依据的维修，在机器运行时，对它的主要（或需要）部位进行定期（或连续）的状态监测和故障诊断，判定装备所处的状态，预测装备状态未来的发展趋势，依据装备的状态发展趋势和可能的故障模式，预先制订预测性维修计划，确定机器应该修理的时间、内容、方式及必需的技术和物资支持。预知维修集装备状态监测、故障诊断、故障（状态）预测、维修决策支持和维修活动于一体，是一种新兴的维修方式。

1. 基于预知/预防的设备维护/维修方法

广义的预知维修一般包含以下几个部分：

① 状态监测。设备状态监测主要基于传感器的检测方法，常用的包括：振动监测法、噪声监测法、温度监测法、压力监测法、油液分析监测法、声发射监测法等。

② 异常报警的捕获和响应。对设备状态数据集中抽提和展示，及时将捕获的设备异常报警数据按需推送到相关岗位，分级处理异常事件，以提高异常事件的响应速度。

③ 故障诊断。在连续生产系统中，故障诊断有着非常重要的意义。按照诊断的方法和原理，故障诊断可分为：时频诊断、统计诊断、信息理论分析及其他人工智能方法（专家系统诊断、人工神经网络诊断等）、模糊诊断、灰色系统理论诊断及集成化诊断。

④ 趋势预测。根据装备的运行信息，评估部件当前状态并预计未来的状态。常用方法有时序模型预测法、灰色模型预测法和神经网络预测法。预测方法的开发一般有三种基本途径：物理模型、知识系统和统计模型。在实际应用中，可将三种途径综合在一起，形成一种结合了传统的物理模型和智能分析方法，并能够处理数字信息和符号信息的混合性故障预测技术，对于实现预测性维修更为有效。

⑤ 维修策略支持。目前国际上比较成熟和通行的方法是利用 RCM、RBI、SIL、FMEA 等策略开发工具，基于定量评估设备风险，提出经济有效的建议，形成策略，这些策略包括预防性维修策略、预知性维修策略、事后维修、设备改造、培训等不同类型的策略。在执行过程中，结合维修历史数据和设备健康数据，定期测量和评估策略的执行效果，发现问题，分析原因，挖掘规律，进一步优化策略，持续提高设备绩效。

2. 基于预知/预防的维护/维修体系

基于预知/预防的维护/维修体系建设以 CPS（信息物理系统）的 5C 构架（感知层、网络层、信息转换层、认知层、执行层）为基础，从设备管理业务出发，实现石化流程型企业设备管理的智能化，总体架构如图 3-63 所示。

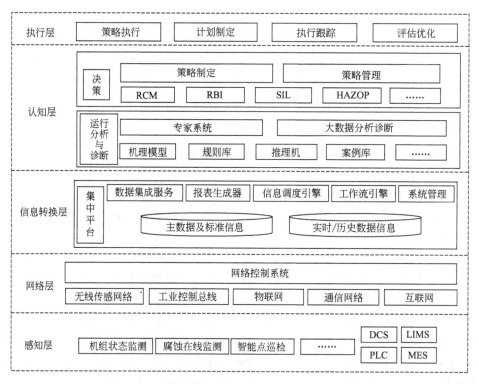

图 3-63　石化流程型企业设备管理智能化总体架构

（1）感知层

数据是 CPS 上层建筑的基础，流程型企业设备管理智能化建设首先要从数据来源、采集方式和管理方式上保证数据的质量和全面性。

设备运行状态的数据采集一直是流程型企业的薄弱点。先进的传感器技术、通信技术、物联网技术使得大量原始数据的采集变得十分便捷，同时避免了传统人工采集带来的各种弊端。例如：机泵群在线监测系统是在泵体上安装小型传感器，将振动、温度等监测数据通过工业无线网络实时发送回来；智能巡检系统是利用移动终端进行巡检导航和振动、温度等监测数据的采集，并通过 WiFi 或 4G 等无线网络实现数据的实时传输；红外热像仪检测可以不接触、远距离、快速、直观地感知电气设备的热状态分布，掌握设备运行状态。随着企业部署范围的扩大，在线状态监测和离线状态监测相结合的方式将基本满足企业对设备运行状态感知的需求。

另外，数据采集还可以通过生产工艺等设备运行环境来间接感知设备的运行状态，作为那些尚未应用状态监测或目前技术无法监测的设备的数据源。再者，借助于网络的融合，数据的采集将摆脱所在装置或企业的束缚，同行业乃至跨行业同类设备的数据也将作为其有益的补充。

（2）网络层

是 CPS 实现资源共享的基础，通过网络将各种远程资源有效连接，不仅仅是物理实体的互联，也包括人与人的互联。网络的互联互通与资源共享将更好地提升设备管理的智能化水平，如：将同类型设备或处在不同生命周期阶段的设备进行比较，更深入地了解设备的运行状态和发展趋势；将设备供应商和行业专家通过网络与企业现场联动，对设备和产品的性能状态进行异地远程的全天候监测、预测和评估，形成全员监测管理新模式和共享共赢生态圈。

实施企业厂区无线网络信号的全覆盖，通过定制化手持终端、无死角视频监控以及高可靠、大带宽的无线网络，这些都为生产和业务系统的自动化、实时化管理奠定坚实的基础，发挥出丰富的应用。

（3）信息转换层

数据采集上来后，要对数据进行特征提取、筛选、分类和优先级排列，保证了数据的可解读性。例如：离心机组的状态监测，是对采集的振动信号进行加工处理，抽取与设备运行状态有关的时域特征信号，转换成剖析问题更为深刻的频域信号。

需要指出的是，很多石化企业存储了大量的设备使用数据，但是数据利用率不高，只关注异常数据或只用于处理当下的事务。建立企业范围内统一的、标准化的数据集成平台，整合设备专业系统（如机组监测系统、机泵监测系统、点巡检系统、腐蚀监测系统等）和外部相关系统（如 HSE、LIMS、能源管理、智能管网、LDAR、工业电视等）分析和预测数据的关联，既可以有效避免数据的浪费，又可以挖掘更多有用的信息。例如，对设备运行和机械状态参数的相关分析，可将相关的参数组合在一起等。

3D 可视化技术对设备管理智能化意义重大，它能够全面展示生产装置的反应器、塔、罐、泵、阀、管线等设备的空间位置、具体形状及详细信息，将数据转换成图像展现在屏幕上，能够清晰、快捷有效地传达和沟通信息。

（4）认知层

认知层将实体抽象成数据模型，保证数据的解读符合客观的物理规律，并结合数据可视化工具和决策优化算法工具为用户提供决策支持。

基于规则的故障诊断利用了经典诊断分析技术和专家系统理论，通过对所获取的数据进行故障征兆提取，再依据"设备-征兆-故障-建议"匹配规则，对测得参数进行分析、判断，做出是否发生故障以及故障类型、故障程度的评价，推测设备状态的发展趋势，及时维修。部件寿命周期管理，根据部件更换记录自动计算部件的平均寿命，根据运行时间、采购周期、制造周期等参数自动计算部件剩余寿命和物资需求时间，实现剩余寿命报警，指导设备及部件的维修和更换工作。RBI（基于风险的检验）、RCM（以可靠性为中心的维修）、SIL（安全完整性等级）等基于风险的信息化评估技术，能够对设备管理流程进行优化，合理安排检验检修计划，保证生产安全经济运行。

大数据技术是处理多维海量数据的有效工具，在金融、通信、电子商务等行业均取得了显著的应用效果，也为流程行业产业升级提供了新途径。每年石化企业从现场设备状态监测系统、实时数据库等系统中，可以获取设备的轴承振动、温度、压力、流量等海量数据，通过"分类统计及规律挖掘—相关性分析—设备风险评估及故障预测分析"，可以建立基于案例的设备大数据诊断与预测，为操作和维修提供指导，全面支持预知维修。故障诊断与预测应用场景如图3-64所示。

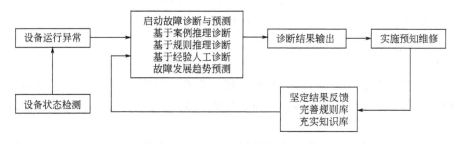

图 3-64　故障诊断与预测应用场景

石化企业在加快感知系统建设，全面监测分析设备运行状态的同时，还应启动专家系统的建设，对设备运行管理与预警、在线运行分析、设备操作优化、故障诊断与预测、腐蚀评估与预测、设备可靠性管理6个模块实施与建设。其中，故障诊断与预测模块可采用基于规则的诊断、基于案例的诊断和基于大数据的诊断三种方式相结合的方式，以持续提升故障诊断的准确性。设备可靠性管理以RCM为核心，开展以可靠性为中心的维修。

（5）执行层

根据制定的策略进行执行、跟踪，并根据执行结果优化策略。

CPS 的目标是通过先进的分析和灵活的配置，最终实现管理系统的自我配置、自我调整和自我优化。对于设备管理智能化建设，首要是形成策略开发、管理、执行、评估和优化的闭环管理，打通业务流程。

以设备维修策略优化闭环管理为例，首先应在设备、系统、装置的层面查看并分析整体风险以及不同措施建议对整体风险以及相应成本的影响，选择最佳的措施并进行审批管理，形成维修策略；维修策略所包含的各项措施根据时间间隔、所需资源、机具等进行打包并分送到不同维修执行系统中执行，如 ERP 系统、操作巡检系统、检验管理系统、校验管理系统、壁厚测量系统等；收集设备故障事件数据、维修历史数据、状态监测数据及与故障相关的生产损失数据，通过核心分析、绩效管理、健康指标管理监测设备状态及绩效，并应用根原因分析及可靠性工具探索故障发生规律及其根本原因，针对根本原因提出改进建议，改进和优化原有维修策略。维修策略优化闭环管理流程如图 3-65 所示。

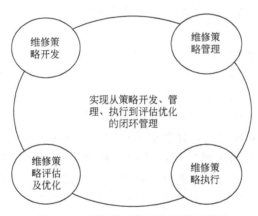

图 3-65　维修策略优化闭环管理流程

流程企业设备管理智能化建设是一个渐进深入的过程，应当按照"总体规划、分步实施"的原则，首先应完善基础数控，打牢基础，要从完善感知系统、开展数据标准化工作、基础设施全面实现数字化等方面分步实施；其次应建立机理模型、专家系统并进行知识积累，可考虑结合自主开发、远程技术服务及外聘专家等方式实现，实施对传输、转换的信息进行处理；最后执行专家系统策略，并评估优化。

二、设备与资产的全生命周期管理

传统的设备管理主要是指设备在役期间的运行维修管理，其出发点是设备可靠性，具有为保障设备稳定可靠运行而进行的维修管理的相关内涵。包括设备资产的物质运动形态，即设备的安装、使用、维修直至更换，体现出的是设备的物质运动状态。

资产管理更侧重于整个设备相关价值运动状态，其覆盖购置投资、折旧、维修支出、报废等一系列资产生命周期的概念，其出发点是整个企业运营的经济性，具有为降低运营成本，增加收入而管理的内涵，体现出的是资产的价值运动状态。

现代意义上的设备全生命周期管理，涵盖了资产管理和设备管理双重概念，应该称为设备与资产的全生命周期管理，它包含了资产和设备管理的全过程，从设计、选型、采购、安装、运行、维护、检修、更新、改造、报废等一系列过程，既包括设备管理，也渗透着其全过程的价值变动过程，因此考虑设备全生命周期管理，要综合考虑设备的可靠性和经济性。

随着企业快速发展，资产规模不断增加，大型设备数量越来越多。传统的设备和资产分开管理的模式已不能适应当前企业的发展趋势，需要将设备和资产一一对应起来，并适时分析每个阶段设备上产生的费用，科学有效地管理设备，从成本最低的目标出发，尽量延长设备的使用寿命，最大限度地发挥设备的作用。

现今，无论是国内还是国外，都在提倡资产全生命周期管理下践行资产设备一体化标准。一些发达国家的企业在资产设备管理方面，采用高科技加以辅助，运用科学的管理理念和方法，实现对资产和设备的统筹管理，十分注重总体效益，这也是值得国内企业学习和借鉴的[27]。当前很多企业仍采用的是基于传统职能的资产分段管理方式，存在重视资产实物和价值属性管理，轻效用和费用属性管理；重静态和阶段管理，轻动态和全生命周期管理；重新资产的构建，轻不良资产的有序退出；重资产构建的前期论证，轻后期评价等问题，设备寿命短，使用效率低，各部门工作目标、范围和侧重点难以统一等问题逐渐显现。

通过实现设备与资产的全过程、精益化管理，既是企业转变管理方式、提升管理水平的必然选择，也是提高运营效率的重要基础。石化企业确保安全平稳生产运行是首要任务。处理好安全、效能和周期成本三者的关系，在设备或系统的规范设计和招投标时充分考虑可靠性因素，将故障成本作为一种惩罚性成本折算进全生命周期成本，全面分析可靠性对全生命周期成本的影响，从源头上提高设备和系统的可靠性，从而提升设备资产的质量并延长其使用寿命。以资产全生命周期成本最低为目标，寻找一次投入与运行维护费用二者之间的最佳结合点，从而改变割裂二者关系、片面追求一次投资最低的做法，可有效实现资产全生命周期各个阶段的衔接，是优化企业资产成本效益的重要手段。

1. 设备与资产全生命周期管理方法

以生产经营为目标，通过一系列的技术、经济、组织措施，对设备的规划、设计、制造、选型、购置、安装、使用、维护、维修、改造、更新直至报废的全过程进行管理，以获得设备寿命周期费用最经济、设备综合产能最高的理想目标。

设备的全生命周期管理包括三个阶段：

（1）前期管理

包括规划决策、计划、调研、购置、库存，直至安装调试、试运转的全部过程。

① 采购期：在投资前期做好设备的能效分析，确认能够起到最佳的作用，进而通过完善的采购方式，进行招标比价，在保证性能满足需求的情况下进行最低成本购置。

② 库存期：设备资产采购完成后，进入企业库存存放，属于库存管理的范畴。

③ 安装期：此期限比较短，属于过渡期，若此阶段没有规范管理，很可能造成库存期与在役期之间的管理真空。

（2）运行维修管理

运行维修管理包括防止设备性能劣化而进行的日常维护保养、检查、监测、诊断以及修理、更新等管理，其目的是保证设备在运行过程中经常处于良好技术状态，并有效地降低维修费用。

在设备运行和维修过程中，可采用现代化管理思想和方法，如行为科学、系统工程、价值工程、定置管理、信息管理与分析、使用和维修成本统计与分析、ABC分析、PDCA方法、物联网技术、大数据技术、虚拟技术、可靠性维修等。

（3）轮换及报废管理

轮换期：对于部分可修复设备，设备定期进行轮换和离线修复保养，然后继续更换服役。此期间的管理对于降低购置及维修成本，重复利用设备具有一定的意义。

报废期：设备整体已到使用寿命，故障频发，影响到设备组的可靠性，其维修成本已超出设备购置费用，必须对设备进行更换，更换后的设备资产进行变卖或转让或处置，相应的费用进入企业营业外收入或支出，建立完善的报废流程，以使资产处置在账管理，既有利于追溯设备使用历史，也利于资金回笼。至此，设备寿命正式终结。

设备在管理的过程中会经历一系列的设备及财务的台账和管理及维修记录，如设备的可靠性管理及维修费用的历史数据，都可以作为设备全生命周期的分析依据，最终可以在设备报废之后，对设备整体使用经济性、可靠性及其管理成本做出科学分析，并辅助设备采购决策，更换更加先进的设备重新进行全生命周期的跟踪，也可以仍然使用原型号的设备，并应用原设备的历史数据采取更加科学的可靠性管理及维修策略，使其可靠性及维修经济更加优化，从而使设备全生命周期管理形成闭环。

2. 设备与资产全生命周期管理建设与实践

设备与资产的全生命周期管理是对固定资产和生产设备管理的一种新型方法，石化企业在这方面做出了一些有益的尝试。

以现有应用系统 ERP 为主体，通过数据集成、ERP 深化应用、结合专业应用和跨系统业务集成和流程梳理，实现设备管理与资产管理、物资管理、项目管理、财务管理的集成，站在设备的全生命周期的角度，从项目管理、设备资产联动、设备维修管理及成本归结、备品备件管理、报表分析等角度完善管理，以达到使全生命周期成本最小的目的[28]。

(1) 项目管理

项目建设初期，项目所需的设备需求清单会挂在项目的工作分解结构（WBS）下，并通过设备清册程序，在项目预算的许可范围内，生成相应的采购申请和采购订单，纳入物资管理的采购阶段。当在建项目完成后，可通过项目转资，将已安装的设备形成设备清单，同时将项目上的费用转资成固定资产卡片，在系统内建立起设备清单和固定资产卡片的对应关系。这样就从项目源头建立起了设备资产账物对应的第一步。

(2) 设备资产联动

在 ERP 系统中完成项目管理（Project System，PS）网络导入数据处理平台，将 PS 网络的组件、劳务费按照转资要求分配到不同的资产，分配完成后由建设部门、使用部门、资产管理部门在线确认，确认结果生成固定资产编码及设备新建清单，由设备使用部门完善设备资料后导入 ERP 系统生产新设备。设备编码与资产编码对应，使用部门申请设备报废后，自动触发资产报废程序，保证设备台账和资产卡片上信息的一致性，如图 3-66 所示。

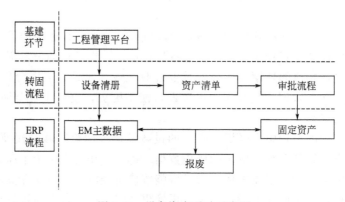

图 3-66　设备资产联动示意图

(3) 设备维修管理及成本归结

维修管理业务通过 ERP 检修工单的形式对设备检修情况进行统一管理。工单是系统中对检修工作进行成本归集和工作进度控制的工具。每个工单都必须对应到大修项目的工作分解结构（WBS），以此来达到财务预算的控制。在工作完成时，将会把工单上实际发生的费用，归集到财务上的不同科目上。财务人员对完成业务的工单进行成本结转，并生成相应的财务凭证。

同时，在 ERP 系统外新增业务执行进度及费用的管理功能，维修管理中计划、审批、下达、合同、采购、备案、施工、资料收集、考核、结算各个环节均在系统内设置状态采集功能，可在统一的展示界面对所有维修计划的进度及费用进行监控。设备维修管理及成本归结如图 3-67 所示。

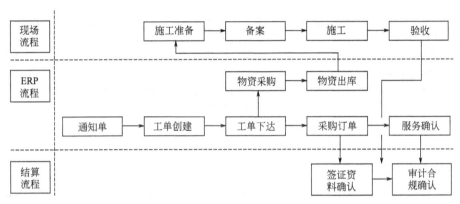

图 3-67　设备维修管理及成本归结

（4）备品备件管理

与智能仓储关联，对各种设备易损件的动态管理过程涉及物资管理（Maintenance Repair & Operations，MRO）模块的物资采购、库存、发货，在 ERP 系统中 MRO 模块基础上开发备品备件标记、统计、记录功能，如图 3-68 所示。

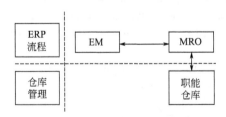

图 3-68　备品备件管理示意图

（5）报表分析

借助 ERP 及 ERP 深化应用，采集了设备的资产卡片编码、设备状态、人工费用、材料费用、检修费用、回收残值等数据，能够实现设备全生命周期的高级分析功能，如检修项目资金拨付情况分析；检修项目完工、关闭、时间进度分析；生产设备日常维护、抢险次数及费用分析等。

参考文献

［1］ 杨帆，萧德云. 智能报警管理若干研究问题［J］. 计算机与应用化学，2011，12：1485-1491.

［2］ Yang F, Shah S L, Xiao D, Chen T. Improved correlation analysis and visualization of industrial alarm data［J］. ISA Transactions, 2012, 51（4）：499.

［3］ Zhu J, Shu Y, Zhao J, Yang F. A dynamic alarm management strategy for chemical process transitions［J］. Journal of Loss Prevention in the Process Industries, 2014, 30（1）：207-218.

［4］ 赵劲松，朱剑锋. 基于数据过滤的化工过程重复报警处理策略［J］. 清华大学学报，2012，52（3）：277-281.

［5］ 李元，章展鹏，徐鸣远，陈丙珍，赵劲松. 非规整报警的相关性分析方法［J］. 化工学报，2015，66（8）：3153-3160.

［6］ 李鹏，郑晓军. 面向催化裂化装置运行分析的大数据平台解决方案［J］. 炼油工程与技术，2016，46（5）：53-57.

［7］ Shu Y, Zhao J. Fault diagnosis of chemical processes using artificial immune system with vaccine transplant［J］. Industrial & Engineering Chemistry Research, 2016, 55（12）：3360-3371.

［8］ Zhang Z P, Zhao J S. A deep belief network based fault diagnosis model for complex chemical processes［J］. Computers & Chemical Engineering, 2017, 107（5）：395-407.

［9］ Dai Y, Wang H, Khan F, Zhao J. Abnormal situation management for smart chemicalprocess operation［J］. Current Opinion in Chemical Engineering, 2016, 14：49-55.

［10］ 国家安监总局. 危险与可操作性分析（HAZOP）技术简介［EB/OL］. http：//www.chinasafe-ty. gov. cn, 2011.

［11］ 国家安监总局. 危化品安全生产和安全监管重点工作要求汇总表［EB/OL］. http：//www.china-safety. gov. cn, 2016.

［12］ Zhao J, Cui L, Zhao L, Qiu T, Chen B. Learning HAZOP expert system by case based reasoning and ontology［J］. Computers & Chemical Engineering, 2009, 33（1）：371-378.

［13］ Vaidhyanathan R, Venkatasubramanian V. Digraph-based models for automatedHAZOP analysis［J］. Reliability Engineering and System Safety, 1995, 50：33-49.

［14］ Srinivasan R, Venkatasubramanian V. Petri net-digraph models for automating HAZOP analysis of batch process plants［J］. Computers & Chemical Engineering, 1996, 20（supp）：719-725.

［15］ Srinivasan R, Venkatasubramanian V. Automating HAZOP analysis of batch chemical plants Part Ⅰ. The knowledge representation framework［J］. Computers &Chemical Engineering, 1998, 22（9）：1345-1355.

［16］ Vaidhyanathan R, Venkatasubramanian V. A semi-quantitative reasoning methodology for filtering and ranking HAZOP results in HAZOP expert［J］. Reliability Engineering and System Safety, 1996, 53：185-203

［17］ Srinivasan R, Dimitriadis V D, Shah N, Venkatasubramanian V. Integrating knowledge-based and mathematical programming approaches for process safety verification［J］. Computers & Chemical Engineering, 1997, 21（supp）：905-910.

［18］ Venkatasubramanian V, Zhao J, Viswanathan S. Intelligent systems for HAZOP analysis of complex process plants［J］. Computers & Chemical Engineering, 2000, 24：2291-2302.

[19]　Maurya M R, Rengaswamy R, Venkatasubramanian V. A systematic framework for the devel-
　　　　opment and analysis of signed digraphs for chemical processes 1. algorithms and analysis
　　　　[J], Ind Eng Chem Res, 2003, 2: 4789-4810.

[20]　Zhao C, Bhushan M, Venkatasubramanian V. Phasuite: an automated HAZOP analysis tool
　　　　for chemical processes Part Ⅰ: Knowledge engineering framework [J]. Process Safety and
　　　　Envirmental Protection, 2005, 83 (B6): 509-532.

[21]　Schneider R, Marquardt W. Information technology support in the chemical process design
　　　　life cycle. Chemical Engineering Science, 2002, 57 (10): 1763-1792.

[22]　Mccoy S A, Wakeman S J, Larkin F D, Jefferson M L, Chung P W H, Rushton A G, Lees F
　　　　P, Heino P M. HAZID, A Computer Aid for Hazard Identification. 1. The Stophaz Package and
　　　　the Hazid Code. An Overview, the Issues and the Structure [J]. Trans IChemE, 1999, 77
　　　　(B): 317-327.

[23]　Zhao J, Cui L, Zhao L, Qiu T, Chen B. Learning HAZOP expert system by case based reason-
　　　　ing and ontology [J]. Computers & Chemical Engineering, 2009, 33 (1): 371-378.

[24]　Cui L, Shu Y, Wang Z, Zhao J, Qiu T, Sun W, Wei Z. HASILT: An intelligent software
　　　　platform for HAZOP, LOPA, SRS and SIL verification [J]. Reliability Engineering & System
　　　　Safety, 2012, 108: 56-64.

[25]　梁三星, 梁工谦等. 现代设备综合管理学 [M]. 西安: 西北工业大学出版社, 2013.

[26]　李翔, 王辉等. 基于预知维修的设备完整性管理系统开发 [R]. 石化装置工程风险分析技术应用
　　　　研讨及经验交流会, 2013.

[27]　王普, 崔丽荣, 李倩. 资产全寿命周期管理方法简要评述 [J]. 技术经济与管理研究, 2010
　　　　(5): 77-80.

[28]　刘迅. 基于 ERP 系统的设备资产全生命周期管理 [J]. 湖南电力, 2014 (3): 45-47, 57.

第四章

石油化工智能制造的基础设施

本章介绍了石化流程型企业推进智能制造需要的基础设施，内容涵盖流程型企业信息物理系统、复杂工业环境移动宽带专网、窄带无线低功耗企业广域网、分子级原（料）油物性表征、消除各类"孤岛"实现集中集成、质量计量设施自动化智能化、工控与信息安全策略及设施等方面。

第一节　石化流程型企业信息物理系统

一、信息物理系统的定义及应用

（一）什么是信息物理系统（CPS）

2006 年，美国国家科学基金会组织召开了国际上第一个关于信息物理系统的研讨会，并对 Cyber-Physical Systems（即 CPS）这一概念做出详细描述。2013 年，德国《工业 4.0 实施建议》将 CPS 作为工业 4.0 的核心技术。《中国制造 2025》提出，"基于信息物理系统的智能装备、智能工厂等智能制造正在引领制造方式变革"，要围绕控制系统、工业软件、工业网络、工业云服务和工业大数据平台等，加强信息物理系统的研发与应用[1]。

CPS 提供了一套完整的智能技术体系，能够实现对数据进行收集、汇总、解析、排序、分析、预测、决策、分发的整个处理流程，能够对工业数据进行流水线式的实时分析，并在分析过程中充分考虑机理逻辑、流程关系、活动目标、商业活动等特征和要求[2]。

当前国内外对 CPS 的定义不尽相同，国内部分专家学者将其翻译成"信息物理融合系统""赛博物理系统""网络实体系统"等，但总体看，本质上均是赛博（Cyber）空间与物理（Physical）空间、虚拟与实体的统一体。CPS 的最终目标，是要利用先进信息化技术，实现虚拟世界与物理世界的完全融合。

2017 年 3 月 1 日，由国家工信部和国家标准委员会指导，"中国信息物理发展论坛"组织中国电子技术标准化研究院等 16 家单位编写的《信息物理系统白皮书（2017）》正式发布，这是国内在信息物理系统研究方面的第一份正式文本。该书对 CPS 给出了权威性、统一性的定义，即信息物理系统。

中石化九江石化公司经过多年努力，建立了面向流程企业的 CPS 系统，在国内外首次实现了企业级全场景覆盖、部件级设备精度、面向业务应用的热点关联以及海量实时动态数据交互，获得国家发明专利（专利号：201510457041.8）及软件著作权（登记号：2017SR541323）。

CPS 建立了一种虚拟世界与物理世界的映射对应关系，在环境感知的基础上，通过人机交互接口实现与物理进程的交互，可利用虚拟空间对物理实体进行远程、可靠、实时、安全、智能化的感知和操控，使虚拟环境生产仿真与现实生产无缝融合，最终实现信息化、自动化、网络化的高效自组织生产管理模式，利用虚拟工厂的高度智能化优势，实现自动操作、精准控制，从而实现精细管理、高效生产，如图 4-1 所示。

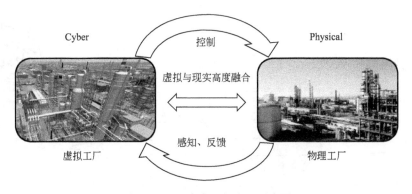

图 4-1　CPS 虚实空间交互示意图

（二）CPS 体系架构

从技术实现的角度，CPS 架构体系应至少包括以下三个层次：

1. 具有实时反馈、可精准控制的物理实体层

物理实体层是 CPS 系统的基础，是联系物理世界与虚拟信息世界的纽带。其中的物理装置设备通过物联网、互联网相连，具有计算、通信、精确控制、远程执行等功能。CPS 通过具有控制属性的网络对物理实体层环境进行感知，再反作用于环境，实现对环境的改变和控制。

2. 与实体空间高度一致的虚拟平台层

要实现虚拟空间控制实体空间、使用数字模型控制物理世界，建设基于工程

设计和业务需求的三维数字化虚拟工厂平台是前提条件。虚拟工厂平台以物理实体建模产生的静态模型为基础，通过实时数据采集、应用标准化集成得以监控和动态跟踪物理实体的工作状态，形成具有感知、分析、决策、执行能力的数字孪生体（Digital Twins，亦叫作数字化映射、数字镜像、数字双胞胎），同时借助对数据的综合处理分析，最终以虚控实方式作用到物理实体，形成对复杂物理环境的有效决策。

作为最终实现精确控制物理实体的数字化载体，虚拟平台需具备与实体工厂的高度一致性，能承载企业级超大应用场景，满足海量数据实时动态交互等条件。

3. 针对不同业务需求的应用服务层

CPS 应用服务层是面向用户的一体化交互平台，它既是集中对物理空间感知和操控的数据终端，也是以业务分析、决策支持、运行辅助、设备与资产管理等各类业务需求为目的应用服务综合平台。面向石化流程型企业的 CPS 系统的基本架构如图 4-2 所示。

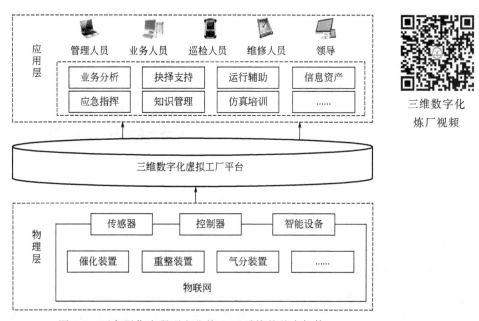

三维数字化
炼厂视频

图 4-2　面向石化流程型企业的 CPS 系统的基本架构

二、石化流程企业信息物理系统

（一）石化流程工业的智能化特征

石化企业推进智能制造是以卓越运营为目标，让企业具有更加优异的感知、预测、优化和协同能力，实现具有"自动化、数字化、可视化、模型化、集成化"等特征的智能化应用。

① 自动化：由单回路控制到高级复杂系统控制、单元先进过程控制到区域集成优化，从手工操作到全面自动控制。

② 数字化：借助现场感知网络，实现物理制造空间与信息空间无缝对接，拓展对工厂的了解和监测能力，为精细化和智能化管控提供前提。

③ 可视化：将生产状态、工业视频等信息集中和融合，为操作和决策提供直观的工厂真实场景，实现快速决策。

④ 模型化：利用生产运行数据和专家知识，将工厂行为和特征的知识理解固化成各类工艺、业务模型。根据需求调用，满足生产管理需要。

⑤ 集成化：与现有工艺过程和管理业务流程高度集成，实现炼生产各环节、各工序间紧密衔接与集成，实现全局最优。

CPS 提供了智能工厂万物互联的基础，通过实体工厂与虚拟工厂的一系列技术融合、业务融合，使得对于实体空间状态、发展规律的认知可以更加全面、及时、客观，为实时决策提供所需要的认知支持，实现认知能力的提升，进而实现控制与管理能力向智能化的跃升。

（二）流程工业 CPS 应用场景

在流程工业 CPS 中，通过对工程设计、工艺、设备、安全、环保、质量等各种静、动态泛在感知的海量数据进行计算、优化和反馈，可为规划、设计、施工、生产运行、经营管理等部门提供准确数据支持的管理环境，为计划排产、质量控制、过程监控的智能协同优化提供必要条件。

1. 工艺管理

通过集成满足不同业务层次需求的生产实时数据与历史数据、操作管理数据、生产执行数据、能源诊断与优化数据等，在"虚拟呈现"环境中实时获取装置工艺参数、工艺卡片执行和联锁投用情况、操作平稳率、LIMS（产品质量和馏出口情况）、绩效（关键技术经济指标：收率、能耗等）、工艺报警、综合操作等关键信息，结合大数据分析、全流程优化等技术，可充分挖掘工艺数据价值，发挥管控协同优势，提升工艺运行管理效率，装置基于大数据的报警分析及关键实时数据监控如图 4-3 所示。

2. 设备管理

通过与设备管理系统、实时数据库等专业系统，以及与大机组在线监测、管道腐蚀监测、泵群监测等各类感知信息集成，可实现虚拟环境下设备技术参数等基础信息与设备运行实时数据、阈值报警等信息的同步联动反馈，实时全面掌握设备关键数据，并可通过对设备运行状态分析，达到实时评估装置目的，

扫一扫彩图

图 4-3 装置基于大数据的报警分析及关键实时数据监控

为检维修、技术改造、购置更新等提供指导，为设备全生命周期管理提供条件，如图 4-4 所示。

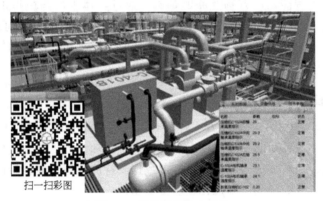

扫一扫彩图

图 4-4 设备管理状态监控

3. HSE 管理

包括视频监控、报警仪、施工作业管理、接处警、环保管理、应急指挥等，通过广泛 HSE 观察，实现 HSE 全员、全过程管理，确保每项作业受控；各类报警、视频监控与接处警系统实现集中管理、实时联动，对异常情况及时处置、闭环管理，如图 4-5 所示。

通过与环保地图系统、实时数据库系统的集成，可实现现场气体检测仪、废水烟气排放点实时数据及阈值报警；与地理信息图、工业电视探头实时画面、有毒有害和可燃气报警仪实时探测数据系统联动，实时展示苯、硫化氢、氨、可燃气、氢气以及工业废水和烟气等的监测数据和异常报警数据。

通过与多种定位技术集成，可实现对生产区域人员、车辆、危化品物资运输等进行位置跟踪、巡检轨迹追溯、异常状态报警等，全方位掌控生产区域内重点对象的活动状态，如图 4-6 所示。

图 4-5　实时视频监控集成

图 4-6　虚拟环境下的实时人员定位

4. 装置操作

包括装置操作管理、装置巡检、交接班等，实现单装置操作向系统操作转变的目标，提升装置操作管理的精细化水平，如图 4-7、图 4-8 所示。

5. 培训演练

虚拟现实技术提供的可视化模拟环境，可减少培训演练成本，提高培训演练的真实性和有效性，如图 4-9 所示。

三、构建流程工业信息物理系统

（一）构建流程工业 CPS 的关键技术

CPS 就是一个在环境感知的基础上，深度融合了计算、通信、控制的可控可信可拓展的网络化物理设备系统，其涉及以下关键技术：

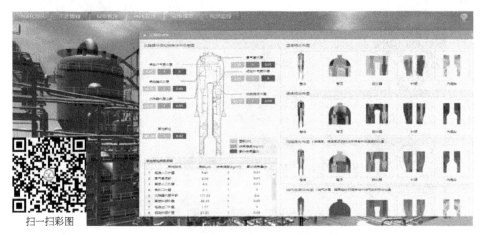

扫一扫彩图

图 4-7　CPS 虚拟平台下装置状态监控

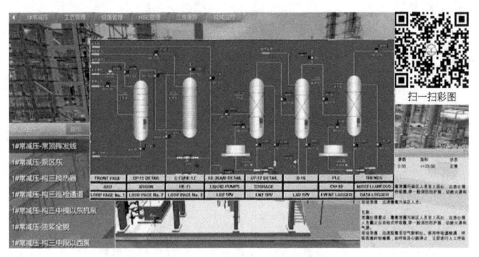

扫一扫彩图

图 4-8　工艺流程实时分析调度

扫一扫彩图

图 4-9　CPS 下装置虚拟模拟操控

1. 泛在感知技术

通过应用面向流程工业的低功耗传感器技术，以及适合于复杂工业环境应用的无线通信网络技术等，提升设备、生产过程的泛在感知能力，在此基础上进一步建立物与物、人与物、人与人互联互通的集成统一工业物联网平台，提升生产过程各关键要素的实时感知和高效协同能力。

2. 工厂虚拟化技术

借助数字化虚拟技术，可真实、准确、智能、同步、直观地反映生产过程，并基于统一的可视化平台实现生产全过程跨部门协同控制。

3. 基于标准化的集中集成技术

通过中央数据库（ODS）、企业服务总线（ESB）相关技术，有效对数据及服务进行规范和标准化，满足生产运营、决策管理等各类信息、服务的及时准确获取，解决跨越多个业务系统间数据及服务中的数据来源构成复杂、存储分散、冗余严重问题。

（二）构建流程工业 CPS 的难点与策略

CPS 是虚拟与实体的融合，以数字化虚拟技术构建的虚拟工厂——"三维数字化工厂"是 CPS 的基础平台。当前，国内已有部分流程型企业开展了数字化工厂的探索性建设，但绝大多数没有真正实现与"实体空间"一致的三维数字化工厂。究其原因，在于平台本身建设投资大、建设周期长、技术要求高，而流程行业装置规模大、工艺复杂、生产过程连续等特点，更加给企业级全装置数字化工厂建设带来诸多困难。

（1）投入成本高

流程行业装置规模大、复杂度高，全装置覆盖的虚拟工厂建设成本高昂。

（2）模型兼容性问题

由于工程设计时设计软件的选型不一致，造成数字化移交过程中装置设备三维模型无法统一标准化。

（3）平台的技术要求高

虚拟仿真度：在满足核心业务的基础上提供最优的虚拟仿真度和视觉、交互满意度。

平台精度：场景及模型应能满足设备、管道部件级精度要求，具有灵活的集成扩展性，满足与企业全业务系统的集成需求。

平台运行性能：大规模装置模型与海量的属性和应用数据给平台带来各方面运行压力。

模型更新维护便利性：面对企业装置实体改造、升级，为保证虚拟对象与实体对象描述一致性，平台应能最大限度适应企业各类业务需求的发展变化。

为此，石化流程型企业建设三维数字化工厂应采取统筹规划、分步实施的策略。

① 选定部分装置以及重点设备、重点领域，实施 CPS 建设及深化应用试点，取得成功经验后逐步推广。

② 对于新建装置，在设计阶段的设计合同中，明确交付的标准、要求和内容，与装置建设同步完成三维数字化移交。

③ 针对老装置，可在原始档案资料、现场实测与激光扫描辅助等基础上实施逆向建模。

④ 虚拟工厂平台选型。现阶段国内外主流虚拟工厂平台主要包括基于 GIS 系统的三维平台、基于 VR（虚拟现实）技术的三维应用平台、基于国内外设计软件厂商技术的延伸或衍生产品。通过对比分析，基于 VR（虚拟现实）技术的数字工厂平台能满足丰富的三维交互应用，支持高仿真度的业务场景，并支持复杂业务开发，同时对于大规模场景承载力强，设计文件格式兼容性、模型仿真度、操作流畅度等关键指标明显占优，是流程型企业三维数字化虚拟平台的首选。

⑤ 持续完善 CPS 系统。CPS 建设是持续完善、不断升级的过程，无论在建设期间的平台构建、装置设备建模、深化应用等各环节，还是后续运维与升级，都需要持续滚动投入。建立企业自主专业团队，走自主与合作结合的道路，是控制成本、保障长期建设的有效途径。

第二节　复杂工业环境移动宽带专网

一、移动宽带网络：智能制造高速路

（一）重要性与必要性

建设智能工厂是传统企业提升管理效率、降低生产成本、增强竞争能力、缩小与国际先进水平差距的重要举措之一。建设智能工厂，要提升企业在以下方面的核心能力：

1. 感知能力

通过传感、射频、通信等技术，对各生产装置、设备、人员、车辆、环境排放等对象进行全面感知，实现全面、实时的生产过程与操作过程监控，能源消耗和能效水平监控，生产经营情况的可视化显示等。

2. 预测能力

在信息全面集中管理的基础上，实现基于模型的生产变化预测，快速产品质量预测，实现早期事件预警与生产过程的动态评估，实现对生产经营中存在问题、风险的预警。

3. 分析优化能力

在生产经营层面通过分析销售数据，优化产品结构、优化原料采购、优化库存配置；在生产管控层面，实现更为精确的物料平衡、经营绩效动态分析以及实时在线闭环优化。

4. 协同能力

达到计划、调度、操作、工艺业务高效协同，实现远程专家支持，实现不同专业间信息共享，处理问题更高效。

5. IT 支持能力

实现全面的物联感知能力、集成的信息系统、智能的数据分析、快捷的移动应用和高效的资源管控。

智能工厂以智能化应用为主线，通过上述能力建设，最终实现计划调度智能化、能源管理智能化、安全环保智能化、装置操作智能化、IT 管控智能化。

上述能力的实现，都离不开移动宽带网络的支撑。在感知能力上，需要通过建设无处不在的无线网络覆盖和传感技术来支撑；在协同能力上，需要通过基于无线网络的融合调度通信系统来支持。随着一个企业指挥调度、能源管理、安全环保和生产操作领域中越来越多智能应用的推广落地，必将产生大量不断增加的信息数据，因此要求承载这些数据的无线网络必须具有足够的带宽和通信速率。此外，由于流程行业属于高危行业，企业厂区具有占地面积广、工作人员多、工艺流程复杂的特点[3]，无线网络必须具备极高的安全可靠性，确保企业各类数据不会发生泄露和遗失。流程型企业生产区域环境复杂，为了很好地支持企业的各类应用业务，无线宽带网络还应具有优异的信号覆盖能力。终端在网络不同区域间切换时，网络应具有响应时间快、网络延时短的特性。安装部署时，也要求施工难度低，施工周期短，不会影响生产安全。网络建成投用后，要维护简单，升级方便。这些都是移动宽带网络所具备的特点。

当前，很多企业厂区内只有部分生产数据信息通过 DCS 系统实现实时监控，大部分生产数据、设备状态、环境排放等信息还需要人工巡检、填表、抄送上报，不能实时可视化监控，因此，智能工厂首先要实现全面泛在感知。要实现泛在感知，则必须实现全厂的无线网络覆盖。如果仅仅通过有线网络，则会带来大量的建设成本和维护成本，而且由于企业生产区域内装置复杂，有些区域无法敷设光纤。所以移动宽带网络的建设，必将成为有线网络的重要补充，实现更多数据的实时回传。

传统工厂的生产调度通信手段单一，总调与各车间内操采用的有线电话逐一沟通的方式效率较低。内、外操沟通使用的工具大多仍然是传统的窄带对讲通信，一个车间一个频段，通过频率分成不同的对讲组。随着沟通需求的发展，会占用更多的无线频率资源，用户数量也受到一定的限制。另外，目前的窄带调度系统只有语音调度，无法直观了解现场的实际情况，也进一步降低了沟通的效率。这些问题，都可以通过使用移动宽带网络及相应的集群调度系统来改变现状。

在紧急情况下，指挥中心人员无法全面无死角、准确实时地了解现场的情况，会影响及时准确的应急指挥方案的制订，降低协同效率。另外，当操作人员或者维修人员在现场发生异常情况时，也无法第一时间及时得到报警信息，也会影响人员救治的及时性。因此，移动宽带网络也是安全生产智能化的基础。

在生产管理方面，智能巡检、隐患管理、设备点检、三维定位、人员核查、应急指挥、环保地图、分析化验样品绑定、移动开具作业票等一系列应用系统的投用，也需要通过移动宽带网络来进行数据通信。

综上所述，移动宽带网络可以实现全厂无死角的覆盖，以高可靠性、高带宽、低延时的方式传输数据，为流程工业的指挥调度、能源管理、安全环保和生产操作领域中各类智能设备和应用的开发使用提供了通信基础。同一张移动宽带网络上承载了语音、视频以及各种生产数据，实现了生产和管理人员的无线集群语音通信，实现了视频图像的无线移动化远程监控，实现了融合通信、集群调度以及应急指挥，实现了各类创新的移动化数据应用。因此，移动宽带网络作为企业智能化转型所必需的"高速路"，必将成为流程行业中各企业的标准配置。

（二）关键技术特点

得益于传输速率快、承载业务多样化等特点，4G 移动宽带网络可广泛支持智能工厂的各类业务，满足多种应用场景的需求。其关键技术特点如下：

1. 传输速率快

传统的 2G 网络最高传输速率为 32kbps，3G 通信最高传输速率能达到 2Mbps，而 4G 移动宽带网络能够实现最大 100Mbps 的下行速率，是 3G 时代的 50 倍。上行速率最大值为 20Mbps，是 3G 网络的 20 倍[4]。

2. 业务承载多样化

由于技术的限制，第一、二代通信技术、甚至 3G 通信网络都只能偏重于语音业务，而 4G 移动宽带网络的超高速传播速率可以满足高清动静态图像、语音和数据的传输，支持多媒体通信和企业各类数据的高速上传和下载[4]。

3. 智能化程度高

4G 移动宽带网络能够根据环境情况，自适应地进行通信资源分配，并进行相应的调整，以使低速、高速等不同通信需求的用户并存。此外，4G 移动网络是一个高度智能的网络，能够实现完全的自治和自主适应[5]。另外，随着各类智能应用、智能移动终端和传感器技术的飞速发展，基于 4G 移动宽带网络的各类应用场景也越来越多地应用于智能工厂建设的不同领域。

4. 频率使用效率高

4G 移动通信系统的基站天线可以发送更窄的无线电波波束，可以处理数量更多的业务。4G 移动通信技术对无线频率的使用效率比 3G 系统要高，且抗信号衰落性能更好，可以为更多的用户提供更快的通信速度[6]。

（三）应用场景与展望

智能工厂基于移动宽带网络的完整应用按照逻辑结构可以分为三个层级，如图 4-10 所示。

图 4-10　智能工厂基于移动宽带网络的应用场景与展望

应用层：实现多种功能应用，例如智能巡检、融合通信、应急指挥、气体监测、报警管理等。

网络层：实现各种业务的无线通信，保证通信的实时性、可靠性和安全性。

终端层：实现语音、视频及数据信息的采集和无线网络接入，包含各类移动终端、可穿戴设备和各类传感器。

主要应用场景包括：

1. 智能巡检

外操巡检管理作为企业安全生产的重要环节，在消除事故隐患、防范和杜绝事故发生、确保装置"安、稳、长"运行等方面占有重要地位。随着企业移动宽带网络的发展，4G智能巡检逐渐应用到流程工业的各类企业当中。智能巡检方案采用射频识别（RFID）、红外测温仪、测振传感器和现场视频拍照等信息传感设备，通过移动宽带网络，实现工作现场信息的实时采集、传送、处理，确保巡检管理中"按规巡检、排查隐患、整改维修"三个重要环节的实现，保证外操巡检制度得到不折不扣的执行，为生产企业各级管理者提供了精细化、数字化的外操巡检管理手段，为安全生产保驾护航。

基于融合通信业务，外操人员通过巡检终端能够与企业传统的电话、手机、对讲机等各类通信终端互联互通；通过GPS定位技术与传统巡检业务相结合，为巡检管理的及时、准确、直观提供了更好的技术支撑，也为外操人员在意外紧急情况下发出报警信息并对其施救提供了通信、定位协助。此外，巡检过程中还可以同步进行温度、振动参数和各类气体浓度的测量，实现了对设备状态和环境状况的感知，参见第三章第五节。

2. 融合通信

智能终端与移动宽带通信相结合，可以实现语音的点呼、组呼、视频点呼、监控等多媒体实时通信功能，并能与企业传统的电话、手机、对讲机、PC等各类通信终端互联互通，提升沟通协同效率。应急情况下，现场人员通过语音对讲以及视频监控向后方指挥部实时传递现场信息，并接收指挥命令；设备维修过程中，远程专家通过视频监控了解现场情况以进行指导，这些方面都需要融合通信提供更丰富的多媒体通信支撑，参见第四章第二节"四"。

3. 移动作业监控

移动作业监控系统是将传统的视频监控业务与移动宽带网络相结合，充分发挥无线通信的灵活便捷性，全面覆盖以往固定视频监控无法拍摄的区域。通过移动作业监控终端，实现对各类用火、动土、受限空间、盲板抽堵等作业的长时间视频监拍。也可以应用到巡逻车辆上，对巡逻路线上各类情况进行抓拍并实时回传视频，管理者通过后台可以立刻查看现场的作业视频，并为紧急突发情况的决策处置提供真实的依据，参见第三章第二节"四、基于现场监管的无线视频监控"。

4. 人员安全管理

利用GPS以及蓝牙等定位手段，现场人员的位置信息通过移动宽带网络发送至后台客户端。在客户端地图界面可以显示现场人员的实时位置或历史移动轨迹。当有潜在危险发生时（人员主动报警、气体超标、人员跌倒），终端会向后台发送相应的报警信息。后台接收到报警信息，接警人员可通过地图确定报警人员的具体位置，与终端进行对讲通话或启动终端摄像头查看报警人员的视频，了解确认报警人员的情况并迅速组织施救。通过信息化的手段保护现场人员的安全，参见第三章第六节。

5. 移动化气体检测

传统的气体检测仪仅能实现气体的固定位置检测、报警及数据上传。而利用移动宽带网络，配合便携式有毒有害气体检测仪，现场人员在巡检过程中，通过移动终端便可以在线上传途经路线的各类气体浓度。巡检人员在工作过程中遭遇气体泄漏且排放超标时，后方管理人员可以及时获取该信息，并在地图上可以实时显示各巡检路线上气体浓度的分布情况，气体聚集或浓度超标的区域能够很快被发现和锁定。也能够保存长期的历史测量数据，并以彩色气体动态云图的方式展示气体在厂区变化的趋势，如图 4-11 所示。

扫一扫彩图

图 4-11 移动化气体检测

6. 作业管理

作业管理包括作业票管理和作业过程的监控。基于移动宽带网络、GPS 和蓝牙等定位技术，开票人员通过手持终端获取作业票许可系统的各类电子作业票，申请作业票后审批人员须到现场进行实地确认签票，并对电子作业票的执行结果进行反馈、对完成的作业票进行封票，实现作业票的闭环管理。在作业票许可系统后台也可以监控电子作业票的执行状态和调取历史记录。

作业监控系统具有电子围栏和人员越界提醒功能，可在地图上显示全厂所有临时施工作业项目的位置分布以及各作业点的人员信息。作业点布置有移动作业监控终端可以监拍作业过程，确保管理者能够及时发现违章行为，还可以配合各类传感器监测现场的环境参数，在有气体泄漏或出现火情时及时发出报警提醒，参见第三章第二节。

7. 设备检修

设备管理人员通过智能终端或电脑登录设备检修系统，制订日常检修、维护计划或临时检修计划，系统自动生成检修工单，并下发至检修人员终端。检修人员接收工单，检修完成后通过终端拍照上传，管理人员现场进行确认，关闭该检修工单，实现设备检修的闭环管理。系统可实现与企业的物资管理系统对接，对关键设备的备品备件库存进行管理和提示，参见第三章第八节。

二、4G 企业专网及 4G 运营商公网

4G 专网是对 4G 运营商公网的一种重要补充，是指在某些行业、部门或单位内部，为提高通信的安全性和可靠性，满足其进行组织管理、安全生产、调度指挥等需要建设的专用 4G 通信网络[7]。

自 2012 年底开始，我国在北京、天津、上海、南京和广东等地相继发放了 4G 专网频段的授权，陆续在各地开展 4G 政务专网的建设，并在全球率先制定了基于 TD-LTE（分时-长期演进）的宽带集群技术标准。此外，铁路、石油、电力、航空等行业也建设了一定规模的无线专网。作为公网通信的重要补充，无线专网正朝着宽带化方向发展。LTE 以其技术、产业优势成为各方共识，被广泛认为是宽带集群专网的演进方向[7]，在石化流程行业，4G 专网技术也开始发力，在众多炼化企业落地，为提升企业基础通信能力提供了有力保障。在实际使用过程中，专网针对企业通信特点，做了更多的适应性设计。4G 企业专网与 4G 运营商公网综合对比见表 4-1。

表 4-1   4G 企业专网和 4G 运营商公网综合对比

网络特性	4G 企业专网	4G 运营商公网
使用费用	一次性投入，后续使用成本低	无需建设投入，后续持续使用费高，不适合做视频对讲、视频监控等大流量业务
覆盖能力	由设备商直接进行网络优化，网络丢包率、断线率低，覆盖率高，适合于大型装置区无死角覆盖	公网运营商在石化行业生产装置钢结构下的网络优化经验缺乏，网络丢包率、断线率高，覆盖率低
安全性	无线信号受干扰小，空口加密，数据在企业内部传递，物理上与公网隔离，信息安全等级高，关键核心数据不易外泄	无线信号易受干扰，网络通信数据要绕道运营商交换机处，企业信息安全得不到保障，关键核心数据有泄露可能性
传输延时	小于 10ms	根据运营商的不同在 50～100ms

续表

网络特性	4G 企业专网	4G 运营商公网
网络维护和扩展	根据需求灵活重构或升级网络结构,新业务部署方便,网络管理方便灵活	需要通过运营商来划分网段、设置 VPN 参数等,每上一个新业务都需要重新申请静态 IP,网络管理和设置不灵活
上下行带宽配置	可灵活调节上下行时隙比,企业业务一般上行带宽较大(上下行带宽比为 3∶1)	公网带宽一般设置为下行带宽较大(上下行带宽比为 1∶3),与企业典型业务不匹配

从表 4-1 可以看出,4G 企业专网和 4G 运营商公网各有优缺点,企业可以根据自身需要选择。4G 运营商公网相对于 4G 企业专网,数据流量使用费较高;数据要绕道运营商,可能会受外界干扰,网络延时相对更大;新增业务需要网络扩展或升级时,需要通过运营商进行;运营商网络主下行设置,企业视频监控以上行为主。4G 企业专网相对于 4G 运营商公网,初期建设费用较高。

三、构建复杂工业环境移动宽带网络

(一) 面向石化企业的部署标准

1. 覆盖要求

石化企业生产区域环境复杂,包括各种金属管线、罐塔装置、复杂钢结构设施以及操作间等防爆建筑,很多设施对无线信号具有屏蔽作用。为了能够很好地支持企业日常的各类通信业务,移动宽带网络信号需要无死角地覆盖整个厂区,特别在一些信号衰减明显的地方,需要通过增加直放站或者独立的远端射频单元 (RRU) 来提高通信质量,使部署后的移动宽带网络性能达到设计要求。

2. 容量要求

项目规划设计实施过程中,移动宽带网络提供商应根据企业的业务需求和用户终端数量,计算无线数据业务的数据使用量和数据并发规模,特别是占用带宽较多的视频和音频业务。移动网络的带宽应能满足企业的日常需求,上下行带宽可以根据企业传输数据的情况进行调整优化,保证各类语音、视频、普通数据即使在大负荷通信等极端情况下也能流畅传输。

3. 维护和升级要求

移动无线网络系统应易于维护管理,维护工程师能随时了解设备运行状态和任何发生的故障,同时还应考虑企业未来网络扩容的需求。软、硬件及安装结构的设计应具有可扩展性,以满足企业业务不断发展带来的扩容和设备的升级改造。

4. 安全性要求

流程行业的产品有很多是易燃易爆的危险化工品，各类在工厂防爆区域部署和使用的设备都要求绝对的安全可靠，且具有国家专业机构颁发的防爆认证证书。同时，网络及终端设备需要具有很高的安全可靠性，既要求工作稳定，故障率低，能够可靠承载企业的各类数据通信业务，也要求在设备发生故障的情况下，备用设备能够快速切换并投入使用。

随着流程型企业更多智能化应用的部署，移动宽带网络承载的数据价值越来越高，一旦出现网络攻击，发生数据泄露、通信中断等情况，将给企业造成重大的经济损失，并有可能导致安全事故，这对移动宽带网络的信息安全性提出了更高要求。因此需要从终端、传输（链路、网络）、系统（应用、主机）等方面开展风险识别，分析网络可能受到的各种攻击和存在的风险。通过在终端侧进行数据加密、证书系统安全保护、用户权限验证，传输过程中利用通道加密、数字证书，系统侧采取服务端身份验证、安全接入防护等手段，确保整个网络的信息安全性[8]。

5. 其他关键要求

① QOS：服务质量（Quality of Service，简称 QOS）涉及生产数据、语音、视频等不同业务，需要优先保证生产数据的优先级及通信质量。

② 网络延时：移动宽带通信在承载语音、视频等实时通信业务时，网络的延迟时间要小，否则会影响用户的使用体验。语音通信的整体延时在 200ms 以内为宜，视频通信的整体延时在 400ms 以内为宜，这就要求数据通信的延时在 100ms 以内为宜。同时，语音和视频通信要满足终端在不同基站间切换时保持不中断的流畅传输。

北京邮电大学牵头制订的《支持石化行业智能工厂的移动宽带技术要求》正在申报行标中。

（二）网络建设方案选择与部署

以某企业 4G 企业专网建设和部署为例。首先需要确定网络的基本信息。包括频带资源，专网频带需向当地无线电管理机构申请报批，频带范围为 1785～1805MHz；信道带宽包括 20MHz、10MHz 或 5MHz；还需确定频点数量以及复用方式。天线选型是网络规划中的重要步骤，主要基于覆盖需求及隔离要求，选择适合的类型、频率范围、极化方式、天线增益等参数。

然后是网络的链路计算。在进行 LTE 系统无线设计时，首先用链路计算分析方法粗略估算达到所要求的上下行速率时，小区所能覆盖的范围，从而得到指定区域内提供覆盖所需的基站数量，扇区数量。链路预算粗略计算基站与终端间所允许的最大空间路径衰耗，即对基站和终端间下行、上行路径上一系列衰耗、增益和参数进行运算。根据计算出的最大链路衰耗值，通过传播模型以及地形类别来确定平均基站扇区覆盖半径和区域。在该企业，经过链路计算在边缘速率2048bps情况下，完全覆盖该企业的目标区域只需要 1 个基站 2 个扇区。

容量规划时，5MHz、10MHz 和 20MHz 带宽的基站容量见表 4-2。

表 4-2　5MHz、10MHz 和 20MHz 带宽的基站容量

带宽 /MHz	上行平均吞吐量 /M	小区上行峰值吞吐量 (16QAM)/M	单基站小区数 /个	单基站平均容量 /M	单基站峰值容量 (16QAM)/M
5	3	6	2	6	12
10	5	15	2	10	30
20	10	30	2	20	60

客户在厂区覆盖范围内使用音视频业务时，所需通信带宽如下：

上行总业务需求带宽＝视频路数×2048kbps＋语音并发路数×10kbps＋视频点呼路数×350kbps

下行总业务需求带宽＝语音并发路数×10kbps＋视频点呼路数×350kbps

基站数＝max（上行总业务带宽/单基站上行容量，下行总业务带宽/单基站下行容量）

按照上述公式，以 300 台注册终端、5 路视频监控并发、20 路视频点呼并发、30 路语音并发来计算，需要的网络容量需求见表 4-3。

表 4-3　网络容量需求

视频监控速率 /kbps	并发视频监控终端 数量/个	并发语音路数 （终端数/10）	视频点呼路数 （终端数/15）	网络容量需求 /Mbps
2048(720P)	5	30	20	约 20

因此，在 10MHz 带宽下，根据以上业务模型，此时需要 1 个基站 2 个小区。

根据覆盖规划和容量规划结果，以 10Mbps 带宽为标准，考虑未来业务发展需求，企业的厂区地形、装置分布，选择合适的位置作为基站的规划站点。再通过现场勘察，初步评估建站可能性，选择规划点或附近比较好的建站地点，确定基站的各种参数，如高度，扇区方向角和天线下倾角。选点完成后，把选点信息和参数输入仿真软件中，得出覆盖率等一系列仿真结果，通过比较与规划目标的差距，评估是否需要更改选址位置或者系统参数，如果有需要，再到现场重新勘察选址或者更新系统参数，并重复仿真过程，最终达到工程建设的要求[9]。使用信号强度模拟软件进行仿真计算后，其中 97％以上区域 RSRP（Reference Signal Receiving Power，参考信号接收功率）＞－100dBm，能够满足覆盖需求。

除了室外区域满足信号覆盖要求外，还应考虑厂区各类建筑的内部覆盖。以中控室大楼为例，由于中控室大楼是钢筋混凝土结构，一道墙体损耗较大约20dB，直接影响室内天线的分布和数量。一楼长宽各约 50m，中间控制室同二层连通，共需 18 个天线覆盖该楼层；二楼需要 22 个天线覆盖。总共需要 40 个

天线覆盖该大楼。根据用户业务需求，该楼需满足 100 部终端的语音通话和同时 4 路视频通话，1 个 RRU（配 2 个扇区）的容量即可满足业务容量需求。其他外操间防爆体的计算与之类似。但由于装置区防爆体屏蔽结构体数量较多，如果都用室内分布式天线覆盖＋RRU 的方式综合成本过高，可采用直放站的方式。

最后，4G 企业专网的核心网设备布置在企业机房内，通过光缆连接基站。单个小型核心网即可满足整个厂区的无线接入调度处理需求，处理覆盖范围内的全部语音、视频和其他各类数据的调度。

（三）通信质量的测试与评估

以某石化厂生产区域移动无线网络的信号测试为例。现场人员携带 RSRP 测量仪沿目标区域室内外各典型路线进行测量。图 4-12 是不同区域无线 RSRP 信号强度的分布情况（彩图见彩插），可以看出所有室外区域信号强度都在 -90dBm 以上，能够满足终端的无线通信要求；外操室内由于防爆体结构的屏蔽，信号衰减严重，需要进行信号优化。

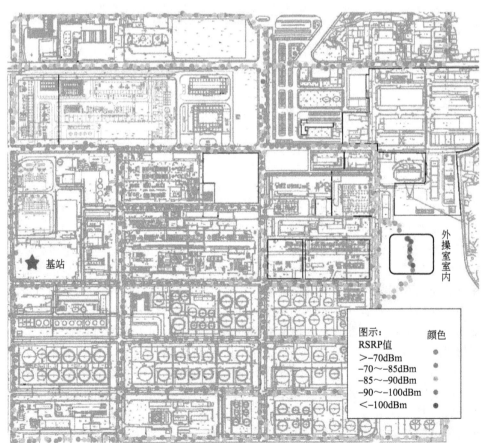

图 4-12　某厂区 RSRP 信号强度分布情况

（四）补盲与网络参数优化

由于石化企业厂区内各类金属装置及钢筋混凝土结构的普遍存在，无线信号的通信更为复杂。随着通信业务需求的不断发展、周围无线环境的改变、厂区内第三方设备增加等各种因素导致无线通信出现干扰、网络参数设置不合理，都会导致小区容量下降、上下行吞吐率降低、语音和数据业务的异常中断等情况出现。为了保障厂区无线信号的稳定和全面覆盖，需要对无线网络进行专门的网络优化以提升整个厂区的无线网络通信性能。另外，在项目建设过程中部分区域可能存在覆盖盲点，也需要通过新增站点或采用部署直放站的方式来提升无线覆盖率。

以某企业为例，该企业无线宽带网络共有核心网设备 1 套，基站 3 个，扇区 10 个。无线网络下连接的设备包括：CPE（Customer Premise Equipment，客户终端设备）、摄像头，普通 4G 终端，MIFI（Mobile WIFI，移动热点）、4G 防爆终端。无线网络建成之后又陆续新增无线气体检测装置、4G 防爆终端以及车载终端等设备。由于厂区 eLTE 小区数量众多，兼有地下室内分布，无线环境复杂，需要进一步优化其信号覆盖和通信质量。该企业通过单站验证、集中优化、语音业务优化、数据业务优化、网络性能验证和系统验证等方式提升了 eLTE 网络质量。

单站验证就是对园区 3 个基站分别进行覆盖验证、切换验证、QoS（Quality of Service，服务质量）验证，包括：

① 基站健康状态获取。获取 3 个基站、核心网等网元运行状态与告警信息。

② 环境参数获取。首先校准园区 3 个基站工作参数、收集基站环境信息、基站测试信息，确保单站性能与设计一致。

③ CQT（Call Quality Test，呼叫质量拨打测试）测试。通过室内呼叫测试，获取单站指标。

④ 测试数据分析。分析路测数据，对网络性能形成初步判断。

⑤ 制订整网优化计划。根据数据分析结果制订网络优化计划与阶段目标。

集中优化阶段主要对园区的三大数据业务板块——生产、监控、办公场景的异常事件进行优化。优化的主要手段有覆盖优化、干扰优化、切换优化、CPE 优化、核心网优化。覆盖优化解决了某运行部装置周边网络弱覆盖以及其他扇区过覆盖问题，为后续其他优化项目打下基础；干扰优化解决了因交叠覆盖和外界同频点引起的信噪比差而导致的网内/外干扰；切换优化解决了终端在多个小区间频繁切换、越区切换、切换失败等故障；CPE 优化解决了 CPE RSRP（Reference Signal Receiving Power，参考信号接收功率）等性能指标出现的问题，包含位置调整、天馈调整等，确保网络性能满足业务标准；核心网优化解决了告警故障、硬件问题以及 IP 路由配置故障。

语音业务优化主要包含点呼、集群组呼、紧急呼叫等优化；数据业务优化包含生产业务数据，多路现场视频回传，监控视频上传，4G 防爆终端巡检数据回传, 气体检测数据采集等优化; 网络性能 KPI 验证主要包括上下行吞吐量平均值, 上下行吞吐量峰值, 切换成功率, 呼叫建立时延, 呼叫建立成功率, 业务接入成功率; 系统验证主要验证各系统对接是否正常, 用户体验以及其他疑难问题解决。

四、多种制式下的语音视频融合通信

(一) 石化行业音视频通信现状

1. 业务需求

近年来, 石化行业对远程会议交流、远程实时监控、应急事件指挥调度等音视频通信需求日益强烈。特别是, 近年来以下几方面的音视频通信需求越来越强烈。

一是移动化的音视频通信需求。地形或装置设备复杂的地区缺乏灵活部署的移动化音视频融合通信系统, 一旦发生事故, 有线固定视频摄像头无法查看覆盖盲区的现场情况。

二是语音调度和视频调度深度融合需求。现有语音调度和视频调度各自独立, 没有形成深度融合。

三是与企业健康、安全与环境管理 (HSE) 的融合需求。移动化音视频系统全面接入企业 HSE 数据库, 出现异常报警, 自动和与之相关联的音视频联动, 并能及时通知相关人员进行处理。

四是音视频智能化需求。通过人脸抓拍、周界入侵、人流统计、烟火检测等视频智能分析功能, 更好地为企业安全生产管理服务。

2. 传统语音调度系统

石化行业的传统指挥调度以语音窄带通信指挥调度为主, 通过对讲机实现调度中心和分控中心以及指挥现场的语音交互, 通信手段单一, 生产协同能力和应急响应能力不高, 不具备视频传输功能。

一是调度中心与各车间内操采用有线调度电话逐一沟通的方式效率低, 易出错。以固定化 IP 调度为主, 移动化少, 调度形式不灵活。

二是内操和外操使用无线对讲通信, 通过频率分成不同的组。这样, 不同组之间不能对讲; 随着用户数增多, 会占用更多的无线频率资源, 因此, 用户数量受到一定的限制。各频率之间干扰易导致串音, 在一些噪声比较大地区, 通话质量较差, 易受恶劣天气的干扰。

三是网络主要以窄带网络为主, 没有实现宽带化。

四是传统语音调度无视频功能, 无法感受现场的实际情况, 进一步限制了沟通的质量。

3. 传统视频调度及监控系统

石化行业大部分企业已建成了独立的环境监控数据采集系统 (如: 烟感、可燃气体探头、设备状态数据等）、基于有线传输的视频监控系统以及视频会议系统。这些应用系统在协助企业完成安全生产任务过程中，发挥了重要作用。但存在着以下不足：

一是多套系统，多个控制中心，且相互独立，无法兼容。

二是控制中心需配置多个不同用户终端，操作和管理复杂，使用不方便。

三是设备重复投入，建设和运维成本高。

四是有线视频监控投资成本高、建设周期长、应用盲点多。由于生产区内装置复杂，有些临时作业及事故发生区域无法铺设光纤，存在监控死角，一旦发生事故，无法进行实时监控。

4. 音视频融合通信面临的挑战

传统语音、视频调度的这些不足，导致其无法完全满足企业生产安全管理对事故预防、应急响应以及事后处置等一系列安全生产调度的需求。为了保障生产区日常管理，炼化企业陆续部署了一系列融合通信系统，但这些系统缺乏统一规划，在不同的建设时期选用了不同的技术和不同厂家的产品，标准不统一、技术路线不一致，随着智能工厂的全面实施，问题逐渐暴露出来，在系统功能、资源共享、业务整合上存在不少有待改善的方面：

① 智能程度低。现有视频监控以纯监控为主，只解决看的问题，没有解决图像的分析处理功能，利用率低。

② 系统联动少。各系统在功能实现上各自分工，系统联动多数局限于硬件联动，增加了实施与维护的复杂度；融合通信系统智能化程度低，与其他系统（环境感知系统、生产作业系统等）联动性差，系统预警监测效果较差。

③ 运维难度大。面对数量庞大的视频监控设备，运维工作量大且检测难度大，往往造成故障处理不及时，使得视频监控系统的使用效果大打折扣。

④ 管理效率低。企业生产管控中心（或总调度室）没有统一平台，无法实现各厂区设备的集中监测，无法配置全局预案，无法实现统一平台下的业务优化，增加了系统运维成本及安全隐患。

以上问题给企业的安全生产带来挑战，因此建立一套全融合的音视频一体化应急通信系统十分必要。它可以连接不同厂商、不同制式的电话系统、视频监控系统、视频会议系统、专网系统和其他通信系统，企业可以跨越任何通信设备进行沟通和指挥，满足企业随需而通的通信需求。引入视频智能分析模块，对视频监控画面的场景进行分析处理，一旦画面内的人与物体的行为违反预先设定的规则，系统就会自动记录视频内容并进行音视频报警。改变视频监控仅能用于事后查证，真正做到了"事前预警、事中处理、事后取证"的三位一体全过程监控。同时整合企业的 DCS 系统，把各种传感器（火灾报警、气体采集等）数据通过网关统一接入应急指挥平台，结合应急预案建立一套统一的应急响应机制。

（二）多种制式音视频融合通信

中石化九江石化公司建立了基于 4G 企业专网的音视频融合通信系统（国家发明专利：201510456374.9），实现了移动音视频与企业办公电话、手机、119 接警电话、对讲机、IP 语音视频、扩音系统等的全融合。

音视频融合
通信视频

1. 移动音视频与企业内部电信系统融合

企业内部电信系统用户通常包含公共电话程控交换系统和 IP-PBX 两种类型。这两种通信模式分别采用不同的对接模式。用户现有的办公电话系统接入到移动音视频通信平台，既可以实现新老系统下的分机互联互通，又可以扩展丰富的办公通信功能，如公共会议室、多方会议、多方广播等。

与程控交换机或不支持 SIP 协议的 IP-PBX 对接，可通过部署语音网关来实现，利用程控交换机或 IP-PBX 提供的 E1/FXO/FXS 等接口实现对接，程控交换机和 IP-PBX 只需要设定好呼叫转接策略即可。

与支持标准 SIP 协议的 IP-PBX 对接，可直接和调度服务器之间做 IP Trunk（IP 中继线），通过 SIP 中继实现互通。也需要 IP-PBX 配合设定好呼叫转接策略，如图 4-13 所示。

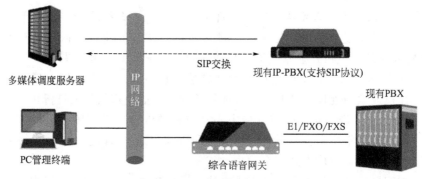

图 4-13　与企业内部电信系统融合

2. 移动音视频与企业集群对讲系统融合

企业用户已经部署的对讲系统通常包含多种不同制式、不同频点/信道、不同厂家的设备，各种设备之间相互独立，无法互通，更无法实现异地组网互通。可以通过部署专用集群接入网关的方式，把不同制式、不同频点/信道、不同厂家的集群系统统一接入到 IP 网络中，通过移动音视频客户端实现统一调度，并实现不同类型对讲系统之间的互联互通，以及集群对讲系统和其他通信终端的互联互通。

集群对讲系统接入可以把用户现有的各种集群对讲系统接入到移动宽带音视

频通信系统上，进行统一管理，统一调度，解决不同集群对讲系统无法实现互通的问题。同时还可以解决集群对讲系统和其他座机、移动终端、外线电话互通的问题，如图 4-14 所示。

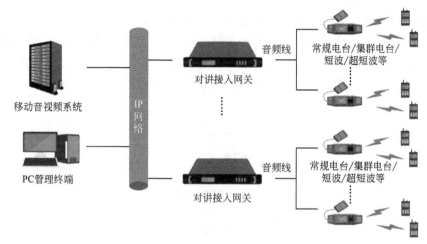

图 4-14　与企业集群对讲系统融合

3. 移动音视频与 IP 语音视频系统融合

企业内部 IP 语音视频系统包括视频会议系统、IP 视频电话等，大都支持 H.323 和 SIP 协议。移动音视频系统可以采用 SIP/H.323 协议和企业的视频会议系统以及 IP 视频电话互通。与会者可以在视频会议中看到听到现场的移动终端或车载终端回传的音视频，全程参与和指挥现场突发事件的救援行动，如图 4-15 所示。

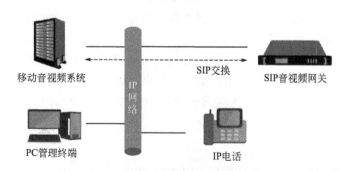

图 4-15　与 IP 语音视频系统融合

4. 移动音视频与企业视频监控系统融合

企业用户已经部署的视频监控系统通常会包含数字视频监控、模拟视频监控等，现有的视频监控系统主要是用于重点区域视频的轮询显示功能，并没有和其他通信系统实现联动调度。

移动音视频系统通过视频接入网关把不同类型的有线监控系统接入到系统中，同时通过 4G 专网/公网把移动作业手持、车载终端接入到系统中，实现有线、无线监控全融合。可通过 PC 客户端实现对现场监控图像的调度，实现固定、移动的语音、视频终端的协同调度，提高应急指挥的调度效率。

视频接入网关可以把用户现有的各种不同厂家、不同品牌的有线视频监控系统接入到移动音视频系统中，进行统一管理，统一调度；实现不同视频源之间的相互转发、分发；同时也可实现语音、视频的联动调度等，如图 4-16 所示。

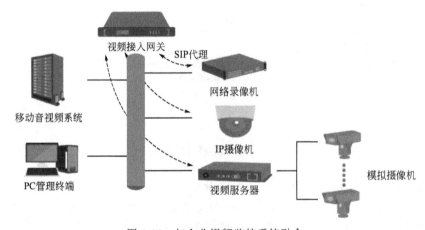

图 4-16　与企业视频监控系统融合

5. 移动音视频与企业广播系统融合

对于企业已经部署的扩音广播系统来说，主要通过配置广播网关，采用音频线路直接对接的方式，把本地和远程现有广播系统接入到网络中，方便调度台和其他各种通信终端发布广播。

扩音广播系统接入可以把分散在各地的扩音广播系统接入到 IP 网络中，方便各级领导远程集中广播、分组广播。同时可以扩展发布广播的终端类型，无需采用专用广播终端，用 PC 客户端等各种通信终端均可发布远程广播呼叫。如图 4-17 所示。

6. 4G 网络移动智能终端

4G LTE 网络中的基站包含了 BBU（基带单元）、RRU（远端射频单元）、CNS（核心网单元）一体化功能，为石油石化行业用户提供了基于无线宽带专网的多媒体通信能力。现场作业配备移动智能终端后，可实现集群对讲、音视频通话、视频监控回传、音视频会议、信息采集与交互等多种功能。4G LTE 网络作为有线网络的重要补充，可以提升企业各类业务的管理水平，实现大部分生产数

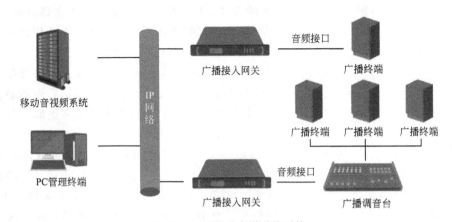

图 4-17　与企业广播系统对接

据、设备状态数据、环境排放数据的自动化感知，也为生产装置区实现移动实时的可视化监控提供了网络支持。通过指挥中心实现统一调度管理，进一步提升了企业的管理水平[10]。4G 网络移动智能终端如图 4-18 所示。

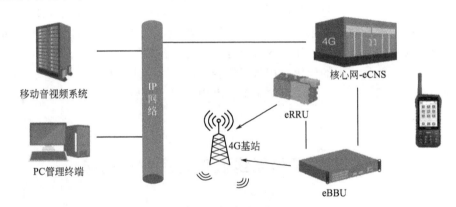

图 4-18　4G 网络移动智能终端

7. 移动融合通信系统的未来发展

当前，我们处在一个窄带数字语音集群通信向无线宽带数字通信过渡的阶段。未来，融合通信将向以下四个方面发展：

① 网络融合。无论原有系统采用什么标准的窄带专网、宽带公网、宽带专网，实现宽窄带融合是必然选择。这种融合包含在原有窄带覆盖区域内叠加宽带网络，也包括窄带与宽带的覆盖互补。多种网络间可无缝漫游自动切换通信模式。

② 终端融合。用户无需考虑是专网还是公网、WiFi，开机自动识别网络，即可实现多媒体通信功能，在终端上实现宽窄带融合。

③ 建设运营融合。随着云计算的发展，移动融合通信系统可以选择公有云、私有云或者混合云的部署模式部署到云端，以降低企业部署成本。企业用户只需要重点关注需求，运营维护由运营商来负责，各司其职，相互配合。

④ 业务融合。移动融合通信系统未来将在语音、图像、视频、数据等业务实现全融合，在视频智能分析、云协作等方向会有更大的发展。在语音业务融合上，LTE 与模拟集群、PDT/Tetra 等窄带数字集群、公网 PoC 数字集群、公网移动电话和固定电话等在系统层面进行互联互通，做到真正的"一呼百应"[11]；在视频业务融合上，移动融合通信系统将无线宽带专网视频、无线专网图传视频、无线公网视频、有线视频等多种视频系统统一在一个平台上，构建统一的视频网络，同时可与视频会议系统互通，实现高效指挥决策；在数据业务融合上，移动融合通信系统将宽带无线专网数据、窄带无线网络数据、公网数据统一接入企业信息数据库，实现大数据分析联动，提升决策效率。

这四大融合，实现了平（时）战（时）、宽（带）窄（带）、公（网）专（网）多种通信模式的协同工作。

未来，移动融合通信系统还会引入多种智能分析技术，包括视频行为分析技术、自动跟踪技术、人脸抓拍识别技术、车牌抓拍识别技术、智能透雾技术、视频质量诊断技术、智能检索技术等，对实时视频流和录像视频流进行逐帧分析，自动过滤无用的视频图像，让安保人员专注于有"价值"的视频。

总之，智能化技术的应用，相当于给企业配置了"永不疲劳"的保安，并变被动监控为主动监控，达到"事前防范、事中处理、事后分析"的目的[12]。

第三节　窄带无线低功耗企业广域网

一、无线低功耗广域网：智能制造的重要基础

（一）重要性及应用场景

物联网被公认为是继计算机、互联网之后，世界信息产业的第三次浪潮，是下一个万亿级的产业，其应用将遍及国民经济和社会服务各个领域，成为全球科技竞争新高地。未来若干年，我国物联网行业将快速发展，年均增长率有望达到30％左右。2014 年我国物联网行业市场规模 6000 亿元，2015 年达 7500 亿元，预计到 2020 将超过 2 万亿元。低功耗广域网络（LPWAN）在物联网发展中占据重要位置，包括 NB-IoT、LoRa、eMTC、UNB、Wi-Fi HaLow 等多个标准，适用于不同场景的长距离无线物联网通信应用，具有低功耗、广覆盖、大量连接、低成本、高频谱利用率等优势。

在应用领域上，低功耗广域网适用领域广泛，公共事业中的智能抄表、智能停车等；智能城市建设的智能路灯、智能垃圾桶等；医疗健康及消费领域的可穿戴设备、智能自行车、临床跟踪等；农业与环境领域中的环境监测、农业和畜牧业管理等；流程行业智能工厂建设过程中，大量的人员、设备、物料、环境需要监控及管理，都有低功耗广域网广阔的应用空间。

以流程行业为例，传统工厂内有大量的与人员、物料、设备、环境、能源相关的数据没有汇总上传并加以利用。千万吨级炼化企业，每天有 500～1000 名各类人员活动在现场，实时获取现场工作人员的位置、身体状态、安全信息及工作状态信息，能有效提升人员的工作效率以及安全管理水平。其次，获取厂内全部动、静设备的振动、温度、压力、腐蚀、阀门的开关状态等设备状态信息并对其进行实时控制调节，可以实现更为智能的设备预测性维检修，建立起高效的设备管理模式，在提升工作效率的同时，也有效地降低了工作强度，可以更及时高效地排除由于设备运维不及时导致的安全隐患。再次，获取工厂内环境中包括硫化氢、可燃气、氧气、一氧化碳、氨气、氯气、苯、VOCs 等各类有毒有害气体的实时浓度分布信息，以及废水、废渣的排放数据，可以形成有效的多维度环境质量闭环管理，为整个社会的环境改善带来积极意义。最后，获取各类物料的温度、流量、流速、组分及质量信息，以及加工过程中的能源使用情况信息，对降低单位 GDP 的能耗，提升企业生产效益，提升产品质量都可以起到积极的作用。

流程行业智能化转型的关键在大量工业数据的获取及分析应用，上面提到的数据获取场景只是流程行业所需获取数据的一小部分，更多的数据采集需求会随着低功耗广域网的发展被提出来，随着数据的汇总量越来越多，伴随着云计算、大数据以及人工智能技术的发展，形成对这些数据的有效存储、挖掘分析并加以应用，使得流程行业的管理形成更多基于数据的闭环，将推进工厂逐步向智能化方向演进。在这个过程中，低功耗广域网扮演了重要的数据汇集传输的角色。

（二）技术综述

1. NB-IoT

2013 年年初，华为公司与相关业内厂商、运营商开始推进窄带蜂窝物联网发展，并起名为 LTE-M（LTE for Machine-to-Machine）。2014 年 5 月，由沃达丰、中国移动、Orange、意大利电信、华为、诺基亚等公司支持的物联网超低功耗蜂窝系统项目在 3GPP GERAN 工作组立项，LTE-M 的名字演变为 Cellular IoT，简称 CIoT。2015 年 5 月，华为公司和高通公司共同宣布了 NB-CIoT（Narrow Band Cellular IoT）方案。2015 年 8 月，爱立信公司联合几家公司提出了 NB-LTE（Narrow Band LTE）的概念。2015 年 9 月，NB-CIoT 和 NB-LTE

两个技术方案进行融合形成了 NB-IoT，并于 2016 年 6 月冻结标准，成为 3GPP R13 阶段 LTE 的一项重要增强技术。

NB-IoT 基于蜂窝网络，只消耗大约 180kHz 的带宽，可直接部署于 GSM 网络、UMTS 网络或 LTE 网络，以降低部署成本、实现平滑升级。在频段方面，NB-IoT 使用了授权频段，有独立部署、保护带部署、带内部署三种部署方式。全球主流的频段是 800MHz 和 900MHz，运营商中，中国电信会把 NB-IoT 部署在 800MHz 频段上，而中国联通会选择 900MHz 来部署 NB-IoT，中国移动则可能会使用现有 900MHz 频段。由于是专门规划的频段，频段干扰相对少，其信道宽度为 200kHz，其中上下各 10kHz 保护带宽。在通信速度上，NB-IoT 的上下行速率大于 160kbps，小于 250kbps。在单基站终端连接数上，单个基站小区可支持 5 万～10 万个 NB-IoT 终端接入。在功耗上，通常的说法是 1 节 5 号（AA）电池使用寿命可超过 10 年，据仿真数据显示，使用 5W·h 的电池，在 PSM 和 eDRX 均打开的情况下，终端每天发送一次 200Byte，才能达到 10 年左右。在网络延时方面，NB-IoT 允许时延约为 10s。

在商业化推进上，2017 年 1 月，中国电信发布 NB-IoT 设备 V1.0 版本，并表示随后将启动 NB-IoT 在 7 省 12 城大规模外场试验。2017 年 2 月，共享单车公司 ofo 与中国电信、华为公司签署 NB-IoT 技术应用于共享单车的合作协议，将提供包括 NB-IoT 芯片在内的无线网络解决方案。2017 年 5 月，中国电信宣布建成全球首个覆盖最广的商用新一代物联网（NB-IoT）网络。

2. LoRa

2013 年 8 月，Semtech 公司向业界发布了一种新型的基于 1GHz 以下的超长距低功耗数据传输技术（Long Range，简称 LoRa）的芯片。其接受灵敏度达到了 −142dBm，与业界其他先进水平的百兆赫兹（亚 GHz）芯片相比，最高的接收灵敏度改善了 20dB 以上，增加了网络连接可靠性。LoRa 使用线性调频扩频调制技术，既保持了像 FSK（频移键控）调制相同的低功耗特性，又明显地增加了通信距离，同时提高了网络通信效率并消除了干扰，使得不同扩频序列的终端即使同时使用相同的频率，也不会相互干扰。并在此基础上研发了集中器、网关，能够并行接收并处理多个节点的数据，大大扩展了系统容量。

在频段方面，LoRa 在全球主要运行在非授权频段上，包括 433MHz、470MHz、868MHz、915MHz 等。在通信距离上，LoRa 高达 168dB 的链路预算使其通信距离可达 15km。在密度较低的郊区，覆盖范围可达 10km。LoRa 信号对建筑的穿透力也很强，在建筑密集的城市环境和钢结构密集的工厂环境下，可以覆盖 2km 左右。在通信速度上，LoRa 的通信速度在 0.018～37.5kbps 之间。在单基站连接数上，基站接入终端数量与网关信道数量、终端发包频率、发包字节数和扩频因子等参数有关。单个 LoRa 基站每天能接收 150 万个数据包，若某应用发包频率为 1 包/小时，则单个基站能接入 6.25 万个终端节点。在功耗上，LoRa 芯片的接收电流为 12mA，发射电流根据发射功率的不同，从 20mA@7dBm、29mA@13dBm、87mA@17dBm 到 120mA@20dBm，终端可以根据通信距离，动态调整发射功率。在应用领域上，智能油田中的油气井、管道以及设备上的各种仪表信息的传输，智能工厂中各类设备、环境、物料、人员信息的获取及控制，都可以使用 LoRa 来实现物联网通信。

2015 年 3 月，国际 LoRa 联盟宣布成立，其目的在于将 LoRa 推向全球，实现 LoRa 技术的商用。该联盟由 Semtech 牵头，发起成员还有法国 Actility，中国 AUGTEK 和荷兰皇家电信 KPN 等企业，到目前为止，联盟成员数量达 330 多家，其中不乏 IBM、思科、法国 Orange 等重量级厂商。在 LoRa 的产业链中，硬件厂商、芯片厂商、模块网关厂商、软件厂商、系统集成商、网络运营商的每一环均有大量的企业，构成了 LoRa 的完整生态系统，促使了 LoRa 的快速发展与生态繁盛。2016 年 12 月，中国 LoRa 应用联盟（China Lora Application Alliance，CLAA）在国际 LoRa 联盟支持下，由中兴通讯发起建立，推动 LoRa 产业链在中国的应用和发展。

3. eMTC

为了适应物联网环境下海量的低成本终端接入，3GPP 专家组在保留原有 LTE 协议对硬件的兼容性，针对物联网应用场景，删除了高速传输等不必要的能力，在 LTE 基础上裁剪、优化得到了 eMTC（LTE Enhanced for Machine Type Communications）。eMTC 这一提法在 3GPP 发布的 Release 13 中被正式确定，在此前的 R12 版本中曾被称为 Low-Cost MTC 和 LTE-M（即 LTE Machine to Machine）。未来，根据技术和应用场景的发展，eMTC 随着 LTE 协议族共同演进，在 Release 13 中定义的 eMTC 将支持 1.08MHz 的射频基带带宽。

除了通信速度快之外，eMTC 还具备低功耗广域网的四大基本能力：一是广覆盖，在同样的频段下，eMTC 比现有的 GPRS 网络增益提高 15dB，极大地提升了 LTE 网络的深度覆盖能力；二是具备支撑海量连接的能力，eMTC 一个扇区能够支持近 10 万个连接；三是更低功耗，eMTC 终端模块的待机时间可长达 10 年；四是更低的模块成本，大规模的连接将会带来模组芯片成本的快速下降，eMTC 芯片目标成本在 1～2 美元左右。

此外，eMTC 还具有其他低功耗广域网技术所不具备的四大特点：一是同时兼容 FDD 和 TDD 两种技术标准，由于兼容 LTE，eMTC 还可以支持 VoLTE（Voice over LTE）语音技术；二是 eMTC 支持上下行最大 1Mbps 的峰值速率，远超 GPRS、NB-IoT 以及 LoRa 等其他技术标准；三是 eMTC 支持移动通信，物联用户可以在基站间无缝切换，提高了用户的体验；四是 eMTC 支持基于 TDD 基站的 PRS 测量，在无需新增 GPS 芯片的情况下就可进行位置定位，这种低成本的定位技术更有利于 eMTC 在人员、车辆、物流跟踪等场景下的应用。

4. UNB

超窄带技术（Ultra Narrow Band，UNB）采用二进制相移键控（Binary Phase Shift Keying，BPSK）的无线传输方法，使用非常窄的频谱改变无线载波相位对数据进行编码。和传统通信技术相比，在通信数据率相同的情况下，采用超窄带技术以后信号能量被浓缩在很窄的频带里，从而大大增加了抗干扰能力，获得了通信距离与功耗上的指标优势。

在 UNB 商业化方面，法国的 SigFox 公司走在前列，其成立于 2009 年，Sigfox 宣传全球已经有 1000 万台（部）注册设备，覆盖 26 个国家，计划 2018 年覆盖包括中国在内的 60 个国家和地区。

在频段方面，UNB 无线通信使用非授权的 ISM（工业、科学、医学）射频频段。根据国家法规有所不同，在欧洲使用 868MHz，在美国是 915MHz，在中国还没有明确的使用频段。在通信距离上，Sigfox 基站网络的平均覆盖距离在农村地区大约 30~50km，在城市中有更多的障碍物和噪声时，距离可能减少到 3~10km 之间。在通信速度上，UNB 规划的典型场景是每天每终端设备传送 140 条消息，每条消息 12Byte（96 位），传送速度为 100 位/秒。在单基站连接数上，Sigfox 的每个基站能够处理一百万个连接对象。在功耗上，以 Sigfox 与芯片厂商 Atmel 合作开发的芯片为例，发射时电流为 32.7mA，接收时的电流为 10.4mA，以上述典型场景的通信量来计算，一个 1000mA·h 的电池，一次充电可以连续使用 1~2 年。

（三）下一步发展趋势

物联网新机遇正在来临，下一步最重要的是理解低功耗广域网络的特点，开发真正适合这些特点的应用，同时推动低功耗广域网络各个技术特点的进一步优化。未来将有数百亿的连接设备加入低功耗广域网络。虽然 NB-IoT、eMTC 等可能最终获得大部分的运营商市场，但 LoRa、UNB、Wi-Fi HaLow 等仍能在各个行业用户市场占得一席之地，并提供数十亿的智能设备接入。这些技术的发展与变化正在对世界产生巨大的影响。

二、NB-IoT 在工业企业应用：eLTE-IoT

eLTE-IoT（Enterprise Long Term Evolution-Internet of Things）是华为公司将 4G-eLTE 技术与 NB-IoT 技术相结合，推出的支持企业自建的低功耗广域网技术，也是华为公司专门为行业物联网领域开发的基于 3GPP 标准的窄带物联解决方案。在频段上，eLTE-IoT 基于 1GHz 以下的免授权频谱，免去了企业难以申请频谱的困扰，满足中国《微功率（短距离）无线电设备管理暂行规定》的要求。eLTE-IoT 解决方案充分考虑了开放频谱的共享特性可能引发的干扰，采用跳频等技术避免外部干扰，提高了通信的可靠性。同时，采用先进的纠错码、快速纠错能力保障 ISM 开放频谱的连接可靠性。

华为公司 eLTE-IoT 解决方案包括业务引擎、基站 AirNode 和 CPE 三大组成部分。业务引擎包括三大功能：接入认证管理、操作维护管理和应用接口管理。基站 AirNode 分为室内型和室外型两种，室内型采用内置天线，支持挂墙或吸顶安装；室外型外接高增益天线，支持抱杆或挂墙安装。eLTE-IoT 的 CPE 支持的最大速率为上行 16kbps，下行 68kbps，并可通过 RJ45 接口对接企业中现有的集中器。

另外，华为公司还提供 eLTE-IoT 模组给终端厂家开发各种物联网终端及传感器，通过 eLTE-IoT 网络与业务平台进行数据交互。

（一）关键技术特性

1. 丰富的频率选择

eLTE-IoT 解决方案采用免授权的 Sub-GHz 频段，免去了企业难以申请频谱的困扰。eLTE-IoT 解决方案支持 470～510MHz、902～928MHz、863～870MHz 等开放频谱，且满足中国《微功率（短距离）无线电设备管理暂行规定》的要求，满足美国 FCC、欧洲 ERC-REC 70-03 等各个国家和地区的规范要求。

2. 低功耗

eLTE-IoT 采用 PSM（Power Saving Mode，功率节约模式）和 DRX（Discontinuous Reception，非连续接收）技术降低功耗，支持小包快传技术，数据发送时间短、传输效率高，电池寿命高达 10 年。

3. 广覆盖

eLTE-IoT 是一种广域组网技术，最大可达 10km 覆盖半径，支持室内、室外多场景覆盖，甚至可穿透建筑物地下二层，也适合于流程行业工厂下的钢结构装置区使用。

4. 大量连接

eLTE-IoT 单设备支持最大 5 万个接入用户数，可解决高密终端或传感器同时接入网络的问题。

5. 高频带利用率

内置 1GHz 以下 ISM 频谱、功率谱密度提升发射、时域重传等技术，单信道占用更小的频率资源，相同带宽下可以带来更大的容量提升。Slotted ALOHA 技术能够减少碰撞概率、提高传输效率、增强系统容量，并且支持多并发信道，提高频带利用率。

6. 抗干扰能力强

其采用了跳频技术避免外部干扰，使用先进的纠错码实现快速纠错能力，增强了通信的抗干扰性。

7. 高可靠、小型化、易部署、易维护、易集成

eLTE-IoT采用轻量级设备，业务引擎仅1U，便于安装。AirNode支持室内外多种安装方式，支持POE（Power over Ethernet，有源以太网）供电，减少了对配套资源的依赖。AirNode可以通过光纤与业务引擎直连，也能外接CPE，通过4G-eLTE专网或3G、4G无线公网回传。eLTE-IoT产品和设备采用小型化设计，不同形态的基站适应各种环境下的安装要求，可安装在不同位置，如天花板、墙壁、抱杆、楼顶等，并同时支持室内和室外部署。eLTE-IoT网管系统可以实现对终端、基站、网络的远程管理、统一管理、集中控制。此外，终端设备可通过空中接口远程维护，集中维护，无须到站点维护，大幅降低维护和运营成本。业务引擎、AirNode和CPE也可以统一网管，实现了远程管理，降低网络运维难度。eLTE-IoT模组可以被各终端厂商集成，定制开发各种物联终端，更好地匹配行业应用。

（二）在人员安全管理上的应用

1. 人员三维定位

人员三维定位在石油化工智能制造扮演着重要的角色。首先，可以对外操人员的日常巡检、维修等操作进行位置指引，提升工作效率。其次，可以根据位置情况进行必要的现场警示、通知、危险讲解。再次，在人员发生紧急意外时，可以精确定位位置和高度，便于快速施救，避免二次伤害。此外，还可以高效地对现场工作人员进行基于位置的调度指挥，便于应对各类突发事件。如图4-19所示。

图4-19　石化智能工厂的人员三维定位

随着三维定位技术日趋成熟，装置外 GPS 定位与装置内蓝牙定位相结合的方式逐渐成为主流技术，如图 4-19 所示，在装置区内，智能头盔、智能终端、定位卡、智能 AR 眼镜等设备可以通过蓝牙与装置区现场部署的蓝牙标签进行通信，计算出终端设备所在的位置。在装置区外，通过 GPS 获取准确的平面位置信息，将这两种定位技术结合起来，可以节省定位系统建设的费用。另外，定位终端的不同，对功耗的要求也不一样，可使用包括 4G 专网/公网及 eLTE-IoT 等不同的通信方式来回传定位数据。

2. SOS 报警

石油化工现场存在各类危险作业环境，一旦发生气体泄漏伤害、高温液体溅射伤害、蒸汽伤害、人员跌落伤害、电击伤害等事故后，如何快速将人员发生的伤害信息及位置信息报送到指定的救援人员，并实现快速施救，保障现场工作人员的生命安全，是智能工厂建设必须考虑的问题。首先，SOS 报警功能应将现场操作人员活动状态、三维位置以及报警信息等数据，通过人员随身携带的智能终端或身份卡上的 eLTE-IoT 模块，发送到后台。其次，报警终端应具有摔倒检测功能和多媒体通信功能，在报警发出后，便于救援人员与报警人员进行沟通并对报警信息进行确认。再次，报警身份卡需要极低功耗，使得该卡不用频繁插线充电，为使用人员带来极大方便。

在软件系统上，报警终端和报警卡发出的报警信息，需要转发到报警人员周边最近的其他操作人员、班组长、119 接警台等地，便于及时施救。其次，在报警信息发出后，要有明显的声光提示，保证报警信息不被错过。再次，后台管理软件要支持 GIS 系统，方便接警人员准确获取报警者的实时位置。最后，接警人要能与报警人进行快速便捷的语音、视频对讲通话，便于确定报警人的具体情况。

(三) 在设备监测上的应用

1. 振动检测

旋转机械设备在流程工业起到非常重要的作用，工业生产设备一旦因故障停机，损失将十分巨大。另外，企业为了防止发生因机械故障导致的事故，又会对机械设备进行过度维修。因此，既防止故障发生，又减少维修支出就显得尤为重要[13]。旋转类机械是机械设备中的重要组成部分，也是国民经济各个部门中应用最普遍、最广泛的机械设备，旋转机械设备在运动时，由于旋转件的不平衡、负载的不均匀、结构刚度的各向异性、间隙、润滑不良、支撑松动等因素，总是伴随着各种振动。齿轮、轴和轴承是构成机器传动系统的关键零件，机器工作时这些零件会产生振动，若发生故障，其振动信号的能量分布就会发生变化，因此振动信号可以作为机器传动系统故障特征的载体。经验丰富的维修人员，通过触摸和倾听振动强度及声音，就可以判断出机械设备明显的故障。但关于设备早期或特征不突出的故障，维修人员还是无能为力。对机械设备进行振动检测的研究，不但可以有效地检测设备的运行情况，还可以正确地判断出故障发生的位置，并进行处理，减少了对设备拆卸的次数[14]。

通常状态下，时域和频域方法都可以实现对振动信号的分析。但针对多频振动信号，时域上的图谱很不直观。而使用频域方法，可以更加方便地得到设备振动的幅值和相位的信息，实现对振动信号的直观分析。机械设备的损坏是一个渐进的过程，其振动强度会逐渐上升。对机械系统振动信号的振动速度、振动位移进行分析，可以实现对机械设备工作状况的实时监测。

现有流程行业工厂的旋转机械设备中，10％～20％的大型重要机泵基本实现了基于有线连接的在线振动检测分析，但其他80％～90％的中、小机泵等旋转机械设备，很多依然采用维修人员通过触摸和倾听振动强度及声音来判断故障，这是因为有线的在线振动采集及分析系统设备价格昂贵，不便于大规模推广使用。随着低功耗、低成本振动传感器、eLTE-IoT低功耗广域网、现场本质安全充电等技术的发展，使得低成本、广覆盖、长寿命的无线振动及温度检测、故障分析成为可能。工厂内全部旋转机械设备在线检测的实现，将为真正意义上的预测性维检修提供完整、及时的数据支持。在节省大量的人力、物力检测维护成本的同时，也提高了企业的安全管理水平，为传统工厂向智能工厂演进提供了有利的工具。

2. 腐蚀监测

腐蚀是材料与外部环境、内部物料反应引起的材料破坏与变质，腐蚀是造成流程工业中金属设施破坏的主要原因之一。在流程行业，大量使用各种金属设备，容易遭受腐蚀，设备腐蚀造成的损失及危害包括：设备发生腐蚀后的维修、更换及劳务费用；设备腐蚀造成的停工、停产；跑、冒、滴、漏造成的物料流失、环境污染；腐蚀造成的产品污染、质量下降、能耗增加；腐蚀造成的设备破坏、人员伤亡、灾害事故等。据工业发达国家统计，腐蚀所造成的经济损失约占年GDP的1.5％～4.2％[15]。

腐蚀监测就是对设备的腐蚀状态、腐蚀速度以及某些与腐蚀有关的参数进行系统的测量，并通过监测的信息对生产过程有关的参数进行自动控制或报警。流程工业生产的特点是连续性和大型化，这要求尽量减少停车检修的时间和次数，延长设备连续运转的周期。然而，腐蚀的发展是不可避免的，控制腐蚀发展的速度则需要进行腐蚀监测。一般认为，腐蚀监测可以带来数十倍乃至上百倍的经济效益。

腐蚀监测的目的主要有：一是使设备在接近最佳状态下运行，提高生产能力，改善产品质量，延长设备使用寿命；二是预报适时维修需要，减少投资费用，减少操作费用；三是保证设备的安全运行，保证操作人员的安全，有益于降低环境污染；四是有助于鉴定腐蚀原因，判断防腐蚀方法的效果；五是为管理决策提供依据。

腐蚀监测技术包含离线检测和在线监测两大类。离线检测是设备运行一段时间后，检查设备的腐蚀状况，如有无裂纹、剩余壁厚、剩余强度以及是否有局部腐蚀穿孔的危险。在线监测是在设备处于运行状态，利用各种在线腐蚀监测手段测量即时腐蚀速率，以及能影响腐蚀速率的各种工艺参数，并据此来调整工艺参数和采取相应防范措施，从而预防和控制腐蚀的发生与发展，使设备处于良好的可控运行状态。目前，常用的腐蚀监测技术主要有：挂片法、电阻探针法、电化学法、电位监测法、电感法、化学分析法、超声波法、涡流法、红外成像法、耦合多电极技术、氢通量法等。

对传统的腐蚀测量技术进行筛选评估，选择广谱适用、低功耗的传感器，与eLTE-IoT 通信技术相结合，实现对流程工业现场设备腐蚀状况信息的采集，也能进一步提升设备预测性维检修的效率。

（四）在环境保护上的应用

1. 有毒有害气体浓度监控

石油化工行业，加强对有毒有害气体泄漏的管理具有十分重要的意义。石油化工生产过程存在的有毒有害气体种类多、分布广，主要有硫化氢、氯气、一氧化碳、氨气、苯蒸气等。特别是随着原油种类的变化，原油中硫含量升高，其生产工艺介质中硫化氢的含量也越来越高，硫化氢中毒的危险性越来越大。设备故障、管理不善等原因造成有毒有害气体泄漏时，极易造成人员中毒的严重后果。

随着半导体气体传感器、电化学气体传感器、催化燃烧式气体传感器、红外气体传感器、热传导式气体传感器、固体电解质气体传感器等不同种类的气体传感器的发展，将低功耗广域网与低功耗气体传感器技术结合起来，形成基于无线的低成本易部署气体传感采集网络，将是流程工业现场有毒有害气体监测的发展趋势。

2. 工业现场噪声监控

工业噪声是危害员工健康的重要因素之一。在流程型工厂中，大量使用各类机械设备，产生不同程度的工业噪声。噪声强度也是反映工业现场机械设备是否运转良好的间接指标。通过对现场噪声强度的检测，形成基于工业现场噪声分布情况的地图，不仅能为改善现场工作环境提供数据支持，也能间接发现设备可能存在的故障。在石化行业 HSE 管理中，也有关于工厂装置区内噪声的检测及改善要求。传统工业现场的噪声测量，主要使用手持式噪声测试仪，测试人员进入厂区各处测量并进行记录，耗费大量人力，并且不可持续。电容式麦克风传感器可以用来对工业现场的噪声进行测量，其功耗很低，体积小，非常适合与低功耗广域网相结合，开发出低成本的对全厂噪声强度分布进行监控的系统，从而为改善工作环境，发现设备问题，提供实时的数据支持。

第四节　分子级原（料）油物性表征

一、原（料）油的常规物性表征方法

原油性质千差万别，充分掌握原油及其各个馏分的性质，才能做到最优化利用原油，实现炼厂经济效益、社会效益最大化。

原油及其馏分油的性质，需要通过对其物性表征（分析）来实现。根据原油及其馏分油加工利用目的和需求的不同，表征的物性也不尽相同。

（一）常见的原（料）油评价内容

1. 原油评价内容[16]

原油评价是通过实验、分析，取得对原油性质的全面认识。按目的不同，从简单到详细，原油评价分为四种：

① 一般性质评价。主要了解不同原油的一般性质，掌握原油性质变化规律和动态。原油的一般性质评价内容主要包括：未经脱水原油的水含量、盐含量；脱水后原油的密度、黏度、酸值、残炭、馏程（恩氏蒸馏）、碳、氢、硫、金属元素、胶质、沥青质、水含量、盐含量、机械杂质等物性的分析。

② 简单评价。初步判别原油的类别和特征，为不同类型原油分开输送、炼制及合理利用提供依据。除了原油一般性质分析外，通过简易蒸馏的方式，一般切取 25℃ 或 50℃ 的馏分，计算其收率、特性因数、相关指数，测定密度、黏度、凝点、苯胺点。由第一关键馏分、第二关键馏分的密度确定原油的基属[17]。

③ 常规评价。为炼厂设计提供基础数据，或服务于各炼厂加工原油的半年或季度进行的原油评价。除了原油性质分析外，通过实沸点蒸馏的方式，按需要切取各段馏分油，分析出每一段馏分的密度、运动黏度、凝点、酸度或酸值、硫含量、特性因数、相关指数等。

④ 综合评价。为综合性炼厂设计提供依据，根据需要，也可以增加某些馏分的化学组成、重油或渣油的可加工性能。综合评价包括原油一般性质分析，以及通过实沸点蒸馏，将原油切割成窄馏分，或将原油切割成汽油、煤油、柴油、重整原料、裂解原料及润滑油馏分等，测定不同馏分段的详细性质等。

原油的馏分油、窄馏分油的评价内容根据具体馏分及其加工目的而不同。

2. 石脑油评价内容

石脑油是由原油蒸馏、石油二次加工或其他原料加工生产而得的轻质油，如常减压装置的初常顶油、重整石脑油、加氢石脑油等，主要用作重整、化工裂解、溶剂油的原料[18]。用途不同的石脑油评价内容各有不同，一般评价内容包括密度、馏程、PONA（烷烃、烯烃、环烷烃、芳烃）、金属、硫、氮等物性。

3. 加氢煤油原料评价内容

加氢煤油原料是常一线油，经过加氢生产航空煤油。加氢煤油原料的评价内容包括密度、馏程、黏度、闪点、冰点、硫、氮等物性分析。

4. 加氢柴油原料评价内容

加氢柴油原料有常二线和常三线油、催化柴油、焦化柴油等，经过加氢生产车用柴油或普通柴油。加氢柴油原料的评价内容包括密度、馏程、凝点、闪点、酸度、黏度、实际胶质、硫等物性分析。

5. 蜡油评价内容

蜡油一般指馏程在 $350 \sim 550℃$ 左右的减压馏分油。燃料型炼厂一般用蜡油做催化裂化、加氢裂化等装置的原料。燃料型炼厂蜡油的评价内容包括四组分、残炭、金属（Fe、Ni、Na、Ca、V）等物性分析。

6. 减压渣油的评价内容

减压渣油是原油蒸馏剩余、沸点大于约 $550℃$ 的最重组分。减压渣油一般用于延迟焦化、溶剂脱沥青、催化裂化、沥青原料，也可用作燃料油原料[19]。减压渣油评价内容包括密度、初馏点、四组分、黏度、残炭、金属等的物性分析。

（二）原油及其各馏分关键物性表征与方法

1. 原油及其馏分关键物性表征

① 原油关键物性表征。原油关键物性包括密度、碳、氢、硫、氮、馏程、黏度、酸值、残炭、胶质、沥青质、金属、水含量、盐含量等。

② 初常顶油关键物性表征。初常顶油关键物性包括密度、馏程、PONA、硫、硫醇硫、金属等。

③ 常一线油关键物性表征。常一线油关键物性包括密度、馏程、闪点、黏度、硫、硫醇硫等。

④ 常二线、常三线油关键物性表征。常二线、常三线油关键物性包括密度、馏程、凝点、闪点、黏度、硫等。

⑤ 蜡油关键物性表征。蜡油关键物性包括四组分、残炭、金属（Fe、Ni、Na、Ca、V）等。

⑥ 减压渣油关键物性表征。减压渣油关键物性包括密度、四组分、黏度、残炭、金属等。

2. 关键物性表征方法

(1) 密度表征方法

SH/T 0604——原油和石油产品密度测定法（U形振动管法）：使用 U 形振动管密度计，在试验温度和压力下可处理成单相液体，其密度范围在 $600 \sim 1100 \mathrm{kg/m^3}$ 的原油和石油产品。

GB/T 1884——原油和液体石油产品密度实验室测定法（密度计法）：使用玻璃石油密度计在实验室测定通常为液体的原油、石油产品和非石油产品混合物的 20℃密度的方法。

GB/T 2540——石油产品密度测定法（比重瓶法）：适用于测定液体或固体石油产品的密度，但不适宜测定高挥发性液体的密度。

(2) 馏程表征方法

GB/T 26984——原油馏程的测定：本方法规定了原油馏程的测定方法。适用于水含量质量分数不大于 0.2%的原油。对于水含量质量分数大于 0.2%的原油需先进行脱水处理。

GB/T 6536——石油产品常压蒸馏特性测定法：本方法规定了使用实验室间歇蒸馏仪定量测定常压下石油产品蒸馏特性的方法。适用于汽油、煤油、柴油和相似的石油产品。

GB/T 9168——石油产品减压蒸馏测定法：在减压下测定液体最高温度达400℃时，能部分或全部蒸发的石油产品的沸点范围。适用于蜡油和润滑油等高沸点范围的石油产品。

(3) 黏度表征方法

GB/T 265——石油产品运动黏度测定法和动力黏度计算法：在某一恒定温度下，测定一定体积的液体在重力下流过标定好的玻璃毛细管黏度计的时间，计算出液体的运动黏度。适用于轻油。

GB/T 11137——深色石油产品运动黏度测定法（逆流法）和动力黏度计算法：用逆流黏度计测定深色石油产品运动黏度，计算动力黏度的方法。适用于深色石油产品，不适用于沥青黏度的测定。

(4) 凝点表征方法

GB/T 510——石油产品凝点测定法：将试样装在规定的试管中，并冷却到预期温度时，将试管倾斜 45°，经过 1min，观察液面是否移动来确定凝点的方法。

(5) 闪点表征方法

GB/T 261——闪点的测定（宾斯基-马丁闭口杯法）：用宾斯基-马丁闭口闪

点试验仪器测定可燃液体闪点的方法，适用于闪点高于 40℃ 的样品。

GB/T 3536——石油产品闪点和燃点的测定（克利夫兰开口杯法）：用克利夫兰开口杯仪器测定石油产品闪点和燃点的方法，适用于除燃料油以外的，开口杯闪点高于 79℃ 的石油产品。

（6）酸值、酸度表征方法

GB/T 18609——原油酸值的测定（电位滴定法）：适用于测定能够溶解于甲苯和异丙醇混合溶剂中的原油中的酸性组分。

GB/T 7304——石油产品和润滑剂酸值测定法（电位滴定法）：适用于测定能够溶解于甲苯和异丙醇混合溶剂中的石油产品和润滑剂中的酸性组分。

GB/T 12574——喷气燃料总酸值测定法：适用于总酸值范围为 0.000～0.100mg KOH/g 的喷气燃料。

GB/T 258——汽油、煤油、柴油酸度测定法：用沸腾的乙醇提取出试样中的有机酸，然后用氢氧化钾乙醇溶液进行滴定的方法。适用于测定未加乙基液的汽油、煤油、柴油的酸度。

（7）原油水含量的表征方法

GB/T 8929——原油水含量的测定（蒸馏法）：在试样中加入与水不混溶的溶剂，进行加热蒸馏，冷凝分离出水分而测定原油中水含量的方法。适用于测定水含量为 0.0005%～0.15%（质量分数）的原油。

（8）原油盐含量的表征方法

SH/T 0536——原油中盐含量的测定（电位滴定法）：原油在极性溶剂存在下加热，用水抽提其中包含的盐，离心分离后测定水中盐含量而计算得到原油盐含量的测定方法。适用于测定盐含量为 2～10000mg NaCl/L 的原油。

（9）残炭表征方法

GB/T 17144——石油产品残炭测定法（微量法）：用微量法测定石油产品残炭的方法，测定范围是 0.10%～30.0%。

（10）碳、氢、氮的表征方法

SH/T 0656——石油产品及润滑剂中碳、氢、氮测定法（元素分析仪法）：适用于原油、燃料油、添加剂及渣油等样品中碳、氢、氮的分析。方法不适用于挥发性材料如汽油等。

（11）硫的表征方法

GB/T 17040——石油和石油产品硫含量的测定（能量色散 X 射线荧光光谱法）：用能量色散 X 射线荧光光谱法测定石油和石油产品中的硫含量，测定的硫含量范围为 0.0150%～5.00%。

GB/T 0689——轻质烃及发动机燃料和其他油品的总硫含量测定法（紫外荧光法）：适用于测定沸点范围约 25～400℃ 室温下黏度范围约为 0.2～10mm/s^2 的液态烃中的总硫含量，适用于总硫含量为 1.0～8000mg/kg 的石脑油、馏分油、发动机燃料和其他油品。

（12）硫醇硫表征方法

GB/T 1792——馏分燃料中硫醇硫测定法（电位滴定法）：适用于测定含量在 0.0003%～0.01% 范围内，无硫化氢的喷气燃料、汽油、煤油和轻柴油中的硫醇硫。元素硫含量大于 0.0005% 时有干扰。

（13）金属元素的表征方法

SH/T 0715——原油和残渣燃料油中镍、钒、铁含量测定法（电感耦合等离子体发射光谱法）：规定了用电感耦合等离子体发射光谱仪（ICP-AES）测定原油和残渣燃料油中镍、钒、铁含量的方法。

等离子体发射光谱法（ICP/AES）测定轻油中 15 种痕量元素（中石化石油化工科学研究院标准）：利用等离子体（ICP）发射光谱测定汽油、煤油、柴油等轻质馏分油及产品中 15 种痕量元素。包括 V、Al、Mn、Zn、Ni、Mg、K、Co、Fe、Mo、Cu、Na、Ca、Pb、As。

（14）四组分的表征方法

SH/T 0509——石油沥青四组分测定法：规定了石油沥青四组分（饱和分、芳香分、胶质、沥青质）的测定方法：利用正庚烷沉淀沥青质，将脱沥青质部分吸附于氧化铝色谱柱上，依次用不同溶剂洗出饱和分、芳香分、胶质；本方法适用于石油沥青，渣油可以参照使用。

棒状薄层色谱四组分测定法（企标）：在一个专用色谱棒（氧化硅或氧化铝）上，样品四组分被展开并分离的测定方法，适用于原油及其重组分（蜡油、渣油）的四组分分析。

（15）PONA（烷烃、烯烃、环烷烃、芳烃）的表征方法

SH/T 0714——石脑油中单体烃组成测定法（毛细管气相色谱法）：用毛细管气相色谱测定石脑油中各烃类组分的方法，适用于不含烯烃［烯烃含量（体积分数）小于 2.0%］的液态烃的混合物，包括直馏石脑油、重整汽油和烷基化油等[20]。

二、原（料）油分子级物性快速表征

（一）原（料）油物性快速表征方法

在石化生产中，如何应对所加工原油、原料的性质、市场需求、装置工况、加工成本及产品价格等因素的变化，及时调整生产方案，是石化企业面临的重要问题之一。通过综合分析对比，制订合理的加工方案是炼厂生产的主要任务。在诸多因素中，原油、原料的性质是最基本因素。因此，原油、原料性质综合评价数据是确定原油加工方案的基本依据。目前炼厂原油、中间物料油品的化验分析工作量较大，化验成本高，化验频次较低，时间较长，不能很好地满足生产装置

操作优化的需要，迫切需要及时、准确的评价数据，为生产经营优化提供有效支撑。

近年来，随着计算机技术和现代分析检验技术的飞速发展，在原（料）油评价领域，涌现了近红外光谱（Near Infrared，NIR）、核磁共振波谱（Nuclear Magnetic Resonance，NMR）、气相色谱（Gas Chromatography，GC）、质谱（Mass Spectrometry，MS）等快速评价技术[21]，可在短时间内获得原（料）油的物性数据，为指导和优化石油化工企业的生产提供准确、快速的参考。

1. 基于近红外光谱的快评

光谱分析技术是一种无损的快速检测技术。由于其分析过程中无需预处理，大大降低了分析成本，一次光谱数据的采集可以同时分析多个指标。近些年来，随着计算机技术与化学计量学的发展，红外、近红外光谱技术与多元分析方法的结合已经被广泛用于各个领域。红外、近红外光谱技术具有分析快、精密度高、操作简单等优点[21,22]，非常适合原油及油品的定量和定性分析，并已经越来越多地用于测量石油产品的物性参数，如汽油辛烷值、烃族组成、预测生物柴油主要成分等。建立稳健的定量校正模型是红外、近红外光谱分析的核心之一。常用的多元校正方法有多元线性回归、偏最小二乘、人工神经网络等。

中石化石油化工科学研究院采用透射中红外光谱结合偏最小二乘法，建立了原油密度、酸值、硫含量等8种原油评价数据的预测模型，可用于原油的快速评价，为确定原油加工方案和优化生产决策时评价数据的及时获取提供了一种简捷的方法[23]。

2. 基于核磁共振波谱的快评

基于核磁共振波谱的快评系统采用核磁共振分析仪对原油及中间物料进行快速评价分析，再加上系统的数学算法，快速提供评价原（料）油的系列性质数据，解决物料性质数据不及时和数据不完整的问题，为炼厂全流程优化提供及时完整的数据支撑。其原理是利用物质中每种元素的原子在磁场中的表现不同，通过检测原子在不同能级的比例变化，确定物质中所含的特定元素，以及这些元素在物质中的浓度和分子结构[21,24]。通过 NMR 分析，得到所需的样品物性参数。

以中石化九江石化公司使用核磁快评系统分析原油及各馏分物性为例，快评系统可分析原油的 22 个物性、柴油加氢原料的 17 个物性、催化裂化原料的 13 个物性和加氢裂化原料的 11 个物性，见表 4-4[25]。原料油物性快评系统获软件著作权（登记号：2017SR208901）。基于快评系统的研究成果（一种仿真核磁共振分析系统及其应用）正在申请国家发明专利（申请号：201610983147.6）。

表 4-4　某石化厂使用 NMR 分析原油、原料物性列表

序号	项目	序号	项目	序号	项目	序号	项目
	原油	17	300～350℃馏分段收率	33	馏程(50%)	49	馏程(10%)
1	API°	18	350～400℃馏分段收率	34	馏程(90%)	50	馏程(30%)
2	S	19	400～450℃馏分段收率	35	馏程(95%)	51	馏程(50%)
3	水分	20	450～500℃馏分段收率	36	馏程(99%)	52	馏程(70%)
4	C	21	500～550℃馏分段收率	37	闪点		加氢裂化原料
5	H	22	＞500℃馏分段收率	38	凝点	53	C
6	N		柴油加氢原料	39	芳烃含量	54	H
7	总酸	23	C		催化裂化原料	55	S
8	残炭	24	H	40	C	56	N
9	胶质	25	S	41	H	57	密度
10	沥青质	26	N	42	S	58	残碳
11	凝固点	27	密度	43	N	59	黏度(50℃)
12	＜80℃馏分段收率	28	黏度(50℃)	44	密度	60	黏度(80℃)
13	80～120℃馏分段收率	29	黏度(80℃)	45	残炭	61	馏程(10%)
14	120～180℃馏分段收率	30	十六烷值	46	碱性氮	62	馏程(50%)
15	180～240℃馏分段收率	31	馏程(初馏点)	47	黏度(50℃)	63	馏程(90%)
16	240～300℃馏分段收率	32	馏程(10%)	48	黏度(80℃)		

基于 NMR 的快评系统投用后，通过对管输原油末站、1 号常减压原油、2 号常减压原油进行原油智能快速分析，提供日报，汇报近期管输原油性质变化，预测当日 9 时后两套常减压装置进料性质，为生产优化提供原油信息。日报内容主要包括：原油末站原油性质、7 个油罐原油性质和 7 日原油性质变化趋势图、两套常减压装置侧线产品收率预测以及加氢原料（柴油）、催化和加氢裂化原料快评数据。原油快评数据在装置应用的方式很多，从生产调度的需求出发，借助常减压装置的 RSIM 模型，原油快评数据可以预测常减压装置产品收率，尤其是能及时提供实际的蜡油、渣油收率数据，为生产调度做好全厂蜡油、渣油平衡提供依据。根据该厂全流程优化的要求，对性质差别较大的管输原油实施分储分炼，按照渣油收率高、金属含量高的原油去 1 号常减压装置加工的原则，根据罐区原油的性质及产品分布的预测，两套常减压装置选择合适的罐区原油进行加工，实现原油资源的最佳利用。

该厂在应用核磁快评系统前，在原油采购、运输和加工的过程中只能根据原油历史数据库判断其性质，对实际到厂的管输混合原油性质了解甚少，特别是预测常减压产品收率的实沸点收率数据无法得到，只能通过原油历史数据安排生产计划。系统投用后，通过 API° 和残炭值等性质，探讨原油快评带来的变化和机会，并以 RSIM 全厂模型为基础，研究原油性质变化对全流程效益的具体影响。

3. 基于气相色谱的快评

气相色谱技术被广泛用于原油、原料的族组成分析[26]。借助气相色谱技术，可对原油的烃类组成进行快速的分析，为原油的分类与鉴别提供数据。对于石脑油馏分的原料分析，气相色谱可分析涵盖碳数 3～13 的烷烃、烯烃、环烷烃和芳烃的详细单体烃组成，为石脑油的快速分析、汽油产品的质量评定提供了数据基础。

鉴于气相色谱在分析石脑油沸点范围的原料方面能够提供详细单体烃组成，因此气相色谱快评技术被广泛应用于乙烯裂解、催化重整等轻质原料、轻质产品的快速分析。

4. 基于质谱的快评

由于原油的组成十分复杂，尤其是重馏分部分。运用气相色谱技术往往无法详细分析柴油及更重馏分的详细分子组成。气相色谱-质谱联用技术（GC-MS）由于同时具有 GC 的高分离能力和 MS 的高鉴别能力，在复杂混合物的分析中具有独特的优势，因而成为原油分析表征的重要工具[27]。GC/MS 与化学计量学的结合为原油快速评价开辟了一条新途径。国外已有用 GC/MS 预测原油或馏分油性质，如原油及馏分油的 API°、倾点、浊点、冰点、折射率及实沸点蒸馏曲线等性质[28]。中石化石油化工科学研究院采用偏最小二乘法，以原油的 API° 和汽油馏分、柴油馏分的相对密度为研究对象，以标准方法为基础，建立了质谱数据预测原油及宽馏分密度的模型[29]。

（二）原（料）油详细分子组成表征方法体系

原油、原料中的重质组分的分子组成十分复杂，完整详细地分析原油、原料分子组成十分具有挑战性。在表征原油、原料详细分子组成时，通常采用先分离、再分析的策略，尽可能通过分离技术先将原油、原料分为多个组分，再对各组分进行分析，以提高解析出分子的数量，尽可能全面地表征原油、原料。对原油、原料的分离首先是基于沸点的蒸馏分离。针对不同馏分的分子表征方法如下。

1. 石脑油馏分
（1）分析数据

宏观性质：蒸气压、辛烷值（包括研究法辛烷值、马达法辛烷值）、蒸馏曲线、硫含量、PONA 分析、烯烃含量。

分子表征：详细单体烃数据；C_6 环烷烃需区分环己烷与甲基环戊烷；C_5 及以上烯烃需区分正构烯烃、异构烯烃、环烯烃。

（2）分子建模

根据石脑油馏分详细单体烃数据，转化为分子式，分子类别，缺氢度，分子浓度格式，其中分子类别包括正构烷烃、异构烷烃、烯烃、环烷烃、芳烃等。

在完成上述数据格式转化后，到事先已经建好的汽油分子库中寻找匹配，并形成相应的石脑油分子列表。

将生成的石脑油分子列表与石脑油实测宏观性质数据进行比对，并对分子浓度进行微调，使得分子混合物性质符合实测宏观性质数据。

2. 煤油、柴油馏分

(1) 分析数据

宏观性质：闪点、十六烷值、蒸馏曲线、凝点、冷滤点、硫含量、活性硫、氮含量、碱性氮、PONA 分析、残炭。

分子表征：高分辨率质谱数据 (TOF-MS)；核磁；烯烃单独分离并进行质谱分析；异构烷烃区分单甲基、多甲基异构烷烃。

(2) 分子建模

根据柴油馏分高分辨率质谱数据，转化为分子式、分子类别、缺氢度、分子浓度格式，其中分子类别包括正构烷烃、异构烷烃、烯烃、环烷烃、芳烃、含硫分子、含氮分子等。

如果含硫分子能够区分活性硫与非活性硫，含氮分子能够区分碱性氮与非碱性氮，则含硫分子与含氮分子进一步细分为上述硫氮分类。

在完成上述数据格式转化后，对一些分析手段未能区分的同分异构体进行经验模型的拟合（举若干例）：

① 异构烷烃，对取代基碳数在 $1 \sim (n/2-1)$ 范围内的含量分布进行经验分配。

② C_6 以上的一环环烷烃 ($Z=0$)，核心结构为环己烷与环戊烷的含量分配。

③ C_{10} 以上的二环环烷烃 ($Z=-2$)，核心结构为二环己烷与环己烷/环戊烷的含量分配。

④ 对环烷烃、芳烃的侧链取代基进行正构、各种异构的含量分配。

⑤ 对不同的活性硫结构、非活性硫结构、碱性氮结构、非碱性氮结构进行含量分配。

在完成上述步骤后，使用结构构建算法将上述数据转化为柴油馏分分子列表。

将生成的柴油分子列表与柴油实测宏观性质数据进行比对，并对分子浓度进行微调，使得分子混合物性质符合实测宏观性质数据。

3. 蜡油、减压渣油

(1) 分析数据

宏观性质：蒸馏曲线、密度、硫含量、活性硫、氮含量、碱性氮、残炭、金属含量。

分子表征（如果没法分析全，可分析部分）：高效液相色谱（High Perform-ance Liquid Chromatography，HPLC）分离、超高分辨率质谱数据（如 FTICR-MS）、核磁。

（2）分子建模

根据 HPLC 分离后的组分，分别进行如下分子建模步骤。不同 HPLC 组分的分子结构将不一样。

根据各 HPLC 组分超高分辨率质谱数据，转化为［分子式，分子类别，缺氢度，分子浓度］格式，其中分子类别包括：正构烷烃、异构烷烃、烯烃、环烷烃、芳烃、含硫分子、含氮分子、含氧分子、两个以上杂原子的各种种类、金属杂原子各种种类等。

如果对含硫分子能够区分活性硫与非活性硫，对含氮分子能够区分碱性氮与非碱性氮，则含硫分子与含氮分子进一步细分为上述硫氮分类。

在完成上述数据格式转化后，对一些分析手段未能区分的同分异构体进行经验模型的拟合（举若干例）：

① 异构烷烃，对取代基碳数在 $1\sim(n/2-1)$ 范围内的含量分布进行经验分配。

② $Z=-12$ 的分子，其核心结构为 2 个以上芳环或 1 个芳环加 3 个环烷环结构的含量分配。

③ 对环烷烃、芳烃的侧链取代基进行正构、各种异构的含量分配。

④ 对不同的活性硫结构、非活性硫结构、碱性氮结构、非碱性氮结构进行含量分配。

⑤ 由于 FTICR-MS 最多只能检测到沸点 676℃ 及以下的物质，对于沸点超过 676℃ 的物质，需根据碳数分布、缺氢度分布进行模型延展。

在完成上述步骤后，使用结构构建算法将上述数据转化为分子列表。

将生成的蜡油、减压渣油分子列表与实测宏观性质数据进行比对，并对分子浓度进行微调，使得分子混合物性质符合实测宏观性质数据。

对原油不同馏分的详细分子组成表征方法体系见表 4-5。

表 4-5　原油详细分子组成表征方法体系

介质	分析方法	编号
液化气、石脑油（IBP～200℃）	GC	1
	实沸点蒸馏	2
	辛烷值测定	3
	常用详评流程	4
煤油、柴油（200～350℃）	GC×GC 或 GC-ToF MS	5
	实沸点蒸馏	6
	十六烷值测定	7
	硫氮组成分析	8
	常用详评流程	9

介质	分析方法	编号
VGO(减压柴油)(350~540℃)	LC(液相色谱)	10
	SFC(超临界流体色谱)	11
	硫含量分析	12
	氮含量分析	13
	碱性氮分析	14
	实沸点蒸馏	15
	常用详评流程	16
饱和烃	GC/MS	17
	H-NMR	18
	FTICR-MS(LDI)	19
芳香烃		
一环芳香烃	FIMS	20
二环芳香烃	H-NMR	21
三环芳香烃	硫含量分析	22
多环芳香烃	FTICR-MS(APPI)	23
活性硫化物	FIMS	24
	硫含量分析	25
	FTICR-MS(APPI)	26
胶质	FIMS	27
	ESI-MS	28
	硫含量分析	29
	FTICR-MS(NESI/PESI)	30
烯烃	FIMS	31
	H-NMR	32
	硫含量分析	33
	FTICR-MS(APPI)	34

三、分子级物性快速表征数据的应用

1. 分子级物性快速表征与 PIMS 系统的集成

PIMS 是功能强大且用户界面友好的用于石化流程工业经济规划的系列工具软件，主要应用于炼油化工企业，用于原油选择、生产计划优化排产、原油资源优化加工、投资分析、确定装置的规模或改扩建研究等业务工作中的模型系统。以 Excel 文件为建模载体，由系统自动生成模型并进行求解运算。

原（料）油物性表征系统是企业精确 PIMS 系统中不可缺少的重要部分，同时它又是一个独立的系统，它为企业提供原（料）油品种的物性评价数据，并为 PIMS 提供符合企业炼油生产方案要求的原（料）油切割相关数据。炼油企业级

PIMS 模型由于开发较早，目前还没有与原（料）油物性快速表征系统进行集成。为充分利用物性快速表征系统为 PIMS 模型服务，建立 PIMS 模型与物性快速表征系统的集成是必要的，这样不仅可大大减少模型维护的工作量，增强模型的实用性和有效性，还可以进一步提高企业人员使用模型的主动性和积极性，提升模型的应用水平。集成 PIMS 模型与物性快速表征系统则需要建立统一原（料）油物性快速表征数据文件格式转换接口，将物性快速表征系统生成的数据文件格式转换为 PIMS 能够直接调用的 Excel 格式。数据接口的实现应该采用模块化的设计思想，将系统功能进行分割，每一个功能都用一个相对独立的软件模块实现，使得系统的模块结构清晰，易于维护和扩充。同时，该接口还要具有实时性，以保证数据及时传送以及数据的准确性和统一性。另外，软件在整体上要具有通用性强，扩展性好，智能化高，便捷性高的特点。

　　原（料）油物性快速表征数据文件格式转换接口分为三个功能模块：原（料）油物性数据导入模块；原（料）油物性数据处理模块；处理后数据导出模块，如图 4-20 所示。

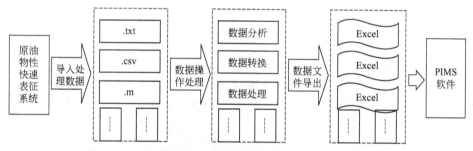

图 4-20　原油物性快速表征数据文件格式转换接口示意图

　　原（料）油物性数据导入模块主要处理的是从外部加载原（料）油物性快速表征系统生成的原（料）油评价数据文件，由于原（料）油物性快速表征系统建模软件不尽相同，由其生成的物性表征数据文件格式也不同，这些数据文件格式包括.txt、.csv、.m 等，上述格式都不能被 PIMS 直接调用，需要转换为 Excel格式。

　　原（料）油物性数据处理模块主要负责将转化过的数据进行相应合法的处理，包括了矩阵数据的行列操作，矩阵数据的相应的运算以及添加标签等，实现数据的变换。

　　数据导出模块主要是将处理过的统一格式的原油物性表征数据导出保存成合法的数据文件，即 PIMS 能够处理的 Excel 格式。该模块通过分析 Excel 数据文件格式的特征，利用相应的转化算法将当前数据文件转化成按照行列顺序要求的格式，并相应地向目标文件中写入数据，最终保存为 Excel 数据格式以供 PIMS调用。

2. 分子级物性快速表征在常减压装置优化中的应用

在原油加工过程中，常减压装置通常是所有加工过程的源头，因此常减压装置也最直接地从分子级物性快速表征数据中获得信息。对装置所加工的原油、中间物料和侧线流股进行分子级表征，为常减压装置优化提供了详细数据基础。以某石化企业常减压装置优化为例，为使常减压装置优化系统获得原油详细分子数据的支撑，首先需根据企业所处理的原油种类，建立企业常加工原油的分子数据库。应对企业的混炼情形，其分子组分数据就需要根据已建成的原油数据库进行拟合。针对混合原油，从原油分子数据库中选出相应的原油进行组合，拟合出新原油的分子组成。在完成原油分子数据的混合后，根据混合后原油的评价数据，包括实沸点曲线、密度、硫含量、氮含量、芳烃含量、闪点、残炭值等性质进行分子浓度拟合，使得拟合后的原油分子数据与原油评价数据吻合。

在完成原油分子库建立、原油分子数据离线校正后，所形成的原油分子数据库即可作为装置优化的数据基础。在线使用过程中，在线快评实时测出的物性数据与原油分子数据库相结合，实时生成当前原油、原料的详细性质。

以某石化厂常减压装置的优化为例，经过上述步骤所生成的原油数据将为常减压装置机理模型实时提供输入数据，详见第二章第四节。

3. 分子级物性快速表征数据与详细组成数据的联用

建立原油的分子组成数据后，还需要对每个分子的物性进行计算，实现分子数据与宏观物性之间的换算。常见的原油分子物性见表4-6。

表 4-6 常见的原油分子物性列表

性质编号	性质名称	性质编号	性质名称
1	密度(20℃)	15	三环芳香烃
2	C	16	四环及以上芳香烃
3	H	17	硫化物
4	S	18	胶质
5	N	19	沥青质
6	O	20	Ni
7	K 值	21	V
8	黏度(50℃)	22	沸点
9	残炭	23	分子量
10	总酸值	24	不饱和度(DBE)
11	蜡含量	25	Z 值
12	饱和烃	26	辛烷值(RON)
13	一环芳香烃	27	溶解度参数
14	二环芳香烃	28	芳香性

在使用原油分子数据库进行实时优化之前，需对分子数据进行离线校正。离

分子编号	分子式	分子结构式	分子浓度	分子性质
1	C_4H_{10}		0.89%	SPG,BP,C,H,S,N,O
2	C_5H_{12}	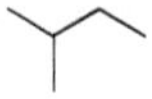	0.81%	……
3	C_6H_{14}		0.75%	……
4	C_6H_{12}		0.68%	……
5	C_6H_6		0.57%	……
6	$C_8H_{14}S$	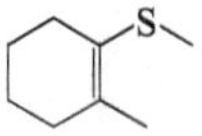	0.41%	……
……	……		……	

(a) 原油分子数据

原油全评报告

1　前言

某石化厂对××管输原油的综合评价工作内容包括：原油一般性质分析、实沸点蒸馏、直馏产品性质分析、重整原料馏分性质分析、催化裂化原料性质分析、减压渣油性质分析。该原油20××年×月×日采自1#常减压装置，该原油在室温下为黑褐色流动液体，原油实沸点蒸馏仪使用××有限公司制造的××型实沸点蒸馏仪。

2　原油的一般性质

××管输原油的性质分析数据见表1。

表中数据表明，原油的密度(20℃)为875.7kg/m³；黏度(50℃)为12.57mm²/s；凝点为-8℃；胶质和沥青质含量分别为17.87%(质量分数)、1.2%(质量分数)；酸值为2.04mg KOH/g；盐含量为49.98mg NaCl/L；硫含量为0.816%(质量分数)。

原油第一关键馏分API°为36.7，第二关键馏分API°为25.1，按原油关键馏分法分类，该原油属含硫中间基原油。

表1　××管输原油的一般性质

分析项目	分析结果	分析项目	分析结果
密度(20℃)/(kg/m³)	875.7	水分(质量分数)/%	0.15
API°	29.4	残炭(质量分数)/%	4.68
特性因数K	11.9	灰分(质量分数)/%	0.02
黏度(50℃)/(mm²/s)	12.57	盐含量/(mg NaCl/L)	49.98
闪点(开口)/℃	20	胶质(质量分数)/%	17.87
凝点/℃	-8	沥青质(质量分数)/%	1.20
酸值/(mg KOH/g)	2.04	恩氏蒸馏馏程(体积分数)/%	
元素分析(质量分数)/%		初馏点	68
碳	85.63	120℃	6.3
氢	13.12	140℃	9.4
硫	0.816	160℃	12.5
氮/(μg/g)	2486.4	180℃	16.3
金属含量/(μg/g)		200℃	20.0
钙	19.1	220℃	23.8
铜	0.02	240℃	27.5
镁	0.9	260℃	30.6
钠	9.35	280℃	33.8
铁	9.32	300℃	36.9
镍	14.9	总馏出量/mL	40.0
钒	7.89		
铅	<0.01		
原油类别	含硫中间基		

3　原油实沸点蒸馏及宽馏分性质

……

(b) 原油详评/快评数据

图 4-21　原油分子数据与原油物性数据对照示例

线校正的比对数据是原油及馏分的各项物性表征数据，包括快评数据、简评数据、详评数据、质检数据。简评数据、详评数据为实测数据，在分子数据的校正中作为优先约束，对原油分子浓度数值进行微调，微调的过程称为拟合。在对原油分子数据进行拟合的同时，需要将快评数据与简评数据、详评数据进行比对，并对快评系统的性质模型进行校正。在使用快评数据对详细分子组成数据进行校正时，需先完成快评数据与详评、简评数据的校正工作。快评数据模型校正工作包括两方面的验证：一是快评所给出的物性数据与简评、详评数据的比对以及各项性质模型的校正；二是快评系统根据各项物性数据所拟合出的简评、详评报告，与实际简评、详评报告的比对，验证快评系统的拟合模型。

质检数据对原油分子数据的校正起辅助作用，在不同数据源发生较大偏差时，质检数据可作为补充数据源对分子数据提供参照。在离线校正后，形成原油分子数据与原油物性数据一一对应的完整数据库，如图 4-21 所示。

第五节　消除各类"孤岛"实现集中集成

传统流程企业经过多年信息化发展，建成投用了包含核心业务、ERP、实时数据库、MES 等在内的一系列系统，显著提升了管理效率。但由于建设初期缺乏整体考虑，系统建设各自为战，没有统一的规划和标准，最终形成庞大复杂的应用环境，各个系统就像一个个"孤岛"，虽然积累了丰富的管理和业务数据，但数据间缺乏关联性，数据库彼此无法兼容，导致企业内部系统间共享利用十分困难。

"孤岛"分为物理性和逻辑性两种。物理性孤岛是指数据在不同系统间独立存储、维护，彼此孤立。逻辑性孤岛是指不同系统站在自己的角度对数据进行理解和定义，使得一些相同的数据被赋予了不同的含义，无形中增加了跨系统数据合作的沟通成本。

除此之外，"孤岛"系统还普遍存在数据质量低、可靠性差等问题。这些因素都阻碍了企业上层应用的构建以及经营管理的决策和分析。

数据"孤岛"是企业内部信息化发展中遇到的普遍问题，特别对于集团企业，"孤岛"效应更加明显。其原因之一在于大部分企业是以功能型为主的部门划分，企业中各部门都会产生相应的数据，但由于部门之间相对独立，数据被各自存储。又因各部门角度的不同，对数据的使用和定义有较大的差异，最终导致数据无法互通，形成孤岛。第二个原因是一些企业的信息部门建设较晚，信息部门滞后的反应使业务单位总想绕开它而自己开展业务系统，使数据孤岛不可避免。第三个原因是信息系统建设的标准不统一。不同部门的信息化建设有着不一样的标准，使日后的数据互通存在较大困难。未来信息化、大数据的发展首先就要消除数据"孤岛",创造出各种渠道、模式让数据协作。不管从时代的角度,还是从发挥数据自身价值的角度,都需要去积极改变和消除这种"孤岛"现状。

从国内外流程行业信息化发展趋势和先进实践经验来看,集成平台的建设是解决"孤岛"问题的关键,是信息化发展过程中的必经阶段。通过以 SOA(面向服务的架构)为基础构建统一的集中集成平台,对已有分散的系统和数据进行集成整合,解决系统间数据交互共享问题,同时新建系统按照统一的标准规范进行模块化构建,以此支撑企业级数据分析应用,打造大平台的信息化格局。

(一)标准体系建设

企业需要建立统一的企业级主数据管理体系,形成相关的主数据编码标准化规则及指标体系,实现对主数据全生命周期的标准管理流程。流程企业信息系统有着跨业务域、多子系统等特点,需要多个系统统一架构,同步建设,综合应用。对统一模型、标准数据、开发规范等方面存在标准化需求,以支撑数据交互及业务集成。同时也需要标准化方法论来支撑未来全面的信息化推广建设。

智能工厂模型是从整个企业生产运营的全局角度出发,对企业环境内各个生产业务领域实体进行完整的、一致的、无二义性的抽象表示。它包含企业核心生产业务过程和关键支撑业务过程中所有涉及的数据实体及数据实体间的相互关系。通过建立业务过程模型,提炼出企业内统一的数据描述模型。智能工厂模型描述企业环境下模型的抽象和具体实现,它通过分层来支持模型的扩展和持续变化。在企业环境下,模型可分为三个层次:

基础模型:提供所有企业应用通用的基本的实体信息,包括静态模型和动态模型。

应用模型:提供企业特定业务应用领域(如生产管控等)的通用信息。

扩展模型:在公共模型的基础上,围绕具体应用和需求进行的扩展。

建立基于行业标准 ISA-88/95 的工厂参考模型,实现数据交互和存储的标准化。标准化体系应实现对企业生产、经营、工程建设等过程中关键数据的全流程管理,包括标准化指标和数据的申请、审批、分发等,实现数据管理和数据应用的标准化,为主数据管理平台提供数据支撑。通过标准化,树立数据指标的权威性,支撑企业内部信息集成以及总部与企业深化应用的信息集成,保证数据口径的一致性,建设智能工厂的标准化模板。

(二)数据集中共享

大数据的核心要义在于"共享"。数据集中共享是信息系统集成的基础和关键,数据通过集成,以一致的方式在数据库间可靠地传递,使企业中各系统数据库的数据在运营数据库(ODS)中保持一致和同步,从而建立企业范围的统一视图。数据集成的核心任务是将互相关联的分布式同构或异构数据源集成到一起,使用户能够以统一的接口和透明的方式访问这些数据源,让各系统间的数据能够相互使用。

（三）应用服务集中共享

企业服务总线（Enterprise Service Bus，ESB）从面向服务的体系架构（Service Oriented Architecture，SOA）发展而来，是传统中间件技术与 XML、Web 服务等技术结合的产物。

参考 S95 标准，在集中集成平台上实现基于构件和服务总线的技术架构，使用 Web 服务技术，采用可预制和重构的软件框架结构，达到高度复用、快速应用的技术特点。ESB 通过接收发送服务，将集成系统中的业务数据挂载到 ESB 服务总线上；在 ESB 内部，利用数据映射、流程管理、消息路由等功能，对业务进行路由和整合。

ESB 提供了系统服务的连接中枢，是构筑企业神经系统的必要元素。ESB 采用"总线"这一模式来管理和简化应用之间的集成拓扑结构，以广为接受的开放标准为基础来支持应用之间在消息、事件和服务级别上动态的互联互通，是一种在松散耦合的服务和应用之间的标准集成方式。

一、企业级中央数据库

（一）中央数据库（ODS）的原理和作用

中央数据库（ODS），也称为运营数据库（Operational Data Storage），是集成来自不同操作数据库数据环境，用于支持企业全局应用的数据结合。ODS 是企业数据架构中最为复杂的形态，既要满足数据事务操作要求，又要满足数据分析要求。具体来说，ODS 是一种混合结构，是一种中间层次，支持操作型事务处理和分析型处理。一方面，它包含企业全局一致的、细节的、实时或准实时的数据，可以进行全局联机操作性处理；另一方面，它又是一种面向主题的、集成的数据环境，适合于辅助企业完成日常决策的数据分析处理。

ODS 建设在数据源之上，承担数据的抽取、转化、存储、数据标准化、数据共享等重要功能。ODS 底层是业务转换模型总线，主要包括数据自动抽取、数据校验、数据转换、事件触发等功能，后台的数据服务自动完成数据的抽取或推送。向上是 ODS 内部的逻辑实现，包含数据缓冲层、集成数据存储层、业务模型层、业务分析层、标准化数据层。基础数据部分包括一些基础数据、元数据、模型数据、标准化数据对照等，管理功能包括用户权限、数据库审计等，对外服务包括视图和数据搜索引擎。

企业需要构建统一工厂模型，把经营管理数据，包括 MES（能源、操作、物料等）、LIMS、HSE、环境监控、计划优化、实时数据库、ERP 等系统数据，按照统一工厂模型和主数据标准化转换后重构，再存储和使用。设计实现缓冲层、集成层、指标层、接口层，建立规则模型、事件触发机制，ODS 整体将作为企业的数据共享、事件触发、规则驱动和数据分析平台，实现跨系统的实时或准实时数据共享、指标的灵活配置和批量计算、基于流程的复杂事件处理，支撑智能调度、辅助决策等综合性实时智能应用。

（二）ODS 的技术架构

数据集成既要考虑数据技术类型，也要考虑数据集成类型。数据技术类型主要包括批量传送、以消息为基础的传送、复制/同步、联邦视图、数据管理和质量以及数据流处理。数据集成类型主要包括数据仓库和商务智能、应用系统的数据一致性、数据迁移和合并、主数据管理和企业间数据共享。数据集成应基于业务对数据的需求，根据不同的数据种类和数据传输方式，采用相应的集成架构与技术，以满足多种业务的动态需求。

数据集成的主要功能包括数据移动、合并及整合服务、建立综合数据库、邮件、FTP 服务器连接等相关协调服务。数据集成为智能工厂带来的主要价值包括企业内和企业间安全可靠的信息共享，消除信息隔阂，提高企业生产力。同时，数据集成通常面向多个主题来整合数据，非常利于快速做出进一步分析，及时做出正确的判断和决策，如图 4-22 所示。

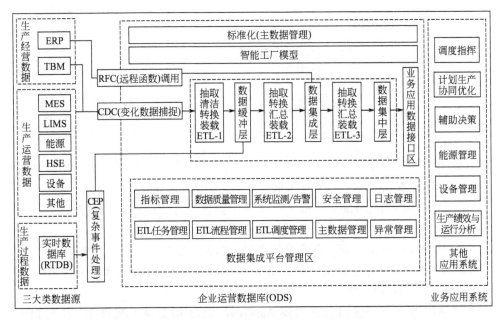

图 4-22　ODS 数据集成功能体系结构图

智能工厂模型是工厂及其中各元素的描述信息与实时状态的数字化表述。包括工厂中的生产相关装置（设备）、组织模式、人员、相关工作流程及彼此之间的关系，为各业务域应用提供统一的、完整的、无二义性的与物理工厂的交互界面

TBM—全面预算管理系统；ETL—抽取、转换、加载

通过"采标、扩标、建标"方式，完成生产物料等 40 个标准化模板和 36 类主数据收集。ODS 已集成 MES、LIMS、操作管理等 25 个业务系统的数据，为全流程优化、能源管理、大数据分析等 21 个业务系统提供数据支撑，实现了生产运营数据的有效整合。

ODS 设计遵循以下原则：一是高效、稳定、兼容、一致性；二是强化性能与可扩展性设计；三是贯穿 SOA 面向服务的设计理念，强调系统高内聚松散耦合；四是提供完备的应用集成策略。

按照技术架构设计的不同层面，遵循以下原则，见表 4-7。

表 4-7   ODS 各设计层面遵循的设计原则

设计层面	设计原则
应用	① 遵循 SOA 设计原则。 ② 采用分层的体系架构，分离中间业务逻辑，便于复用。 ③ 业务逻辑实现组件化，基于框架进行开发。 ④ 客户端基于浏览器设计，使用 HTTPS 协议进行交互。 ⑤ 设计开发基于开放标准。 ⑥ 使用可靠的框架，提高开发效率及稳定性
数据	① 统一的数据库设计标准、集成标准和规范。 ② 以业务作为设计 ODS 的基本依据。以业务为中心，同时综合其他方面的因素（技术、管理方面等），对数据库进行设计
安全	① 统一的身份认证机制。 ② 统一的访问控制。 ③ 统一的数据属主标识。 ④ 统一的数据权限控制。 ⑤ 数据库审计
接口	① 使用 XML 规范定义传输的数据。 ② 使用标准的接口实现方式，便于集成

ODS 主要包含以下数据集成方式：

① CDC（Change Data Capture，变化数据捕捉）。通过创建变化数据表，获取外部源数据库变化数据。

② 物化视图增量更新。创建物化视图日志表，根据日志表增量更新相关表。

③ ETL 工具。通过 ETL 工具，集成非 Oracle 异构数据库数据，如 Microsoft SQL Server，MySQL 等。

④ API 程序编程接口。调用如 Aspen IP.21 实时数据库接口等，访问和集成实时数据库数据。

⑤ RFC 接口。通过 SAP 提供接口进行远程函数调用，获取 SAP 数据。

⑥ 文件导入。将源数据模板文件，通过 ETL 程序导入到 ODS 数据库中。

ODS 总体架构采用的关键技术如图 4-23 所示。

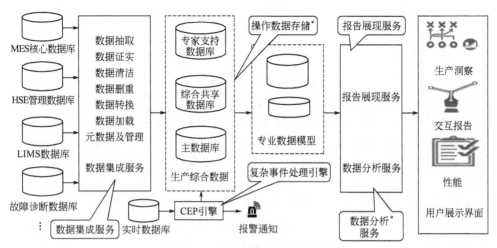

图 4-23　ODS 总体架构关键技术

*一关键技术

（三）ODS 功能模块设计

ODS 功能模块划分为以下几类：缓冲层、集成层、指标层、日志程序、用户权限和管理平台。

ODS 缓冲层通过外部接口和 ETL 工具进行数据集成。缓冲层数据与源业务系统为一对一映射，增加缓冲层的优点主要是能够降低源服务器压力，提高ODS 数据清洗、转换、加载的性能。缓冲区主要用于当前、历史以及其他细节数据查询，同时也可为决策支持提供当前细节数据。缓冲区数据尽量不做转换，原封不动地与业务数据库保持一致。类似于业务数据库的一个备份或者映像，因此可以对生产源数据库起到隔离作用，减少对源数据库的影响，降低业务系统的查询压力。ETL 采用数据库内部编程方式实现，以实现数据应用整合层所完成的数据抽取、转换、装载等复杂的任务及管理、监控等工作。程序可以从多个不同的业务系统、平台的数据源中抽取数据，完成转换和清洗，装载到各种系统里。ETL 任务可以灵活地被外部系统调度，使用专门的工具来设计转换规则和清洗规则，实现增量抽取、任务调度等多种复杂而实用的功能。其中简单的数据转换可以通过调用一些预定义转换函数来实现，复杂转换可以通过编写脚本或结合其他语言的扩展来实现。

集成层即 ODS 主数据区，按照企业工厂模型设计，分为企业工厂模型元模型及企业工厂模型业务模型两大部分，包括物料主题域、工艺主题域、能源主题域、质量主题域和实时监控域等。

指标层定义了标准化指标模型的物理实现，指标层包含灵活指标配置存储、维度定义及指标计算结果存储等，指标计算是实现集成层业务主题数据到指标层标准指标的计算。

（四）ODS 数据库设计

ODS 数据库是智能工厂建设的核心内容，为企业级应用提供多种粒度的数据支持，时间跨度包括实时数据和历史数据。因此 ODS 数据库在企业级的数据交互、应用集成、功能模块应用、标准化落地中占据举足轻重的地位。ODS 数据库包括传统的数据库部分，也包括部分多维数据库。由于目前计算机技术的发展，以及用户对数据时效性的要求越来越高，数据库的建设已经模糊了面向业务操作的传统数据库与面向结果分析的多维数据库之间的界限。传统数据库的重点在于使日常的业务操作能够顺畅安全准确地进行，多维技术则是把数据的分析作为重点，有效地把操作性数据集成到统一的分析环境中，提供一致的标准化业务数据访问层，也是其他一致性数据服务的基础。多维技术的应用能够让用户更快、更方便地查询所需要的业务信息，满足快速的、多方位的决策和分析支持。

着眼于系统的长期建设和提升，ODS 数据库设计遵循以下方向：

① 加强数据的采集能力，根据预测、监控和分析要求，更为准确、及时、全面获得信息，并提供及时的数据共享。

② 提升信息集成能力，建立全企业范围内的信息标准，实现数据、业务层面的信息集成，提升集成质量和效率。

③ 强化数据的加工能力，综合提升预测、监控、分析各领域主题相关数据的质量，建立预警模型和分析模型，提升信息的综合分析、钻取挖掘能力；筛选核心过程监控信息，做到数字信息和实体资产的关联。

1. 面向一般业务过程的数据库设计方法

ODS 数据库内部数据表是根据以面向对象的方式抽取企业业务模型建立的。企业数据源整理的静态实体、动态数据，以及相应的静态实体和动态数据的对应关系，还有各个专业板块的基础数据，是建立数据库内部对象 ER 图，进而完成从数据库概念模型设计到物理模型设计的基础。

概念模型的设计更主要的是面向满足业务逻辑的表结构基础设计。概念模型的设计是以面向对象的业务模型为基础，采用适合在数据库内部表达的数据类型，映射所有业务模型，这些数据表涵盖所有业务模型，同时也满足数据库设计的原则，最终要确保涵盖所有业务模型中的实体，并且对业务实际数据的存储支撑没有遗漏。

物理模型是对概念模型的具体化，根据数据库设计的原则，完成物理表单的设计，能够以此在数据库中创建数据库表，更细致地调整和建立数据库表方式以及索引和优化调整可以在后期与程序开发一同进行。

数据表的物理设计均以业务对数据的应用方式为基础，使用相关的技术手段，减少不合理的 I/O（输入/输出）消耗，合理使用计算资源，立足于提高大规模业务数据处理的效率，最终减轻硬件平台的压力，保证能够高效和准确地存储和处理数据，提高能源系统的整体业务处理能力。

2. 面向多维分析的数据库设计方法

多维数据库是面向主题的、集成的、不可更新的、随时间的变化而不断变化的，这些特点决定了多维数据库的系统设计不能采用同开发传统的 OLTP（联机事务处理）数据库一样的设计方法。

多维数据库系统的原始需求并不明确，且不断变化与增加，开发者最初不能确切了解到用户的明确而详细的需求，用户所能提供的无非是需求的大方向以及部分需求，更不能较准确地预见到以后的需求。因此，采用原型法来进行多维数据库的开发是比较合适的。原型法的思想是从构建系统的简单的基本框架着手，不断丰富与完善整个系统。但是，多维数据库的设计开发又不同于一般意义上的原型法，多维数据库的设计是数据驱动的。这是因为多维数据库是在现存数据库系统基础上进行开发，着眼有效地抽取、综合、集成和挖掘已有数据库的数据资源，服务于企业高层领导管理决策分析的需要。需要说明的是，多维数据库系统开发是一个经过不断循环、反馈而使系统不断增长与完善的过程，这也是原型法区别于系统生命周期法的主要特点。因此，在多维数据库的开发的整个过程中，自始至终要求决策人员和开发者的共同参与和密切协作。

多维数据库的设计大体上可以分为以下几个步骤：概念模型设计；技术准备工作；逻辑模型设计；物理模型设计；多维数据库生成。

3. 表设计

根据表使用的目的来创建索引组织表、临时表、分区表。

（1）索引组织表

索引组织表的数据根据主键有序地存储，索引组织表使用完全由主键组成，或者只通过主键来访问一个表。表即是索引，可以节约空间，提高访问效率，减少数据库 I/O 访问。

（2）临时表

当某 SQL 语句关联的表在 2 张及以上，并且和一些小表关联，就可以将大表进行分拆得到比较小的结果集合，存放在临时表中，当会话退出或者用户提交（Commit）和回滚（Rollback）事务时，临时表数据自动清空。对于 ETL 过程的多表关联计算采用临时表是一种高效的做法。

（3）分区表

随着表的不断增大，对于新记录的增加、修改、删除等 DML 操作维护也更加困难。对于数据库中的超大型表，可通过把它的数据分成若干个小表，从而简化数据库的管理活动。对于每一个简化后的小表，称为一个单个的分区。分区表可以按照范围，散列、列表和组合进行分区。

建立分区表有以下优点：一是提高查询性能。只需要搜索特定分区，而非整张表，提高查询速度。二是节约维护时间。单个分区的数据装载、索引重建、备份、维护时间将远小于整张表。三是节约维护成本。可以单独备份和恢复每个分区。四是均衡 I/O。将不同的分区映射到不同的磁盘以平衡 I/O，提高并发。

集成区数据量庞大的单表可以按照分区表进行设计。

（4）索引设计

设计不同的索引可对数据查询效率提供很大帮助，但是索引设计也需要根据实际的需要，过多的索引会增加对象上事务操作的时间。

4. 安全性设计

（1）服务器安全

服务器是业务处理、数据产生和存储的重要载体，对服务操作系统的保护成为系统安全防护最重要的环节。只有保障服务器安全和正常运行，才能确保稳定可靠地提供各种信息应用服务。

为此，ODS 系统所用的各服务器操作系统需要进行信息安全加固，对安装在操作系统上的中间件和数据库软件也实施加固措施。加固工作与系统的安装部署工作同步进行。如果在应用服务器上要进行操作系统的虚拟化，需要先对虚拟机进行加固，然后再拷贝加固后的虚拟机到各物理操作系统中。

（2）操作系统安全加固

根据企业安全策略，对 Windows Server 和 Linux 操作系统进行安全加固，具体加固措施包括：

① 补丁安装。对操作系统版本、漏洞、补丁情况进行检查，梳理系统目前的版本和补丁安装情况，及时安装补丁对漏洞进行修补。

② 安全策略设置。对系统中的密码策略、账户锁定策略、审核策略、用户权利分配、安全选项以及计算机管理模板进行安全、合理的配置。

③ 账号管理、认证管理。根据实际业务情况判断，梳理系统中的账户，停用和删除无用账户，提高账户安全；梳理账号权限，防止未经授权的越权使用。

④ SYN 攻击防护。启用 SYN 防护，提高系统安全性，指定触发 SYN 洪水攻击保护所必须超过的 TCP 连接请求数阈值；指定处于 SYN _ RCVD 状态的 TCP 连接数的阈值；指定处于至少已发送一次重传的 SYN _ RCVD 状态中的 TCP 连接数的阈值。

⑤ 文件共享安全。关闭不需要的分区和文件共享，设置共享文件夹访问权限，防止用户非法访问。

⑥ 防病毒。安装专用的防病毒软件，及时更新防病毒软件版本和防病毒软件病毒特征码库，提高系统的防病毒能力。可以使用网络版的防病毒软件，实现

企业内防病毒统一管理。

⑦ 系统服务。梳理服务器上的应用软件所使用的服务，关闭不使用的危险的服务，保证系统的服务安全。

⑧ 系统文件权限。对操作系统的重要文件、文件夹进行安全权限控制，防止普通用户取得执行的权限。

⑨ 注册表安全。梳理注册表项，将重要的注册表项的权限进行严格控制，防止不法用户或恶意用法修改注册表项。

（3）数据库安全加固

数据库加固主要有以下内容：

① 补丁更新。对数据库的组件版本进行检查，梳理缺失的补丁，及时安装补丁封堵漏洞。

② 账号管理及认证。为不同的用户分配不同账户，避免不同用户间共享账户。删除或锁定无用账户，修改数据库默认账户的口令。

③ 登录口令策略。通过对用户属性、用户密码长度、密码复杂度、密码更新周期、密码重复使用次数、账户锁定策略进行控制，保证用户口令安全。

④ 数据库审计策略。根据业务需要合理配置数据库的审计策略，启用数据库日志功能，对用户登录、用户操作数据库等进行日志记录。

⑤ 数据库文件权限。对数据库的文件权限进行梳理。保证数据库文件只有文件拥有者和管理员具有全部权限。

（4）中间件安全加固

中间件安全加固主要有以下内容：

① 目录安全。对中间件程序的安装目录、网站安装目录和日志目录进行合理的规划安装，禁止未经授权的访问。

② WEB 程序扩展。对不适用的 Web 程序扩展进行"禁止"处理。

③ 日志配置。对系统日志及日志访问权限进行安全加固。

④ 文件权限管理。对相关文件的权限进行合理配置，防止越权访问。

二、企业服务总线（ESB）

（一）ESB 的原理和作用

由于各种原因，企业信息化系统的发展通常经历了不同的技术和应用年代。系统采用了不同时代的编程语言、编程框架、通信协议、消息格式和存储方案。如果这些系统需要进行服务集成，就需要有一个成熟稳定、兼容易用的中间层进行协调，这个中间协调层就是 ESB（企业服务总线）。为满足 SOA 架构思想的设计要点，达到既定的工作目标，ESB 总线技术需要完成以下工作：

1. 多调用协议支撑和转换

无论业务系统向外公布的服务使用哪种协议，都可以通过 ESB 进行兼容性转换。例如 A 系统的服务只接受 Web Service SOAP 形式调用，而 B 系统的服务却只可使用 Thrift RPC 进行调用，ESB 服务的中间层就可帮助实现两种协议的兼容转换，不必为了调用某系统而专门去适应其协议。

2. 多消息格式支撑和转换

无论调用协议携带哪种消息格式，通过 ESB 中间层就可以实现相互转换。如 ESB 中间层应支持将 JSON 格式的信息转换成目标系统能够识别的 XML 格式，或将 XML 描述格式转换成纯文本格式，又或可实现两种不同结构的 XML 格式互相转换等。

3. 服务监控管理（注册、安全、版本、优先级）

业务系统提供的服务可能会以一定周期发生变化，例如周期性的升级；失控的业务系统可能出现完全无预兆、无规律的服务变化，例如突发性数据割接导致的服务接口变动。ESB 软件应保证集成服务在这些情况下依然能够工作。其次，并不是业务系统所提供的所有服务都可在 ESB 中进行集成，也并不是所有的服务都能被任何路由规则所编排。ESB 还应该有一套完整的功能来保证服务集成的安全性和权限。

4. 服务集成和编排

为将多个服务集成形成一个新服务，ESB 必须能够进行服务编排。服务编排的功能是明确原子服务执行的先后顺序、判断原子服务执行的条件、确保集成后的新服务能够按照业务设计的要求正常工作。

（二）ESB 技术架构

面向流程行业的高可用、高扩展、安全的企业服务总线，是数据和应用集成的具体实现，也是智能工厂建设的重点。新建 ESB 平台，构建应用集成架构，支持共享服务的注册和管理，建立应用集成和共享公共服务，支持消息传送、发布和流程整合功能。总体思路是使用成熟、稳定、适合的技术满足多种场景的应用需要。SOA 作为整体架构思想，ESB 作为在集成方面的架构元素来实现部分服务和应用的集中集成。ESB 的主要功能是在分布环境下，通过可靠、安全、聪明的分发和路由，在消息中间件的基础上，提供业务的查询、路由和绑定。ESB 包含的模块有事件处理、规则定义、流程引擎、业务组件、消息路由、设备通信、数据集成、数据转换、接口等。

1. 应用集成

企业应用集成的最终目的是允许企业方便快速地集成多种多样的应用，通过有效采用企业应用集成技术，企业可以整合遗留应用系统，优化内部生产经营管理流程，有效提高企业的协同能力和工作效率，降低运营成本。

应用集成是智能工厂的基础保障。采用面向服务体系架构的设计，对所有应用服务实现控制，负责共享服务的注册和管理，建立应用集成和共享公共服务，支持数据传送和发布。各个应用系统的建设可以基于公共服务和集成服务快速搭建相关功能模块。通过企业服务总线提供数据交换的公共标准通道，应用系统通过提供适配器，接入到集中集成平台。

技术架构参考 S95 标准，基于 SOA 思想，在 .NET 平台上实现基于构件和服务总线的技术架构，并且使用 Web 服务技术，采用可预制和重构的软件框架结构，达到高度复用、快速应用的技术特点。ESB 技术架构上，对集成系统，通过 ESB 提供的接收发送服务，将集成系统中的业务数据挂载到 ESB 上；在 ESB 内部，利用数据映射、流程管理、消息路由、异常管理，对业务进行路由、整合，如图 4-24 所示。

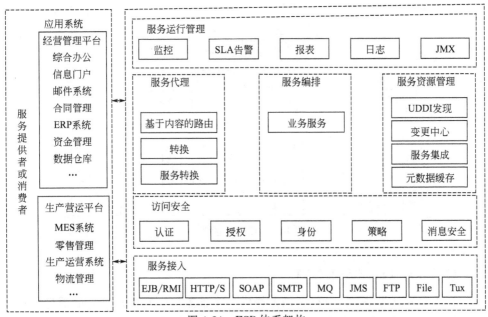

图 4-24　ESB 体系架构

SLA—Service-Level Agreement，服务等级协议（可靠性保证，负载均衡，流量控制，缓存，事务控制，加密传输）；JMX—Java Management Extensions，Java 管理扩展，是一个为应用程序、设备、系统等植入管理功能的框架；UDDI—Universal Description Discovery and Integration，统一描述、发现和集成

服务接入的各种缩写为 ESB 所支持的各种协议名称，如常用的 HTTP/S（超文本传输协议），SOAP（简单对象访问协议），SMTP（简单邮件传输协议），File（文件），FTP（文件传输协议）

EJB—Enterprise Java Beans，称为 Java 企业 Bean。分别是会话 Bean（Session Bean），实体 Bean（Entity Bean）和消息驱动 Bean（MessageDriven Bean）；RMI—Remote Method Invocation，远程方法调用；MQ—Message Queue 的缩写，消息队列，是一种应用程序对应用程序的通信方法；JMS—Java 消息服务（Java Message Service）应用程序接口，是一个 Java 平台中关于面向消息中间件的 API，用于在两个应用程序之间，或分布式系统中发送消息，进行异步通信；Tux—Tuxedo，是一个客户机/服务器的"中间件"产品，它在客户机和服务器之间进行调节，以保证正确地处理事务

2. 主要功能

① 操作优化：对目前的协同业务进行重新编排和处理，形成新的业务应用，进而实现对业务操作的优化处理。

② 业务协同：根据各个业务系统之间的业务员协同要求，梳理和建立各业务系统之间的集成接口，利用这些接口和服务实现各业务系统之间的协同办公。

③ 数据共享：借助 ESB 服务总线的技术和功能，将业务数据进行对外发布，实现各系统之间的数据共享和交互，从而解决系统之间的互联互通问题，实现企业系统集成。

④ 业务服务：所有应用系统必需的、常规基础模块的集中管理，并对外提供服务，新应用建设或老系统集成过程中，常用的功能模块的抽取并集中对外提供服务，面向合作，分析业务过程，强调协同工作和业务合作，通过服务的调用，把业务协作过程串接起来。

系统的功能架构如图 4-25 所示。

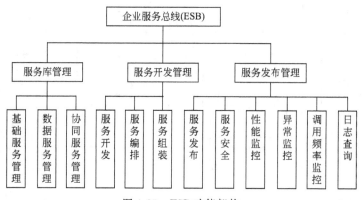

图 4-25　ESB 功能架构

（三）ESB 服务设计和管理

企业服务总线基于消息机制之上提供一个抽象层，它提供可靠的消息传输、服务接入、协议转换、数据格式转换、基于业务流程的路由等功能，屏蔽服务的物理位置、协议和数据格式，消除不同应用平台之间的技术差异，让不同的应用服务协调运作，实现不同服务之间的通信与整合。

1. 指导方法

（1）流程分析

梳理业务流程，目的是了解企业现有业务流程、业务处理方式和方法。在流程梳理过程中了解企业对业务流程的环节和管理上有哪些需求，或者改进的想法及想要达到的目标，如图 4-26 所示。

业务人员负责指导进行业务流程的梳理，并在整个过程中详细清晰地了解企业的业务处理流程，分析企业的信息系统、业务流程和管理方法的不足，找出可优化调整的点，并提出更适合的管理方法，以及集成优化的方式。

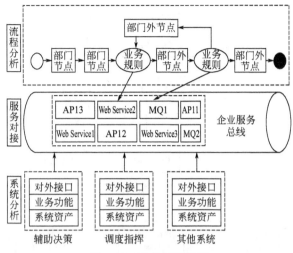

图 4-26　业务流程梳理

（2）系统分析

进行系统分析，包括现有的信息系统、各信息系统之间的接口、开发规范和服务规约。系统分析采用自下而上的方式，主要的工作内容分为四个步骤：

第一步：对现有系统进分析。调研现有系统架构，了解架构风格、主要架构元素和能力的基本特征；调研现有应用，了解应用主要功能和对外接口、技术实现特征等。

第二步：服务对应。将梳理出来的服务与现有系统进行对应，两者之间做对比分析，确定业务组件和 IT 组件间映射关系。

第三步：服务功能实现。服务对应仅确定需要哪些组件来实现服务，但是并没有做具体的实现策略和技术层面的决策，服务的包装开发工作在本阶段进行。

第四步：服务实施。服务的功能实现后，需要根据具体的需求确定服务基础设施的能力，完成服务的编排，从而实现对业务的支撑。

2. 服务接入管理

管理服务接入协议、适配器，适应企业众多异构平台（如消息协议、数据格式和通信方式等），快速将异构平台接入服务总线变为标准服务。

服务总线支持多种通信协议，可兼容各类型系统。应用程序可以使用不同协议通信，因此，服务总线的消息传送组件必须能够使用各应用程序固有的通信方式与其进行通信，如图 4-27 所示。

技术上，服务总线通过各种通用的适配器，实现不同应用系统的集成；提供三种适配器，分别为标准适配器、专用适配器、数据库适配器，如图 4-28 所示。

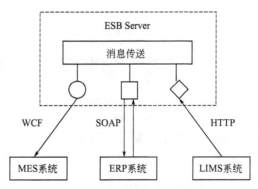

图 4-27 服务总线接入协议

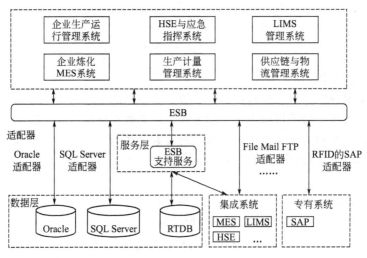

图 4-28 服务总线接入适配器

① 标准适配器：针对 File、HTTP、SOAP 等标准协议的适配器。

② 专用适配器：针对 SAP、EMS、Aspen IP. 21 等成熟产品的适配器。

③ 数据库适配器：针对 Microsoft SQL Server、Oracle 等数据库的适配器。

3. 服务编排

ESB 建模可视化工具，根据业务过程进行流程建模，在不同应用服务之间协调运作，实现不同服务间的通信与整合；提供业务规则引擎，制定基于上下文的决策，更独立于系统，满足业务日常动态需求而不带来高昂的开发成本，图4-29 展示了一个总线服务编排。

4. 服务资源管理

实现对服务资源的维护和治理，如服务注册、服务发现和服务元数据的存储等。

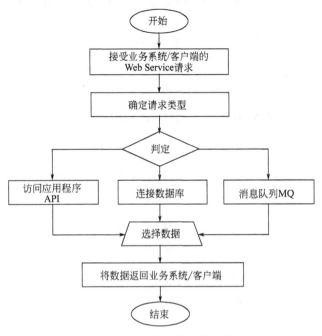

图 4-29　一个总线服务编排

服务总线将对服务注册进行统一的管理，包括服务标识、服务描述等，定义和配置服务到服务、提供者、消费者、服务交互、策略和所有相关配置所需的重要信息。服务注册驻留在一个高性能数据存储中，并可使用服务管理器来查看和管理。根据服务标识可统计资源的使用情况、流量的监控、负载均衡等；对服务进行统一的维护、发布、停止等。

5．服务运行管理

提供服务运行状态监控、服务运行质量告警、报表和日志等。

用于管理聚合、警报和配置文件，以监视相关的业务度量（称为关键性能指标或 KPI）；提供对业务流程的端对端的可见性，还能够给出有关各种操作、流程和交易的状态和结果的精确信息，以便企业可以找出问题所在并在企业内解决问题。

6．服务安全

通过认证、授权和消息安全机制确保服务访问过程的安全、可靠、一致。

消息的加密和签名，通过公共密钥（Key）基础体系（PKI）、安全套接层（SSL）对通信加密；提供身份验证（数字签名证书或 Windows 身份验证）；提供授权机制分配和管理服务资源。

数据加密过程包括 XML 转换（XML 消息转换结果数据）、XML 消息中敏感信息加密、XML 消息完整性保护以及安全 XML 发送，如图 4-30 所示。

图 4-30　数据加密过程

数据解密过程包括 XML 转换、XML 消息中敏感信息解密、XML 消息完整性验证，如图 4-31 所示。

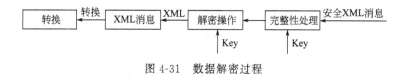

图 4-31　数据解密过程

7. 基础服务

基础服务提供集中集成平台原子功能的服务集合，它依托集中集成平台，对基础的功能组件进行接口封装对外提供服务。

第六节　质量计量设施自动化智能化

一、LIMS 系统支撑智能化升级

（一）质量改进和质量效益

质量是效益的源泉、企业的生命，质量水平的高低直接影响企业的生产成本和经济效益。建立健全的质量管理体系是实现全面优化整合、持续改进生产、强化精细管理、夯实基础工作、降低过程质量损失的重要内容。通过质量体系来贯彻生产环节"统一、规范、有序"，推进技术进步，保障过程生产控制平稳。通过强化质量管理监控体系，规范生产经营行为，细化采购部门的检验把关，实现三级质量监控，落实原材料、中间物料、产成品检验程序，降低物资采购、生产过程中的质量风险。

在建立产品质量管理追溯体系的基础上，建立绩效考核体系。明确质量目标、落实质量责任、细化各项质量考核项，解决强化全过程质量管理与风险控制，以不断地提高质量改进及精细管理、降低生产成本的发展路线，结合质量与品牌方面的竞争优势，实现提升产品质量与提高经济效益的最佳结合。

以"精细管理、科技创新、准确高效、提质减损"为主题，以使用实验室信息管理系统（LIMS）为实施手段，实现以实验室为核心的全方位质量管理，其集原材料、中间物料、产成品的样品管理、生产质量管理、数据集成管理等诸多功能于一体，形成一套完整的实验室综合管理及质量监控管理体系，既能满足实验室分析工作的严格管控，又能实现企业整体质量日常管理，使其成为企业的质量管理平台，保障企业质量效益稳步提升。

（二）质量预测模型化及质量优化的重点和难点

石化行业在迎来完善供给侧改革的崭新发展机遇的同时，也面临着来自企业管理和市场竞争的诸多挑战，消费商采购产品的渠道呈现多元化态势，均为优先选择质优价廉的产品。有鉴于此，企业发展在提高自身核心竞争力的同时，必须完善产品生产过程中的卡边操作，降低生产成本，提高产品市场竞争力。这样一来，势必要实现生产全流程化精细操作、优化质量生产过程、强化质量预测手段，唯有如此，才能保证产品的优势化。

虽然目前已实现不合格样品数据的实时推送，但要实现全流程化的质量预测、质量预警，进行全流程质量管控，必将要实现生产全过程质量管理。实现对原辅料、生产过程、中间品、产品的质量管控，完成质量策划、过程管控、质量保证、质量改进建设，才能达到全流程化精细生产。全过程质量管理如图 4-32所示。

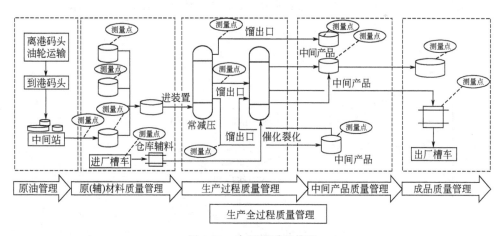

图 4-32　全过程质量管理

实现全过程中质量的稳态保证是一项持续改进、周而复始的工作，其涵盖：质量控制、质量预测、质量诊断、质量调整。其中质量预测依赖过程中的质量控制和各类数据的准确性。对加工过程中各类生产工况数据及离线或在线分析数据的采集，对数据的变化特征利用技术分析手段，揭示出加工过程中的质量变化规律，然后据此对加工要素进行诊断，从而得出加工优化调整参数。

生产过程质量管理是产品高质量的技术保证。目前以数字化、信息化制造成为流程行业发展的趋势，为保证提高生产质量效益，满足过程生产环节中及时、准确地揭示质量的异常状态的要求，需要将生产过程的多工序流程进行质量预测建模，实现将生产关键点的海量质量数据进行有效提取后，结合生产工艺参数，采用相关的高效算法，计算过程能力控制（Process Capability Index，CPK）、过程性能指数（Performance Index of Process，PPK）等值。利用质量信息集成机理实现从过程控制到质量管理的智能预测建模，分析质量因素的变化及生产波动的影响，研究出流程生产控制模型调整方案，实现质量优化生产的目的。

目前流程行业质量预测的模型化技术因生产工艺的不断提升及智能化的建设，其为了实现质量控制、质量改善、质量稳定、减少各类生产波动源，已成为重要的研究发展方向。从目前流程行业过程质量保证的角度来看，从实时获取的计划执行和生产过程控制数据中，如何采用数据挖掘技术、结合离线分析数据及相关在线分析仪表数据进行数据分析，在此基础上建立加工过程质量控制体系结构和实现框架，得到加工工艺的各项优化调整参数，成为技术研究的难点。

（三）构建智能化 LIMS 系统

LIMS 系统业务流程如图 4-33 所示，LIMS 系统框架如图 4-34 所示。

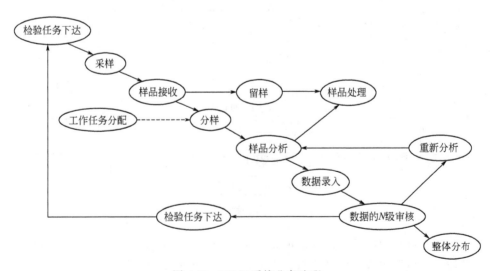

图 4-33　LIMS 系统业务流程

智能化的 LIMS 系统包含了分析业务的正向工作流，和一旦数据和报告出现争议以后进行过程核对的逆向工作流，如图 4-35 所示。

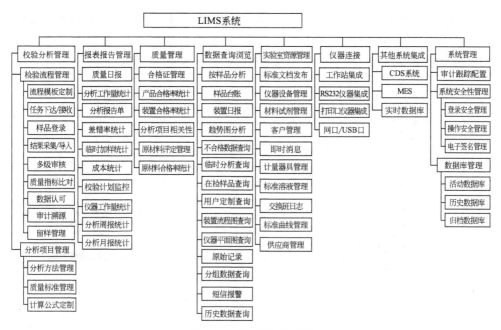

图 4-34　LIMS 系统框架

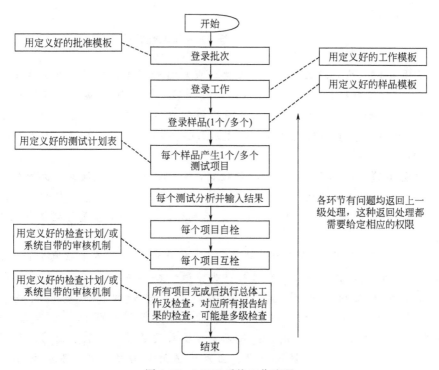

图 4-35　LIMS 系统工作流程

LIMS 系统通过.NET、Oracle 数据库等技术实现与总部、企业内部多套信息系统的集成，提高了质量管理效率，加强了质量管理信息化手段，提升了日常质量管理精准度。LIMS 系统集成的关联性展示如图 4-36 所示。

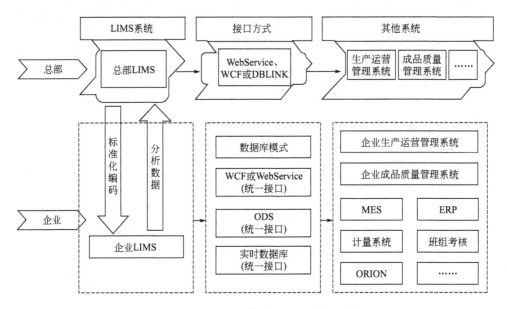

图 4-36　LIMS 系统集成的关联性展示

【案例 4-1】　生产过程中出现不合格数据后自动报警，实时对相关质量管理层人员进行短信数据推送，并触发不合格处理流程，将不合格品处理流程由线下改为线上。如常减压装置常常一线航煤料闪点不合格，系统会自动发送不合格短信给部门主管领导及技术员，如需加样再检测则按图 4-33 LIMS 系统业务流程进行。

【案例 4-2】　实现产品监视和测量控制，对化工原材料、设备备品配件、原（料）油和产品形成过程的馏出口、互供料、半成品、成品的产品标识、状态标识和可追溯性的控制，实现标准规范化、结构化，初步具备质量管理集成化、智能化特征。

【案例 4-3】　推广移动应用，建设 APP 客户端。实现质量信息实时查询、流程应用审批、质量预警信息和通知公告推送、合格证查询，达到提高工作效率和信息发布及时性的作用。在系统中采用较好的图形展示软件（如Hicharts）对质量内容及相关信息的关联性展示界面进行优化，使其更直观、更美观地展示出所需内容。例如：装置流程图与质量关联。装置简易流程图质量展示如图 4-37 所示；罐区质与量、生产罐区质量与数量的关联性展示如图4-38 所示。

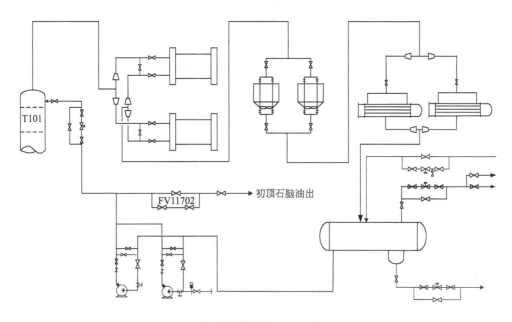

图 4-37　装置简易流程图质量展示

初顶石脑油产品质量流程图,流程图中某些参数变化如初顶温度、压力变化均可导致初顶石脑油产品质量(如闪点、馏程等)发生变化

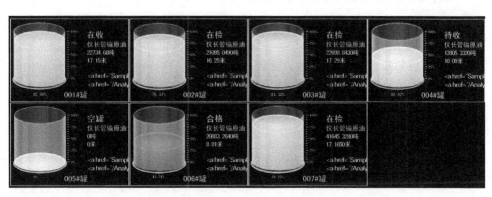

序号	开始时间	结束时间	期前量	付方	收付量	收方	期后量
			2016/7/14 10:32:28到2016/7/21 001#罐收复关系如下:				
1	2016/7/19 13:35	2016/7/20 02:00	9612.7750	原油管输进厂点	13622.0630	001	23234.8180
2	2016/7/17 18:30	2016/7/19 13:30	23040.6430	001	13427.8880	1#常原油进	9612.7550
3	2016/7/17 18:25	2016/7/17 18:30	22933.1990	001	107.4440	001	23040.6430
4	2016/7/15 03:30	2016/7/16 20:00	5721.0290	原油管输进厂点	17212.1700	001	22933.1990
5	2016/7/11 21:10	2016/7/14 16:00	23038.3240	001	17317.2950	2#常原油进	5721.0290

图 4-38　罐区质与量、生产罐区质量与数量的关联性展示

LIMS 系统通过集中集成与广泛采集各类生产过程数据，以及历史积累的经营管理数据等资源，通过大数据建模、多维分析等手段，在实时监控、关联报警的基础上，进行指标统计、趋势分析、预测判断、优化调整等工作。为企业进行质量分析、计划优化、生产决策、产品出厂提供及时、可信的基础信息，实现业务管理决策和执行的智能化。如图 4-39 所示。

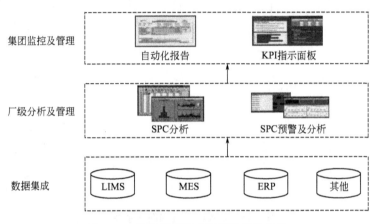

图 4-39　质量管理集成及统计传递架构

（四）LIMS 系统标准化模块信息流建设

为解决普遍存在的"孤岛"问题，构建矩阵式集中管控模式，通过"采标、扩标、建标"，建设 LIMS 编码体系架构，对组织机构、车间、装置、采样点、分析方法、分析项目、组分名称、分析单位、物料名称、供应商等编制标准化模板及编码，完成质量类、环保类主数据的标准化统一工作，形成 LIMS 标准化编码库。LIMS 系统标准集成架构如图 4-40 所示。

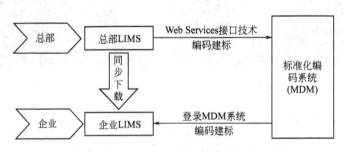

图 4-40　LIMS 系统标准集成架构

LIMS 系统标准化模块以程序化的方式对影响实验分析的诸多要素进行管理和控制，严格按照总部标准化和总体设计的要求，执行质量管理内控流程，把握

"自顶向下设计，自底向上实现"的原则，充分利用现有软硬件资源进行统一规划和管理，形成统一的管理标准和管理模型，强化过程质量监控，最大程度地减少人为因素的干扰，为系统的稳定运行和创造效益奠定基础，为企业的质量分析化验突破传统实验室管理理念，大力拓展实验室自动化、智能化管理提供了手段。其严格规范实验分析的过程（Standard Operating Procedure，SOP），确保分析检验结论的准确性，同时借助于移动化、智能化硬件平台，能够从源头对实验过程进行智能化、信息化管控，大大提高原始数据的采集效率，减轻劳动强度，提高实验室的自动化水平。

LIMS 系统标准化建设是构建数字化实验室和智能实验室的基础和前提条件，是智能工厂全过程管理的有效组成部分。不仅实现行业内各实验室质量分析业务信息化及规范化，还提供不同层级之间基础数据、分析数据的共享，提高数据的利用水平，通过标准化数据架构传递，以全过程质量控制为基础，质量风险识别管控为手段，有效降低企业质量风险，提升智能工厂的质量管理能力。生产过程管控与质量风险识别管控关联架构如图 4-41 所示。

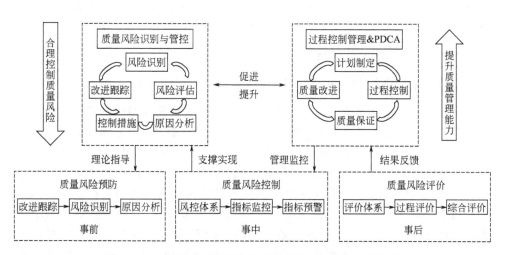

图 4-41　企业生产过程管控与质量风险识别管控关联架构

二、样品采集送检标准化智能化

（一）目的和意义

近年来，在线分析、实时优化等先进过程控制方法，随着其技术的完善、可靠性的提高以及控制算法的成熟，得到了越来越广泛的应用，不少炼厂实现了对装置馏出口产品质量的 APC（先进过程控制），通过产品质量的卡边操作和馏分的合理化分配控制等操作，在产品质量得到很好保证的同时，轻质油收率获得大幅度提高。但由于炼化企业产品质量分析所需检验的样品种类繁多、样品数量庞大、厂区内采集点分布广泛，而实时在线分析设备昂贵，仍然需要大量的手工样品采集工作，以某千万吨级炼化厂为例，一般通过其配备的 LIMS（实验室信息管理系统）来检验、管理各类油品及化工产品的产品质量。

LIMS 定期下达各类采样任务给采样人员，采样员根据采样计划到指定地点、指定设备、指定采样点进行采样，将样品装入样品容器后，递交到送样点备检，一年需要手工采集的样品在 5 万～8 万个，占据全部所需化验样品的 80%。在采样过程中，采样任务是由纸质介质传递的，数据不易保存，采样任务变更时也不便于及时下达至采样员，样品采集任务的下达经常为临时计划任务，会发生漏采、错采、计划采集时间与实际采集时间偏差较大等没有按规程进行采样的问题。导致采集样品与计划不符、样品检验结果与所需真实数据不符、数据实时性较差、数据真实性得不到保障等问题，从而降低了实时分析优化的效果。其次，若产品质量出现事故，也没有手段及时追溯及分析采样过程中出现的问题。再次，采样员无法及时得到样品分析结果，也不利于采样员及时纠偏采样错误。为了保证产成品质量百分之百合格出厂，保证对原料及中间品分析评估准确，避免因采样错误导致分析检验出现差错，就需要在样品采集、送检业务上进行信息化管理，实现样品采集、送检过程的标准化和移动智能化。

（二）"采样送检管理系统"及其特点

"采样送检管理系统"弥补了 LIMS 系统在采样送检环节中的管理不足，通过标准化、信息化、移动化的采样、送检管理，有效提高了样品分析的质量。

"采样送检管理系统"包括"管理后台""4G 管理终端""RFID 标签"三部分。"管理后台"与 LIMS 对接获取样品采集任务，并通过无线网络实时下达给"4G 管理终端"。当有样品采集的任务需要执行时，终端会提醒相关的采样员到指定的采样点进行样品采集。采样员到达采样点后，利用 NFC 刷卡技术，分别读取"采样点""样品容器"上的"RFID 标签"信息，当与采样任务中的信息完全一致时，才可进行正常采样。如果发现有较多的恶意采样情况（采样员没有到达现场，采样结果作弊），也可选择 GPS 定位及现场拍照的辅助核查功能加强管理。样品采集后，采样员送样时也需要读取"送样点"上的"RFID 标签"信息，保证样品准确送达。此外，"采样、送检管理系统"还附带有"采样任务执行情况查询""样品分析结果查询"等多个功能，在严格采样过程的基础上，为采样员提供了方便，提高了样品采集、送检的及时性、准确性、可回溯性，提升了该环节的管理水平及与 LIMS 系统的融合性，如图 4-42 所示。

① 及时性。采样送检管理系统从 LIMS 系统中获取分析计划后，自动生成采样计划并对采样员进行采样提醒，当采样时间与计划执行时间差异较大时，会

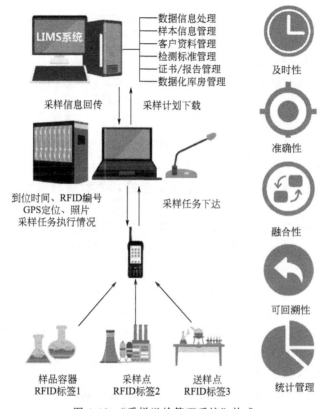

图 4-42　"采样送检管理系统"构成

对采样员进行提示，并体现在该采样员样品采集工作综合报表中，以督促其按时完成采样任务，最终实现样品采集的及时性。

②　准确性。通过在"采样点""送样点""样品容器"上分别安装"RFID 标签"，辅助以 GPS 定位和拍照，将整个采样、送检过程标准化、智能化，确保了样品采集、送检过程的严谨无误。

③　可回溯性。采样送检管理系统不但可以将采样结果与采样点、送样点、样品容器、采样人、采样时间、采样的地理位置、采样现场照片等诸多信息关联起来，实现标准化管理，还可记录不同人员及所在单位的采样执行情况，记录采样计划时间和采样执行时间的信息，为管理统计和深化应用提供数据，使得采样工作的执行情况可以回溯。

④　提升管理水平。采样送检管理系统通过分析各班组全部采样人员的采样执行数据，可以形成从采样员到班组、部门以及全厂各层面的采样工作执行情况的综合报表，并分发给各层级的管理人员及质量管理人员。为及时纠偏采样错误、分析采样过程中出现的问题，提升产品质量提供综合的统计数据，实现产品

质量的闭环管理。

⑤ 融合性。采样送检管理系统除了与 LIMS 深度融合、获取采样任务、提交采样结果外，还可与 RTO（实时优化）与 APC（先进过程控制）对接，将样品化验结果、采样时间等信息通过 ODS 提供给 RTO 或 APC，为卡边生产、保证产品质量提供有利的依据。

（三）采样送检管理系统主要功能

① 采样点、送样点、样品容器与 RFID 关联。终端软件从 LIMS 上下载的所有采样点、送样点以及样品容器信息，可以通过 NFC 刷卡与 RFID 卡进行关联，再把关联信息上传至采样管理服务器，为后续任务的执行提供基础信息。

② 采样任务的下载。采样任务包含采样点、送样点、样品容器、采样时间、采样人员等信息，采样管理服务器定期从 LIMS 系统中导入采样任务，并下载到采样终端中。

③ 采样任务一览。终端能通过读取采样人员的员工卡号，将其采样任务一览显示。当采样人员到达的某采样点没有需要采样的任务，终端将列出该采样点所在装置的其他所有采样任务并一览显示，以方便执行临近的采样任务。

④ 采样送检闹钟提醒。对于将需要采样的任务，到时以后终端会发出闹铃声，以提醒采样人员执行该采样任务。

⑤ 采样、送检执行情况信息上传。手持终端将采样过程记录的采样点、送样点、样品容器、采样时间、采样照片等信息实时上传至采样送检服务器及 LIMS 系统。

⑥ 采样、送检任务执行情况查询。质量管理人员和采样人员可以通过手持终端、PC 查询采样任务的执行情况及相关统计信息。

⑦ 样品检验结果查询。采样人员可以通过手持终端查询样品分析结果，以便于纠正采样过程中存在的问题。

三、计量数据采集自动化智能化

计量是指实现单位统一、量值准确可靠的活动，依据其领域可分为法制计量、科学计量和工业计量三类。工业计量指各种工程、工业企业中的应用计量，例如关于能源、原材料的消耗，工艺流程的监控，产品质量与性能的计量测试等。流程工业的计量智能化是智能工厂的底层数据支撑，关注的最核心价值是数据的准确性和及时性，可由计量数据集成化、产品进出厂集中管控、计量设施故障诊断智能化、计量统计分析智能化、计量器具生命周期智能管理等板块组成，如图 4-43 所示。

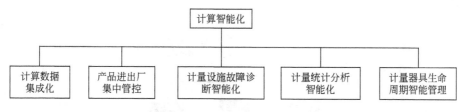

图 4-43　计量智能化板块图

（一）计量数据集成化

仪表数据采集自动化是计量数据集成化及计量智能化的基础，计量数据采集情况主要分为装置间的计量数据采集及进出厂计量数据采集两种。

1. 装置间计量数据集成化

装置大部分水、电、汽、风、物料、能源等计量仪表数据采集依靠计量仪表自身的电流输出、脉冲频率输出及现场总线通信等方式，将计量仪表测量的单个数据或多个数据自动采集到现场 DCS 系统或电气自动化系统，后由每套装置的 DCS 系统将数据统一上传至企业生产执行系统（MES），统计人员可以通过该平台数据进行计量数据的统计及报表制作，从而实现了装置现场计量仪表测量数据的集成化。针对一些装置内使用的机械式的水表，由于仪表本身不具备信号输出能力，导致测量数据不能自动采集到实时数据显示平台，需要人工在 DCS 系统进行计量数据的录入，装置计量仪表数据采集流程如下：现场仪表→各装置 DCS 系统、电气自动化系统→生产执行系统（MES）→企业级中央数据库（ODS），真正实现全厂生产运营类数据的大集成，依托大数据平台，进行大数据的挖掘与分析，助力企业生产发展。

2. 基于 Web 的质量流量计在线监控

在某石化厂，绝大部分的液体产品出厂实现了质量流量计测量作为贸易结算的方式，在发生计量误差时，加强对质量流量计运行状况的监控可以有效地帮助分析误差产生的原因。通过动态组态软件实现对全厂所有进出厂质量流量计在线运行状态的 7×24 小时不间断监控及历史趋势查看。

采集质量流量计运行过程中的四个关键过程变量为瞬时质量流量、累积质量总量、密度、温度。由于进出厂流量计分布广泛，多处于外围区域，在每个出厂点布置一台装有 MCGS 组态软件的工控机（同一网段可通过串口服务器实现），将现场质量流量计的变量采集到该工控机，机房配置一台安装 MCGS 网络版的流量计监控服务器，通过以太网来获取各出厂点质量流量计的运行参数，并保存在服务器上的 SQL Server 数据库。网络版软件带有 Web 发布功能，可实现任意一台联入局域网的电脑通过 IE 浏览器访问所有流量计的运行参数，其在线监控的实现过程如图 4-44 所示。

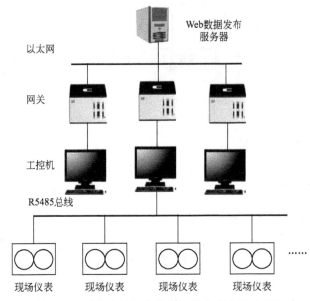

图 4-44　质量流量计在线监控的实现过程示意图

(二) 产品进出厂集中管控

1. 产品进出厂集中管控的定义及运用范围

产品进出厂集中管控是产品进出厂过程中满足质量与计量要求的一组操作和管理，实现操作流程化和管理集中化，主要运用在中、大规模的化工流程行业，能解决进出厂点分散、人力不足带来的计量效率低下等问题，满足从销售至财务结算进行系统数据无缝结合，操作过程严格流程控制，降低人为的误操作，避免出现质量与计量事故。

2. 产品进出厂集中管控的组成部分

如某化工企业产品进出厂集中管控由电子提货系统（IC 卡系统）、车辆排队系统、地磅称重系统、流量计定量装车系统、计量管理系统、生产执行系统、ERP 系统组成，按照功能划分为销售部分、计量进出厂部分和财务结算部分。

（1）销售计划下达与车辆的排队管理

销售部门通过电子提货系统（IC 卡系统）完成对进出厂产品计划的创建和下达，电子提货系统与 ERP 系统进行了数据无缝集成和数据联动，为了确保车辆进出厂规范有序，进行了一卡一车的制卡管理。根据生产情况合理地在车辆排队系统中设定进厂顺序。

（2）计量进出厂流程

由于企业出厂点分布散、出厂计划多的特性，通过软件集中操作，降低人工成本和计量风险，提高进出厂速度流转，加强企业进出厂整体监控，信息汇总及时，对出现的异常状态能够提高处理速度，提高工作效率。

衡器进出厂流程。利用车号识别系统对汽车、火车进行车号的识别，利用红外线光栅、矢量计轴技术对车辆停靠的位置进行定位后，客户通过销售部门制作的 IC 卡进行刷卡（火车出厂不刷卡），衡器系统通过对车辆皮重的校对、车辆停靠位置、IC 卡信息进行多方面的确认，信息吻合后进行自动称重，完成计量全过程。汽车上磅全过程进行重量实时曲线的生成以及过程视频的记录，避免了车辆作弊等风险。

流量计进出厂流程。通过 IC 卡在现场定量装车系统上完成信息的传递，定量装车系统通过信息与现场车辆进行核对，通过后安排装车，将该车信息通过装车系统指定到对应鹤位的批控器上，客户通过 IC 卡与批控器进行刷卡，信息核对吻合后进行定量装车。优化计量进出厂自动集成后，大幅度提高了车辆的装载效率，降低了由于操作失误带来的风险，提高了数据流转速度及其准确性。降低了人员的操作强度，提升了监控力度，对出现的问题能及时准确地发现并解决。

（3）财务结算

通过进出厂集中管控项目加快数据返回 ERP 的频次，过账时间由以往的隔天、跨天过账变更为当天过账，为财务当日结算提供必要条件。

3. 化工产品进出厂集中管控建设过程中的要点和难点

（1）要点

产品进出厂集中管控颠覆了传统计量模式，彻底解决了管理者对点散、面广的计量点的高难度管理，通过合理的设计提高了管理和操作效率。

① 建设过程中的要素。在建设过程中，首先要对各企业实际情况进行摸底确认，功能的开发必须满足企业的实际要求，对每个进出厂流程进行梳理，确定软件开发方案。首先，必须以进出厂高效率、进出厂过程零风险的原则进行功能的搭建；其次，功能需求的整理必须由各环节的关键用户提出，并对每个功能进行讨论得出最终的结果。

② 流程的合理制订和落实。软件中每个流程必须满足实际操作与管理的要求，以谁操作谁提出、谁提出谁验证的规则为原则，通过讨论制订最终的逻辑流程，软件开发阶段要指定专人对其流程和功能进行同步验证，确保结果与预期相符，流程功能最终得到落实，满足用户的要求。

③ 管理监控的便捷和使用性。功能操作流程的设计阶段要考虑管理职能的介入，如何将管理理念融入至功能中尤其关键，主要表现为：一是能够简化管理人员获取数据、视频等关键信息的环节；二是能够及时发现进出厂过程中出现的

问题；三是能够快速寻找出问题的根源和方向。

（2）难点

进出厂集中管控的难点除了在人员的认识方面存在瓶颈，还在如下方面有所体现：

① 硬件设备、软件的配套。硬件的条件达不到预期的要求，例如计量设备落后，无法给计量数据准确性提供支持；视频监控平台无法提供可靠的支持；已有的软件集成度不高，运行稳定性无法达到要求。

② 操作流程和管理功能的跨部门制订和确定。进出厂业务由多个部门共同参与，由于各部门管理职能的标准不一致，导致整个操作流程无法定案，甚至在功能开发完毕后操作存在"真空"状态，无法有效运行和管理。

③ 功能的验证和深度开发。在运用的过程中，无法科学、有效地进行深度需求的提报，容易满足现状，对流程类的环节不适应，希望能从单循环的环节中"另辟新路"。对功能与功能之间的控制和数据联动缺乏深度开发的信心。

产品进出厂集中管控在前期筹划上必须建立团队，指定环节负责人进行可实现的功能设计，要进行合理的大胆的想象，将想象中的结果尽可能列出方案逐步实现，在开发过程中必须严格控制质量，对功能进行实时验证，确保功能达到预期。项目投用后，要对出现的问题进行分析，举一反三，杜绝出现计量与质量事故。

（三）计量统计分析自动化

流程工业生产的智能分析问题均可表述为数据问题，计量仪表与生产预期之间的高效互动能力取决于计量数据准确性，而计量统计分析自动化既体现了对生产优化的底层数据支持，也弥补了计量仪表智能诊断仅停留在硬件领域的短板。流程工业计量统计分析自动化是基于全过程数据的集成，需组织架构及管理职责的支持，部分企业实践可见优势，计量数据与计量设施在闭环管理中得以有效互动，达成计量数据质量不断提升。以某石化厂的五大不平衡率自动统计分析探索为例，可看出计量统计分析自动化促进计量数据准确性的动作机制。

1. 五大不平衡率自动统计

某石化厂关注长期生产经营绩效的持续改进与提升，持续开展蒸汽、瓦斯、物料、电、水等五大不平衡率管理。五大不平衡率代表该企业的关键能流产量、消耗、损失动态，依靠 MES 系统、计量管理系统、能源系统三位一体或单系统融合，实现了各种介质的仪表数据自动日平衡，系统可直观展示单介质不平衡量及占比，同时，通过 MES 等系统提供强大的报表分析及图表模型开发功能，可直观提示超差波动数据的具体节点，为生产者及操作者提供参考。

2. 异动和预警信息传送

此功能处预警与计量设备故障诊断预警不同，侧重点在于数据而非设备本身。流程行业计量数据统计结果呈现出的产耗、收率与生产管理者的预期可能存在理论偏差，其中原因大致为三类：

一是生产本身存在优化问题，如原料变化收率波动，工艺操作调整致单耗升高等。

二是测量问题，如工艺变化导致低限流量或超量程，介质变化存在气液两相，计量仪表损坏等。

三是管理问题，如违规使用消防用水，施工水电按造价比例未报请计量统计等。

某石化厂长期对五大不平衡率进行动态监测分析，协助管理者确认问题来源，由公用信息平台发布异常预警，传送对象包括但不限于测量设备管理者、生产工艺优化者和相关管理者等，实践证明，切实提升了该企业关键的五大不平衡数据的准确性，四年内，不平衡率最大降幅接近100%，计量统计分析数据也获得了"生产经营导航仪"的价值增值。要强调的是，企业计量统计分析自动化的闭环管理效率，依赖于信息系统的综合服务能力。数据异动及预警工作流程如图4-45所示。

图 4-45 数据异动及预警工作流程示意图

（四）计量设施故障诊断智能化

计量设施的故障智能诊断是计量数采异常状态保障机制之一。依靠传感器技术、计算机网络技术及带故障诊断的智能仪表的发展，通过现场总线技术（如HART总线）在控制室采集仪表的运行状态及故障报警代码，实现仪表的故障智能诊断。针对进出厂质量流量计，艾默生的"质量流量计远程诊断计量管理系统"（MMS系统），可实现实时监控和预测性维护管理，功能有：

1. 实时监视

对质量流量计关键参数提供了实时监视功能，确保用户可以每时每刻获知流量计运行状态。

计量仪表增加与仪表管理的难度成正相关，现有的仪表人员工作时间往往不能覆盖现场的所有关键仪表，通过智能化的计量管理系统，提高仪表管理人员的工作效率，成为解决仪表管理瓶颈的一项重要手段。MMS系统将所需管理的质量流量计和流量计的各种诊断参数集中起来，操作人员可以在控制室或者办公室，通过一个客户端对所有流量计的工作状态进行实时监控。

有别于传统数采系统只能监控一些过程值，MMS能够采集流量计未开放的关键参数，有效分析出流量计的健康状况，更直观地发现仪表潜在问题。

2. 跟踪管理

MMS可以实时记录重要参数变化，并对报警信息产生和恢复都做了跟踪记录，为维护或维修流量计提供了详尽依据。

对于贸易计量来说，流量计的结果直接影响企业的经济利益，而对于流量计的组态参数变动的风险管控就尤为重要，因为某些组态修改1%，对于贸易交接的结果可能就偏差数百万元人民币。MMS系统的参数追踪功能可以抓住每一次重要组态信息的修改，记录组态修改时间和之前的组态值，并及时向操作员发出报警，对于客户来说，MMS的这个功能可帮助客户加强风险管控。

从流量计维护角度来说，由于流量计零点值的变化会较大影响测量结果，而现场应力、挂壁、介质含气都会影响到零点，人为的错误调零也有可能造成不良的结果，MMS可以追踪零点值的变化，通过与出厂原始零点值的比对，可以提前预判一些流量计异常，例如挂壁等。

3. 数据分析及运行状态预测

MMS可以实时跟踪和记录计量系统历史运行数据，并且形成重要参数历史记录曲线及统计分析结果。用户通过分析曲线图和统计数据，可以评估系统各个部件磨损状态（流量计本身需具备SMV功能）。

在运行计量过程中，以往若需要知道当前数据是否可靠，都需要仪表工程师到现场采集数据，而通过MMS的数据分析和状态预测功能，可以掌握流量计在运行中的状况。若现场安装的流量计具备SMV功能，通过MMS可以直接判断质量流量计的准确度是否在规格范围内，该功能无需停车，可在线实时运行。

4. 在线诊断

MMS提供实时在线诊断功能，为快速优化不良生产工艺和快速处理设备故障提供了保障，在线诊断提高了计量设备运行的稳定性和无故障时间，减少处理滞后带来的损失。

MMS自带多个诊断功能块，零点核查、零点校验、工艺分析等都是根据客户现场会遇到的问题而开发的，此类问题以前都需要仪表工程师在现场收集大量数据进行分析计算，而通过MMS的功能块，只需要操作员按键就可以自动完成分析和校验。

5. 计量数据自动报表

报表的自动生成，既提高了生产效率，又减少劳动成本，防止人为误操作，报表支持多种文档格式输出。报表可以根据客户的需要生成格式，满足日常的仪表维护或者生产报表的需求。

装置间的计量仪表由于品种类型多，仪表智能化程度低，DCS 大多只采集现场仪表瞬时流量这一参数，很难实现故障的智能诊断。部分企业在现场流量仪表，控制阀门、压力变送器等现场测量设备采用统一支持 HART 协议的智能仪表，通过在 DCS 布置基于 HART 协议现场总线通信技术的智能设备管理系统，获取现场各类设备的运行状态，以实现设备的控制室智能远程故障诊断。

（五）基于自动识别技术的计量器具全生命周期智能管理

大多数企业的计量部门对计量器具管理的发展并没有跟上科技发展的脚步，依旧沿用传统的管理模式。例如，在计量器具检定的过程中，计量器具信息录入、纸质检定证书出具、检定标识粘贴等工作，均由检定员手工完成；计量器具流转、入库验收、量值溯源等管理工作所涉及的大量数据均为碎片化管理，需要人工重复采集和统计维护，这无形中增加了工作强度、降低了工作效率，并且易造成数据丢失或错误等后果。

随着现今自动识别技术的长足发展，形成了以条码、磁条（卡）、声音、图像、光学以及射频等在内的识别技术，并有机结合通信和网络等技术为一体的技术领域[30]。

这里主要探讨基于自动识别，利用大数据技术，结合 4G 通信、网络、移动终端等设备开展计量器具管理，实现计量器具生产、验收、入库、使用、检定、溯源等全生命周期的监控管理和信息服务。

1. 企业计量器具管理流程

从流程企业使用情况看，计量器具管理流程大多分为八大模块：设备采购、检定计划、器具台账、实验室收发、检定和流转、出入库、器具验证管理、期间核查等。

（1）计量器具的采购、入库

各部门根据预期使用的要求，提出计量器具采购计划，经计量部门审核报公司批准执行。

采购部门按采购计划，购买有计量器具制造许可证和商品合格证的计量器具，并经计量部门检定合格后入库，并做好入库登记。

（2）计量器具的流转

凡使用部门使用的计量器具必须建立管理台账，并纳入周期检定管理，所有操作（如验证管理、期间核查）必须统一在计量管理信息系统中进行。

暂时不用的计量器具，经使用部门计量人员核实后贴上停用证，予以封存禁止使用，并在信息系统中变更状态；若要重新使用，则须办理启用手续，并经重新检定合格后方能恢复使用。

凡不合格的计量器具，经过修理并且修复后检定合格方可使用，维修要有记录。

确定不能维修的计量器具或修理后仍检定不合格，须经计量部门审核后填写报废单，使用部门方可办理报废手续并提交采购计划。

报废后的计量器具，要统一处理贴上报废标记，严禁使用。

企业计量器具管理流程如图 4-46 所示。

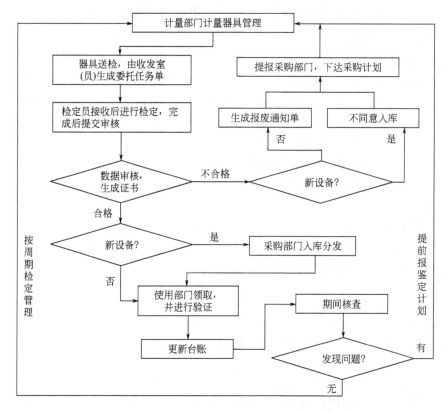

图 4-46　企业计量器具管理流程示意图

2. 二维码简介[31]

二维条码/二维码（2-Dimensional Bar Code）是用某种特定的几何图形按一定规律在平面（二维方向上）分布的黑白相间的图形记录数据符号信息。在代码编制上巧妙地利用构成计算机内部逻辑基础的"0""1"比特流的概念，使用若干个与二进制相对应的几何形体来表示文字数值信息，通过图像输入设备或光电扫描设备自动识读以实现信息自动处理，它具有条码技术的一些共性：每种码制有其特定的字符集；每个字符占有一定的宽度；具有一定的校验功能等。同时还具有对不同行的信息自动识别功能、处理图形旋转变化点。其特点如下：

① 高密度编码，信息容量大：可容纳多达 1850 个大写字母或 2710 个数字或 1108 个字节，或 500 多个汉字，比普通条码信息容量高约几十倍。

② 编码范围广：该条码可以把图片、声音、文字、签字、指纹等以数字化的信息进行编码，用条码表示出来；可以表示多种语言文字；可以表示图像数据。

③ 纠错能力强，具有纠错功能：这使得二维条码因穿孔、污损等引起局部损坏时，仍可以正确得到识读，损毁面积达 50％仍可恢复信息。

④ 码可靠性高：它比普通条码译码错误率百万分之二要低得多，误码率不超过千万分之一。

⑤ 引入加密措施：保密性、防伪性好。

此外，还具有成本低，易制作，持久耐用；条码符号形状、尺寸大小比例可变；二维条码可以使用激光或 CCD 阅读器识读等特点。

3. 系统组成与实现

（1）系统组成

计量管理信息系统平台结构如图 4-47 所示。

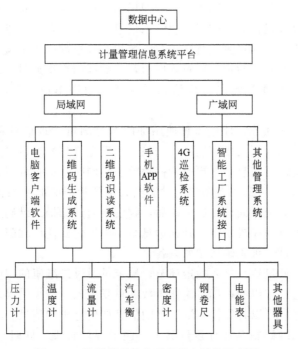

图 4-47　计量管理信息系统平台结构示意图

计量管理信息系统：包含基础信息、器具入库、检定、使用、溯源及受控状态以及其他辅助功能，并且与二维码识读信息无缝接口，实现"大数据"的整合和云服务。

硬件组成：打印制作系统——可使用专用条码打印机或制卡机在纸张、卡片、PVC或不干胶标签上打印；二维码识读——手机、平板或专用识读器（如4G巡检设备、手持式识读器）等。

软件系统：二维码自动生成系统——将计量器具的基础信息如设备编号、型号规格、生产厂家、参数配置等，检定证书信息如编号、不确定度（修正值）、检定和有效日期等制作成二维码，其中基础信息可由生产厂家制作并统一标准，检定证书信息由检定部门制作；手机APP软件——用于移动段计量器具的识别及管理，与计量管理信息系统接口。

（2）计量设备管理中的应用

设备基础信息录入：炼化企业每年都会大量购买计量器具，尤以压力表和双金属温度计为多，这些设备的正确和有效录入是计量部门的一项艰巨任务。由于企业采购的计量器具基本上固定厂家，可在计量器具采购前，将二维码编码格式及计量器具管理所需要的信息提供给生产厂家，由厂家统一制作二维码粘贴在每台计量器具上。对于企业内部原有的未粘贴二维码的计量器具，可由计量检定部门在检定前进行录入及打印粘贴。

入库管理：计量器具采购进入企业使用前需进行验收检定，采购部门在提交器具申请时通过计量器具上的二维码读取信息，可与采购计划进行比较，确定其是否与计划相符，并通过测量管理信息系统提交计量部门申请检定计划。在计量部门同意接收，并完成检定、同意入库后，采购部门再次通过二维码识读将器具完成入库管理，并通过测量管理信息系统通知使用单位领取，完成设备信息移交。

实验室内流转环节：计量器具使用部门通过测量管理信息系统申报检定计划，计量部门根据计划安排使用部门送检，收发室（员）通过二维码识读在信息系统中登记测量设备信息，并更改为待检状态，同时将信息分门别类分发各实验室（检定员），这样可避免多部门同时送检大量计量器具时容易混乱的问题。检定员接收器具在规定时间内完成检定后，收发员通过扫描二维码对器具的信息进行确认，同时更改为完成状态，并在信息系统中推送到使用部门。使用部门接收通知后，再次通过二维码确认领取设备。

检定环节：计量器具进入检定环节，检定员通过二维码的识读免除了信息录入的环节，通过二维码的识读，简化了数据重复录入，减少错误发生，提高了工作效率。检定完成可以将原检定证书上的信息如检定机构信息、检定结论、有效期等内容生成二维码粘贴在计量器具上，便于现场管理，同时也起到了铅封的作用。

现场管理：炼化企业均有大量计量器具在现场使用，可开发移动管理程序如手机 APP，并与信息系统进行接口。通过现场巡检随时了解计量器具的状态，获取证书/报告的相关信息，实现动态管理，确保计量器具受控，防范安全事故的发生。

（3）实现计量器具全生命周期的管理

对于计量器具的管理往往需要贯穿始终，从申购到报废都需要动态管理，在生命周期里，档案资料会不断变化和增加。二维码识别技术能够将器具碎片化的信息，通过建立的测量管理体系的数据库进行无缝对接，实现管理查询和管理，实时将计量器具的信息状态推送移动终端，并最终实现控制功能，将过去仅能利用 PC 端的操作，延伸到手持移动终端上进行操作管理。

通过二维码识别技术，结合计量器具信息管理平台，实现了计量器具使用部门、检定机构、管理部门多方数据共享，协同管理，确保器具测量信息的及时准确性。相信随着识别技术的发展，通过不断的实践，结合物联网技术，最终将实现"互联网＋"的计量的全新的智能管理模式。

先进信息化技术以及新型传感器技术逐步应用于工业计量领域，工业计量设备不断向实时、数字化、多变量、动态检测和智能化的方向发展，适应流程工业智能转型对动态计量数据的高质量需求，一方面必须确保快捷、准确、安全、及时，适合精确测量、监控使用和公平贸易；另一方面，计量检定、校准、验证要简捷、实用、准确、合规。与传统结果型计量不同，计量智能化关联着所有被测特性赋值的操作、程序、仪表、软件、操作人员、测量环境、工艺变化等多元要素，贡献精确测量结果的过程，是计量设施与数据价值之间循环交互碰撞的优化提升历程。未来，工业计量智能化对协同预测感知能力深度依存，必将成为激发计量设施智能化不断前行的推动力。

第七节　工控与信息安全策略及设施

随着企业信息化程度的不断提高及对信息系统依赖性的增强，企业信息安全的风险不断增大。与此同时，信息化与工业化不断融合，原本独立、封闭的工控系统信息孤岛逐步被消除，在提升管理效率的同时，也给工控系统安全带来挑战。了解企业工控与信息安全风险，制定企业信息安全策略，完善工控及信息安全设施，方能有效支撑企业智能化转型。

一、工控与信息安全风险分析

企业工控与信息安全风险主要来自于物理安全、网络安全、系统安全、应用安全、数据安全五个层面。

1. 物理安全风险

主要体现在：包括洪灾、火灾、地震等自然灾害引起的设备及线路故障。机房环境包括灰尘、潮湿、温度、断电等引起的设备故障；设备本身软硬件故障引起的通信链路中断、信息系统故障；电磁、静电干扰等引起的设备及信号故障；人为操作错误或失误；人为破坏等。

2. 网络安全风险

主要体现在：网络边界防护设施的缺失或安全配置不当，致使外部非法入侵，可能对信息系统造成干扰、破坏。在传输过程中，线路搭载、链路窃听等造成数据被截获、窃听、篡改和破坏，数据的机密性、完整性无法保证。尤其是工业控制系统中的无线通信协议对安全性普遍考虑不足，缺少足够强度的认证、加密、授权等，从而更容易遭受第三者的窃听及欺骗性攻击。

3. 系统安全风险

主要体现在：操作系统本身的缺陷（漏洞）致使病毒、木马等得以迅速传播。操作系统安全配置不当，不能起到预期的防护效果。安全防护产品安装或管理不到位等。

4. 应用安全风险

主要体现在：应用系统存在设计缺陷，存在 SQL 注入、跨站脚本攻击、文件上传等高风险漏洞；中间件升级不及时，成为病毒、木马的重点攻击对象。应用系统存在身份认证缺陷，如管理员弱口令，或者仅使用用户名、身份证号等简单信息作为身份认证的凭证，攻击者可以利用这些漏洞进行水平或者垂直提权，进而盗取数据、获得管理员权限，对系统实施非授权管理和控制。

5. 数据安全风险

数据是企业的核心资产。数据在使用、传输、存储等过程中，都可能受到安全威胁。尤其当数据以明文的形式或者简单的格式变换进行传输及存储，非授权用户可能通过口令猜测获得管理员权限，从而访问甚至篡改业务数据。

二、工控与信息安全策略设计

信息安全策略应分别从管理和技术两方面来设计和制订，如图 4-48 所示。

1. 安全管理策略

① 建立安全管理机构。包括成立信息安全领导小组，建立安全职能部门，配备安全管理人员，并形成符合不同等级要求的信息安全组织体系职责[32]。

② 完善安全管理制度。制订完善信息安全的规章制度，明确各部门信息安

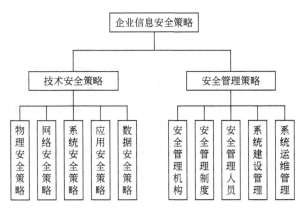

图 4-48 企业信息安全策略框架

全责任，规范企业用户使用信息的行为。至少应包括网络安全管理规定、系统安全管理规定、数据安全管理规定、防病毒规定、机房安全管理规定以及相关的操作规程等。

③ 安全管理人员。应对安全管理员、系统管理员、数据库管理员、网络管理员、重要业务开发人员、系统维护人员、重要业务应用操作人员等信息系统关键岗位人员进行统一管理，关键岗位人员"权限分散、不得交叉覆盖"；加强第三方人员管理，关键区域一般不允许第三方人员进入或逻辑访问。

④ 系统建设管理。信息系统在立项阶段就应确定安全保护等级，并根据安全保护等级要求进行信息安全设计；信息安全防护与信息系统应"同步建设、同步规划、同步运行"；信息系统上线及验收前，应开展信息安全检查，杜绝信息系统带病上线。

⑤ 系统运维管理。在用期间，应定期对信息系统进行安全自查，开展漏洞扫描、恶意代码检测、安全策略审核、安全配置核查、信息系统运维变更管理等工作；制定信息系统备份策略，明确备份方式和周期，做好数据备份、备份记录和备份恢复测试工作。

2. 技术安全策略

(1) 物理安全策略

对设备所在环境进行安全防护，确保系统有一个安全可靠的环境；针对不同等级系统，要求能防护不同级别的自然灾害以及具有同等危害程度的其他威胁；通过门禁系统、视频监控系统等，对设备进行安全防护，防止设备被非法入侵及破坏；对进入机柜间作业的来访人员应建立审批流程，并安排专人陪同，限制和监控其活动范围；拆除或封闭工业控制系统过程监控设备上不必要的 USB、光驱、无线接口等，必要时应采取专盘、专用、专人管理等手段，实施严格访问控制。

（2）网络安全策略

建设符合企业实际运行情况并顺应未来发展、具有良好扩充能力的网络架构，视业务的重要程度划分不同的安全域，通过部署防火墙、安全网关等进行有效隔离，并保证设备的冗余性[33]；工业控制网络与企业信息网络之间应采用工业防火墙、网闸等网络隔离设备进行隔离，并采用白名单机制，按照最小化配置允许规则，明确工业控制系统的防护边界；数据中心边界可部署应用防火墙、入侵检测与防护（IPS）、防病毒网关等设备，来有效应对来自外界的恶意攻击和病毒感染；根据业务系统的重要程度，可增加对网络设备运行状况、网络流量、用户行为等的有效审计，加强网络运维管理，确保网络正常稳定运行。

（3）系统安全策略

对不同安全级别的操作系统和数据库管理系统，应按其安全技术和机制的不同要求实施相应的安全管理；建立系统安全配置、备份等安全管理规章制度，按规章制度的要求进行正确的系统安全配置、备份等操作，及时进行补丁升级；对重要的服务器设置身份鉴别措施，启用访问控制功能[34]；依据安全策略控制用户对资源的访问，对服务器操作实现有效的操作审计；通过部署防病毒软件等来抵御恶意攻击和病毒感染，实现对服务器等设备资源的有效控制。

（4）应用安全策略

通过身份认证、强密码策略、业务数据访问控制、操作权限控制等手段提高应用安全性；制订并落实应用系统的安全操作规程。

（5）数据安全策略

保证业务数据在传输和存储时的完整性和保密性，要求对重要的网络设备、通信线路和数据处理系统做到硬件冗余；同时在本地备份重要业务数据，并且根据业务系统的重要程度，可增加对重要业务数据的异地备份[33]。

三、工控与信息安全基础设施

信息安全的威胁来源和攻击手段在不断变化，应根据企业实际情况，建立纵深安全防护体系，按照"策略指导、适度安全、立足国内、技术成熟、规范标准"等原则，选择部署信息安全基础设施。如图 4-49 所示。

（一）网络及工控安全设施

1. 网络边界防护与监控

企业可根据业务、数据的重要程度划分不同的安全域，通过部署防火墙实现网络边界防护。一般来说，企业至少要在互联网出口、办公网与数据中心边界、数采网络与工控网络边界等场景部署防火墙，并且根据应用场景不同，选用不同

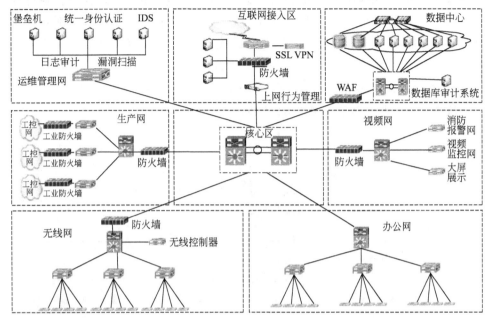

图 4-49　企业信息安全基础设施部署拓扑图

类型防火墙。

（1）防火墙

互联网出口是企业的门户，应重点保护内网用户免受来自互联网的威胁，对进出网关流量的合规性进行分析。选用网络层防火墙。通过端口控制，只允许特定端口的流量进入内网访问发布在外网的系统；对进入内网的流量进行拆包分析，阻断和丢弃带威胁流量的数据包；检测出外网流量，对数据流量合规性进行判定，对非正常外联行为进行阻断。

（2）应用层防火墙

数据中心是企业信息系统的"心脏"，应尽可能保护信息系统和数据免受威胁和破坏。由于数据中心系统以及应用类型多样，数据中心需要防范的安全威胁更多，所以数据中心边界应部署 2～7 层全面防护的应用层防火墙。应用层防火墙作用在 OSI 协议堆栈的 2～7 层，可以对进出应用层防火墙的数据进行全面分析，拦截和记录来自外部的攻击行为、对含有敏感字的外发信息进行阻断、对含有病毒的文件进行查杀；应用层防火墙能够对数据中心系统以及数据进行较全面的安全防护。

（3）入侵检测系统

假如防火墙是一幢大楼的门锁，那么入侵检测系统（IDS）就是这幢大楼里的监视系统。一旦小偷爬窗进入大楼，或内部人员有越界行为，只有实时监视系统才能发现情况并发出警告。入侵检测系统（IDS）通过软、硬件模式，对网络流量进行监视，通过自身规则库对流量中的行为进行匹配，发现各种攻击企图、攻击行为或者攻击结果，对网络攻击行为进行报警、还原攻击过程。

2. 工控网信息安全隔离

流程行业工业控制系统网络示意图如图 4-50 所示。

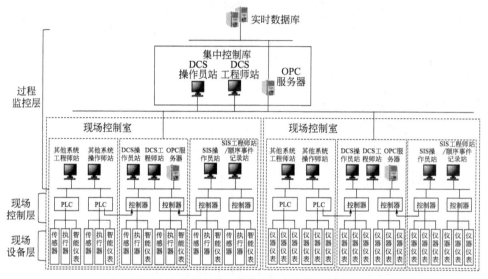

图 4-50　流程行业工业控制系统网络示意图

工业控制系统普遍在网络通信协议、操作系统、应用软件、安全策略甚至硬件上存在安全缺陷，使得攻击者能够在未授权的情况下访问和操控控制网络系统，形成了巨大的安全隐患，传统的安全防护措施也因此不能完全适用于工业控制系统。工业控制系统安全防护设计需要兼顾应用场景与控制管理等多方面因素，在保证安全的条件下支持数据交换。

（1）工业防火墙

工业防火墙与传统防火墙不同，它支持传统防火墙所具备的功能，如访问控制策略、DMZ、防病毒、入侵检测与防护（IPS）、流量控制（QoS）、路由/NAT/透明模式等，同时也支持对主流工控协议的七层识别分析与攻击防护。它内置工业通信协议的过滤模块，可以提供基于工业通信协议的安全防护。支持各种工业协议识别及过滤，并能针对工业协议采用深度包检测技术及应用层通信跟踪技术。工业防火墙能够对工控网络的数据包进行深度包解析，目前技术一般解析到工控协议的指令层，可以实现对非法指令的阻断、非工控协议的拦截，起到保护关键控制器的作用。

（2）安全数采网关

安全数采网关是一款用于工业控制系统网络边界，针对实时数据采集进行应用级信息安全防护的专业信息安全设备。通过内嵌 OPC、MODBUS 等工控协议模块完成实时数据采集应用的代理，从而有效隔离数据交换域网络与 SCADA 系统控制网络，使得数据交换域网络的信息安全威胁无法扩散到 SCADA 系统控制网络，提高网络安全和降低工控区主机的风险，保障工业控制系统稳定运行。安全数采网关硬件采用工业级设计，具备断电、断网等异常状态自动恢复功能，保障设备的稳定可靠运行。

安全数采网关应包括数据采集、数据缓存、数据转发、状态监视、时钟同步、任务管理、防火墙、身份认证、硬件看门狗等功能。用于控制系统数采网络边界，针对实时数据采集进行安全防护。实现 OPC、MODBUS 等工控协议实时数据采集的应用级代理，有效隔离管理网络与控制网络，使得管理网络的信息安全威胁无法扩散到控制网络，保障控制系统稳定运行。

（二）系统及桌面安全设施

1. 漏洞扫描系统

漏洞扫描是指基于漏洞数据库，通过主动与定期扫描等手段对指定的远程或者本地计算机系统的安全脆弱性进行检测，发现设备存在的漏洞的一种安全检测（渗透攻击）技术。通过漏洞扫描系统，可以及时发现系统存在的漏洞，客观评估系统风险等级。如果说防火墙和网络监控系统是被动的防御手段，那么安全扫描就是一种主动的对内网安全性进行检测的手段，能及时发现漏洞，并提供漏洞解决方案，做到防患于未然。

2. 堡垒机

堡垒机主要面向远程管理服务器的用户，对系统管理员通过 SSH、TELNET、RDP、X-WINDOW、VNC、FTP、SFTP、SCP 等方式管理操作进行全面审计，有效地保护企业中关键服务器的安全。当发生安全事件时，管理员可以通过日志审计中心事件查询并对可疑日志进行回放，从而进行责任鉴定和安全事件追溯。

可采用逻辑网关方式部署（旁路部署）堡垒机，部署后系统将断开操作用户与目标服务器之间的直接连接。用户对服务器的远程操作全部集中登录到堡垒机系统上，通过二次跳转系统将用户直接连接到策略指定服务器。实现用户对服务器资源操作管理的集中认证、集中控制、集中审计。

3. 日志审计系统

日志审计系统可以提供对信息系统中各类主机、数据库、应用和设备的安全事件进行实时采集、实时分析、异常报警、集中存储和事后分析功能，支持分布式部署，具备对各类网络设备、安全设备、操作系统、中间件服务器、通用服务、数据库和其他应用进行全面的日志安全审计能力。

通过日志审计系统，相关人员可以随时了解整个系统的运行情况，及时发现系统异常事件及非法访问行为；通过事后分析和丰富的报表系统，管理员可以方便高效地对信息系统进行有针对性的安全审计。遇到特殊安全事件和系统故障，日志审计系统可以确保日志完整性和可用性，协助管理员进行故障快速定位，并提供客观依据进行追查和恢复。

4.桌面安全管理系统

桌面安全管理系统可以对企业所有桌面进行集中管理，包括识别恶意或无意的不安全行为，即时提示用户进行阻止或报告给后台的安全智能网管；自动统计PC上安装了哪些应用程序；能统计客户机器上都安装了哪些应用程序，以及安装的版本；反馈应用程序的运行情况；能统计哪些应用程序在运行，并生成相应的报表报告给后台智能网管；禁止桌面安装和运行不符合公司策略的应用程序，比如BT、钓鱼软件等；保护敏感数据，不允许复制、拷贝等以防止机密信息泄露；禁用USB等移动设备以防止病毒传入等。

（三）应用及数据安全设施

1.统一身份认证系统

统一身份认证系统可以实现应用系统的用户、角色和组织机构统一化管理，实现各种应用系统间跨域的单点登录、单点退出和统一的身份认证功能，用户登录到一个系统后，再转入到其他应用系统时不需要再次登录，简化了用户的操作，也保证了同一用户在不同的应用系统中身份的一致性。身份认证一般与授权控制是相互联系的，一旦用户的身份通过认证以后，通过授权控制可以确定该用户可以访问哪些资源、可以进行何种方式的访问操作等问题。

2.数据库安全审计系统

数据库安全审计是专业级的数据库协议解析设备，能够对进出核心数据库的访问流量进行数据报文字段级的解析操作，完全还原出操作的细节，并给出详尽的操作返回结果，以可视化的方式将所有的访问呈现在管理者面前，数据库不再处于不可知、不可控的情况，数据威胁将被迅速发现和响应。

数据库安全审计系统采用旁路的形式部署，其安全设备旁挂在数据库交换机上，需要在交换机或网络设备上镜像被审计数据库的进出流量。

参考文献

[1]　赵波，郭楠等. 智能制造能力成熟度模型白皮书［R］. 北京：中国电子技术标准化研究院，2016.

［2］　李杰 . 工业大数据：工业 4.0 时代的工业转型与价值创造［M］. 北京：机械工业出版社，2015.

［3］　钱锋 . 浅析石油石化行业各种主流无线通信技术特点［J］. 当代化工研究，2016（08）：147.

［4］　仪明海 . 4G 移动通信系统的特点与发展现状研究［J］. 中国传媒科技，2013（03）：179.

［5］　简永泰 . 4G 移动通信特点和技术发展探析［J］. 信息通信，2015（1）：225.

［6］　徐俭 . 浅议 4G 移动通信技术［J］. 有线电视技术，2014（01）：19.

［7］　彭雄根，何浩 . 基于 4G 背景下的宽带专网建设方案研究［J］. 电信工程技术与标准化，2016
（09）：71-72.

［8］　贝斐峰，李炳林，李新，华昉 . 国家电网公司无线专网建设解决方案研究［J］. 移动通信，2016,
40（4）：82-83.

［9］　林雁晖 . TD-LTE 无线网络规划与设计［D］. 广州：华南理工大学，2013：23-24.

［10］　何训，蒋群，王晖 . 4G 时代融合"无缝隙"［J］. 通信企业管理，2014.

［11］　张澜 . 浅析融合通信业态及发展趋势［J］. 中国多媒体通信，2012（11）：14-15.

［12］　赵拥军，史胜春 . 新技术在石化行业应急指挥中的应用探讨［J］. 中国管理信息化，2014（23）：
50-51.

［13］　宋宇晨，潘大为，黄涛，冯灿，雷爱强 . 基于 DSP 的嵌入式在线振动信号分析系统［J］. 计算机
测量与控制，2016，24（5）：291-295.

［14］　蔡宇 . 浅析机械设备的振动故障检测［J］. 装备制造技术，2010，3：62-72.

［15］　张炜强，秦立高，李飞 . 腐蚀监测／检测技术［J］. 腐蚀科学与防护技术，2009，24（5）：
291-295.

［16］　孙兆林等 . 原油评价与组成分析［M］. 北京：中国石化出版社，2006.

［17］　林世雄 . 石油炼制工程［M］. 第 3 版 . 北京：石油工业出版社，2000.

［18］　李雪琴，曹利，于胜楠，陈思禄，张蓓，姜忠义，吴洪 . 石脑油高效资源化研究进展［J］. 化工
学报，2015，66（09）：3287-3295.

［19］　曾宿主，王子军，龙军 . 燃料型炼油厂提高轻质油收率加工方案的比较［J］. 石油炼制与化工，
2009，40（04）：52-56.

［20］　田松柏等 . 原油评价标准方法［M］. 北京：中国石化出版社，2010.

［21］　陈瀑，褚小立 . 原油及重油的快速分析技术进展［J］. 分析测试学报，2012，31（09）：1191-1198.

［22］　李建华，崔鸿伟 . 近红外原油快速评价系统在原油评价中的应用［J］. 现代科学仪器，2011
（01）：123-125.

［23］　李敬岩，褚小立，田松柏 . 原油快速评价技术的应用研究［J］. 石油学报（石油加工），2015，31
（6）：1376-1380.

［24］　段宝军 . NMR 分析系统用于原油在线快速评价［A］. 中国仪器仪表学会分析仪器分会、中国仪
器仪表行业协会分析仪器分会 . 节能、减排、安全、环保——第五届中国在线分析仪器应用及发
展国际论坛暨展览会论文集［C］. 北京：中国仪器仪表学会分析仪器分会、中国仪器仪表行业协
会分析仪器分会，2012：9.

［25］　王涛，唐全红，徐燕平等 . 九江石化基于 HontyeIRAS 系统的全流程优化应用［J］. 当代石油石
化，2017（1）：28-33.

［26］　赵惠菊，王忠 . 气相色谱法在石油工业中的应用进展［J］. 现代科学仪器，2009，（05）：
124-129.

［27］　马其芳 . 应用 GC/MS 方法快速评价原油性质的研究［D］. 天津：天津大学，2005.

［28］　Roussis S G，Fedora J W，Fitzgerald W P. Direct method for determination of trueboiling point dis-
tillation profiles of crude oils by gas chromatography/mass speetrometry［P］. USPat Appl,
US5808180，1998.

[29] 赵丽娜，黄庆东，刘泽龙等．色谱/质谱联用方法在原油快速评价中的应用［J］．石油炼制与化工，2004，35（6）：71-74.

[30] 袁晓平．基于物联网技术的实验室设备管理系统［D］．兰州：西北师范大学，2013.

[31] 百度百科：二维码［EB/OL］．http：//baike.baidu.com/item/二维码．

[32] 董舟，谢碧云，李歆．政务外网信息安全管理策略初探［J］．人民长江，2015，46（3）：86-90.

[33] 信息安全技术 信息系统安全管理要求［S］．GB/T 20269—2006.

[34] 余磊．信息安全战：企业信息安全建设之道［M］．北京：东方出版社，2010.

第五章

智能制造的体制机制与管理创新

本章从管理模式与业务流程优化、面向智能制造的运行维护、工程建设全数字化交付等方面，对石化企业智能制造的体制机制与管理创新等进行探讨，指出智能制造最核心的因素是体制机制和人才培养，"人"是最终决定性因素。

第一节　管理模式与业务流程优化

一、典型石化企业的管理体制与运行机制

（一）国外大型石化企业管理模式

自 20 世纪初以来，石化行业历经百年发展，形成了各具特点的管理模式。纵观演变历程，促进管理模式发展变化的最本质因素是权责的再适应、再调整和再分配，以集权与分权的样式和程度为主要表现形式，国外石化企业有三种典型管理模式。

一是以壳牌公司为代表的纵向以业务公司管理为主、横向由地区（服务）公司负责为辅的矩阵式管理模式。二是以埃克森美孚为代表的有限分权的集中管理模式，即将集中管理与分散经营相结合的组织体制。三是以阿莫科公司为代表的直线职能式模式，简化内部流程，寻求决策快、效率高的组织结构。推动国外石化企业调整管理模式的内在动因是价值、效率和风险管控等需求。对一个组织而言，没有最好模式，但存在最适宜模式。我们看到，国外石化企业纷纷采用以分权为特点的事业部制组织结构，同时有向矩阵式模式发展变化的趋势。

（二）我国石化企业管理体制与运行机制

改革开放以来，国有石化企业解放思想，将社会主义特色与市场经济要求相结合，完善现代企业制度，建设形成符合自身实际的管理体制。中石油、中石化和中海油采取职能部制和事业部制管理，实施相对集权与分权的总部、事业部和

分（子）公司三级管理架构；中化集团于长期发展中不断调整组织架构，实现扁平化管理，最终也形成三级管理架构。位于各集团总部之下的生产企业，有独立法人子公司形式，也有授权管理的分公司形式，将生产企业定位于"大车间"，建成扁平化、共享化的管理模式是发展趋势。

无论是总部还是生产企业，石化流程工业普遍以职能管理或专业管理为主要管控形式，形成以直线职能制为主要表现的运行机制，客观上体现出分散管理的特征。随着战略与业务的调整，以及信息化发展带来的深刻影响，企业内外环境较之以前发生巨大变化，企业的管控形式和运行机制必须与时俱进、同步发展。

石化企业的管理，从效率和效果这一终极目标出发，越发要求从直线职能管理向网格流程管理转变，越发要求从分散管理向集中管控转变，越发要求从人工管理向自动管理转变。越来越多的实践证明，以业务为对象，以管理增值为目标，实施业务集中重组与优化，实施业务流程化、流程表单化、表单信息化，实现穿透式、端到端自动智能管理，是实现集中管控的重要基础。

二、从分散走向集中：智能制造关键一步

（一）基于地理位置和物料关联的操作集中

国内石化企业，一般沿袭单元操作、属地管理的生产运行模式，形成较为分散的属地化操作控制单元。这种分散操作模式，需要较大的人力资源供给，生产力较低，给生产操作、信息沟通、检查管理等带来无法回避的缺陷和漏洞，管理绩效难以赶超国际一流水平。

操作从分散到集中，是必然选择。企业应根据最优操作和幅度控制原则，优化组合，基于地理位置合理设置操作室、班组及配备人员，不断满足提升生产力和操作管控水平的需要。操作从分散到集中，一般从操作单元优化集中和操作业务优化集中两方面予以考虑。

① 生产管控中心。管控中心内设置中心控制区，将所有主要工艺装置的内操台位集中布置，设置大屏组合显示生产运行各种信息；设置调度指挥区，融合通信、指挥、报警、接处警等系统，为生产调度、HSE 指挥提供全面有效支撑；设置运行管理区，采用同步视频实现内外操分置班组员工的日常管理；设置基础设施区，配置高速专用信息网，DCS 机柜间、网络电信间、UPS 及配电室、空调机房等设施；设置辅助功能区，包括培训室、会议室、EAP（员工帮助计划）室、更衣室、员工餐厅等生活管理设施。

② 分控中心。根据不同生产业务特点，建立辅助运行分控中心。可针对发配电、汽水相对独立的生产特点，建成动力分控中心，实现所有锅炉、汽机、电网、蒸汽、化学水等分系统的集中控制；可针对罐区作业相对独立的生产特点，设立油品储运分控中心，实现油品收付、调和、储存等分系统的集中控制；可针

对供、排水作业相对独立的生产特点，设立水务运行分控中心，实现取水、净水、循环水、中水、污水等分系统的集中控制。

③ 标准化外操室。综合考虑装置区域分布、生产联动等基本因素，将原来分布在各处的外操室进行整合，建设标准化外操室，配备 DCS 监控、现场视频监控，实行操作、生活、防护的标准化管理，消灭外操的"离岛"和"据点"。在此基础上，对运行班组进行优化组合，规范内外操职能，合并同类岗位并合理设置班组幅度，撤并不必要班组。

④ 运行操作业务的优化集中。早前加工、生产业务存在分散管理现象，影响联动能力和运行效果，生产效率难以提高。如前所述，根据相关业务特点，整合形成动力热电业务、油品储运交付业务和水务处理业务的优化集中。除此之外，还可组合常减压、航煤加氢、直柴加氢等装置，形成以直馏馏分加工为主线的业务集中；组合连续重整、芳烃抽提、汽油加氢、柴油加氢、汽柴油加氢等装置，形成基于氢源和加氢联动的业务集中。根据装置空间分布情况，实施相关装置区域整合的业务集中也是可以考虑的方式。某石化厂在 2015 年与 2011 年相比炼油能力翻一番情况下实施集中管控效果对比如图 5-1 所示。

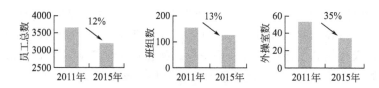

图 5-1　实施集中管控效果对比

（二）管理集中：管控分离向管控一体转变

在基于地理位置和物料关联操作集中的基础上，对相关业务进行厘清，实施集中或重组，优化组织机构设置，为管控分离向管控一体转变奠定支撑。实施管控一体可从经营管控业务优化集中、运维保障业务优化集中和组织机构职能的优化集中等方面予以考虑。

① 经营管控业务优化集中。传统业务以部门职责为根本而设置，是直线职能制的必然产物，在部门权力的"裹挟"之下，久而久之，相关业务陷于部门"藩篱"，失去了信息沟通、业务传递、过程实现、管理增值的本质作用。以系统论、过程方法为指导，将原来独立的发展规划、科研开发、技改技措以及工程预决算等业务，以追求投资回报最大化为原则，整合为发展建设业务的集中管理；整合原有独立的综合计划、原油计划和工业统计等业务，与生产调度、工艺技术等业务融合，形成从原油采购到计划排产与加工全流程价值链的集中管控；以 ODS 为依托，以原油快评和 PIMS-RSIM-ORION-MES 联动优化为核心，强化

形成生产操作业务全流程优化集中管控。

② 运维保障业务优化集中。组合原有应急指挥、调度指挥、119 接处警、消气防等业务，通过泛在感知技术，实现 HSE 应急指挥和应急处置的集中管控；组合原有分散的环保监督、分析监测、环保治理等业务，实施环保指标分级控制，开展泄漏检测与挥发性有机物治理，实现环保业务由事后管理向事前预测和事中控制转变的集中管理。统一建设标准化外操室，对原有分散的外操"据点"实施组合集中，打破工段和岗位限制，按大装置和大区域原则实施联合巡检，实施班长和外操双重交叉巡检，有效实现外操巡检业务的集中管控。

（三）要素固化：基于持续改进的卓越运营

实施生产管理从分散走向集中，必然配套推行诸多管理新机制、新方法，企业要持续培育、改进并完善新要素的应用管理并发挥其应有作用。

① 数字化晨会，是基于生产运营信息集中、经营决策集中的配套要素，力求在全方位掌握所有信息的前提下，发布并预判生产计划执行、采购库存销售等运营绩效动态，确保安全环保、设备设施及 IT 运维及时受控，实现基于集中管控基础上的"日算日调"和"日清日结"。

② 报警视频监控联动，是基于生产指挥和应急处置指挥集中管控的配套要素。要求实时泛在感知现场态势，及时感知危害因素，实时预判风险程度，确保安全生产以及现场施工作业过程全程受控。强化报警仪视频监控设施故障修复、视频报警联动关系配置、119 接处警系统运维和火灾报警集成等业务管理，持续提升报警监控联动效果。

③ 视频交接班，是实施内外操分置与集中管控，实现班组正常管理的配套要素。实施操作室标准化改造，强化 IT 运维和属地保管职责，加强视频语音设备维护以减少设备故障，强化交接班纪律，提升视频交接班效果。

④ 矩阵式联合办公，是实施全流程优化 MES 系统、运维保障等各种团队的集中管控而采取的配套要素。通过明确职责、强化管理，加强联合办公岗位值岗制度执行，增加劳动纪律检查覆盖矩阵办公地点等措施，有效提升联合办公工作效果。

⑤ 现场移动开具施工作业票，是基于移动终端、打印机和安全管理信息系统互联而强化安全作业管理的配套措施。通过采取升级移动终端、加强 4G 网络建设，及时补充完善作业人员信息和固化新版票据格式等措施，不断完善应用效果。

⑥ 4G 智能巡检，是加强外操管理并提升巡检质量和效果的有效手段。通过升级巡检终端，加强运维管理和属地单位使用管理，并督促加强供应商服务和规范操作培训等措施，提升并达到智能化巡检预期效果。

生产管理从分散走向集中出现的新要素、新要求，需要以制度形式予以固化，实现有效传承与增值。为此，重新设计制度体系架构，基于生产管控中心的"神经中枢"地位，与实现"经营优化、生产指挥、工艺操作、运行管理、专业支持、应急保障"等六位一体新功能，对"计划调度、安全环保、生产操作"相关领域业务流程实施厘清、重组和优化，在企业总体制度体系架构下，构建与生产集中管控模式相匹配的制度体系。

三、从"烟囱"到"矩阵"：推动智能化升级

（一）横向专业团队："矩阵式"管理结构

传统石化企业，多为直线职能制管理模式，各职能、各专业从上到下均有自己的管理线条，像"烟囱"一样，独立发挥作用。但是，这种模式对新兴技术业务、跨专业技术业务，较难深入应用并产生效果。因此，必须推进部门和专业的"矩阵"管理，增强横向协同、提升管理绩效。

矩阵管理就是为了某一工作目标，把同一领域内具备相当水平的创新元素组成一个纵横交错的矩阵。根据石化工业发展特点，可考虑在生产运维和智能化转型升级方面实施必要的团队矩阵管理。

① 创建横向办公团队。集中生产经营、设备运维、安全环保、IT 支持等专业支持人员，实行联合办公，形成装置日常生产运维团队，及时解决日常生产运行保障中遇到的各种问题。组合生产经营管理、计量和基层工艺与核算等岗位，形成生产管理系统运维团队，强化生产管理系统数据日常运维，有效支撑智能工厂"神经中枢"的运行管理。

② 创建横向专业团队。为配合全流程优化，集中生产经营与各装置模型优化工程师，形成全流程优化团队，利用 PIMS-RSIM-ORION-MES 炼油全流程一体化优化平台，深度开展全流程优化和单装置生产优化工作。以设备管理和基层设备岗位为核心，组建三维数字化装置建模团队，实施正逆向建模，集成全部生产装置及辅助系统，打造与"实体空间"高度一致的全三维数字化工厂，实现企业级超大场景全覆盖、海量数据实时动态交互、全业务深化应用单一入口操作，推进工艺管理、设备管理、质量管理、HSE 管理、操作管理、视频监控基于流程工业 CPS 的深化应用。

除此之外，还可根据实际情况和重要程度，组建 VOCs 治理、管理诊断服务等多样性专业团队。各团队自主开展学习、培训，通过团队工作，团队成员自身得到锻炼提高的同时，企业相关新业务、重点业务的管理目标水平也顺利实现，整体管理水平也持续提升。

（二）柔性协同推动石化企业智能制造

协同广泛存在于自然界和人类社会运动变化中。随着企业智能化的进展，要

求组织内部、组织之间的协同关系更紧密、响应速度更快。同时，在变化剧烈的竞争环境下，传统石化企业采用单一的直线制、职能制、矩阵制或事业部制等刚性组织结构，缺乏柔性，难以满足快速、灵敏、高度适应性等竞争要求。

① 刚性到柔性的组织结构调整。要突破思维方式，从线性向非线性转变，从以下方向进行调整：一是扁平化，由集权向分权过渡；二是组织单元由分工为依据转变为以特定任务为导向，以适应异质性特点，各组织单元既能保证相对的独立性，又能完成协同组合或对接；三是淡化组织横向与纵向边界，保持开放，以强调速度、整合与创新。建立由"烟囱"到"矩阵"刚柔并济的组织结构，在企业管理中打破部门和级别的界限实施无边界管理，将静态管理变为动态管理，增强管理协同能力，为推动石化企业智能制造奠定管理基础。

② 刚性到柔性的人力资源管理。现代企业之间的竞争实际是人才的竞争，在刚性管理基础上，采用"柔性"的方式管理和开发人力资源，采取信任-指导-感化-自控的方式，通过实施员工参与管理、柔性化的工作设计、创造环境强化员工培训、规划管理员工职业生涯、建立柔性的激励机制等措施，从内心深处激发每个员工的内在潜力、主动性和创造精神，把组织的意志变为员工的自觉行动，为推动企业迈向智能制造奠定坚实的人才基础。

③ 刚性到柔性的信息系统建设。石化企业在信息化建设的过程中，很多信息系统单体运行，造成很多信息孤岛、业务孤岛，导致企业内部无法形成有效协同运作。同时，这些信息系统管理的业务流程都是固化的流程，如企业业务流程稍有变化，即造成系统因不适应管理所需而不能应用、被闲置，造成资源浪费。传统信息化模式已经无法满足企业现代管理的需求。随着信息化技术的不断发展，通过标准化、搭建平台，实现系统之间信息互通、协同管理；对于单个信息系统可实现柔性配置功能、灵活应用，为推动石化企业智能化提供支撑。可自我配置柔性流程管理如图 5-2 所示。

四、面向未来：从集中管控迈向智能管控

（一）业务流程端到端标准匹配

企业经营活动是由一系列相互关联的业务流程所组成，而业务流程又是由一系列连续贯穿的过程节点所构成。因内外部环境变化等原因，原行之有效的"流程节点"可能会成为企业前进的桎梏和痛点，发现流程痛点、分析流程痛点、对标流程痛点进而形成关键节点量化标准，实现流程的自动化管理以解决痛点将成为管理的新常态。

1. 发现流程痛点

流程痛点的表现一般以出现流程断点为标志，所谓流程断点是指从流程的使用者角度出发，在流程的某个环节中，由于没有在所期望的或流程所明确的时间

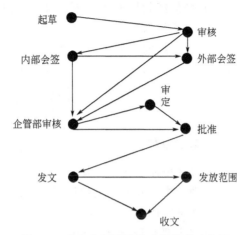

图 5-2 可自我配置柔性流程管理示意图

等要求内获得所需的结果，而感觉流程发生了中断，造成的随后关键节点动作不及时或流程中断，给相关业务带来潜在风险。

2. 分析流程痛点

分析流程痛点主要从查找流程断点的原因上下工夫，造成流程断点的原因有很多种：

一是系统断点，即不同流程步骤所使用的信息系统不同而造成信息无法及时互通。对于流程性工业企业，消除传统信息系统信息孤岛现象，建设统一集成中央数据库，提升信息互通能力显得尤为必要。

二是媒介断点，即流程中既有系统支持完成的活动，又有需要人工处理完成的活动，造成信息从一种媒介转变成另一种媒介所需处理的时间过长，使得流程等待时间过长或流程中断。

三是人为断点，即流程中虽然规定了每个步骤的操作要求和规定完成的时间，但其中某个步骤没有明确相应的岗位负责人或责任人没有及时完成相关工作，从而使得流程等待时间过长或流程中断。

3. 对标流程痛点

好的流程一般具有系列共同特点：一是有明确的价值指向，结果可衡量；二是环节精简，不增值环节与冗余环节少；三是职责明晰，能够有效解决跨部门协同问题；四是流转顺畅，信息流、活动流、端到端闭环；五是明确关键要求，抓住关键结果，整体管理可控；六是知识固化，关键节点制订模板、表格、操作指导书，流程关键节点管控能力强效果好。

企业找出流程间或流程内断点后，需进一步运用价值链分析法、平衡计分卡法、关键成功因素法和作业成本法等诊断理论方法，对流程进行精准诊断，对整体流程或流程内节点的量化评判标准进行重新确认，以使流程间或节点间流转更加顺畅，对虽然不创造价值但是现有条件下不可避免的环节予以暂时保留，对不创造价值且可以立即去掉的环节予以立即去除，持续地优化与改进过程（精益化活动），以价值创造为核心，建设端到端的标准化业务流程，做到任务自动推送、工作自动执行、结果自动输出，实现重点业务流程端到端标准匹配。

（二）消除非增值活动再造流程

企业的业务流程随内外部环境而变化，根据价值链和增值原则，开展流程价值分析，动态消除非增值活动，扩大并突显增值活动，提高流程效率，最终提高企业整体绩效，是管理者的必备工作。

消除非增值活动再造流程主要有清除（Eliminate）、简化（Simplify）、整合（Integrate）和自动化（Automate）四种方法。

清除主要指对企业现有流程内的非增值活动予以清除。非增值活动中，有一些节点仅起到流程上下游衔接作用，而另一些节点则完全是多余的而无任何作用。在进行流程设计时，对流程的每个环节或要素，可以通过其过程的必要性、结果的必要性、可替代性以及消减后不利因素分析等一系列问题，来判断是否是非增值环节，或者说是否是多余环节。

简化是在尽可能清除非必要的非增值环节后，对剩下的活动进一步简化，包括节点过程的要求标准、表单信息、逻辑判定等要素的再调整和再匹配。

整合是针对某一明确目标的不同流程，实现串接、合并等优化措施，达到整合运行，以使流程顺畅、连贯，提高流程工作效率。

流程表单化、表单信息化是业务管理的大势所趋，这是管理自动化的前提和基础。通过信息化的程序设计，达到业务自动传递与执行，可以大幅提高管理效率。流程信息化过程中，要注意保持计算机程序的柔性，即保持业务流程管理的柔性，避免出现流程刚性和运行烦琐现象。业务增值性分析如图 5-3 所示。

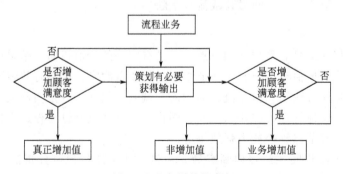

图 5-3　业务增值性分析

（三）人机交互实时化与可视化

网络技术与人机交互技术的发展，以及工业物联网的提出和建设，为"中国制造 2025"提供了新的突破方向。在流程管理基础上，石化企业在三个层面实施智能化转型。

① 操作控制层。以岗位生产操作为对象，主要利用各类自动化仪器仪表获取操作实时数据，经过 DCS、先进过程控制系统等实现生产操作的智能控制与实时优化；除此以外，利用互联网和物联网技术，实施人员地理空间跟踪、作业安全实时监控、环保地图实时监测、生产设备自动巡检，有效提高操作可视化效果。

② 生产运营层。涉及的信息化系统较多，包括生产计划系统（PIMS）、生产调度系统（ORION）、流程模拟系统（RSIM）、生产执行系统（MES）及相关辅助系统，通过输入生产过程各种物质、能量、装置信息和相关市场信息，在符合安全环保等前提要求下，以经济效益最大化为目标，自动形成调整加工方案、产品产量计划，执行过程中，动态监控各生产系统信息，自动判断并纠正调整生产操作优化方案。通过上述系统的有效联接，达到生产运营的实时可视与智能化管控。

③ 经营管理层。诸如计划、工程、财务、物料、销售、设备、人力资源等方面，形成以企业资源计划（ERP）系统应用为核心，以各种专业业务系统为辅助，实现各种经营管理业务实时流转运行与智能化管控。建设业务流程系统，基于经营管理专门目标，"定制"相关业务的专门运行流程，打通经营管理系统间的数据互通，实现经营管理重点目标的可视跟踪和智能化管理，针对特定经营岗位设计专门"驾驶舱"或设置相关呼叫系统，增强人机互动和管理可视效果。

可视化管理能让企业的流程更加直观，企业内部信息实现可视化，能得到更有效的传达，从而实现管理的透明化，大幅提高管理效率，为石化流程工业的可持续发展奠定重要支撑。全数字化炼厂生产运行状况实时可视化如图 5-4 所示（彩图见彩插），公文文件签批发布流程的可视化管理如图 5-5 所示。

图 5-4　全数字化炼厂生产运行状况实时可视化

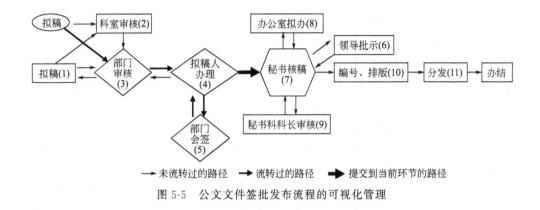

图 5-5　公文文件签批发布流程的可视化管理

第二节　面向智能制造的运行维护

一、"管、建、维"分离运行体制机制

（一）IT 治理面临的新挑战

1. IT 治理的概念

IT 治理也称为 IT 治理安排（IT Governance & Arrangement）或 IT 治理结构（IT Governance Structure），是在企业信息化进程中，以企业战略目标为导向，以特定制度安排（组织结构）与管理模式为基础，以 IT 业务过程和 IT 服务改进为手段，合理利用 IT 资源，规避 IT 风险，旨在推动企业业务发展、完成目标利润的动态过程[1]。

IT 治理的目的是使 IT 与组织业务有效融合，其出发点首先是组织的发展战略，以组织发展战略为起点，遵循组织的风险与内控体系，制订相应的 IT 建设与运行的管理机制[2]。IT 治理的关键要素涵盖 IT 的组织、战略、架构、基础设施、业务需求、投资、信息安全等[2]。按照 IT 治理的对象，可以将 IT 治理的服务划分为五类，分别是：规划治理、建设治理、运维治理、绩效治理、风险治理[3]。

2. IT 治理的方法

作为一种涉及所有利益相关者之间关系的制度安排和管理实践，世界各国以及相关国际机构对 IT 治理都非常重视，制定了一系列的 IT 治理与 IT 管理的原则和标准，已经形成了一个全球性的 IT 治理与 IT 管理改革运动[4]。

在 IT 治理的全球业务最佳实践中，有许多成熟的方法和工具，形成了以"ITIL"（Information Technology Infrastructure Library）信息技术基础架构库、

"COBIT"（ControlledObjectives for Information and Related Technology，信息及相关技术的控制目标）等为代表的标准和方法，共同构建了一套相互渗透、融通的 IT 治理方法论体系，贯穿于 IT 建设全生命周期。同时，随着时代的进步和技术的发展，诸如 DevOps（Development-Operations），面向快速交付的高质量开发和运维、Agility IT（敏捷性 IT）、IT 双态等 IT 治理的创新思潮和方法也在不断涌现和实践，实现业务、IT 和治理三者的和谐统一，成为传统企业谋划和实践转型的新法宝。IT 治理的总体框架如图 5-6 所示。

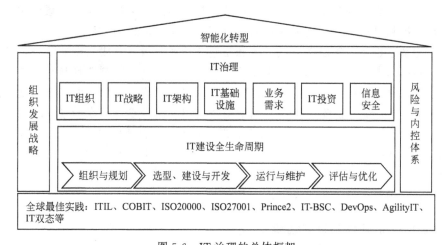

图 5-6　IT 治理的总体框架

Prince2—Project IN Controlled Environment，受控环境下的项目管理；

IT-BSC—IT Balanced Score Card，IT 平衡计分卡

3. IT 治理面临的新挑战

IT 治理具有动态性，是企业内外部环境变化导致的必然结果，也是企业治理的内生需求和创新体现。随着企业加快智能化转型升级步伐，IT 治理的动态性更多的是需要发挥出快速响应、主动适应、高度契合的赋能作用，但也必然面临诸多挑战。

一是外部环境的快速有效识别。随着新一轮科技革命和产业变革浪潮的到来，企业面临的外部环境正在发生急剧变化，企业要站在新的价值前沿，快速有效识别这种变化并做出 IT 治理变革。

二是体制机制的完善配置。信息资产业已成为企业最为宝贵的资产，企业治理、风险管理和法规遵从是创造价值的前驱因素，也是培育竞争优势的动力和源泉，而 IT 治理的水平和质量也将成为企业分化的源头。

三是企业文化的渗透融合。IT 治理体系具有不可复制性，要结合企业内部环境特点和要素，进行全面的渗透和融合，避免或消除各种冲突因子，形成新的有机整体，方能发挥使能作用。因此，IT 治理能否成功，最终取决于组织的核

心价值观和企业文化。

四是治理人才的跨界培养。传统意义上的 IT 管控体系整合在角色和定位上已发生了根本性变化，支撑引领、敏捷高效、集成共享、协同智能成为新形势的客观要求，培养掌握 IT 治理先进理念和科学方法的复合型跨界 IT 治理人才势在必行。

（二）IT 治理变革的必要性

智能制造是基于物联网、大数据、云计算等新一代信息技术，贯穿于设计、生产、管理、服务等制造活动的各个环节，具有信息深度自感知、智慧优化自决策、精准控制自执行等功能的先进制造过程、系统与模式的总称[5]。

智能制造正在引领制造方式变革和制造业产业升级，并成为全球新一轮制造业竞争的制高点，也将是赢取未来竞争力的关键，推进智能制造是制造业转型升级的必经之路。因此，在智能制造过程中，从深度、广度、层次的多维角度，持续推进 IT 与管理、业务有机高效融合，实施 IT 治理变革，势在必行。目前，企业 IT 组织要加快从 IT 管理到 IT 治理、再到 IT 创新的重塑、融合、演进，实现"从成本中心到价值中心的转变"。未来，企业 IT 组织还将发展成为"技术服务保障中心、信息资源管理中心、流程管理控制中心和利润价值创造中心"，为支撑和引领智能制造提供动能。

（三）IT 治理体制机制创新

IT 治理不仅要在企业内部建立 IT 管理控制架构，完善企业对信息的内部控制，还要在更深层面上解决体制机制问题，减小信息化和透明化导致的不一致利益冲突造成的成本[1]。

受诸多因素影响，企业 IT 组织的体制机制各显不同。在石化企业中，尤其是大型国有企业，IT 组织主要有两种：企业独立建制的单一信息部门，自身全部承担 IT 的管理、建设、运维，即"管＋建＋维"内一体；企业独立建制的单一信息部门＋源于企业的 IT 公司或纯社会化的 IT 公司，自身承担 IT 的管理和建设，IT 的运维则采取外包方式，即"管＋建"与"维"外分离。

在企业智能制造中，IT 组织既是 IT 治理体系的重要组成部分，也是 IT 治理的首要对象，最为突出的问题就是要进行体制机制的变革和创新。在以上两种类型中，主要是 IT 运维模式存在差别，均未能从根本上有效解决信息化"管、建、维"的体制机制问题。

一是"管＋建＋维"内一体，尽管能够发挥基本的职能管理和技术支持作用，但集"监督员、裁判员、运动员"为一体，缺少管理约束和制衡，造成运行效率不高、专业性质不足、组织绩效低下。

二是"管＋建"与"维"外分离，尽管在一定程度上解决了管理约束和制衡问题，但是运维外包服务商的持续生存发展能力、业务快速响应机制、人才队伍流动局限、专业技术素养高低、信息安全风险管控等众多不确定因素将会带来致命硬伤。

综上所述，要站在企业长远发展战略高度，围绕组织机体要素之间的关系，并从组织绩效的角度进行考虑，进行如下 IT 组织的体制机制创新和变革，确保要素之间实现平衡—连接畅通—良性循环互动—基于动力因素的螺旋式发展。

企业独立建制的信息职能管理部门＋企业独立建制的信息专业技术部门。职能部门承担 IT 的管理、建设，技术部门承担 IT 的运维，即："管＋建"＋"维"内分离。其中，"管"是指信息化工作企业层面的专业职能管理，是企业管理的核心内容之一；"建"是信息化项目建设业务层面的专业技术管理，是企业信息化工作的重要内容之一；"维"是信息化系统运维业务层面的专业技术管理，也是企业信息化工作的重要内容之一。"管"是统领，包含对"建"和"维"的管理，但三者之间又是相互协同的关系；"建"和"维"从属于"管"，两者之间既是上下游的衔接关系，但又存在业务相互交叉的关系。"管、建、维"关系如图 5-7 所示。

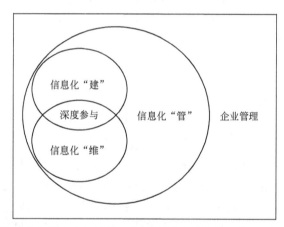

图 5-7　石化企业信息化与智能化发展建设过程中的"管、建、维"关系

这种体制机制，实现了企业管理对信息化的整体约束、信息化"管"对"建"和"维"的制衡，可在职能管理和专业管理、快速响应和业务协同、队伍建设和安全保障等方面发挥最大效用，大幅提高运行效率和组织绩效。

二、各类软硬件系统的运行维护管理

在企业智能化转型升级步伐加快的趋势下，为支撑业务敏捷、稳定、创新发展，IT 运维管理的定位也从传统支持中心、服务中心逐步向价值中心转变，IT 运维管理的目标、范围、对象、深度也随之发生了巨大的转变。

（一）运维管理趋势

在智能制造发展过程中，企业实施大规模信息化建设，与工业化加速深度融合，智能制造框架下运行大量的软硬件系统，IT 运维管理的重要性日益凸显，并进入整合深化应用、精细运营优化、提升创新创效为主要特征的阶段，成为企业智能制造必经之路上的"护航员"。

当前，IT 运维管理面临着网络和设备技术复杂、系统数量众多且集成度高、用户体验和价值交付、海量数据存储和信息传播等新的挑战，"破局"进阶之路刻不容缓。因此，IT 运维必然从粗放管理走向科学管理，从重建设轻维护、重技术轻管理走向建设与维护并重、技术与管理并重，从单纯技术思维转向管理思维来考虑运维工作，逐步形成面向业务可持续性的"技术支持＋价值创造"为核心的运维管理理念。

在技术架构选择、管理流程设置、应用系统建设上，面向智能制造的 IT 运维管理与传统 IT 运维管理的关注重点根本转变，由"稳定""安全""可靠"变成了"体验""效率""效益"，从而带来了新旧架构、新旧工具、新旧方法并存甚至交汇的复杂情况，Gartner 提出的 Bimodal IT（双模 IT），联想所说的双态 IT，都在反映这种状态。

（二）运维技术发展

近年来，软件领域发生了翻天覆地的变化。从操作系统、数据库等底层基础架构，到分布式系统、大数据、云计算、机器学习等基础领域，从单体应用、MVC（Model View Controller，模型-视图-控制器）、服务化，到微服务化等应用开发模式，从 IaaS（Infrastructure as a Service，基础设施即服务）、PaaS（Platform as a Service，平台即服务）、CaaS（Communications as a Service，通信即服务）到 SaaS（Software as a Service，软件即服务），运维技术（特别是大规模复杂分布式系统的运维）也变得越来越重要，业已成为企业提升生产力的核心。

随着 IT 运维受到越来越多的重视，IT 运维体系也逐步丰富，出现了 DevOps & CI/CD（Continuous Itegratio/Continuous Delivery，持续集成/持续部署）、微服务、SRE（Site Reliability Engineer，网站可靠性工程师）、容器技术、自动化运维、智能化运维、CMDB（Configuration Management Database，配置管理数据库）、数据库运维、大数据运维等新的技术手段与发展趋势，并更加关注运维安全。

（三）运维管理原则

① 集中管控原则。通过规划构建以数据中心为核心的"统一流程、统一受理、统一平台、统一评价"的集中管控模式，实现 IT 资源的集中共享、优化配置，降低安全风险，节约运营成本，提高管理效率和质量。

② 业务驱动原则。以业务需求为驱动，与业务精准同步，分层获取监控业

务数据，整合用户应用反馈诉求，分析业务影响和问题，交付稳定、高效、安全的 IT 运营服务，保障业务的连续性并驱动业务流程优化、改善。

③ 价值导向原则。通过建立科学高效、安全合规的运维流程和管理体系，在分析处理运维数据、总结最佳运维策略、实施精益运维的同时，关注应用层面的业务指标和用户体验，基于业务数据风险评估分析并主动发现业务系统性能瓶颈，实现从成本中心转变为价值中心。

④ 动态适配原则。按照"创新＋融合＋改变"的思路，通过定性或定量分析，在不同发展阶段，统一运维标准、固化运维流程，并利用稳定、可扩展、具有弹性的 IT 服务平台化工具，为企业带来大幅效率提升。

（四）运维管理目标

① 体系健全、架构清晰。基于"整体化、集中化、专业化"要求，涵盖组织管理模式、制度规范体系、技术支撑体系三个层面，建立健全 IT 运维管理体系，从粗放、分散式管理，逐步过渡到科学、规范和专业化管理。

② 智能管理、高效运营。整合各类软、硬件资源，搭建以数据中心为核心对象的 IT 运维统一管控平台，实现由无序服务向有序服务转变、由职能管理向流程管理转变、由被动管理向主动管理转变，满足运营效率、资源管理、业务成本多维度需要。

③ 业务融合、精准响应。综合利用 APM（Application Performance Management，应用性能管理）、BSM（Business Service Management，业务服务管理）、AM（Application Management，应用管理）、BPM（Business Process Management，业务流程管理）、BTM（Business Technology Management，业务技术务管理）、AANPM（Application Aware Network Performance Management，应用感知网络性能管理）、大数据、视图化等理念、技术和工具，7×24 小时运维毫秒级故障响应及解决，从业务视角出发对支撑环节进行关联和透视，建立基于业务质量的动态监控指标体系，放大资源管理效应并凸显业务核心价值。

（五）运维管理内容

IT 运维管理需要把握运维原则、掌握服务平衡、落实整体运维、贯穿服务流程，并强调运维的规范性、整体性、效率和质量在服务中的重要性。从技术与管理角度进行划分，企业 IT 运维管理一般可分为三个阶段：IT 基础设施管理阶段、综合业务管理阶段、全域集中管理阶段。

在企业智能化转型升级过程中，其 IT 运维管理处于全域集中管理阶段，由业务系统、业务管理和 IT 支撑等三个维度，构成了业务运维的三维立体模型，如图 5-8 所示。

其中，业务系统是企业生产经营的基础，也是业务数据产生的源头；业务管

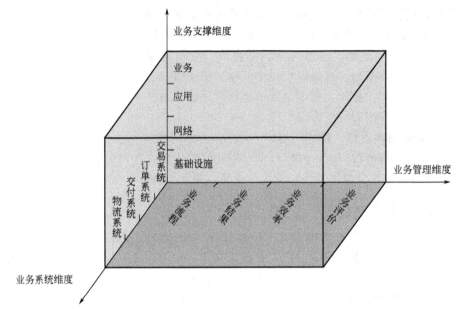

图 5-8　全域集中管理阶段业务运维的三维立体模型

理解决企业内部人员、绩效考核等的组织系统；而 IT 支撑则不但要覆盖传统 IT 基础设施监控，还要包括针对网络、应用端的主动监控和应用性能管理。

1. 体系建设

以"体系化"的思路构建一整套行之有效的"持续改善机制"，面向业务和应用，以价值为导向构建创新性 IT 运维管理体系。IT 运维管理体系涵盖组织管理模式、制度规范体系、技术支撑体系三个层面的内容。

① 组织管理层。确定和规范 IT 运维管理体系运行的管理方式和与之相配套的机构设置、岗位职责安排，将 IT 服务的全部活动进行统一决策与规划，形成集中统一的 IT 运维管理机制，实现对用户的端到端服务。

② 制度规范层。具体内容包括管理制度的制定、管理流程的设计、绩效考核的执行、运维费用的管理等。IT 运维管理制度的 4 个层级，如图 5-9 所示。

③ 技术支撑层。技术支撑体系包括展示层、流程及业务运维管理层、集中监控层。建立面向业务用户的 IT 服务请求响应窗口，和面向技术支持人员的体系运行管理窗口，建立负责 IT 运维管理流程运行的流程管理平台，以及负责 IT 基础设施和业务应用系统运行监控的集中监控平台。

2. 数据中心建设

数据中心是信息处理、信息存储、信息交换和信息安全的载体。面对设备设施规模日益庞大、平台系统异构、分支站点众多、业务应用复杂，通过虚拟化、

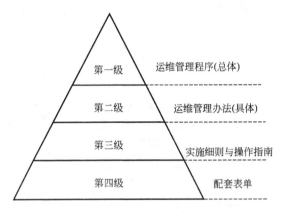

图 5-9　IT 运维管理制度的 4 个层级

云计算技术，数据中心从传统架构向更加灵敏、更加弹性、更加智慧的云数据中心转变。

因此，具备实时采集和海量分析能力的 IT 运维管控平台，通过全网可视、性能监控、智能预警三大机制，实现网络平台资源、服务器资源、应用系统资源、信息服务资源的集中管理、全局运维、安全运维。IT 运维管控平台一般由 7 个方面构成：监控源、数据采集、数据存储、数据分析、数据展现、预警中心、配置管理数据库（CMDB）。如图 5-10 所示。

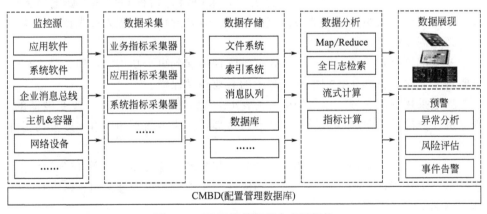

图 5-10　IT 运维管控平台应用架构

3. 软硬件运维

运维范围：软件运维范围包括基础软件维护、应用软件维护；硬件系统维护范围包括机房环境维护、计算机硬件平台维护、配套网络维护等。

运维内容：可以划分服务台、服务支持两个大类和服务级别管理、服务可用性管理、服务能力管理、服务持续性管理、服务财务管理、事件管理、问题管理、配置管理、变更管理、发布管理 10 个子项，各部分内容的相互联系如图 5-11 所示。

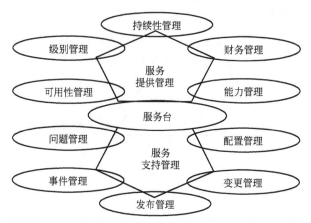

图 5-11 运维内容分类及相互联系

在运维过程中，要重点关注以下方面：

一是建立规范流程。硬件系统基本流程包括例行测试与维护、故障诊断与修复、日常运行、定期测试维护、信息变更管理、送修以及财务管理等；软件系统基本流程包括例行测试与维护、缺陷诊断与修复、定期测试维护、信息变更管理、补丁程序管理、系统恢复管理等。

二是划分服务级别。对服务进行定义，采取量化指标和目标，规定服务受理、服务响应、人员到场、故障恢复的时限，以及现场及远程人员支持、系统备件、巡检周期的具体要求等。

三是部署有效工具。管理工具在运维管理中起到事半功倍的作用，是实现运维管理专业化、自动化、智能化过程中的必要技术保障。

四是采用智能手段。以数据中心为核心，建立统一管控平台，改变被动的、孤立的、分散的"救火队"局面，从事后处理转变为事前预知、事中处置，提升效率和质量。

五是建立标准文档。约束和规范行为、积累和共享信息、追溯和分析信息。包括运维责任管理文档、系统文档、问题管理文档、关系管理文档、运维日志文档、培训文档、程序资源等。

4. 安全运维

安全是 IT 运维的重要组成，也是 IT 运维质量最重要的指标之一。通常安全运维包含两层含义：一是指在运维过程中对网络或系统发生病毒或黑客攻击等安全事件进行定位、防护、排除等运维动作，保障系统不受内、外界侵害；二是指对运维过程中发生的基础环境、网络、安全、主机、中间件、数据库乃至核心应用系统发生的影响其正常运行的事件，围绕安全事件、运维人员和信息资产，依据具体流程而展开监控、告警、响应、评估等运行维护活动。

因此，要建立以安全策略为核心，覆盖管理、防护、检测和响应的全生命周期的安全解决方案。安全运维的内容分为资产、脆弱性、威胁管理，涉及安全检查、安全监控、安全通告、补丁管理、漏洞检测、渗透测试、源代码扫描、安全配置、安全加固、安全风险评估、应急响应、安全培训等，并关注云计算运用中的数据、应用、虚拟化安全。

5. 工作协同

IT 运维是项目建设的继承，更多的是长期提供业务和技术支撑。运维协同，既有内部协同，也有外部协同。在"管＋建"＋"维"内分离机制下，IT 内部协同需要重点关注以下方面：

一是"管、维"协同。IT 运维是企业信息化实现精细化管理不可或缺的有机组成部分，"管、维"协同不仅表现在"管理"对"运维"的顶层设计安排和日常监督考核，也表现在"运维"对"管理"的要求执行和技术实现，两者协同与否，直接关系企业信息化整体目标的实现、能力的提升，也将直接影响企业核心业务价值的实现。

二是"建、维"协同。IT 系统建设和运维是 IT 系统全生命周期中不可分割、相互承接、高度关联的两个阶段。因此，构建横向矩阵式项目建设团队，IT 运维人员深度参与，实现"建、维"有机融合协同，是解决信息化"重建设、轻运维"的有效手段，有助于成本控制和提升效率。

三是"维、业"协同。IT 运维部门和业务部门是"业务价值"的共同推动者、实践者和创造者。因此，IT 运维部门要将技术实现目标与业务发展目标紧密联系起来，引导业务部门研究和反映业务需求、构建业务架构，促进信息与业务的持续融合、互相支持、协调配合。

6. 队伍建设

加快培育和造就一批技能淬炼和融智、软硬兼修和融通、知识跨界和融合的 IT 运维人才队伍，为企业智能化转型升级提供坚强的能力保障，具有重要的战略意义。

企业 IT 人才队伍通常面临新生力量不足、知识技能窄且更新速度慢、缺乏学习压力动力等诸多问题。基此，要统筹规划 IT 人才队伍的体系架构、人才规模、层级设置、岗位职责等内容，建立有价值导向的绩效管理体系，创新 IT 运维人才培养和晋升机制，完善 IT 运维队伍的激励约束机制，着力锻造一支专业化、标准化的 IT 人才队伍。重点要关注以下几个方面：

一是实施技术角色横向培养。通过定期轮岗、专业培训，在 AB 角色的基础上，实现 IT 人才团队成员的多角色任务转变。

二是实施管理角色纵向培养。随着 IT 运维理念、方法、技术的不断发展和创新，企业 IT 运维工作逐步由"技术"向"技术＋管理"转变，必须熟悉掌握包括精准运维、用户体验、IT 治理等 IT 运维理念及运维体系。

三是实施业务角色立体培养。IT 是交付业务价值的战略资产，业务运营与 IT 系统的关系日趋紧密，在"以业务价值为核心、业务驱动管理"的理念指导下，必然要求 IT 运维人员变被动支持、服务于业务转向主动关注如何实现业务价值。

四是实施专精角色定向培养。采取鼓励主动学习和特殊专项培训方式，培养或发挥出个人某些方面的特长或爱好，造就一部分具备专、精、尖技术能力的 IT 运维团队人员。

7. 绩效管理

建立以价值为导向的 IT 运维绩效考核体系是 IT 绩效管理的核心。随着 IT 运行管控、运维的智能化发展，IT 运维的规范、效率变得可以度量，IT 运维的绩效管理正在成为现实。

为了准确、客观地评价 IT 运维管理的效果，满足事前、事中、事后全过程控制的要求，可以综合参照应用 IT 平衡计分卡、ITIL 和 COBIT，覆盖实施效率、质量、安全、体验和成本的绩效管理。其中，IT 平衡计分卡从面向用户、价值贡献、运营效率、面向未来发展 4 个方面来进行 IT 绩效考核，每个又包括基本使命、目标和考核尺度 3 项内容；ITIL 把 IT 的运维细分成了 10 大流程，每个流程都有评价的绩效指标；COBIT 把 IT 的相关工作分成了 34 个高层控制目标和 318 个详细控制目标，每个高层控制目标中都有相应的绩效指标。

在 IT 运维绩效管理中，需要注意以下方面：

① IT 绩效指标体系还要关注 IT 运维的能力与持续性，充分体现 IT 运维人员的创新要素。

② IT 绩效管理方法一定要务实有效，还要有相应的激励机制保证绩效管理的成功实施。同时，还要做到定期测量并通过 PDCA（计划-执行-检查-处理）循环机制持续改进。

③ 基于"两化"深度融合的现实，考虑以安全生产事故考核为参照，建立 IT 运维工作问责机制，严格实施企业范围内公司级、专业级、部门级的 3 个层级联动考核。

第三节　工程全数字化交付与数字化重建

一、工程建设的全数字化交付

全数字化交付是以构成工厂的设备、管道、电气、仪表、建构筑物等工程实体的工厂对象为核心，对工程项目建设阶段产生的静态信息进行数字化创建直至移交的工作过程[1]。

工厂数字化是建立数字化工厂，充分利用信息化技术，进而实现智能制造的重要数据来源及数据基础。

工厂数字化的实施途径有两种：一种是在工程设计、施工等过程环节，对建设过程产生的各类设计信息、采购信息、施工信息等交付内容及其关联关系进行标准化数字化采集、处理和存储，实现与实体交付物一致的全数字化交付（称为正向建模）；另一种是工程建设完成后，通过档案数字化、测绘手段进行重构（称为逆向建模）。

流程行业建设参与方众多，各环节海量信息以离散方式存在，在此基础上进行数字化重构难度巨大、成本高昂，且完整性、一致性、准确性无法保证。通过全数字化交付，规范过程数据采集行为，可保障数据完整、准确、统一，降低传统实体工厂数字化重建的成本和难度，缩短智能化转型路径。

（一）数字化工厂与智能化工厂的关系

数字化工厂是集虚拟现实、模拟仿真、优化控制等综合技术的平台，数字化工厂贯穿了企业从设计、施工到生产运营的全过程，是多种信息系统集中集成的基础性平台。智能工厂是在数字化工厂的基础上，具有"自动化、数字化、可视化、模型化、集成化"等应用特征的虚实融合工厂。

数字化工厂的基本单元是数字化装置。数字化装置围绕着静态的工程建设期数据，将实体装置虚拟化，数字化工厂以数字化装置为基础，把"实体空间"和"虚拟呈现"融合，使虚拟环境中的生产仿真与现实中的生产无缝融合，应用数字化模型、大数据分析、物联网等技术，集成工程设计、工艺、设备、安全、环保、质量、视频监控等各种静、动态泛在感知数据，在此基础上，对海量数据进行计算和优化，为规划、设计、施工、运营等部门提供准确数据支持的管理环境，提供一个直观、同步、精确、协同共享的全方位数据集成应用。数字化装置、数字化工厂、智能化工厂三者之间的关系如图 5-12 所示。

（二）全数字化交付的目标和意义

全数字化交付是在确保数据采集规范性、完整性、可靠性、动态关联性基础上，实现全装置设计过程中二维和三维设计数据、工程建设过程中的各类结构化与非结构化数据等实现规范化、标准化交付，支撑工厂运营维护期的企业级数据挖掘、分析和辅助决策等业务应用需求。一方面，数字化交付通过设计与实施过程的数据采集、处理和存储行为规范化标准化，间接促进建设参与各方的精细化管理，对推动工程建设未来业态的变革和进步具有积极意义；另一方面，对企业而言，数字化交付为构建数字工厂、最终实现工厂全生命周期管理提供了基础。

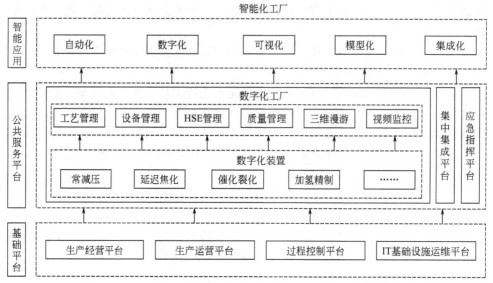

图 5-12　数字化装置、数字化工厂、智能化工厂三者之间的关系

（三）全数字化交付的规范和标准

数字化工厂平台是建设期数据交付成果的载体。工程项目执行期间的所有数据（成果和过程）对于工厂运营期都有潜在利用价值，为保证交付工作的落地，需围绕数字化工厂平台，在相关行业通用标准基础上，明确承包商的交付内容及标准格式与规则、合理的交付校验规范及流程。

建立完善的数字化集成平台和相应数字化交付标准是构建数字化工厂的关键点，国家正在制订《石油化工工程数字化交付标准》（国标），该标准的制定将有利于规范石油化工工程数字化交付工作。

1. 全数字化交付内容范围

全数字化交付应包括项目建设各阶段结构化、非结构化数据，以及符合三维数字化平台要求的所有装置与设备设计模型数据（含属性）。

其中模型的属性为工程项目设计阶段所定义的装置或设备制造过程中形成的与对象相关的信息，包括压力、尺寸、温度、流量、材质等数据。

（1）规范性引用文件

数字化交付规范需兼顾相关行业通用标准。以石化行业为例，包括《化工工艺设计施工图内容和深度统一规定》（HG/T 20519—2009）、《石油化工设备管道钢结构表面色和标志规定》（SH 3043—2014）、《中国石化档案数字化规范》（中国石化办〔2013〕592 号）等。

（2）建模软件的规定

以保证三维模型兼容性为原则，装置设计三维建模软件可按以下顺序优先选择：AVEVA（PDMS）、AutoDesk、PDsoft、鹰图（PDS、S3D、CadWorx）、Bentley（MicroStation 系列）等产品。设备三维建模软件可选择专业工业机械设计软件 Inventor、Pro/ENGINEER、SolidWorks 等。

2. 交付文件格式要求

为保证数据的有效应用，对于非结构化数据的格式，要求是与纸质版工程文件［包含但不限于竣工图、设备（部件）清册、设备部件图纸、安装手册等文件］保持一致，且符合《中国石化档案数字化规范》的电子文件（PDF 版）。

对于模型输出格式的规定见表 5-1。

表 5-1　模型输出格式及属性

文件类型	可选软件	要求提交的格式	软件厂商
设计三维模型	PDMS	RVM 模型文件 RVS 配色文件 ATT 属性文件	AVEVA
	PDS	DGN 模型文件 DRV 属性文件	鹰图
	SmartPlant 3D(S3D)	VUE 模型文件 XML 属性文件 或经转换的 DGN 模型文件	鹰图
	CadWorx	DWG 模型文件	鹰图
	P3D	DWG 模型文件	AutoDesk
	AutoCAD	DWG 模型文件	AutoDesk
	3DMax	DWG 模型文件	AutoDesk
	MicroStation 系列	DGN 模型文件 或经转换的 DWG 模型文件	Bentley
	天正 CAD	DWG 模型文件	天正
	PDsoft	DWG 模型文件	中科辅龙
设备三维模型	Pro/ENGINEER	DWG 或 Sat 模型文件	PTC
	SolidWorks	DWG 模型文件	SolidWorks
	Inventor	DWG（或 sat）模型文件	Autodesk

3. 三维模型的定义

（1）设计三维模型

设计三维模型是指使用专用软件建立与现场一致的工程模型，包含工程位号、材质、尺寸等详细属性。内容包括但不限于工程中基座、结构（框架、平台、楼梯、扶手栏杆、基脚）、管道、静设备（塔类、容器、反应器、换热器、物料罐、工业炉）、机械设备（泵、压缩机、风机）、阀门类（含法兰、垫片、弯头、盲板）、消防设备、电气、仪表、采样仪器、报警仪（可燃气体、有毒有害气体）、监控设备等。

（2）设备三维模型

设备三维模型是指使用专用软件建立的设备结构模型，内容包括：设备整体外观模型和零部件结构模型，以及部件工程位号、外形等详细属性。

4. 模型交付规范

每一个工程对象如设备、仪表、管道等，应具有特定编码规则的唯一标识号。

模型应按照《化工工艺设计施工图内容和深度统一规定》（HG/T 20519—2009）命名。不可将设备与设备基座进行整体命名。

设计文件编号、名称及工程位号的编号命名要与设计图纸的设备一览表命名严格保持一致。不允许不标识、简化标识、断行标识等。

除特殊情况外，在文件中引用的每一个工程位号均应单独标识，不得采用不符合规范的标识方式来描述多个位号的集合。

项目精度单位应统一采用公制单位毫米。

三维建模设计基点为（0，0，0）。

模型对象应按专业分类（结构、设备、管线等），模型文件应按对象或专业单独设置图层，并具有合理的层级与属性标注（如标明名称、位号等）。如图5-13所示。

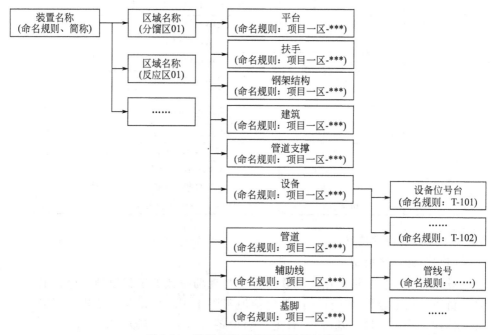

图5-13　数字化装置模型图层层级设置

模型的配色要求：以表5-2为基础，未列举部分参考《石油化工设备管道钢结构表面色和标志规定》（SH 3043—2014）。

表 5-2　常用模型配色

颜色	RGB 值	内容
	(0,128,255)	钢架结构(梁、柱、吊柱、管架、管架支吊架);栏杆挡板
	(120,120,120)	房子水泥地面
	(255,255,255)	混凝土结构
	(0,0,255)	氢气管线
	(255,255,0)	氮气管线;扶手
	(242,152,0)	氨气管线
	(0,64,0)	水线
	(150,210,255)	蒸汽管线
	(168,168,168)	原油或混合石脑油管线,踏板和铺板
	(70,163,255)	空气线
	(49,127,255)	设备支撑底座
	(168,168,168)	设备上部分
	(255,0,0)	消防设备
	(0,60,0)	炉
	(120,220,160)	泵,电机,压缩机,离心机
	(5,30,100)	汽轮机
	(90,170,255)	风机
	(60,0,255)	酸、碱
	(0,0,0)	污水

扫一扫观看

（四）全数字化交付流程

为确保数字化交付过程的顺利执行，需明确数据移交流程并建立相应组织体系，保障移交工作的进行，如图 5-14 所示。

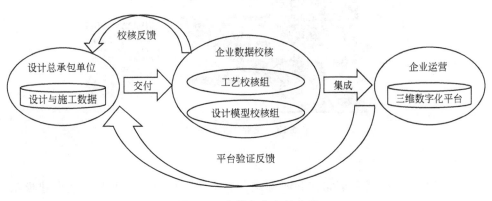

图 5-14　全数字化交付流程

二、以应用需求为导向的数字化重建

（一）逆向数字化建模目标

现有炼化老装置是建设智能工厂不可或缺的完整组成部分，因历史原因，原有装置、设备、管线等没有形成数字化成果，逆向数字化建模就是根据平台对模型精度、深度等需求，对装置设备实体进行数字化处理还原。

（二）逆向数字化建模方法

逆向数字化建模主要包括基础数据资料采集、管道元件库创建、模型重构创建、模型校核、模型优化、模型场景集成等几大步骤。

1. 基础数据资料采集

由于各类原因，已投用装置存在图纸、资料不全、数据不准确等问题。此外，装置改造升级后，与原始设计存在较大差别。基础数据采集方式主要包括：原始档案资料利用、现场测量、三维激光扫描等。

2. 管道元件库创建

管道建模涉及的法兰、垫片、阀门、管件和管接头等常用管道元件应以相应行业的国家标准管道元件模型库（如 GB/T 14383—2008《锻制承插焊和螺纹管件》）为基础，并根据不同压力等级划分，采用等级库工具（如 AutoCAD Plant 3D Spec Editor、PDMS 的 PARAGON 等），创建企业专有管道元件库和等级库。

企业等级库元件如图 5-15 所示。

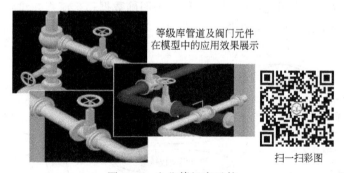

等级库管道及阀门元件
在模型中的应用效果展示

扫一扫彩图

图 5-15　企业等级库元件

3. 模型重构创建

在基础设计资料采集完整并明确统一管道等级库后，即可开展逆向建模工作。一般步骤和内容包括：

结构建模：包括框架、平台、楼梯、扶手栏杆等。

各类设备建模：静设备（容器、反应器、换热器等）、动设备（泵、压缩机、风机）以及工业炉、锅炉和消防、电气、仪表等的模型及编码。

管道建模：按照统一编码规则、实际管道压力等级、介质、材质等，利用管道元件库进行建模。

4. 模型校核

包括两方面：一是工艺数据校核。由企业工艺、设备技术人员进行检验，确保与装置现场实际准确一致，以及编码等属性数据的正确性。二是模型数据的校核，主要包括对满足三维数字化平台集成需要的模型分类层级的划分、建模规范的执行情况等内容的检验。

5. 模型优化

模型最终集成进入数字化平台的优化，包括对缺失模型完善、模型错误修正、冗余点线面数剔除、位号标识错误的修改等，以及对非有效辅助信息清理。如图 5-16 所示，优化后效果如图 5-17 所示。

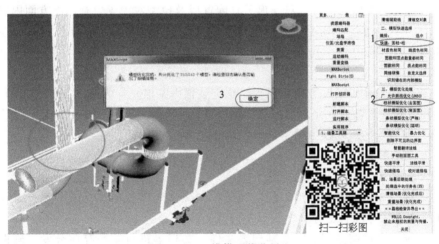

图 5-16　三维模型优化界面

6. 模型场景集成

装置模型通过校核、优化，最后需集成进虚拟工厂场景文件中，是模型处理的最后步骤，同时也是业务需求深化应用的基础工作。

针对不同的三维数字化平台产品，场景集成步骤存在差异，总体而言包括：模型导入前审核→模型导入场景→LOD 场景布置。

虚拟现实可视化交互要求图形的实时呈现，一般计算机往往不能满足复杂全装置三维场景的实时渲染要求，而多细节层次（Levels of Detail，LOD）技术能

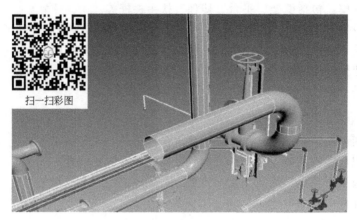

图 5-17　三维模型优化后点线面效果

根据用户与模型对象的距离分层逐次简化景物的表面细节，提高渲染效率。

（三）逆向数字化建模规范

逆向建模的规范主要针对建模工具配置以及模型对象等，有以下方面内容：

① 项目设置统一规定。包括项目等级库配置、项目名称、单位制式和模型精度等要求，其中模型命名规则参照《中国石化信息分类编码标准》（Q/SH 005-01—2006）。

② 各装置建模的基点确定原则。选定装置内某点坐标为基点（0，0，0）建模，同时确定该基点在企业总图坐标的位置。

③ 辅助及构筑物模型图层与颜色定义。

④ 管线模型图层与颜色定义。

⑤ 设备模型图层与颜色定义。

⑥ 标准设备元件与管道等级库创建。为确保全装置模型标准一致，需在协同建模前创建标准管道等级库和标准设备元件库。

⑦ 统一文件服务器。对基础配置文件、文档等进行统一存储分发，确保数据同源。

（四）流程工业数字化重建策略

以不间断连续生产为主要方式的流程工业，往往装置规模大、数量多、工艺流程复杂，以逆向建模为手段的数字化重建具有投资大、建设周期长、技术要求高等特点，需根据企业实际情况制订相应的数字化重建方案。

1. 老装置自主逆向建模

现有装置数据资料的收集和逆向建模，是流程工业老装置数字化重建面临的两大核心内容，难点多、成本高。建议有条件的企业组织自主团队，与数字化平台提供商、设计单位或外部技术服务企业开展合作，发挥企业专业人员熟悉生产工艺、装置设备等优势，保证建模质量，降低建模成本。其组织架构如图5-18所示。

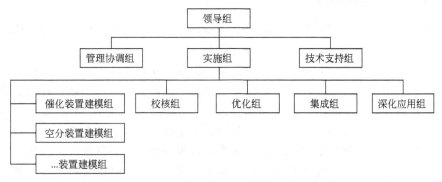

图 5-18　自主数字化重建团队组织架构形式

2. 建模技术手段综合运用

① 三维设计软件建模法：通过专用软件直接构建真实空间数字化模型。

② 三维激光扫描法：又称实景复制法，通过高速激光扫描测量快速获取被测对象表面的三维坐标数据。多用于稀疏目标点的高精度测量及图纸不完整的情况。

③ 全景影像建模法：利用全景图像，通过计算机技术得到其球形全景的矩形投影图，或者立方体图。该方法方便快捷，但模型精细程度不高。

第四节　石化企业智能制造决定因素

"十二五"以来，我国石化行业在数字化网络化智能化制造方面不断取得进展。特别是2015年以来，国家工信部持续实施专项行动，确定了石化行业（含化工行业）若干个智能制造试点示范项目。若干成功案例给行业带来有益启示：一是加快推进流程企业智能制造，是促进行业提质增效、推进供给侧结构性改革的重要抓手之一，也是我国建设制造强国、推进石化工业迈向中高端的必由之路；二是必须面向生产运行核心业务，将先进信息化技

智能工厂
案例视频

术与石化生产过程工艺、设备、安全、环保等关键要素深度融合，提升本质安全环保、促进敏捷生产；三是大力推进智能装备和控制软件的国产化，注重具有自

主知识产权的核心技术开发与应用，逐步摆脱对国外软硬件的依赖；四是企业牵头建立"产学研用"联盟，充分发挥科研院所、ICT厂商和工业企业各自优势，培育面向行业的社会化专业化服务商。

一、植入智能制造基因

石化企业在推进智能制造进程中，围绕计划调度、安全环保、装置操作、能源管理等核心业务植入智能化基因极为重要。

计划调度是生产运行管理的核心业务，把握石化加工流程特点，实现从原料进厂、加工、质量分析、储运、产品出厂整个链条的智能化应用是企业增效的源泉。安全环保是炼化企业实现可持续发展的基础和前提，开展HSE管理、应急指挥、环境在线监测等智能化应用，为履行安全职责、建设社会满意企业提供全方位支撑是企业发展的必然要求。开展先进过程控制、实时优化、卡边操作、区域优化等智能化应用，是提高装置运行水平、确保安全生产的重要手段。节能降耗是生产运行管理的永恒话题，在动力优化、瓦斯优化、氢气系统优化、合同能源管理等方面开展智能化应用，是石化企业践行"绿色低碳"、建设生态文明的重要行动。

植入智能化基因须注重提升四种能力：实时感知能力、机理分析能力、模型预测能力、协同优化能力。

实时感知能力是智能制造的基础。如：物料性质（原料、半成品、成品等）快速分析评价；工艺参数（温度、压力、流量等）实时检测；设备运行（振动、腐蚀、泄漏）动态监控；安全环境（可燃及有毒有害气体、污染物、空气质量等）在线监测；各类物料及公用工程实时计量等。与上述能力密切相关的感知仪器仪表及网络，是流程工业信息物理系统的物理特征。

机理分析能力是智能制造的保障。必须对各类物料的物理化学特性和反应机理有充分的认识，掌握物料结构中各要素的内在工作方式，以及诸要素在一定环境条件下相互联系、相互作用的规则和原理（反应机理），利用有效的工具及软件加以分析利用，充分发挥物料每一馏分的最大价值，实现工艺过程的可视化和分子级炼油。

模型预测能力是智能制造的手段。模型预测在石化企业应用较为广泛，既有工艺路线模型，也有设备运行、安全环保、应急处理等的模型，既有单套生产装置的模型，也有全厂性的模型；一些模型是基于机理分析的，一些模型是基于统计数据、大数据分析或经验积累的，也有一些模型介于两者之间。

协同优化能力是智能制造的重要目标。协同与优化是多方面的，既有装置操作、工艺流程、产品结构、能源系统之间的协同与优化，也有管理部门之间横向（或纵向）的业务流程协同与优化，其目的是最大限度提高目的产品收率、提升企业经济效益、提升安全环保管理水平，以及提高管理效率。

二、避免若干认识误区

石化企业建设智能工厂，必须明确建设目标、坚定必胜信心、规划实施路线、制定有效策略、落实保障措施、培育 IT 文明，要消除人们头脑中存在的若干"认识"误区。

一是认为搞"智能工厂"没什么用，锦上添花而已；或者有一定用处，但投入大、不划算。笔者认为，智能制造是石化企业实现变革式管理提升的最重要抓手；智能化投入只占企业技改（或扩建）投入的很小比例，只要应用及运维到位，完全可以产出数倍、乃至数十倍的效果。

二是认为建设"智能工厂"很简单，就是搞几个新的应用系统而已。实际情况是，"智能工厂"的规划与建设涉及多学科且深度交叉，绝非仅仅建设几个应用系统（或简单集成）将业务由手工处理变为计算机处理而已。编制"智能工厂"实施规划时，需要充分预估其难度。

三是认为建设"智能工厂"很难，信心不足。基于多种原因，不少人把"智能工厂"理解为无人化等"高大上"工厂，同时认为本企业缺乏专业人才，难以实施，等等。其实，就石化行业而言，业已具备较好的基础，国内外石化企业在局部领域的智能化应用也已有成功经验。

四是认为建设"智能工厂"仅仅是信息部门的事，与业务无关。石化企业长期以来形成了专业化、条块化管理模式，业务部门各司其职，理所当然地把"智能工厂"归类为信息部门的业务，客观上形成了"事不关己、高高挂起"的局面，导致建设与应用的脱节。

五是认为建设"智能工厂"应是业务部门自己的事情，与信息部门无关。如此这般，就会形成新的、大量的"孤岛"。建设"智能工厂"，其基础设施、业务流程、数据标准等，必须由信息部门（或企业管理部门）进行统筹考虑和顶层设计，才能实现集中集成、避免形成新的"孤岛"。

六是认为认真花几年工夫打造完美的"智能工厂"，之后就可以一劳永逸、高枕无忧了。规划、建设好"智能工厂"固然重要，运行维护好"智能工厂"、避免"两张皮"，使其产生应有的效果，某种意义而言更为重要。

三、"人"是决定性因素

智能制造是我国石化工业必须迈过的"坎"。在这一进程中，将先进信息技术与石化生产最本质环节深度融合是核心内容，而主宰这一进程的最终决定性因素必将是企业的全体员工，从最高层管理者，到基层每一位员工。

美国 Miller Ingenuity 公司总裁兼 CEO Steven L. Blue 既是一位企业家，也是智能制造方面的专家。他认为，发展数字化、网络化、智能化制造，工厂信息化、自动化技术和人力资源建设都必不可少，在升级智能制造装备和技术的同时，提升员工的创新思想以及培训相匹配的新技能是十分重要的。

"人"是"智能工厂"最关键的、决定性的因素。尽管机器代人在快速发展，但归根结底机器是由人来控制的，未来更多出现的将是以"人＋机器人"组合的生产方式，这需要更多的能"与机器共舞"的劳动者和管理人员。"智能工厂"本身并不意味着安全环保、经济效益以及管理效率的必然提升。长远而言，无论"智能工厂"如何升级换代，其都是由"人"来设计和控制的。

未来，人才是最稀缺的资源。智能制造将人、机器、数据连接起来，"人"是这个链条中最为关键的一环，其角色将由"服务者、操作者"转变为"规划者、协调者、决策者"。基此，石化企业在推进智能制造进程中，对员工创新意识、职业素养以及责任心的培养，是永恒不变的主题，而以人才培养为根本任务的高等院校，更要与时俱进，通过"产学研"相结合，大力培养智能制造所需的高素质人才。

参考文献

［1］ 陈婧，吴礼龙，刘发蔚，谢学军．企业 IT 治理机制架构与模式设计［J］．情报杂志，2009，28（1）：40-42.

［2］ 百度百科：IT 治理［EB/OL］．http：//baike.baidu.com.

［3］ 雷万云．信息化与信息管理实践之道［M］．北京：清华大学出版社，2012.

［4］ 孟秀转，于秀艳，郝晓玲，孙强．IT 治理：标准、框架与案例分析［M］．北京：清华大学出版社，2012.

［5］ 工业和信息化部、国家标准化管理委员会．国家智能制造标准体系建设指南［M］．2015 年版．北京，2015.

致　　谢

　　《石油化工智能制造》从文稿搜集、整理，到编撰、出版共历时三年，得到了王基铭院士、陈丙珍院士、钱锋院士的大力支持与指导。

　　《石油化工智能制造》的编辑出版也得到了以下单位（排名不分先后）的大力支持与帮助，在此表示衷心感谢。

中石化信息化管理部

中石化九江石化公司

清华大学

华东理工大学

东北大学

北京邮电大学

石化盈科信息技术有限责任公司

浙江中控技术股份有限公司

北京拓盛智联技术有限公司

杭州辛孚能源科技有限公司

化学工业出版社

　　本书还参考了国内外各种文献资料，为此，对被本书参考及引用文献的作者的工作成就表示敬意。最后，感谢为本书的资料整理、校对付出了辛勤劳动的工作者们。

编著者

2018 年 8 月

图 1-4 基于虚拟现实的三维数字化工厂

图 1-5 三维立体工厂腐蚀管理

图 1-7 基于虚拟现实的应急演练仿真系统

图 3-41　4G 智能化巡检技术应用于异常事故处理的可视化指挥

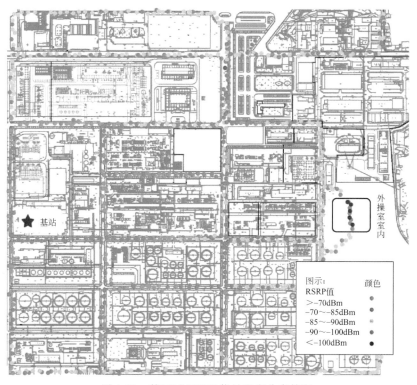

图 4-12　某厂区 RSRP 信号强度分布情况

图 5-4　全数字化炼厂生产运行状况实时可视化